全国机械行业职业教育优质规划教材（高职高专）
经全国机械职业教育教学指导委员会审定
高职高专智能制造领域人才培养系列教材

气液传动技术与应用

主　编　单以才　孙　妍
参　编　颜　玮　段向军　朱方园

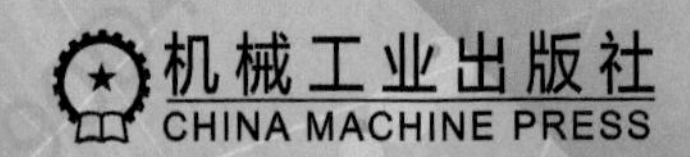

本书是全国机械行业职业教育优质规划教材，经全国机械职业教育教学指导委员会审定。本书以气液传动的元件和回路为载体，阐述了气液传动的技术基础，系统介绍了各种常用气液传动元件的结构组成、工作原理及图形符号，将元件与回路相结合，阐述了典型气液传动回路的设计方法，讨论了气液传动系统的典型工程应用。全书共13章，包括气液传动概述、气液传动技术基础、气源系统及气压辅助元件、气压传动执行元件、气压传动控制元件、真空元件、气压传动基本回路、气压传动系统设计与仿真、气压传动系统电气控制与设计、气压传动系统应用实例、液压传动基础、液压传动回路、气液系统的装调维护与故障诊断。

本书采用双色印刷。本书可供高职高专院校工业机器人技术、机电一体化技术、机械制造与自动化、模具设计与制造、机械设计与制造、电子设备与制造技术等专业的学生使用，也可供中职学校师生及工程技术人员参考。

本书配有电子课件和微课视频，读者可扫描书中二维码观看，或登录机械工业出版社教育服务网 www. cmpedu. com 注册后下载。咨询电话：010-88379375。

图书在版编目（CIP）数据

气液传动技术与应用/单以才，孙妍主编. —北京：机械工业出版社，2017.8（2024.7重印）

全国机械行业职业教育优质规划教材（高职高专） 经全国机械职业教育教学指导委员会审定 高职高专智能制造领域人才培养系列教材

ISBN 978-7-111-57513-9

Ⅰ.①气… Ⅱ.①单…②孙… Ⅲ.①液压传动装置-高等职业教育-教材 Ⅳ.①TH137.3

中国版本图书馆CIP数据核字（2017）第177867号

机械工业出版社（北京市百万庄大街22号 邮政编码100037）
策划编辑：薛 礼 责任编辑：薛 礼 责任校对：潘 蕊
封面设计：鞠 杨 责任印制：单爱军
北京虎彩文化传播有限公司印刷
2024年7月第1版第5次印刷
184mm×260mm · 18.5印张 · 451千字
标准书号：ISBN 978-7-111-57513-9
定价：58.00元

电话服务
客服电话：010-88361066
010-88379833
010-68326294
封底无防伪标均为盗版

网络服务
机 工 官 网：www. cmpbook. com
机 工 官 博：weibo. com/cmp1952
金 书 网：www. golden-book. com
机工教育服务网：www. cmpedu. com

高职高专智能制造领域人才培养系列教材
编审委员会

出版说明

《中国制造2025》是我国实施制造强国战略第一个十年的行动纲领。"要实施《中国制造2025》，坚持创新驱动、智能转型、强化基础、绿色发展，加快从制造大国转向制造强国。"中国制造业转型升级上升为国家战略。

智能制造是《中国制造2025》的核心和主攻方向，工业机器人是重要的智能制造装备。《中国制造2025》提出将"高档数控机床和机器人"作为大力推动的重点领域，并在重点领域技术创新路线图中明确了我国未来十年机器人产业的发展重点。工业机器人技术及应用迎来了重要的战略发展机遇期。

为了更好地适应机械工业转型升级的要求，促进高职高专院校工业机器人技术专业建设及相关传统专业的升级改造，满足制造业转型升级大背景下企业对技术技能人才的需求，为《中国制造2025》提供强有力的人才支撑，机械工业出版社在全国机械职业教育教学指导委员会的指导下，组织国内多所高等职业院校和相关企业进行了充分的市场调研，根据学生就业岗位职业能力要求，明确了学生应掌握的基本知识及应具备的基本技能，构建了科学合理的课程体系，制订了课程标准，确定了每门课程教材的框架内容，进而编写了本套智能制造领域人才培养规划教材。

本套教材可分为专业基础课程教材和专业核心课程教材两大类。专业基础课程教材专注于基础知识的介绍，同时兼顾与专业知识和实践环节有机结合，为学生后续学习专业核心课程打下坚实的基础。专业核心课程教材主要针对在高职高专院校使用较广的ABB、KUKA等品牌的机器人设备，涵盖了工业机器人系统安装调试与维护、现场编程、离线编程与仿真、系统集成与应用等，符合专科层次工业机器人技术专业学生职业技能的培养要求；内容以"必需、够用"为度，突出应用性和实践性，难度适宜，深入浅出；着力体现工业机器人的具体应用，操作步骤翔实，图文并茂，易学易懂；编者大多为工业机器人技术专业(方向)教师及企业技术人员，有着丰富的教学或实践经验，并在书中融入了大量来源于教学实践和生产一线的实例、素材，有力地保障了教材的编写质量。

本套教材采用双色印刷，版式轻松活泼，可以使读者获得良好的阅读体验。本套教材还配有丰富的立体化教学资源，包括PPT课件、电子教案、习题解答、实操视频以及多套工业机器人技术专业人才培养方案，可为教师进行专业建设、课程开发与教学实施等提供有益的帮助。本套教材适合作为高职高专院校工业机器人技术、机械制造与自动化、电气自动化技术、机电一体化技术等专业的教材及学生自学用书，亦可供相关工程技术人员参考。

本套教材在调研、组稿、编写和审稿过程中，得到了全国机械职业教育教学指导委员会、多所高职院校及相关企业的大力支持，在此一并表示衷心的感谢！

机械工业出版社

随着“中国制造2025”强国战略的出台，气液传动技术正成为助力我国产业转型升级最有效的手段之一，广泛用于机械制造、电子装联、生物工程、医药等行业。然而，不同应用领域对气液传动技术及其应用也提出了不同的要求。熟悉气液传动技术的系统组成及基本原理，掌握气液传统系统安装调试与使用维护的基本知识，以及气液传动系统故障的分析方法和排除手段，是确保气液传动设备正常运行的关键。

高等职业教育的历史使命是向生产、服务和管理第一线输送技术、技能型人才，特别注重新形势下对学生职业技能与职业岗位能力的培养。本书在编写过程中，始终贯彻以学生为中心，以培养学生实际应用能力为主线，理论内容以“必需、够用”为原则，尽量做到少而精，贯彻教、学、做有机结合的指导思想，对部分章节设置了配套的实训，力求反映气液传动技术在不同工程应用中的使用特点，融入气动领域的新知识、新技术和新方法，符合我国当前高职教育教学改革的实际需求。

本书由南京信息职业技术学院单以才、孙妍任主编，颜玮、段向军、朱方园参加了编写。全书共13章。单以才编写了第1章、第2章、第10~13章及附录，孙妍编写了第5章、第7~9章，颜玮编写了第4章，段向军编写了第6章，朱方园编写了第3章。单以才负责全书统稿。

本书配有微课视频，读者可扫描书中二维码观看。

本书在编写过程中，得到了南京信息职业技术学院、南京埃斯顿机器人工程有限公司和上海亚德客公司的大力支持，在此一并表示衷心的感谢！

由于编者水平有限，书中不妥之处在所难免，恳请读者批评指正。

编　者

二维码清单

页码	名称	图形	页码	名称	图形
2	气动系统组成		148	双缸顺序动作气动回路	
67	电磁换向阀的工作原理及应用		171	传感器控制的电气动回路	
71	行程阀控制的单往复回路		174	PLC 控制单电控电磁阀的推料气缸运动	
72	梭阀的工作原理及应用		174	PLC 控制双电控电磁阀双料仓气缸往复运动	
81	单向节流阀的工作原理及应用		175	机械手抓取物料控制系统设计亚德客	
134	时间控制回路		177	真空吸盘搬运物料控制系统设计亚德客	
143	Fluid Sim 软件的应用				

第1章 CHAPTER 1 气液传动概述

1.1 气液传动的研究对象

气液传动是以有压流体（压缩气体或压力油）为工作介质，利用各种元件组成所需的控制回路，进行能量的传递、转换与控制，从而实现各种机械的传动与控制。要研究气液传动技术，需了解气液传动工作介质的基本物理性能及静力学、运动学和动力学特性，熟悉各种气液传动元件的结构、工作原理、工作性能以及这些元件所组成的回路的性能和特点，在此基础上进行气液传动系统的设计。

气液传动主要包括气压传动和液压传动两种。气压传动和液压传动实现传动控制的方法是基本相同的，但两种传动的工作介质是不同的。气压传动所用的工作介质是压缩气体，液压传动所用的工作介质为液压油，由于这两种流体的性质不同，所以两种传动又各具特点。气压传动由于空气的可压缩性，且工作压力通常在 1.0MPa 以下，所以传递动力不大，运动没有液压传动平稳，但空气黏度小，传递过程中阻力小、速度快、反应灵敏，因而气压传动能用于远距离的传动控制。而液压传动传递动力大，运动平稳，但由于液体黏性大，在流动过程中阻力损失大，因而不宜用于远距离传动控制。

1.2 气液传动系统的基本组成及工作原理

1.2.1 气液传动系统的基本组成

气液传动系统是一种将原动机的机械能转化成压力能，通过协调控制系统工作介质的压力、方向和流量，最后由执行元件将压力能又转变为机械能的能量转换系统。如图 1-1 所示，典型的气液传动系统是由能源装置、控制元件、执行元件和辅助元件四个部分组成的。

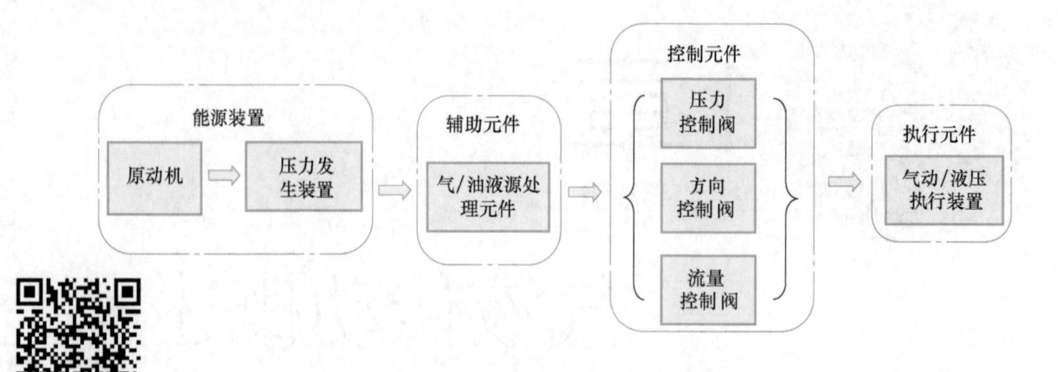

图 1-1 气液传动系统的基本组成

气动系统组成

1. 能源装置

能源装置是用于获取工作介质压力的装置。其核心组件是空压机或液压泵，它将原动机供给的机械能转变为工作介质的压力能。

2. 控制元件

控制元件是用于控制工作介质的压力、流量和流向，驱动执行元件完成规定工作循环的元件。常见的控制元件有压力控制阀、流量控制阀和方向控制阀等。

3. 执行元件

执行元件是将工作介质的压力能转换成机械能的一种能量转换装置，常用的执行元件有气缸、气马达、液压缸、液压马达等。

4. 辅助元件

辅助元件是保证工作介质的净化、元件的润滑、元件间的连接及消声等所必需的元件。常见的辅助元件主要包括气罐、油箱、过滤器、蓄能器、油雾器、消声器和供气管路等。

1.2.2 气液传动系统的工作原理

1. 气压传动的工作原理

这里以自动化生产线上气动搬运机器人为例，介绍气压传动系统的工作原理。如图 1-2 所示，气动搬运机器人由三个气缸组成。图中 1 为长臂伸缩缸，通过活塞、活塞杆带动真空吸头 4 实现伸出和缩回两种动作，当真空吸头 4 伸出时可吸附工件；当真空吸头 4 缩回时可拾放工件。2 为竖直回转缸，可带动长臂伸缩缸 1 和真空吸头 4 发生回转。3 为竖直伸缩缸，带动长臂伸缩缸 1、竖直回转缸 2 等部件一同上升或下降。该系统的工作过程如下：

1）按下气动搬运机器人控制系统的启动按钮，电磁线圈 3YA 通电，电磁阀 11 处于左位，压缩空气进入竖直伸缩缸 3 下腔，活塞杆上移。

2）当竖直伸缩缸 3 活塞上的挡块碰到行程开关 c_1 时，电磁线圈 3YA 断电，5YA 通电，电磁阀 6 处于左位，长臂伸缩缸 1 活塞杆伸出，带动真空吸头 4 进入工作点并吸取工件。

3）当长臂伸缩缸 1 活塞上的挡块碰到行程开关 a_1 时，电磁线圈 5YA 断电，1YA 通电，电磁阀 5 处于左位，竖直回转缸 2 顺时针方向回转，使真空吸头 4 进入下料点下料。

4）当竖直回转缸 2 活塞杆上的挡块压下行程开关 b_1 时，1YA 断电，2YA 通电，电磁阀

5 处于右位，竖直回转缸 2 复位。

5）竖直回转缸 2 复位时，其上挡块碰到行程开关 b_0时，6YA 通电，2YA 断电，电磁阀 6 处于右位，长臂伸缩缸 1 活塞杆退回。

6）长臂伸缩缸 1 退回时，挡块碰到 a_0，6YA 断电，4YA 通电，电磁阀 11 处于下位，竖直伸缩缸 3 活塞杆下降，到原位时，碰上行程开关 c_0，4YA 断电，至此该机器人完成了一个工作循环。

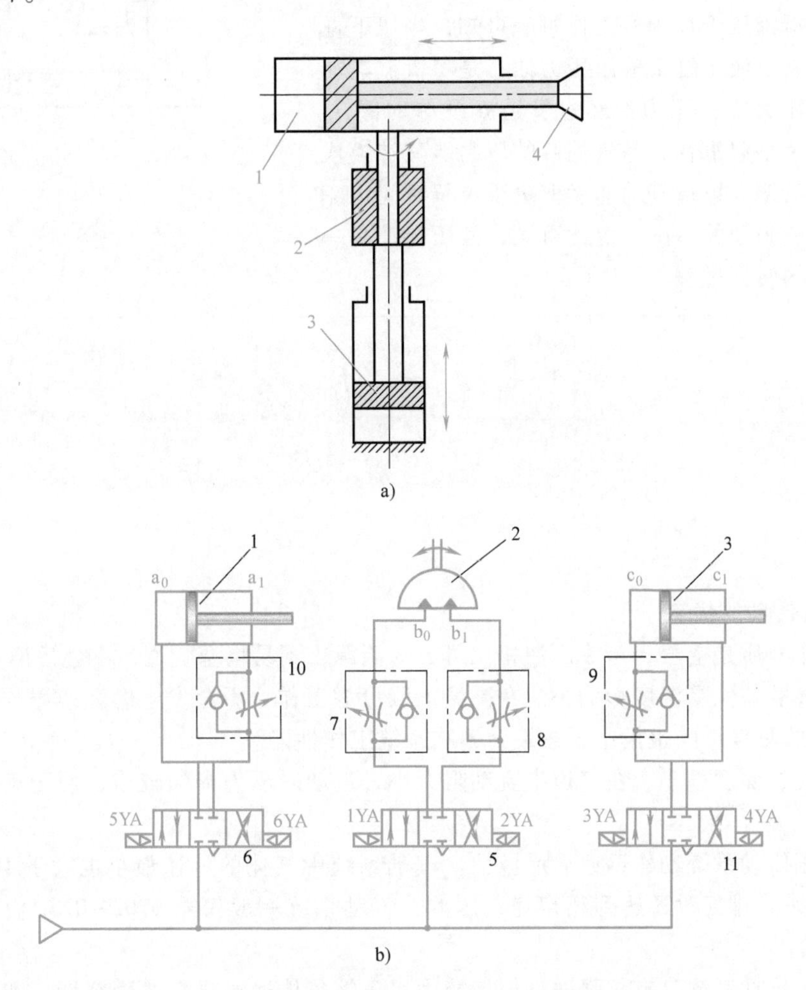

图 1-2 气动搬运机器人的工作原理

a）结构原理图 b）图形符号图

1—长臂伸缩缸 2—竖直回转缸 3—竖直伸缩缸 4—真空吸头 5、6、11—电磁阀

7～10—单向节流阀 a_0、a_1、b_0、b_1、c_0、c_1—行程开关

2. 液压传动的工作原理

这里以图 1-3 所示的液压千斤顶的工作原理为例，介绍液压传动的工作原理。大液压缸 9 和大活塞 8 组成举升液压缸。杠杆手柄 1、小液压缸 2、小活塞 3、单向阀 4 和 7 组成手动液压泵。如提起手柄使小活塞上移，小活塞下腔容积增大，形成局部真空，这时单向阀 4 打开，通过吸油管 5 从油箱 12 中吸油；用力压下杠杆手柄，小活塞 3 下移，小活塞 3 下腔压力升高，单向阀 4 关闭，单向阀 7 打开，下腔的油液经管道 6 输入大液压缸 9 的下腔，迫使

大活塞 8 上移，顶起重物。再次提起杠杆手柄吸油时，单向阀 7 自动关闭，使油液不能倒流，从而保证重物不会自行下落。不断地往复扳动杠杆手柄，能把油液压入大液压缸 9 下腔，使重物逐渐地升起。若打开截止阀 11，大液压缸 9 下腔的油液通过管道 10、截止阀 11 流回油箱，重物下落。

通过分析液压千斤顶的工作过程可知，当压下杠杆手柄 1 时，小液压缸 2 输出压力油，是将机械能转换成油液的压力能；压力油经过管道 6 及单向阀 7，推动大活塞 8 举起重物，是将油液的压力能又转换成机械能。大活塞 8 被举升的速度取决于单位时间内流入大液压缸 9 中油的多少。由此可见，液压传动是一个不同能量的转换过程。

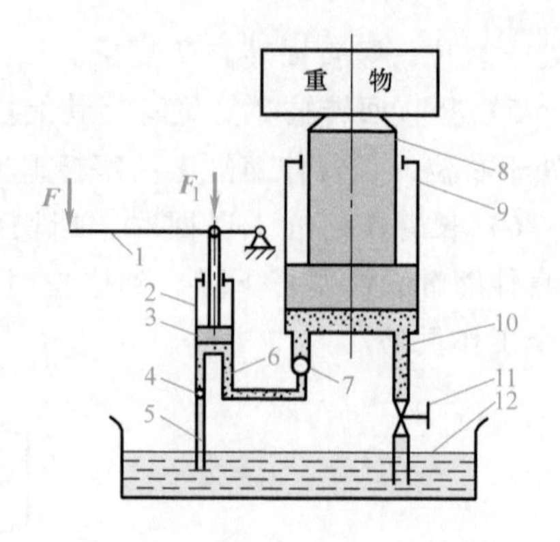

图 1-3 液压千斤顶的工作原理

1—杠杆手柄 2—小液压缸 3—小活塞 4、7—单向阀 5—吸油管 6、10—管道 8—大活塞 9—大液压缸 11—截止阀 12—油箱

1.3 气液传动的优缺点

1.3.1 气压传动的优缺点

1. 气压传动的优点

1）工作介质是空气，与液压油相比可节约能源，不易堵塞管道，不会污染环境。

2）空气的特性受温度影响小。在高温下能可靠工作，不会发生燃烧或爆炸。温度变化时，对空气的黏度影响也极小，故不会影响系统工作性能。

3）空气的黏度很小，在气道中流动阻力小，流动时压力损失较小，便于集中供应和远距离输送。

4）气压传动系统动作迅速、反应快。气动系统中气体的流速最小也大于 10m/s，有时甚至达到声速，排气时还达到超声速。因此，气动系统一般仅需 0.02~0.3s 便可达到工作压力和速度。

5）气压传动系统具有较强的自保持能力。压缩气体通过自身的膨胀性，即使压缩机停机，关闭气阀，系统装置中的压缩气体仍可维持在一个稳定压力。

6）气动元件可靠性高、寿命长。气动元件可运行 2000 万~4000 万次，而电气元件可运行数百万次。

7）气压传动工作环境适应性强，特别是在易燃、易爆、多尘、强磁、辐射、振动等恶劣环境中具有应用优势。

8）气动系统组成简单，造价低，维护方便，过载能自我保护。

2. 气压传动的缺点

1）气体的可压缩性导致气动系统难以实现精确的速度控制和位置控制，尤其是外载变化情况。

2）气动系统工作压力低，使气动执行元件的输出力、力矩受到限制。在结构尺寸相同的情况下，气动执行元件比液压执行元件输出力要小得多。气动执行元件的输出力不宜大于10k~40kN。

3）气动系统由于压力等信号传递速度比光、电控制速度慢，不宜用于信号传递速度要求过高的复杂系统，同时难以实现对生产过程的遥控。

4）噪声较大，尤其是在超声速排气时要加消声器。

5）由于干燥的压力气体无润滑性能，气动系统需设置润滑装置。

1.3.2 液压传动的优缺点

1. 液压传动的优点

1）液压传动借助阀或变量泵、变量马达，可在大范围内实现无级调速。

2）在相同功率情况下，液压传动装置的重量轻、结构紧凑、惯性小。

3）传递运动均匀平稳，负载变化时速度较稳定。

4）液压系统借助于溢流阀等元件，易于实现过载保护。

5）液压元件能自行润滑，因此使用寿命长。

6）液压传动借助于各种控制阀，结合相关电气控制，易于实现自动控制。

7）液压元件已实现了标准化、系列化和通用化，便于设计、制造和推广使用。

2. 液压传动系统的缺点

1）液压系统中的漏油等因素将影响运动的平稳性，也使得液压传动难以获得准确的传动比。

2）液压传动对油温的变化比较敏感。温度变化时，液体黏性变化，引起运动特性的变化，使得工作的稳定性受到影响，所以它不宜在温度变化很大的环境下工作。

3）为了减少泄漏，液压元件的配合件制造精度要求较高，加工工艺较复杂。

4）液压传动要求有单独的能源，不像电源那样使用方便。

5）液压系统发生故障不易检查和排除。

1.4 气液传动的应用

1.4.1 气压传动的应用

1. 典型应用

（1）汽车制造业　现代汽车车身的焊接、涂装、组装等装配生产线都大量应用气压传动系统。如车身焊接线上利用真空吸盘吸取、放置车身外壳，通过使用各种特殊气缸及其相应的气动系统，实现车身在各工位间的移动、定位、夹紧，以及焊枪快速接近、减速和软着陆后变压控制电焊等操作。

（2）机械制造业　在切削加工领域，数控机床采用高速气缸，快速实现门的自动启闭。为了保证刀具的良好润滑效果，又满足绿色制造要求，对切削区域采用压力气体进行微量润滑。在各类机械制造生产线上，通过不同品种、规格的气爪和真空吸盘，组成多种形式的气动机械手，用于夹持、拾放处于不同工作环境、具有不同形状的工件。利用气动位置传感器，可检测工件的加工精度。

（3）电子制造业　在3C产品（计算机、通信和消费类电子产品）的生产装配线上，体积尺寸小的电子元器件、高精度的操作装配导致人工操作较为不便，作业效率低。利用气压传动系统，通过使用大小不一、形状不同的气缸、气爪和真空吸盘，可将难以抓起的硅片、显像管、IC芯片等元器件送至指定位置，如家电、冰箱、半导体芯片、印制电路等生产装配线。

（4）绿色包装业　气压传动系统因其工作介质——压缩气体无污染，广泛用于食品、药品、粮食、烟草、化工、化肥等物品的包装，如对粉状、粒状等固体物料实现自动计量包装，也可对啤酒、牙膏、油料、油漆、油墨、化妆品等液体物料进行自动计量灌装，还可用于烟草的自动包装等。

（5）生产自动化　为了稳定提高产品质量，减少单调或繁重的人工劳动，提高生产率，气压传动系统可辅助各类生产线实现自动化，如家电、机床、汽车、模具、航空航天等行业的零件加工和组装生产线，利用气压传动系统实现工件的搬运、定位、夹紧、进给、装卸、装配、清洗及检测等操作。

2. 发展趋势

（1）小型化、轻量化　气动元件的超薄、超小型化制造常采用铝合金及塑料等新材料，并进行等强度设计，重量大为减轻。例如：已出现活塞直径小于2.5mm的气缸、10g重的低功率电磁阀，其功率只有0.5~1W。此类元件正逐步推广至许多工业领域。

（2）复合集成化　最常见的复合集成元件是带阀、带开关的气缸，以满足减少配管、节省空间、简化装拆、提高效率等要求。例如：将换向阀、调速阀和气缸组成一体的带阀气缸，能实现换向、调速及气缸所承担的功能；若对气阀进行集成化，能将几个阀组合安装，还能融入传感器、可编程序控制器等功能。此类复合集成化的气动元件正相继涌现。

（3）无给油化　为适应食品、医药、生物工程、电子、纺织、精密仪器等行业的无污染要求，不加润滑脂、不供油润滑的元件正逐步普及。构造特殊、用自润滑材料制造的无润滑元件，不仅节省大量润滑油，不污染环境，而且系统简单、性能稳定、成本低、寿命长。

（4）智能化　智能气动是指气动元件或单元内置了微处理器，具有处理指令和程序控制功能。例如：内置了可编程序控制器的阀岛可与现场总线技术相结合，实现气电一体化。这是未来气动技术的一个重要发展方向。

1.4.2　液压传动的典型应用

当前，液压传动技术正朝着高压、高速、大功率、高效率、低噪声、低能耗、高度集成化等方向发展。新型液压元件的应用、液压系统的计算机辅助设计、计算机仿真和优化、计算机机控制等技术的综合应用，促使液压传动在国民经济的多个领域中得到了普遍的应用，见表1-1。

表 1-1 液压传动在各类机械行业中的应用实例

行业名称	应用举例
切削加工机床	数控车床、数控刨床、数控磨床、数控铣床、数控镗床、数控加工中心等
工程机械	挖掘机、装载机、推土机、压路机、铲运机等
起重运输机械	汽车吊、港口龙门吊、叉车、装卸机械、皮带运输机等
矿山机械	凿岩机、开掘机、开采机、破碎机、提升机、液压支架等
建筑机械	打桩机、液压千斤顶、平地机等
农业机械	联合收割机、拖拉机、农具悬挂系统等
冶金机械	电炉炉顶及电极升降机、轧钢机、压力机等
轻工机械	打包机、注塑机、校直机、橡胶硫化机、造纸机等
汽车工业	自卸式汽车、平板车、高空作业车、汽车中的转向器、减振器等
智能机械	折臂式小汽车装卸器、数字式体育锻炼机、模拟驾驶舱、机器人等

实训 气压传动系统认知

1. 实训目的

(1) 熟悉气压传动系统的基本组成。

(2) 熟悉双作用气缸、二位四通手动换向阀的使用。

(3) 熟悉双作用气缸直接控制的实现原理。

(4) 了解气压传动实训台、气动元件、管路等的连接、固定方法和操作原则。

(5) 熟悉基本气压传动回路图，能顺利搭建本实训回路，并完成规定的运动。

2. 实训原理和方法

本实训是建立一个双作用气缸的直接控制系统，实训回路如图 1-4 所示。初始位置：气缸和控制阀的初始位置可根据回路图来确定，双作用气缸 1 活塞位于尾端，气缸中空气通过二位四通手动换向阀 2 排出。

步骤 1：按下按钮开关，使二位四通手动换向阀2A→D 导通，C→B 导通，空气被压送到气缸活塞后部，活塞向前运动；如果按钮开关继续按着，活塞杆保持在前端位置。

步骤 2：松开按钮开关，使二位四通手动换向阀2A→C 导通，D→B 导通，空气被压送到气缸活塞前端，使活塞返回初始位置。

注意：如果按钮开关仅是短暂按下，活塞杆将仅向前运动一段距离马上退回。

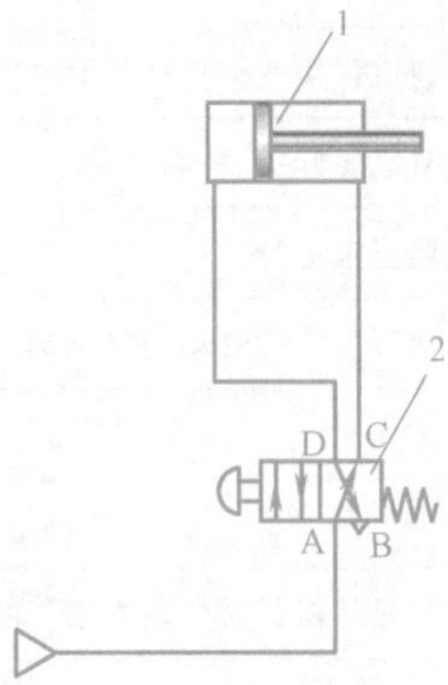

图 1-4 双作用气缸的直接控制

1—双作用气缸 2—二位四通手动换向阀

3. 主要设备和元件

双作用气缸直接控制实训的主要设备和实训元件见表 1-2。

表 1-2　主要设备和实训元件

序号	实训设备和元件	序号	实训设备和元件
1	气源	4	二位四通手动换向阀
2	气动实训平台	5	气管
3	双作用气缸	6	气源处理装置

4. 实训操作步骤

1）按照实训原理图选择所需的气动元件，并摆放在实训台上。

2）关闭气源开关，在实训台上连接气动控制回路。

3）打开气源开关，调节控制旋钮，观察气缸活塞杆的运行方向。

4）关闭气源开关，拆卸所搭接的气动回路，并将气动元件、管路等归位。

5. 操作技能测评

学生应能够按照实训步骤和技能测试记录表中的测评要求，进行独立思考和实训。双作用气缸的直接控制实训测试记录表见表 1-3。

表 1-3　双作用气缸的直接控制实训测试记录表

实训操作技能训练测试记录			
学生姓名		学号	
专业		班级	
课程		指导老师	
下列清单作为测评依据，用于判断学生是否通过测评、达到所需能力标准			
第一阶段：测量数据			
测评项目	分值	得分	
遵守实训室的各种规章制度	10		
熟悉原理图中各气动元件的基本工作原理	10		
熟悉原理图的基本工作原理	10		
正确搭建双作用气缸换向控制回路	15		
正确调节气源开关、控制旋钮	20		
控制回路正常运行	10		
正确拆卸所搭接的气动控制回路	10		
第二阶段：处理、分析及整理数据			
测评项目	分值	得分	
利用现有元件拟订另一种方案，并进行比较	15		
实训技能训练评估记录			
实训技能训练评估等级： 优秀（90 分以上），良好（80 分以上），一般（70 分以上），及格（60 分以上），不及格（60 分以下）			
指导老师签字________　日期______			

6. 实训报告与思考题

(1) 气压传动回路中，控制阀是怎样实现双作用气缸换向运行的？

(2) 分析实训中所用气动元件的功能特点。

思考与练习

1. 何谓气压传动？气压传动的基本工作原理是什么？
2. 简述气压传动系统的基本组成及作用。
3. 简述气压传动系统的工作流程。
4. 液压传动系统由哪几个部分组成？各部分组成的作用是什么？
5. 液压传动的主要优缺点有哪些？
6. 同液压传动相比，气压传动主要有哪些优缺点？
7. 举例说明气压传动的典型工程应用。

第2章 CHAPTER 2 气液传动技术基础

工作介质的基本性质和合理选用，对气液传动系统的工作状态影响较大。本章重点介绍气液传动工作介质的物理性质、流动规律等基础技术，为气液传动系统的设计、使用和维护奠定基础。

2.1 工作介质

2.1.1 空气的物理性质

1. 空气的成分

自然界中的空气主要包括氮气、氧气、氩气、二氧化碳、水蒸气及其他一些气体。含水蒸气的空气称为湿空气，不含水蒸气的空气称为干空气。空气有标准状态和基准状态两种状态。标准状态是指温度为20℃、相对湿度为65%、绝对压力为0.1MPa时湿空气的状态。基准状态是指温度为0℃、绝对压力为一个标准大气压（0.10133MPa）时干空气的状态。表2-1为基准状态下干空气的主要成分。

表2-1 基准状态下干空气的主要成分

成分	氮	氧	氩	二氧化碳	氢	其他
体积分数(%)	78.03	20.93	0.932	0.03	0.03	0.05
质量分数(%)	75.50	23.10	1.28	0.045		

2. 密度和质量体积

单位体积空气的质量，称为气体密度，表示为

$$\rho=\frac{m}{V} \tag{2-1}$$

式中，ρ 为气体密度（kg/m^3）；m 为空气质量（kg）；V 为空气体积（m^3）。

气体密度与气体压力、温度有关。随着压力增加，密度增大；温度升高，密度减小。任

意温度和压力下，干空气的密度可用下式计算

$$\rho=1.293\times\frac{273}{273+t}\times\frac{p}{0.1013} \tag{2-2}$$

式中，t 为空气温度（℃）；p 为空气绝对压力（MPa）。

质量体积是指单位质量气体占有的体积，用 V' 表示

$$V'=\frac{1}{\rho} \tag{2-3}$$

密度与质量体积的关系表示为

$$\rho=\frac{1}{V'} \tag{2-4}$$

3. 黏度

黏度用来表征气体在外力作用下流动时黏性的特性。空气的黏度与温度、压力的关系为：随着温度的升高，黏度会显著增大（其原因是高温中气体分子运动加剧，导致分子间碰撞增多，因此温度的变化对气体黏度的影响较为显著）；而压力的变化对气体黏度的影响很小，可忽略不计。

4. 湿度

湿度用来表示湿空气中含水量的多少。空气湿度的表示方法有绝对湿度和相对湿度两种。

绝对湿度是指每立方米湿空气中所含气体的质量，即

$$x=\frac{m_s}{V} \tag{2-5}$$

式中，m_s 为湿空气中水蒸气的质量；V 为湿空气的体积。

相对湿度是指在一定温度时，气体的绝对湿度与饱和绝对湿度之比，即

$$\phi=\frac{x}{x_b}\times100\% \tag{2-6}$$

式中，x 为绝对湿度；x_b 为饱和绝对湿度。

空气中的含水量对系统的工作稳定性有直接影响，因此，气压传动中明确规定各种阀工作时的相对湿度应小于95%。

5. 气体的可压缩性

与固体和液体相比，气体的显著特点是：分子间的距离大、内聚力小，分子运动较为自由。气体体积易随压力和温度的变化而变化，因而具有明显的可压缩性。但当气体分子的平均速度不高于50m/s时，气体的可压缩性并不明显。当气体分子的平均速度高于50m/s时，气体的可压缩性将明显体现出来。

2.1.2 液压油

1. 液压油的物理特性

（1）密度 ρ　单位体积液体的质量称为该种液体的密度，以 ρ 表示，即

$$\rho=\frac{m}{V} \tag{2-7}$$

式中，ρ 为液体密度（kg/m^3）；m 为液体质量（kg）；V 为液体体积（m^3）。

密度是液压油的一个重要物理参数，它随着液压油温度和压力的变化而变化，但这种变化量通常很小，在实际应用中可忽略不计。一般液压油的密度为 $900kg/m^3$。

（2）可压缩性　液体受压力作用发生体积变化的性质称为液体的可压缩性。若压力为 p，液体体积为 V，当压力增加 Δp 时，液体体积减小 ΔV，则液体在单位压力变化下的体积相对变化量为：

$$k=-\frac{1}{\Delta p}\frac{\Delta V}{V} \tag{2-8}$$

式中，k 为液体的体积压缩系数（m^2/N）。

由于压力增加时液体体积减小，反之则增大，故 $\Delta V/V$ 为负值。为了使 k 为正值，故在式（2-8）的右边增加了一个负号。

液体的体积压缩系数 k 的倒数 K 称为液体的体积模量，即

$$K=\frac{1}{k}=-\frac{V\Delta p}{\Delta V} \tag{2-9}$$

式中，K 表示产生单位体积相对变化量所需要的压力增量。在实际应用中，常用 K 值来说明液体抵抗压缩能力的大小。在常温下，纯净液压油的体积模量 $K=(1.4\sim2)\times10^3$ MPa，而钢的体积模量为 $(2\sim2.1)\times10^5$ MPa，可见液压油的可压缩性是钢的 100～150 倍。因此，一般认为液体是不可压缩的。

（3）黏性

1）黏性的物理意义。液体在外力的作用下流动时，液体分子间的内聚力会阻碍分子相对运动，即分子间产生一种内摩擦力，这一特性称为液体的黏性。

液体流动时，由于液体的黏性以及液体与固体壁面间的附着力，会使液体内部各层间的速度大小不等。如图 2-1 所示，设两平行平板间充满液体，下平板不动，上平板以速度 u_0 向右平移。由于液体的黏性作用，紧贴下平板的液体层速度为零，紧贴上平板的液体层速度为 u_0，而中间各层液体的速度则根据它与下平板间的距离大小近似呈线性规律分布。

液体流动时，相邻液层之间的内摩擦力 F 与液层间的接触面积 A、液层间的相对运动速度 du 也成正比，而与液层间的距离 dy 成反比，即

$$F=\mu A\frac{du}{dy} \tag{2-10}$$

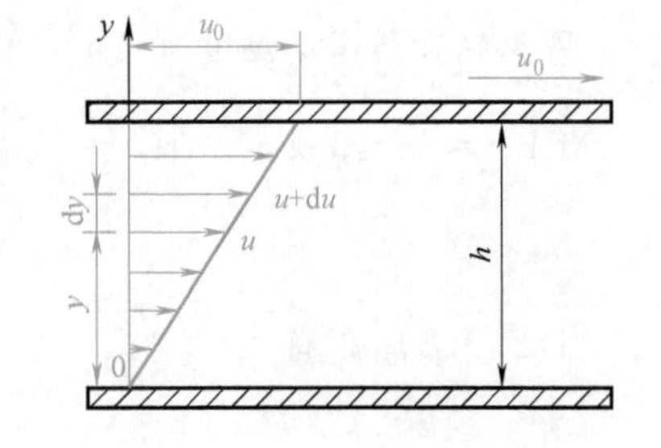

图 2-1　液体的黏性示意图

式中，μ 为流体的黏性系数，称为绝对黏度；du/dy 表示流体层间速度差异的程度，称为速度梯度。

若以 τ 表示切应力，即单位面积上的内摩擦力，则有：

$$\tau=\frac{F}{A}=\mu\frac{du}{dy} \tag{2-11}$$

式（2-11）为牛顿内摩擦定律。在流体力学中，把黏性系数不随速度梯度变化而变化的液体称为牛顿液体，其余称为非牛顿液体。一般液压油均可视为牛顿液体。

2）黏度。液体黏性的大小用黏度来表示。流体的黏度通常有三种表示方法：绝对黏度、运动黏度和相对黏度。

① 绝对黏度μ。绝对黏度又称动力黏度，它是表征流体内摩擦力大小的黏性系数。其量值等于液体在单位速度梯度（$du/dz=1$）流动时，液层接触面单位面积上的内摩擦力的大小，即

$$\mu=\frac{F}{A\frac{du}{dy}} \tag{2-12}$$

动力黏度的国际（SI）计量单位为$N\cdot s/m^2$或$Pa\cdot s$。

② 运动黏度ν。运动黏度ν是绝对黏度μ与密度ρ的比值：

$$\nu=\frac{\mu}{\rho} \tag{2-13}$$

式中，ν为液体的运动黏度（m^2/s）；ρ为液体的密度（kg/m^3）。

运动黏度ν无明确的物理意义，因为在其单位中只有长度和时间的量纲。在工程中，常用运动黏度ν来标志液体的黏度。国际标准化组织（ISO）标准中，各类液压油的牌号是按其在一定温度下运动黏度的平均值来规定的。

③ 相对黏度。相对黏度又称为条件黏度。它是采用特定的黏度计在规定的条件下测出来的液体黏度。测量条件不同，采用的相对黏度单位也不同，如中国、德国、俄罗斯采用恩氏黏度（$°E$），美国采用国际赛氏黏度（SSU），英国采用商用雷氏黏度（$''R$）等。

恩氏黏度用恩氏黏度计测定。将温度为t（℃）的$200cm^3$被测液体由恩氏黏度计的小孔中流出所用的时间t_1，与温度为20℃的$200cm^3$蒸馏水由恩氏黏度计的小孔中流出所用的时间t_2（通常$t_2=51s$）之比，称为该被测液体在温度t（℃）下的恩氏黏度，记为$°E=\frac{t_1}{t_2}=\frac{t_1}{51s}$，恩氏黏度与运动黏度（$mm^2/s$）的换算关系如下：

当$1.3\leqslant°E\leqslant3.2$时，有

$$\nu=8°E-\frac{8.64}{°E} \tag{2-14}$$

当$°E>3.2$时，有

$$\nu=7.6°E-\frac{4}{°E} \tag{2-15}$$

（4）压力对黏度的影响　当液体所受的压力加大时，分子之间的距离缩小，内聚力增大，其黏度也随之增大。一般情况下，压力对黏度的影响比较小，在工程中当压力低于5MPa时，黏度值的变化很小，可以不考虑。

（5）温度对黏度的影响　液压油黏度对温度的变化是十分敏感的，当温度升高时，其分子之间的内聚力减小，黏度就随之降低。不同种类的液压油，它的黏度随温度变化的规律也不同。我国常用黏温图表示油液黏度随温度变化的关系。对于常用的液压油，当运动黏度不超过$76mm^2/s$，温度在30~150℃时，可用下式近似计算其温度为t（℃）时的运动黏度：

$$\nu_t=\nu_{50}(50/t)^n \tag{2-16}$$

式中，ν_t 为温度在 t（℃）时液压油的运动黏度；ν_{50} 为温度在 50℃时液压油的运动黏度；n 为黏温指数。

黏温指数 n 随液压油的黏度不同而变化，其值可参考表 2-2。

表 2-2 黏温指数

ν_{50}/(mm²/s)	2.5	6.5	9.5	12	21	30	38	45	52	60
n	1.39	1.59	1.72	1.79	1.99	2.13	2.24	2.32	2.42	2.49

2. 液压系统对液压油的要求

1）适宜的黏度和良好的黏温性能。一般液压系统所用的液压油的黏度范围为：$\nu=(11.5\sim35.3)\times10^{-6}\text{m}^2/\text{s}$（$2\sim5°\text{E}_{50}$）

2）对液压装置及相对运动的元件具有良好的润滑性。

3）良好的化学稳定性，即对热、氧化、水解、相容都具有良好的稳定性。

4）对金属材料具有防锈性和防腐性。

5）比热容、热导率大，热膨胀系数小。

6）抗泡沫性好，抗乳化性好。

7）油液纯净，含杂质量少。

8）流动点和凝固点低，闪点和燃点高。

3. 液压油的分类

1）矿油型：由提炼后的石油和油制品加入各种添加剂精制而成，具有品种多、润滑性好、腐蚀性小、化学稳定性好、成本低、适用范围广等特点。缺点是易燃。

2）乳化型：由两种互不相溶的液体（如水和油）组成。分为水包油乳化液和油包水乳化液两种。

3）合成型：有水-乙二醇液和磷酸酯液两种，适用于有抗燃要求的中、高压系统。

4. 液压油的选用

（1）选用原则　液压油的质量对液压系统适应各种环境条件和工作状况的能力，延长系统和元件的寿命，提高设备运转的可靠性等，都有着重要影响。正确合理地选择液压油，需综合以下各方面的要求：

1）列出液压系统对油品性能（黏度、温度、可压缩性、润滑性）等变化范围的要求。

2）液压系统工作环境，如系统抑制噪声的能力、废液再生处理及环保要求。

3）液压油液的经济性，包括液压油的价格及使用寿命，货源情况，维修、更换难易程度等。

（2）黏度等级的选用　黏度太高，管路的压力损失太大，发热也大，会使系统的效率降低；黏度太低，则系统的泄漏量过多，会使系统的容积效率降低。因此，应选用能使液压系统正常、高效和长时间运转的合适黏度的液压油。当液压系统的工作温度范围较大时，则应选用黏度指数较高的液压油。

一般来说，液压系统的工作压力较高或环境温度较高时，宜选用黏度较高的液压油，以减少泄漏；工作部件的运动速度较高或环境温度较低时，应选用黏度较低的液压油，以减少摩擦损失。

（3）油品的选用

1）按工作温度选择。工作温度主要对液压油的黏温性和热稳定性提出要求，见表 2-3。

表 2-3 按工作温度选择液压油

液压油的工作温度/℃	<-10	-10~80	>80
液压油品种	HR、HV、HS	HH、HL、HM	优等 HM、HV、HS

2）按工作压力选择。工作压力主要对液压油的润滑性提出要求。对于高压系统的液压元件，特别是液压泵中处于边界润滑状态的摩擦，由于压力大、速度高，润滑条件苛刻，因此必须采用抗磨性优良的液压油。

3）按液压泵的类型选择。液压泵的类型较多，如齿轮泵、叶片泵、柱塞泵等，同类泵又因功率、转速、压力、流量、材质等因素的影响使液压油的选用较为复杂。一般来说，低压系统可选用 HL 油，中、高压系统应选用 HM 油。

5. 液压油的污染与防护

（1）污染的原因

1）液压系统的管道及液压元件内的型砂、切屑、磨料、焊渣、锈片、灰尘等污垢在系统使用前冲洗时未被洗干净，在液压系统工作时，这些污垢会进入到液压油里。

2）外界的灰尘、砂粒等在液压系统工作过程中通过往复伸缩的活塞杆、流回油箱的漏油等进入液压油里。另外在检修时，稍不注意也会使灰尘、棉绒等混入液压油里。

3）液压系统本身也不断地产生污垢，而直接混入液压油里，如金属和密封材料的磨损颗粒、过滤材料脱落的颗粒或纤维及油液因油温升高氧化变质而生成的胶状物等。

（2）污染的危害　液压油污染严重时，直接影响液压系统的工作性能，使液压系统发生故障，使液压元件寿命缩短。造成这些危害的原因主要是污垢中的颗粒。这些颗粒会使液压元件的滑动部分磨损加剧，并可能堵塞液压元件的节流孔、阻尼孔，或使阀芯卡死，从而造成系统故障。水分和空气的混入，使液压油的润滑能力降低并使它加速氧化变质，产生气蚀，使液压元件加速腐蚀，使液压系统出现振动、爬行等。

（3）防止污染的措施　对液压油的污染控制工作主要从两个方面着手：一是防止污染物侵入液压系统，二是把已经侵入的污染物从系统中清除出去。为防止油液污染，在实际工作中应采取如下措施：

1）液压油在使用前要保持清洁。液压油在运输和保管过程中可能会受到外界污染，新买来的液压油需静放数天并经过滤后方可加入液压系统中使用。

2）液压系统在装配后、运转前要保持清洁。液压元件在加工和装配过程中要清洗干净，液压系统在装配后、运转前应彻底进行清洗，最好用系统工作中使用的油液清洗。清洗时，油箱除通气孔外必须全部密封，密封件不可有飞边、毛刺。

3）液压油在工作中要保持清洁。为了尽量防止工作中空气、水分、灰尘、磨料和冷却液的侵入，应采用密封油箱，通气孔上加空气过滤器，经常检查并定期更换密封件和蓄能器中的胶囊。

4）采用合适的过滤器。应根据设备的要求，在液压系统中选用不同的过滤方式、不同的精度和不同结构的过滤器，并要定期检查和清洗过滤器和油箱。

5）定期更换液压油。更换新油前，需先清洗油箱；可用煤油清洗较脏系统，排尽后注入新油。

6）控制液压油的工作温度。液压油的工作温度过高对液压装置不利，液压油本身也会加速氧化变质，产生各种生成物，缩短它的使用期限，一般液压系统的工作温度最好控制在65℃以下。

2.2 理想气体的状态方程及其状态变化过程

所谓理想气体，是指气体分子间只有相互碰撞而无相互摩擦作用力。实际气体由于分子间具有黏性，并不是理想气体。若以实际气体为对象，研究气体性质的过程较为复杂。当压力在0~10MPa，温度在0~200℃变化时，实际气体几乎接近理想气体，由此引起的误差可忽略不计。在气压传动系统中，压缩空气的工作压力一般在2.0MPa以下，可视为理想气体。

2.2.1 理想气体的状态方程

当一定质量的理想气体处于某一平衡状态时，其压力、温度和质量体积之间的关系为

$$pV' = RT \tag{2-17}$$

或者

$$pV = mRT \tag{2-18}$$

式（2-17）和式（2-18）称为理想气体的状态方程。其中，p 为气体的绝对压力（N/m^2）；V'为气体的质量体积（m^3/kg）；R 为气体常数，干空气 $R=287.1N \cdot m/(kg \cdot K)$，湿空气 $R=462.05N \cdot m/(kg \cdot K)$；$T$ 为空气的绝对温度（K）；m 为空气的质量（kg）；V 为气体的体积（m^3）。

2.2.2 理想气体的状态变化过程

在理想气体进行能量传递的过程中，其绝对压力、绝对温度和质量体积的变化规律，将决定气体处于不同状态和不同状态的变化过程。

1. 等容变化

一定质量的理想气体，若从状态1变化至状态2的过程中保持气体体积不变，则此变化过程称为等容变化。等容变化的状态方程为

$$\frac{p_1}{T_1} = \frac{p_2}{T_2} = 常数 \tag{2-19}$$

式（2-19）表明，当气体体积保持不变时，其压力与温度的变化成线性正比关系。由于等容变化时气体体积保持不变，气体对外不做功，随着气体压力的增加，气体温度升高，系统内能增加。上述气体所呈现的等容变化规律，也称为查理定律。

2. 等压变化

一定质量的理想气体，若从状态1变化至状态2的过程中保持压力不变，则此变化过程称为等压变化。等压变化的状态方程为

$$\frac{V_1'}{T_1} = \frac{V_2'}{T_2} = 常数 \tag{2-20}$$

式（2-20）表明，当压力保持不变时，温度上升，气体质量体积增大；当温度下降时，

气体质量体积减小。等压变化过程中，随着温度上升，气体获得热量，内能增加。上述气体所呈现的等压变化规律，也称为盖吕萨克定律。

3. 等温变化

一定质量的理想气体，若从状态 1 变化至状态 2 的过程中保持温度不变，则此变化过程称为等温变化。等温变化的状态方程为

$$p_1V_1' = p_2V_2' = 常数 \tag{2-21}$$

式（2-21）表明，在温度保持不变的条件下，气体压力上升时，气体体积压缩，质量体积下降；压力下降时，气体体积膨胀，质量体积上升。上述气体所呈现的等温变化规律，也称为波义耳定律。

4. 绝热变化

一定质量的理想气体，若在状态变化过程中与外界完全无热量交换，则此变化过程称为绝热变化。绝热变化的状态方程为

$$p_1V_1^k = p_2V_2^k = 常数 \tag{2-22}$$

式中，k 为绝热指数，对于干空气 $k=1.4$，对于饱和蒸汽 $k=1.3$。

根据式（2-19）和式（2-22）可得

$$\frac{T_1}{T_2} = \left(\frac{V_2'}{V_1'}\right)^{k-1} = \left(\frac{p_1}{p_2}\right)^{\frac{k-1}{k}} \tag{2-23}$$

式（2-22）和式（2-23）表明，在绝热变化过程中，气体状态变化与外界无热量交换，系统靠消耗本身的内能对外做功，而且气温变化很大。在气压传动中，快速动作可近似认为是绝热变化过程。

5. 多变过程

在实际问题中，实际气体的变化过程往往是上面几种变化过程的一种组合，该变化过程称为多变过程。多变过程的状态方程为

$$p_1V_1^n = p_2V_2^n = 常数 \tag{2-24}$$

式中，n 为多变指数。对于不同的多变过程，n 值是不同的。而在特定的多变过程中，n 保持不变。

当 $n=0$ 时，$pV'^0=p=$常数，为等压变化过程。

当 $n=1$ 时，$pV'=$常数，为等温变化过程。

当 $n=\pm\infty$时，$p^{1/n}V'=p^0V'=V'=$常数，为等容变化过程。

当 $n=k$ 时，$pV'^k=$常数，为绝热变化过程，$k=1.4$。

2.3 气体流动规律

2.3.1 基本概念

1. 通流截面

垂直于流动管道轴线的断面称为通流截面或过流截面，常用 A 表示。截面上每点的流

动速度都垂直于该截面，如图 2-2 所示。

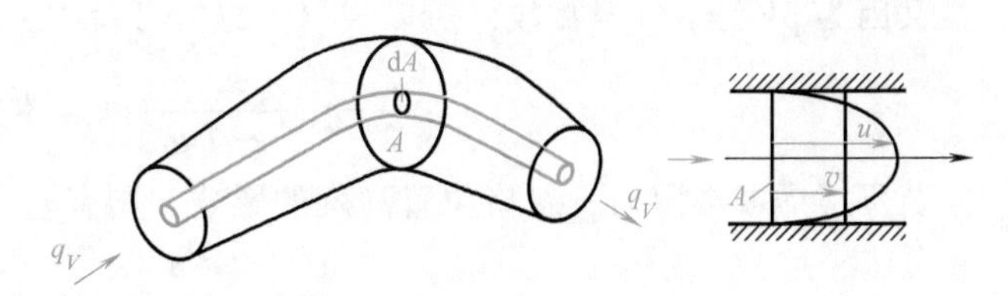

图 2-2 通流截面、流量与平均速度

2. 流量

单位时间内流过通流截面的流体体积（质量），称为体积（质量）流量，用 $q_V(q_m)$ 表示。流过通流截面 A 的体积流量为

$$q_V = \int_A u\mathrm{d}A \tag{2-25}$$

式中，u 为流体截面 $\mathrm{d}A$ 上的实际流速；A 为通流截面面积。

3. 平均速度

实际工程中，求解通流截面上的流速分布规律是困难的。为简化问题，将通流截面上的流场视为均匀场。假想通流截面上各点的流速相等，称为平均流速，用 v 表示。实际通过的流量按平均流速流动通过的流量来计算。即：

$$q_V = vA \text{ 或者 } v = \frac{q_V}{A} \tag{2-26}$$

2.3.2 气体流动的连续性方程

根据质量守恒定律，通过气管任意截面的气体质量流量 q_m 为

$$q_m = Av\rho \tag{2-27}$$

式中，A 为气管的任意截面面积；v 为该截面上气体的平均流速。

式（2-27）称为气体流动的连续性方程。如图 2-3 所示，对于任意的截面 1 和 2 有：

$$A_1 v_1 \rho_1 = A_2 v_2 \rho_2$$

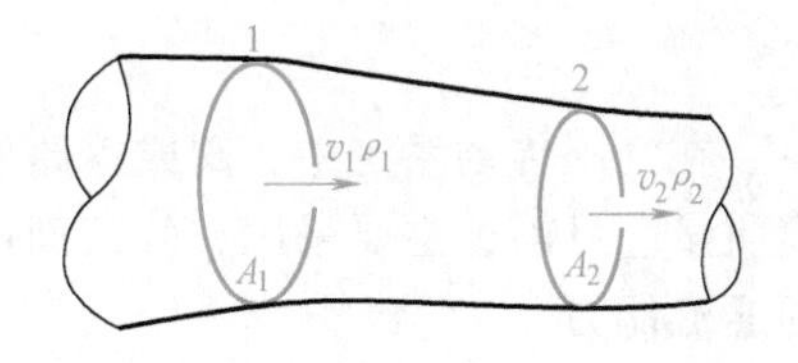

图 2-3 气体的流量连续性（示意图）

2.3.3 流动气体的能量方程

在气管的任意截面上，根据能量守恒定律，单位质量稳定的空气流的流动压力 p、平均流速 v、位置高度 H 和阻力损失 h_f 满足下列方程：

$$\frac{v^2}{2} + gH + \int \frac{\mathrm{d}p}{\rho} + gh_\mathrm{f} = \text{常数} \tag{2-28}$$

式（2-28）称为流动气体的能量方程，也称为流动气体的伯努利方程。

因气体是可压缩的，按式（2-24）绝热状态计算，对于可压缩气体，$\rho \neq$ 常数，因而有

$$\rho = \rho_1 \left(\frac{p}{p_1}\right)^{\frac{1}{k}} \tag{2-39}$$

则：

$$\int \frac{\mathrm{d}p}{\rho} = \frac{p_1^{\frac{1}{k}}}{\rho_1} \int p^{\frac{1}{k}} \mathrm{d}p = \frac{kp_1^{\frac{1}{k}}}{(k-1)\rho} p \frac{k-1}{k} + c \tag{2-30}$$

又因为 $pV'^k = p/\rho^k$ = 常数，所以式（2-27）可写成

$$\frac{v^2}{2}+gH+\frac{k}{k-1}\frac{p}{\rho}+gh_f=\text{常数} \tag{2-31}$$

若不考虑摩擦阻力，忽略位置高度的影响，则有

$$\frac{v^2}{2}+\frac{k}{k-1}\frac{p}{\rho}=\text{常数} \tag{2-32}$$

而在低速流动时，气体可认为是不可压缩的，可忽略摩擦和位置高度的影响，则式（2-28）可写成

$$\frac{v^2}{2}+\frac{p}{\rho}=\text{常数} \tag{2-33}$$

对流动气体的任意两个截面建立伯努利方程，经整理，由式（2-33）可得到如下常用的公式：

$$\begin{aligned}\frac{v_2^2-v_1^2}{2}&=\frac{k}{k-1}\left(\frac{p_1}{\rho_1}-\frac{p_2}{\rho_2}\right)=\frac{k}{k-1}\frac{p_1}{\rho_1}\left[1-\left(\frac{p_2}{p_1}\right)^{\frac{k-1}{k}}\right]\\&=\frac{k}{k-1}\frac{p_2}{\rho_2}\left[\left(\frac{p_1}{p_2}\right)^{\frac{k-1}{k}}-1\right]=\frac{k}{k-1}RT_1\left[1-\left(\frac{p_1}{p_2}\right)^{\frac{k-1}{k}}\right]\\&=\frac{k}{k-1}R(T_1-T_2)\end{aligned} \tag{2-34}$$

式中，v_1、v_2为两截面上的平均流速；p_1、p_2为两截面上的压力；T_1、T_2为两截面上的绝对温度。

2.3.4 通流能力

在气压传动系统中，阀或管路的通流能力是指单位时间内通过阀或管路的流体体积流量或质量。目前，主要采用有效截面面积 A、流量系数 C 和流量 q_V 三种指标来表征阀或管路的通流能力。

1. 有效截面面积 *A*

在气动系统中，通常认为元件通流截面与相应的管道截面等效。而实际上气动元件的通流截面面积与有效截面面积还是有差异的。有效截面面积是指一个无黏性气流中的理想节流小孔的流量等于实际气体流过气动元件的流量。这个有效截面面积只能用实验方法测定，经常用定积容器放气法来测定，测出有关数据后再用下式来计算

$$A=12.9V\frac{1}{t}\lg\frac{p_0+01013}{p+0.1013}\sqrt{\frac{273.1}{T}} \tag{2-35}$$

式中，V 为容器的体积（L）；t 为通气时间（s）；p_0为容器内初始压力（MPa）；p 为放气后容器内残余压力（MPa）；T 为室温（K）；A 为有效截面面积（mm^2）。

1）当在回路中有多个阀类元件并联使用时，可用总有效面积来代替：

$$A=A_1+A_2+A_3+\cdots+A_n \tag{2-36}$$

2）当 n 个阀是元件串联使用时，总有效面积为

$$\frac{1}{A^2}=\frac{1}{A_1^2}+\frac{1}{A_2^2}+\frac{1}{A_3^2}+\cdots+\frac{1}{A_n^2} \tag{2-37}$$

2. 流量系数 C、C_V

当阀全开时，阀两端压差为1.0MPa，密度为1000kg/m³的水通过阀时流量系数 C 为

$$C=\frac{q_V}{\sqrt{\frac{10\Delta p}{\rho g}}} \tag{2-38}$$

式中，q_V 为实测水的流量（m³/h）。

阀全开时，以60°F（约15.6℃）的清水，在阀前后保持压差为1bf/in²（约为0.007MPa），流经阀的流量用gal/min表示的数值（1gal/min=3.785L/min），该数值即为流量系数 C_V。A、C 和 C_V 间的换算关系为

$$\begin{cases} C_V=1.167C \\ A=16.98C_V\approx 17C_V \end{cases} \tag{2-39}$$

3. 流量 q_V

当气流通过气动元件时，使元件进口压力 p_1 保持不变，使出口压力 p_2 降低，当降低到 $p_2/p_1=0.528$ 或 $p_1=1.893p_2$ 时，气流达到声速；当 $p_2/p_1=0.528\sim1$ 时，称之为亚声速区。流量分别按式（2-40）和式（2-41）计算。

当 $p_2/p_1<0.528$（在声速区）时：

$$q_V=113A(p_1+0.1013)\sqrt{\frac{273.1}{T_1}} \tag{2-40}$$

当 $p_2/p_1>0.528$（在亚声速区）时：

$$q_V=226A\sqrt{\Delta p(p_2+0.1013)\frac{273.1}{T_1}} \tag{2-41}$$

式中，p_1、p_2 分别为进、出口的压力（MPa）；A 为有效截面面积（mm²）；T_1 为进口气体绝对温度（K）；q_V 为换算成自由状态后的空气流量（L/min）。

自由状态的流量 q_V 与受压状态的流量 q 之间的关系为

$$q_V=q\frac{p+0.1013}{0.1013} \tag{2-42}$$

式中，p 为受压状态下的压力（MPa）。

2.3.5 充放气温度与时间的计算

1. 充气后的温度和时间

如图2-4所示，向气罐充气时，容器中的压力由 p_0 升至 p_2，容器内的温度在绝热过程中从 T_0 上升到 T_2，充气过程中气源的压力不变，充气后的温度可由下式计算：

$$T_2=\frac{k}{1+\frac{p_0}{p_S}(k-1)}T_S \tag{2-43}$$

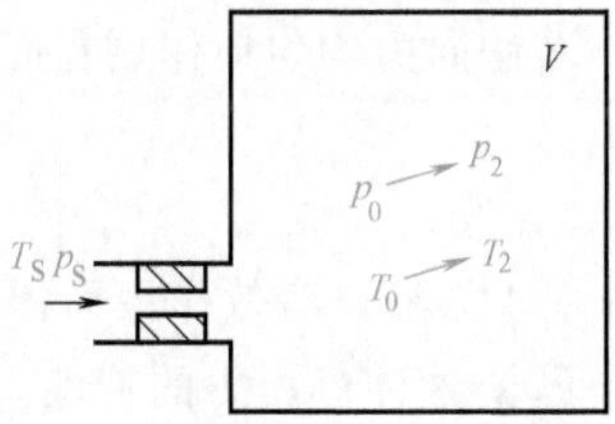

式中，T_S 为气源绝对温度（K）；k 为绝热指数。

图2-4 气罐充气

充气所需时间为

$$t=\left(1.285-\frac{p_0}{p_S}\right)\tau \tag{2-44}$$

式中，p_0为容器中初始绝对压力（MPa）；p_S为气源绝对压力（MPa）；τ为充气、放气时间常数（s），其值为

$$\tau=5.217\frac{V}{kA}\sqrt{\frac{273.1}{T_1}} \tag{2-45}$$

式中，V为容器的容积（L）；A为有效截面面积（mm^2）。

2. 放气后的温度和时间

气罐容器内，初始温度为T_1，压力为p_1，经绝热快速放气后（图2-5），温度降至T_2、压力降至p_2。由式（2-24）可知，$T_2=T_1(p_1/p_2)^{(k-1)/k}$，所以放气所需时间为

$$t=\left\{\frac{2k}{k-1}\left[\left(\frac{p_1}{1.893}\right)^{\frac{k-1}{2k}}-1\right]+0.945\left(\frac{p_1}{p_0}\right)^{\frac{k-1}{2k}}\right\}\tau \tag{2-46}$$

或

$$t=\left[7.335\left(\frac{p_1}{p_0}\right)^{1/7}-7\right]\tau \tag{2-47}$$

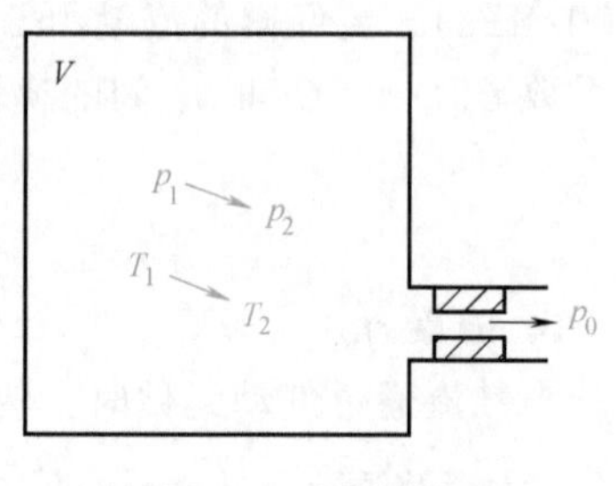

图2-5 气罐放气

式中，p_0为放气完成时的压力（MPa），当通往大气压时，$p_0=0.1013$MPa。

式（2-46）和式（2-47）中$k=1$时，为等温放气的情形，可用于缓慢的放气过程。

2.4 液体力学基础

2.4.1 液体静力学

液体静力学研究液体处于相对平衡状态下的力学规律及实际应用。所谓相对平衡是指液体内部各质点之间没有相对运动。

1. 液体静压力及其特性

（1）液体的静压力　静压力是指静止液体单位面积上所受的法向力，用p表示。液体内某质点处的法向力ΔF对其微小面积ΔA的极限称为压力p，即

$$p=\lim_{\Delta A\to 0}\frac{\Delta F}{\Delta A} \tag{2-48}$$

若法向力均匀地作用在面积A上，则压力表示为

$$p=\frac{F}{A} \tag{2-49}$$

式中，A为液体有效作用面积（m^2）；F为液体有效作用面积A上所受的法向力（N）。

（2）液体静压力的特性

1）液体静压力垂直于作用面，其方向与该面的内法线方向一致。

2）静止液体中，任何一点所受到的各方向的静压力都相等。

2. 液体静力学方程

在外力作用下的静止液体，除了液体重力，还有液面上作用的外加压力，其受力情况如图 2-6 所示。计算液体离液面深度为 h 处的压力时，可以假想从液面往下取出一个高为 h、底面积为 ΔA 的垂直小液柱作为研究体，如图 2-6b 所示。这个小液柱在重力 G（$G=\rho gh\Delta A$）及周围液体的压力作用下处于平衡状态，于是 $p\Delta A=p_0\Delta A+\rho gh\Delta A$，即液体静压力基本方程为

$$p=p_0+\rho gh \tag{2-50}$$

由式（2-50）可知，重力作用下的静止液体，其压力分布有如下特征：

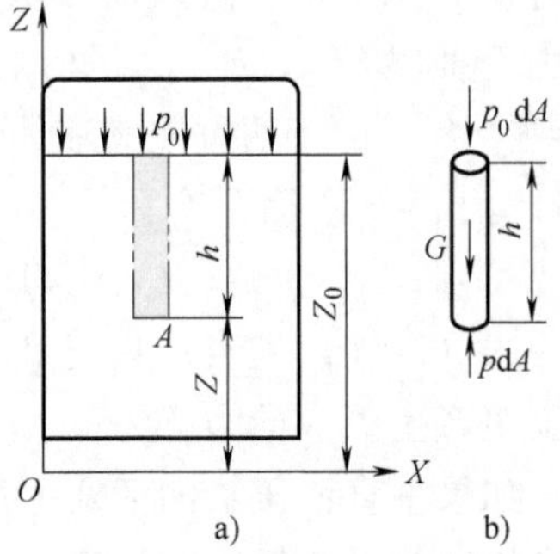

图 2-6　静压力的分布规律

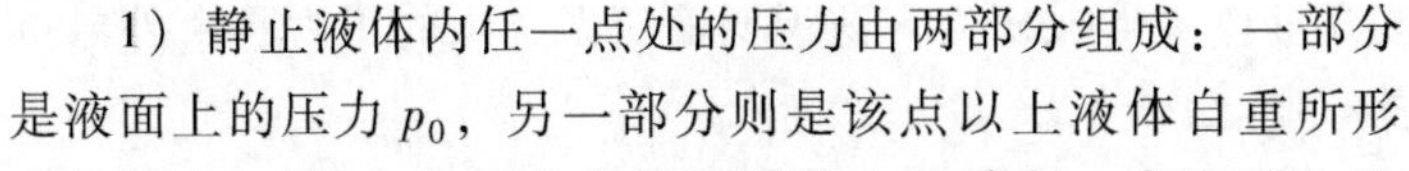

1）静止液体内任一点处的压力由两部分组成：一部分是液面上的压力 p_0，另一部分则是该点以上液体自重所形成的压力，即 ρg 与该点离液面深度 h 的乘积。当液面上只受大气压力 p_0 作用时，液体内任一点的静压力 $p=p_0+\rho gh$。

2）液体内的静压力随液体深度的增加而线性地增加。

3）离液面深度相同处各点的压力均相等。由压力相等的点组成的面称为等压面。重力作用下，静止液体中的等压面是一个水平面。

4）液压系统中的液压油由于自重造成的压差可按 $\Delta p=\rho gh$ 计算；但在液压系统中，通常由液体自重所产生的压力可以忽略不计，即认为液压系统中静止液体内部的压力近似相等。

3. 压力的表示方法

根据度量基准的不同，液体压力的表示方法有两种：一种是以绝对真空作为基准所表示的压力，称为绝对压力；另一种是以大气压力作为基准所表示的压力，称为相对压力。在地球表面上，仅受大气笼罩的物体，大气压力的作用都是自相平衡的，因此大多数测压仪表所测的压力都是相对压力，相对压力也称为表压力。在液压技术中所提到的压力，如不特别指明，均指相对压力。

绝对压力和相对压力的关系为

相对压力=绝对压力-大气压力

当绝对压力小于大气压力时，比大气压力小的那部分压力值称为真空度，有

真空度=大气压力-绝对压力

绝对压力、相对压力和真空度的相对关系如图 2-7 所示。

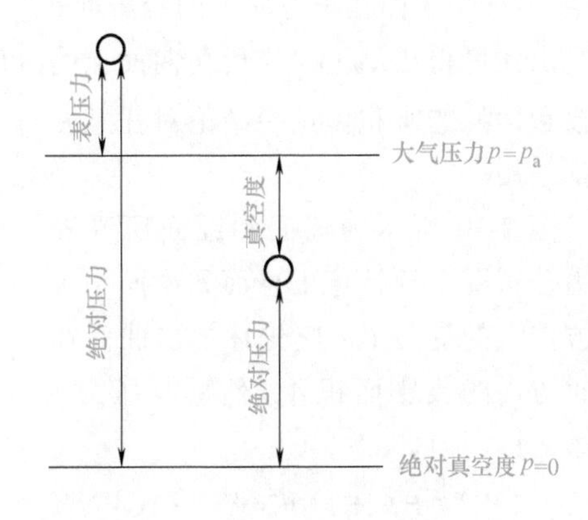

图 2-7　绝对压力与表压力的关系

4. 帕斯卡原理

在密封容器内，施加于静止液体任一点的压力将以等值传到液体各点，这就是帕斯卡原理，或称静压传递原理。

根据帕斯卡原理和静压力的特性，液压传动不仅可以进行力的传递，而且还能将力放大和改

变力的方向。图 2-8 所示为应用帕斯卡原理推导压力与负载关系的实例。图中垂直液压缸（负载缸）的截面面积为 A_1，水平液压缸截面面积为 A_2，两个活塞上的外作用力分别为 F_1、F_2，则缸内压力分别为 $p_1 = F_1/A_1$、$p_2 = F_2/A_2$。由于两缸充满液体且互相连接，根据帕斯卡原理有 $p_1 = p_2$。因此有

$$F_1 = F_2 A_1 / A_2 \tag{2-51}$$

式（2-51）表明，只要 A_1/A_2 足够大，用很小的力 F_1 就可产生很大的力 F_2。

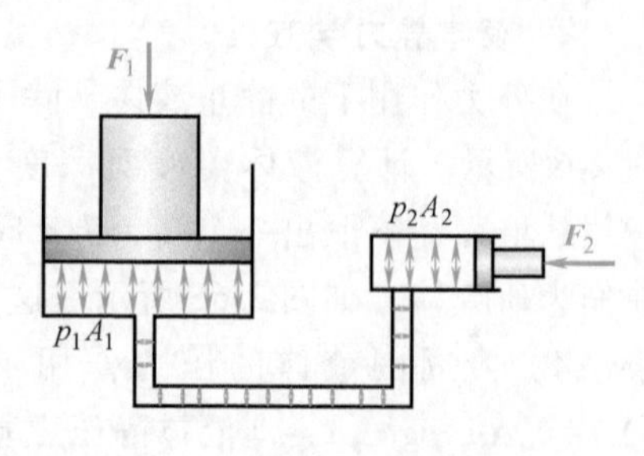

图 2-8　应用帕斯卡原理推导压力与负载关系的实例

如果垂直液压缸的活塞上没有负载，即 $F_1 = 0$，则当略去活塞重量及其他阻力时，不论怎样推动水平液压缸的活塞也不能在液体中形成压力。这说明液压系统中的压力是由外界负载决定的，这是液压传动的一个基本概念。

5. 液压静压力对固体壁面的作用力

在液压传动中，略去液体自重产生的压力，液体中各点的静压力是均匀分布的，且垂直作用于受压表面。因此，当承受压力的表面为平面时，液体对该平面的总作用力 F 为液体的压力 p 与受压面积 A 的乘积，其方向与该平面相垂直。如压力油作用在直径为 D 的柱塞上，则有 $F = pA = p\pi D^2/4$。

当承受压力的表面为曲面时，由于压力总是垂直于承受压力的表面，所以作用在曲面上各点的力不平行但相等。要计算曲面上的总作用力，必须明确要计算哪个方向上的力。

图 2-9 所示为液压缸筒受力分析图。设缸筒半径为 r，长度为 l，求液压力作用在右壁 x 方向上的力 F_x。在缸筒上取一微小窄条，其面积 $\mathrm{d}A = l\mathrm{d}s = lr\mathrm{d}\theta$，压力油作用在这个微小面积上的力 $\mathrm{d}F$ 在 x 方向上的投影为

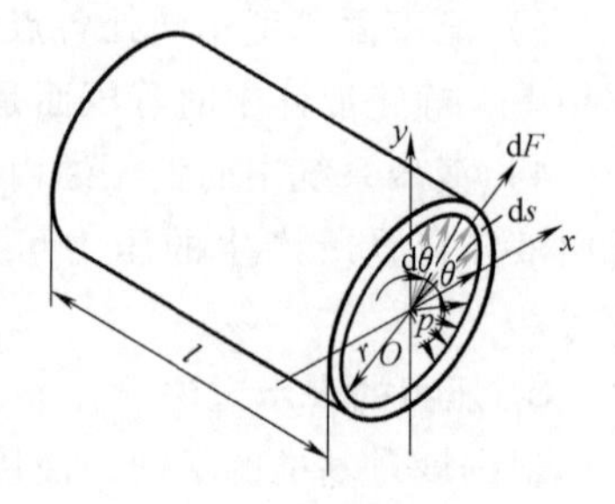

图 2-9　液压缸筒受力分析图

$$\mathrm{d}F_x = \mathrm{d}F\cos\theta = p\mathrm{d}A\cos\theta = plr\cos\theta\mathrm{d}\theta$$

在液压缸筒右半壁上 x 方向的总作用力为

$$F_x = \int_{-\pi/2}^{\pi/2} plr\cos\theta\mathrm{d}\theta = 2lrp \tag{2-52}$$

式中，$2lr$ 为曲面在 x 方向上的投影面积。

由此可得出结论，作用在曲面上的液压力在某一方向上的分力等于静压力与曲面在该方向投影面积的乘积。这一结论对任意曲面都适用。

图 2-10 所示为球面和锥面所受液压力分析图。要计算出球面和锥面在垂直方向上的受力 F，应先计算出曲面在垂直方向的投影面积 A，然后与压力 p 相乘，即

$$F = pA = p\pi d^2/4 \tag{2-53}$$

式中，d 为承压部分曲面投影圆的

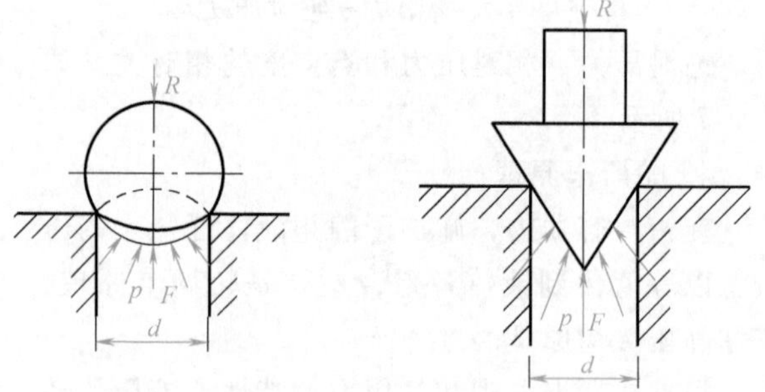

图 2-10　球面与锥面所受液压力分析图

直径。

2.4.2 液体动力学

液体动力学主要研究液体流动时流速和压力的变化规律。本节主要讨论三个基本方程式：液流的连续性方程、伯努力方程和动量方程。前两个方程描述了压力、流速与流量之间的关系，以及液体能量相互间的变换关系，后者描述了流动液体与固体壁面之间作用力的情况。

1. 基本概念

（1）理想液体与定常流动　液体具有黏性，并在流动时表现出来，因此研究流动液体时就要考虑其黏性，而液体的黏性阻力是一个很复杂的问题，这就使对流动液体的研究变得复杂。因此，引入了理想液体的概念。理想液体是指没有黏性、不可压缩的液体。首先对理想液体进行研究，然后通过实验验证的方法对所得的结论进行补充和修正，不仅使问题简单化，而且得到的结论在实际应用中仍具有足够的精确性。

液体流动时，若液体中任一点的压力、流速及密度不随时间的变化而变化，则这种运动称为定常流动或恒定流动；反之，若液体中任一点的压力、流速及密度只要有一个参数随时间的变化而变化，则这种运动就是非定常流动或非恒定流动。

（2）流量和平均流速

1）流量。单位时间内通过通流截面的液体的体积称为流量，用 q 表示，流量的常用单位为 L/min。

对于微小流束，通过 $\mathrm{d}A$ 上的流量为 $\mathrm{d}q$，其表达式为

$$\mathrm{d}q = u\mathrm{d}A \tag{2-54}$$

$$q = \int_A u\mathrm{d}A \tag{2-55}$$

当已知通流截面上的流速 u 的变化规律时，可以由式（2-56）求出实际流量。

2）平均流速。在实际液体流动中，由于黏性摩擦力的作用，通流截面上流速 u 的分布规律难以确定，因此引入平均流速的概念，即认为通流截面上各点的流速均为平均流速，用 v 来表示，则通过通流截面的流量就等于平均流速乘以通流截面面积。令此流量与上述实际流量相等，得

$$q = \int_A u\mathrm{d}A = vA \tag{2-56}$$

则平均流速为

$$v = q/A \tag{2-57}$$

（3）流动状态

1）层流和湍流。实验装置如图 2-11 所示，实验时保持水箱中水位恒定和尽可能平静，然后将阀门 A 微微开启，使少量水流流经玻璃管，即玻璃管内平均流速 v 很小。这时，如将颜色水容器的阀门 B 也微微开启，使颜色水也流入玻璃管内，可以在玻璃管内看到一条细直而鲜明的颜色流束，而且不论颜色水放在玻璃管内的任何位置，它都能呈直线状，这说明管中水流都是安定地沿轴向运动，液体质点没有垂直于主流方向的横向运动，所以颜色水和周围的液体没有混杂。如果把阀门 A 缓慢开大，管中流量和它的平均流速 v 也将逐渐增大，

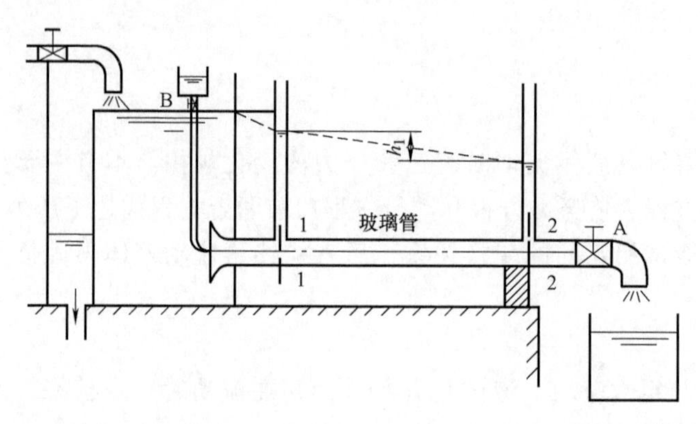

图 2-11　雷诺实验

直至平均流速增加至某一数值，颜色流束开始弯曲颤动，这说明玻璃管内液体质点不再保持安定，开始发生脉动，不仅具有横向的脉动速度，而且还具有纵向的脉动速度。如果阀门 A 继续开大，脉动加剧，颜色水就完全与周围液体混杂而不再维持流束状态。

分析上述实验过程：在液体运动时，如果质点没有横向脉动，不会引起液体质点混杂，而是层次分明，能够维持安定的流束状态，这种流动称为层流；如果液体流动时质点具有脉动速度，引起流层间质点相互错杂交换，这种流动称为湍流。

2）雷诺数。液体流动时究竟是层流还是湍流，须用雷诺数来判别。

实验证明，液体在圆管中的流动状态不仅与管内的平均流速 v 有关，还与管径 d、液体的运动黏度 ν 有关。但是，真正决定液流状态的却是这三个参数所组成的一个称为雷诺数 Re 的无量纲纯数：

$$Re = vd/\nu \tag{2-58}$$

由式（2-58）可知，液流的雷诺数如相同，它的流动状态也相同。当液流的雷诺数小于临界雷诺数时，液流为层流；反之，液流大多为湍流。常见液流管道的临界雷诺数见表 2-4。

表 2-4　常见液流管道的临界雷诺数

管道的材料与形状	Re_{cr}	管道的材料与形状	Re_{cr}
光滑的金属圆管	2000～2320	同心环状缝隙	700
橡胶软管	1600～2000	偏心环状缝隙	400
光滑的同心环状缝隙	1100	圆柱形滑阀阀口	260
光滑的偏心环状缝隙	1000	锥状阀口	20～100

2. 连续性方程

图 2-12 所示为液体的微小流速连续性流动示意图。不可压缩液体的流动过程也遵守能量守恒定律，在流体力学中这个规律是用称为连续性方程的数学形式来表达的。其中不可压缩流体做定常流动的连续性方程为

$$v_1A_1 = v_2A_2 \tag{2-59}$$

由于通流截面是任意取的，故有

$$q = v_1A_1 = v_2A_2 = v_3A_3 = \cdots = v_nA_n = 常数 \tag{2-60}$$

式中，v_1、v_2分别是流管通流截面A_1及A_2上的平均流速。

式（2-60）表明，通过流管内任一通流截面上的流量相等，当流量一定时，任一通流截面上的通流面积与流速成反比。任一通流截面上的平均流速为

$$v_i = q/A_i \tag{2-61}$$

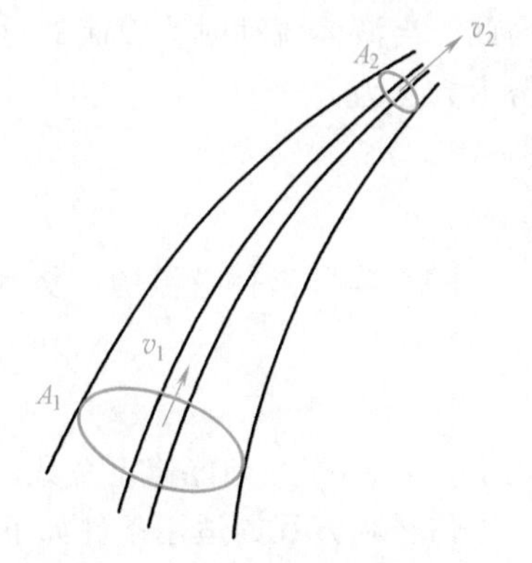

图 2-12　液体的微小流速连续性流动示意图

3. 伯努利方程

流动液体也遵守能量守恒定律，这个规律是用伯努利方程的数学形式来表达的。

（1）理想液体微小流束的伯努利方程　为了研究方便，一般将液体作为没有黏性摩擦力的理想液体来处理。

$$p_1/(\rho g)+Z_1+u_1{}^2/(2g)=p_2/(\rho g)+Z_2+u_2{}^2/(2g) \tag{2-62}$$

式中，$p/(\rho g)$ 为单位质量液体所具有的压力能，称为比压能，也称为压力水头；Z 为单位质量液体所具有的势能，称为比位能，也称为位置水头；$u^2/(2g)$ 为单位质量液体所具有的动能，称为比动能，也称为速度水头，它们的量纲都为 m。图 2-13 所示为液流能量方程关系转换图。

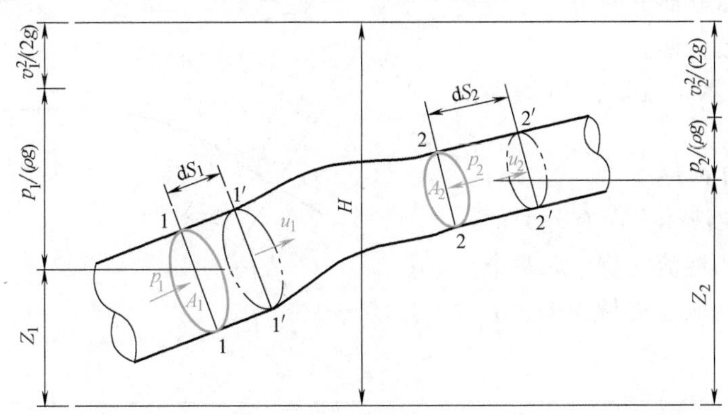

图 2-13　液流能量方程关系转换图

对伯努利方程可进行如下理解：

1）伯努利方程式是一个能量方程式，它反映了在空间各相应通流断面处流通液体的能量守恒规律。

2）理想液体的伯努利方程只适用于重力作用下的理想液体做定常流动的情况。

3）任一微小流束都对应一个确定的伯努利方程式，即对于不同的微小流束，它们的常量值不同。

伯努利方程的物理意义为：在密封管道内做定常流动的理想液体在任意一个通流断面上具有三种形式的能量，即压力能、势能和动能，三种能量的总和是一个恒定的常量，而且三种能量之间是可以相互转换的，即在不同的通流断面上，同一种能量的值会是不同的，但各断面上的总能量值是相同的。

（2）实际液体微小流束的伯努利方程　由于液体存在着黏性，其黏性力在起作用，并表现为对液体流动的阻力，实际液体的流动要克服这些阻力，表现为机械能的消耗和损失。

因此，当液体流动时，液流的总能量或总比能在不断地减少。所以，实际液体微小流束的伯努力方程为

$$\frac{p_1}{\gamma}+Z_1+\frac{v_1^2}{2g}=\frac{p_2}{\gamma}+Z_2+\frac{v_2^2}{2g}+h_w \tag{2-63}$$

（3）实际液体总流的伯努利方程

$$\frac{p_1}{\gamma}+Z_1+\frac{\alpha_1 v_1^2}{2g}=\frac{p_2}{\gamma}+Z_2+\frac{\alpha_2 v_2^2}{2g}+h_w \tag{2-64}$$

式中，α_1、α_2 为动能修正系数。

伯努利方程的适用条件如下：

1）液体稳定流动且不可压缩，即其密度为常数。

2）液体所受质量力只有重力，忽略惯性力的影响。

3）所选的两个通流截面在同一个连续流动的流场中必须是渐变流，但不考虑两个通流截面间的流动状况。

（4）动量方程　流动液体的动量方程是流体力学的基本方程之一，它用于表述液体运动时作用在液体上的外力与其动量的变化之间的关系。在液压传动中，计算液流作用在固体壁面上的力时，应用动量方程会比较方便。

如图 2-14 所示，流动液体的动量方程为

$$\boldsymbol{F}=\rho q(\beta_2\boldsymbol{v}_2-\beta_1\boldsymbol{v}_1) \tag{2-65}$$

式中，$\boldsymbol{F}$ 为作用在液体上所有外力的矢量和；$\boldsymbol{v}_1$、$\boldsymbol{v}_2$ 为液流在前、后两个过流截面上的平均流速矢量；β_1、β_2 为动量修正系数。

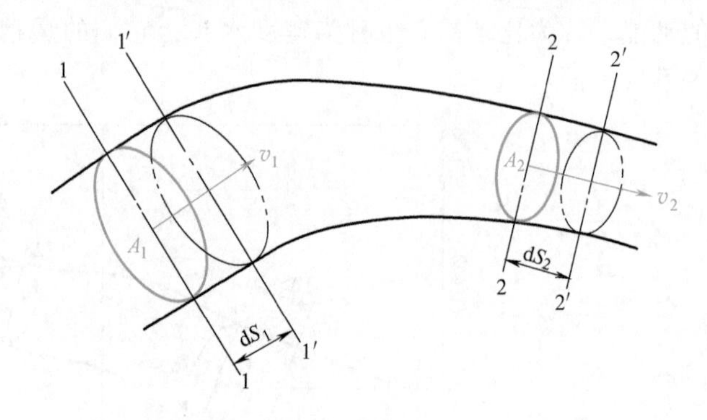

图 2-14　动量变化

2.5　管路压力损失与油液流量损失

2.5.1　管路压力损失

实际液体具有黏性，在流动时就有阻力，这样就有能量损失。在液压传动中，阻力的能量损失主要表现为沿程压力损失和局部压力损失两类。

1. 沿程压力损失

液体在等截面直管中流动时，因黏性摩擦而产生的压力损失，称为沿程压力损失。液体的沿程压力损失随液体的流动状态的不同而有所区别。

（1）层流时的沿程压力损失　液体为层流时，液体质点做有规则的流动，因此可用数学工具探讨其流动时各参数间的相互关系，并推导出沿程压力损失的计算公式。经理论推导

和试验证明，沿程压力损失 Δp_λ 可用下式计算：

$$\Delta p_\lambda=\lambda\ \frac{l}{d}\frac{\rho v^2}{2} \tag{2-66}$$

式中，l 为油管长度（m）；d 为油管内径（m）；ρ 为液体的密度（kg/ m^3）；v 为液流的平均流速（m/s）；λ 为沿程阻力系数（对于圆管层流，其理论的 $\lambda=64/Re$。考虑到实际圆管截面有变形以及靠近管壁处的液层可能冷却，阻力略有增大，实际计算时，对于金属管，应取 $\lambda=75/Re$，对于橡胶管，应取 $\lambda=75/Re$）。

（2）湍流时的沿程压力损失　液体为湍流时，计算沿程压力损失的公式在形式上与层流时的计算公式相同，但式中的阻力系数 λ 除与雷诺数 Re 有关外，还与管壁的表面粗糙度值有关。实际应用中，对于光滑管 $\lambda=0.3164Re^{-0.25}$；对于粗糙管，λ 的值要根据不同的 Re 值和管壁的表面粗糙度值，从有关资料的关系曲线中查取。

2. 局部压力损失

液体流经管道的弯头、接头、突变截面以及过滤网等局部装置时，液流的方向和大小发生剧烈的变化，形成涡流、湍流，液体质点产生相互撞击而造成能量损失。这种能量损失表现为局部压力损失。由于液体流动状况极为复杂，影响因素较多，因此，一般是先通过实验来确定局部压力损失的阻力系数，再按式（2-67）计算局部压力损失值。局部压力损失 Δp_ξ 的计算公式为

$$\Delta p_\xi=\xi\frac{\rho v^2}{2} \tag{2-67}$$

式中，ξ 为局部阻力系数；v 为液流的平均流速（m/s）。

3. 总压力损失

整个管路系统的总压力损失等于所有沿程压力损失和所有局部压力损失的和，即

$$\sum\Delta p=\sum\Delta p_\lambda+\sum\Delta p_\xi=\lambda\ \frac{l}{d}\frac{\rho v^2}{2}+\xi\frac{\rho v^2}{2} \tag{2-68}$$

2.5.2　油液流量损失

液压传动中常利用液体流经阀的小孔或间隙来控制流量和压力，达到调速和调压的目的。讨论小孔的流量计算，了解其影响因素，对合理设计液压系统、正确分析液压元件和系统的工作性能是很有必要的。

小孔一般可以分为三种：当小孔的长径比 $\frac{l}{d}\leqslant 0.5$ 时，称为薄壁小孔；当 $\frac{l}{d}>4$ 时，称为细长孔；当 $0.5<\frac{l}{d}\leqslant 4$ 时，称为短孔。

1. 油液流经薄壁小孔的流量损失

如图 2-15 所示，当液体从薄壁小孔流出时，左边大直径处的液体均向小孔汇集，在惯性力的作用下，小孔出口处的液流由于流线不能突然改变方向，通过孔口后会产生收缩现象，然后开始扩散。在收缩和扩散的过程中，会造成很大的能量损失。

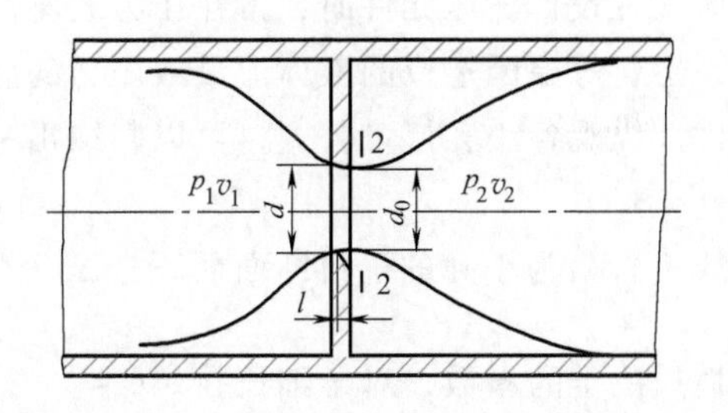

图 2-15　薄壁小孔流量示意图

利用实际液体的伯努利方程对液体流经薄壁小孔时的能量变化进行分析，可得薄壁小孔的流量计算式，即

$$q_V = C_q A_T \left(\frac{2}{\rho}\Delta p\right)^{\frac{1}{2}} = CA_T \Delta p^{\frac{1}{2}} \tag{2-69}$$

式中，C_q 为流量系数（当孔前通道直径与小孔直径之比$\frac{D}{d} \geqslant 7$ 时，$C_q = 0.6 \sim 0.62$；当$\frac{D}{d} < 7$ 时，$C_q = 0.7 \sim 0.8$）。$C = C_q\left(\frac{2}{\rho}\right)^{\frac{1}{2}}$ 为与小孔的结构及液体的密度等有关的系数。

由此可见，流经薄壁小孔的流量 q_V 与小孔的过流断面面积 A_T及小孔两端压差的平方根 $\Delta p^{\frac{1}{2}}$成正比。由于薄壁小孔的孔短且孔口一般为刃口形，其摩擦作用很小，所以通过的流量受温度和黏度变化的影响很小，流量稳定，常用于液流速度调节要求较高的调速阀中。薄壁孔加工比较困难，实际应用较多的是短孔。液体流经短孔时的流量计算公式与薄壁小孔的流量计算式（2-69）相同，但其流量系数不同，一般取 $C_q = 0.82$。

2. 油液流经细长孔的流量损失

流经细长小孔的液流，由于其黏性作用而流动不畅，一般都是呈层流状态，与液流在等径直管中流动相当，其各参数之间的关系可用沿程压力损失的计算式表达，即

$$\Delta p_f = \lambda \frac{l}{d} \frac{\rho v^2}{2} \tag{2-70}$$

将式中的 λ、v 用相应的参数代入，经推导可得液体流经细长孔的流量计算式为

$$q_V = \frac{\pi d^4}{128\mu l}\Delta p = \frac{d^2}{32\mu l}\frac{\pi d^2}{4}\Delta p = CA_T\Delta p \tag{2-71}$$

式中，d 为细长小孔的直径；μ 为液体的动力黏度；l 为小孔的长度；Δp 为小孔两端的压差；A_T为小孔的过流断面面积。

由式（2-71）可知，通过细长小孔的流量 q_V 与小孔的过流断面面积 A_T及小孔两端的压差 Δp 成正比；q_V 与液体的动力黏度 μ 成反比，即当细长孔通过液体的黏度不同或黏度变化时，通过它的流量也不同或发生变化，所以流经细长孔的液体的流速受温度的影响比较大。

由式（2-71）可以得到液体流过细长孔时，其压力损失 Δp 的值：

$$\Delta p = \frac{128\mu l q_V}{\pi d^4} \tag{2-72}$$

式（2-72）中，当孔径 d 很小时，Δp 相对较大，即液体流过细长小孔时的液阻很大，所以在设计液压元件时，常在压力表座、阀芯或阀体上设有细长的阻尼小孔，以减小由液压泵运行等原因造成的液体流量或压力的脉动，使系统运行平稳，且能保护仪表等较重要的元件。纵观各小孔流量公式，可以归纳出一个通用公式，即

$$q_V = CA_T\Delta p^{\varphi} \tag{2-73}$$

式中，A_T为小孔的过流断面面积；Δp 为小孔两端的压差；C 为由孔的形状、尺寸和液体的性质决定的系数，对于细长孔，$C = \frac{d^2}{32\mu l}$，对于薄壁孔和短孔，$C = C_q\left(\frac{2}{\rho}\right)^{\frac{1}{2}}$；$\varphi$ 为由孔的长径比决定的指数，对于薄壁孔 $\varphi = 0.5$，对于细长孔 $\varphi = 1$，对于短孔 $0.5 < \varphi < 1$。

由式（2-73）可见，不论是哪种小孔，其通过的流量均与小孔的过流断面面积 A_T 成正比，改变 A_T 即可改变通过小孔流入液压缸或液压马达的流量，从而达到对运动部件进行调速的目的。在实际应用中，中小功率的液压系统常用的节流阀就是利用这种原理工作的。

另外，当小孔的过流断面面积 A_T 不变，而小孔两端的压差 Δp 变化时，通过小孔的流量也会发生变化，从而使所控制的执行元件的运动速度也随之变化。

2.5.3 液压冲击与气穴现象

在液压系统中，液压冲击和气穴现象会给系统的正常工作带来不利影响，需要采取措施加以防止。

1. 液压冲击

在液压系统中，由于某种原因使液体压力在某一瞬间突然升高，产生很高的压力峰值，这种现象称为冲击。

（1）产生液压冲击的原因　在阀门突然关闭、液压缸快速制动等情况下，液体在系统中的流动会突然受阻。这时，由于液流的惯性作用，液体就从受阻端开始，迅速将动能逐层转换为压力能，从而产生了压力冲击波。此后，又从另一端开始，将压力能逐层转化为动能，液体又反向流动。然后，又再次将动能转换为压力能，如此反复地进行能量转换。由于这种压力波的迅速往复传播，系统内形成压力振荡。实际上，由于液体受到摩擦力，而且液体自身和管壁都有弹性，不断消耗能量，才使振荡过程逐渐衰减并趋向稳定。因此，产生液压冲击的本质是动量变化。

（2）液压冲击产生的危害　系统中出现液压冲击时，液体瞬时压力峰值可以比正常工作压力大好几倍。液压冲击会损坏密封装置、管道或液压元件，还会引起设备振动，产生很大的噪声。有时，冲击会使某些液压元件（如压力继电器、顺序阀等）产生误动作，影响系统正常工作，甚至造成事故。

（3）减小液压冲击的措施

1）尽可能延长阀门关闭和运动部件的制动换向时间。在液压系统中，常采用换向时间可调的换向阀。

2）正确设计阀口，限制管道中液体的流速和运动部件的运动速度。例如：在机床液压系统中，通常将管道中液体的流速限制在 4.5m/s 以下，液压缸驱动的运动部件速度一般不宜超过 10m/min。

3）适当加大管道直径，尽量缩短管道长度。必要时，在冲击区附近设置蓄能器等缓冲装置。

4）在某些精度不高的机械上，使液压缸两腔油路在换向阀回到中位时瞬时互通。

5）在液压元件中采用软管，增加管道的弹性，以减小压力冲击。

2. 气穴现象

在流动的液体中因某点处的压力低于空气分离压，而有气泡形成的现象称为气穴现象。

（1）产生气穴现象的原因　液压油中总是含有一定量的空气。常温时，矿物型液压油在一个大气压下含有 6%~12%（体积分数）的溶解空气。溶解空气对液压油的体积模量没有影响。当液压油的压力低于液压油在该温度下的空气分离压时，溶解于液压油中的空气就会迅速地从液压油中分离出来，产生大量气泡。含有气泡的液压油，其体积模量将减小。所含气泡越多，液压油的体积模量越小。也就是说，当液压油在某温度下的压力低于液压油在该温度下的饱和蒸气压时，液压油本身迅速汽化，即液压油从液态变为气态，产生大量液压油的蒸气气泡。

(2) 气穴对系统产生的危害　当气穴产生的大量气泡随着液流流到压力较高的部位时，气泡因承受不了高压而破灭，产生局部的液压冲击，发出噪声并引起振动。附着在金属表面上的气泡破灭，它所产生的局部高温和高压会使金属剥落，使表面粗糙或出现海绵状小洞穴，这种现象称为气蚀。

在液压系统中，当液流流到节流口的喉部或其他管道狭窄位置时，其流速会大为增加。由伯努利方程可知，这时该处的压力会降低，如果压力降低到其工作温度的空气分离压以下，就会出现气穴现象。例如：液压泵的转速过高、吸油管直径太小或过滤器堵塞，都会使泵的吸油口处的压力降低到其工作温度的空气分离压以下，而产生气穴现象。这将使吸油不足，流量下降，噪声激增，输出油的流量和压力剧烈波动，系统无法稳定地工作，甚至使泵的机件腐蚀，出现气蚀现象。

(3) 减小气穴现象的措施

1) 减小孔口或缝隙前后的压差，使油液在孔口或缝隙前后的压力比小于3.5。

2) 限制泵吸油口至油箱油面的安装高度，尽量减少吸油管道中的压力损失。

3) 提高各元件接合处管道的密封，尽量防止空气渗入到液压系统中。

4) 易产生气蚀的零件应采用抗腐蚀性强的材料，增加零件的力学强度并降低其表面粗糙度值。

5) 拖动大负载运动的液压执行元件，因换向或制动在回油腔产生液压冲击的同时，会使原进油腔压力下降而产生真空，为防止气穴现象，应在系统中设置补油回路。

思考与练习

1. 在常温 ($t=20$℃) 时，将空气从0.1MPa（绝对压力）压缩到0.7MPa（绝对压力），求温升 Δt。

2. 简述气体的等温变化、等容变化和等压变化的特点。

3. 简述充气时间与温度的计算方法。

4. 简述放气时间与温度的计算方法。

5. 什么是表压力？什么是真空度？什么是绝对压力？三者之间的关系如何？

6. 空气压缩机向容积为40L的气罐充气，直至 $p_1=0.8$MPa 时停止，此时气罐内温度 $t_1=40$℃。又经过若干小时，管内温度降至室温 $t=10$℃，问：此时罐内表压力是多少？此时罐内压缩了多少室温为10℃的自由空气（设大气压力近似为0.1MPa）？

第3章 CHAPTER 3

气源系统及气压辅助元件

气源系统作为气压传动系统的一个重要组成部分，需向系统提供符合要求的压缩气体。为了使提供的压缩气体既具有一定的压力和流量，又满足一定的净化要求，气源系统主要包括气压发生装置、净化及储存压缩气体的装置和设备，同时还包括气压传动系统的一些辅助元件，如管道系统、气源处理装置等。典型的气源系统如图 3-1 所示。

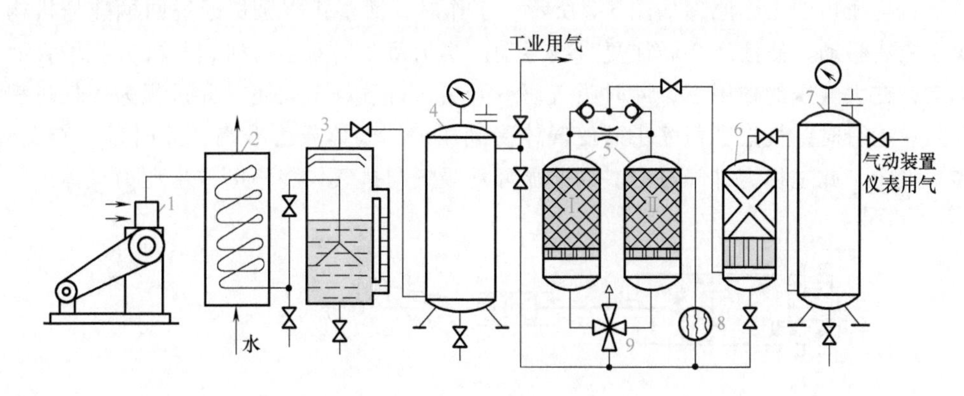

图 3-1　典型的气源系统

1—空气压缩机　2—后冷却器　3—油水分离器　4、7—气罐　5—干燥器　6— 过滤器　8—加热器　9—四通阀

3.1　气压发生装置

空气压缩机（简称空压机）是气源系统的气压发生装置，它通过将电动机输出的机械能转换成气体压力能，向气压传统系统提供压力气体。

3.1.1　空压机的分类

1. 按工作原理分

按工作原理，空压机分为容积式和速度式两类。其中，容积式空压机是通过缩小压缩机内部的工作容积，使单位体积内气体的分子密度增加，来实现气体压力的升高；而速度式空压机则是使气体分子在高速流动时突然受阻而停滞，从而使其动能转化为压力能来完成气体压力的升高。

2. 按组成结构分

按组成结构，容积式空压机又可分为往复式活塞型空压机、往复式膜片型空压机、旋转式叶片空压机、旋转式螺杆空压机；速度式空压机还可分为离心式空压机、轴流式空压机和混流式空压机。

3. 按输出压力分

按输出压力大小，空压机分为低压空压机（0.2～1.0MPa）、中压空压机（1.0～10MPa）、高压空压机（10～100MPa）和超高压空压机（>100MPa）。

4. 按输出流量分

按输出流量大小，空压机分为微型空压机（<1m^3/min）、小型空压机（1～10m^3/min）、中型空压机（10～100m^3/min）和大型空压机（>100m^3/min）。

3.1.2 典型空压机的结构特点和工作原理

1. 活塞式空压机

活塞式空压机的工作原理如图3-2所示。工作时，活塞式空压机通过曲柄连杆机构5带动滑块4左右移动，使活塞2做往复直线运动。当活塞2向右运行时，气缸容积增大而形成局部真空，在大气压的作用下，此时吸气阀6开启，排气阀7关闭，此过程为吸气过程。当活塞2向左运行时，气缸容积缩小而使气体受到压缩，气体压力升高，此时排气阀7开启，吸气阀6关闭，此过程为排气过程。如此循环地吸气与排气，将不断产生压力气体。

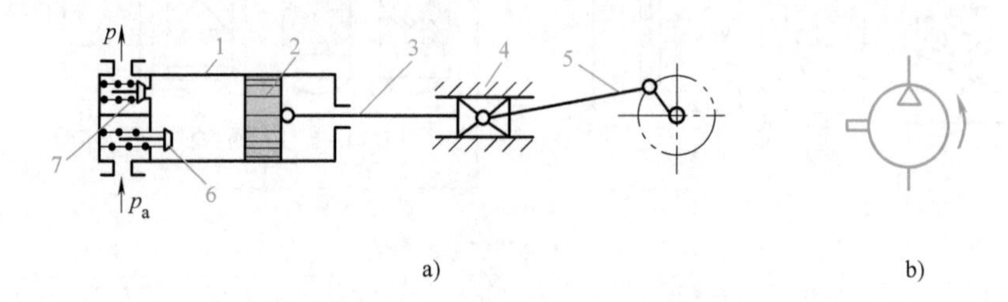

图3-2 活塞式空压机的工作原理

a）结构示意图 b）图形符号

1—缸体 2—活塞 3—活塞杆 4—滑块 5—曲柄连杆机构 6—吸气阀 7—排气阀

为了防止产生过热的气体而大大降低空压机的工作效率，图3-2所示的单级活塞式空压机主要用于需要0.3～0.7MPa压力气体的系统。当输出压力超过0.6MPa时，常采用多个串联的空压机进行分级压缩，如图3-3所示。

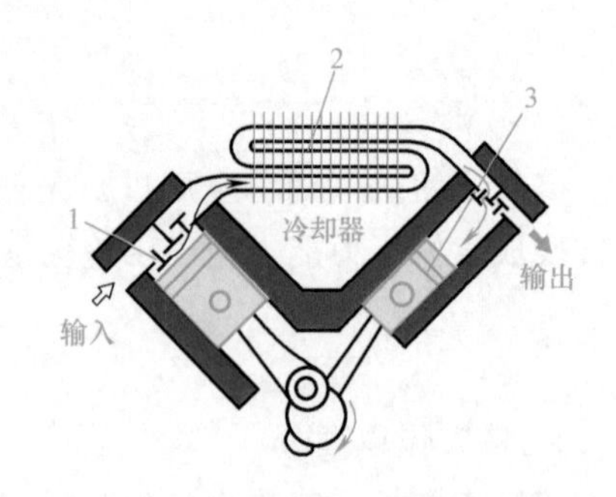

图3-3 二级活塞式空压机工作示意图

1——级空压机 2—中间冷却器 3—二级空压机

多级活塞式空压机工作时，两个串联的单级活塞式空压机分阶段地将吸入的空气压缩到最终压力，降低了排气温度，提高了压缩气体的排气量。如最终气体压力为0.7MPa，一级空压机常将气体压缩至0.3MPa，经中间冷却器冷却后，再输送到二级空压机中压缩到 0.7MPa，最后输出温度可控制在 120℃左右。

2. 叶片式空压机

叶片式空压机的工作原理如图 3-4 所示。转子 1 偏心地安装在定子 3 内，并与相邻的两个叶片 2、定子 3 之间形成一定的密闭空间。在转子 1 转动过程中，该密闭空间在进气侧逐渐增大，压力下降为大气压力。在排气侧，该密闭空间逐渐减小，从进气口进入的空气被逐步压缩，最后从排气侧排出。

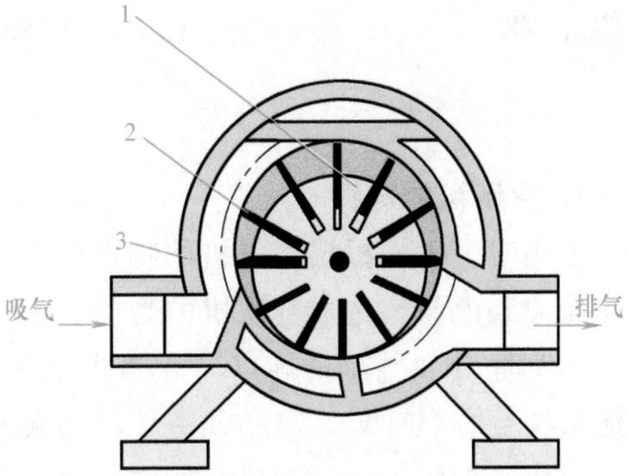

图 3-4　叶片式空压机的工作原理

1—转子　2—叶片　3—定子

叶片式空压机根据叶片的数目多次进行吸气、压缩和排气，其输出压力脉动较小。在实际使用中，为了防止叶片与转子和定子间的运动磨损，需对三者内部采用润滑油进行润滑、冷却和密封，导致最后排出的压缩空气中含有大量的油分。因此，在排气口需要增设油气分离器和冷却器，以便把油从压缩空气中分离出来进行冷却，并可循环使用。

3. 膜片式空压机

膜片式空压机的工作原理如图 3-5 所示。与活塞式空压机相比，膜片式空压机采用膜片代替传统活塞。工作时，利用膜片的弹性变形，使气室容积发生相应的变化，在下行程时吸进空气，上行程时压缩空气。膜片式空压机能提供 0.5MPa 的压力气体。由于膜片式空压机中完全没有油，因此广泛用于绿色包装和绿色生产制造，如食品、医药等。

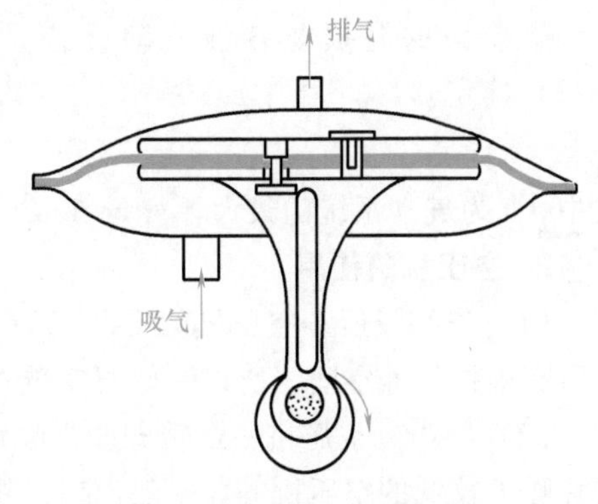

图 3-5　膜片式空压机的工作原理

4. 螺杆式空压机

如图 3-6 所示，螺杆式空压机是由两个旋向相反的转子平行装配而成的，通过平行转子之间形成封闭的微小间隙实现空气压缩。工作时，螺杆式空压机由电动机带动两个啮合的螺旋转子以相反方向运动，该封闭的微小间隙沿轴向减小，从而压缩两个螺旋转子间的空气。利用喷油来润滑密封的两个旋转螺杆，油分离器将油与输出空气分开。

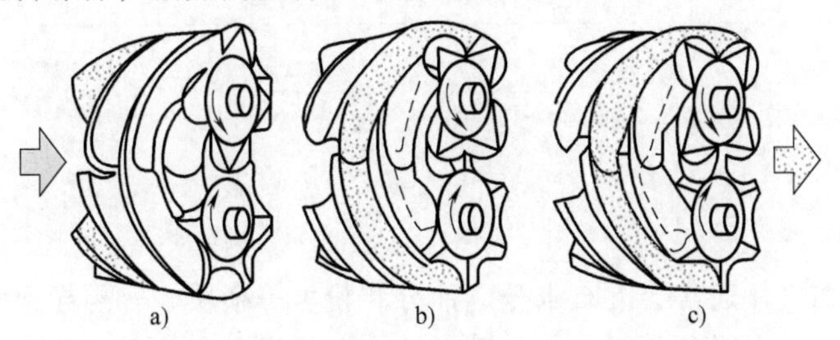

图 3-6　螺杆式空压机的工作原理

a）吸气　b）压缩　c）排气

与叶片式空压机相比，螺杆式空压机能输送出连续、无脉动的压缩空气，可持续输出流量超过 $400m^3/min$，压力高达 1MPa。但螺杆式空压机对加工工艺要求苛刻，造价高。

3.1.3 空压机的选择与使用

1. 空压机的选择

选用时，首先根据空压机的特性要求，确定空压机的类型；再结合气压传动系统所需的工作压力和流量，选取空压机的型号。

（1）空压机类型的确定　活塞式空压机适用的压力范围大，特别适用于压力较高的中小流量场合。螺杆式、离心式空压机运转平稳，排气均匀，其中螺杆式空压机主要用于低压力、中小流量的场合，而离心式空压机常用于低压力、大流量的场合。

（2）空压机型号的选择

1）工作压力。空压机工作压力除需考虑系统中各个气动执行元件的最高工作压力外，还应计入管路的沿程阻力损失和局部阻力损失，以及保证减压阀的稳压性能所必需的最低输入压力和气动元件工作时的压降损失。空压机的工作压力可根据式（3-1）确定：

$$p_c = p + \sum \Delta p \tag{3-1}$$

式中，p 为系统中各气动执行元件的最高工作压力；$\sum \Delta p$ 为气动系统总的压力损失。

2）供气量。空压机供气量取决于目前气压传动系统中各设备所需的耗气量，并考虑未来扩充设备所需耗气量及修正系数，以及避免空压机在全负荷下不停地运转、气动元件和管接头的漏损及各种气动设备是否同时连续使用等。空压机的供气量可根据式（3-2）确定。

$$q_c = kq \tag{3-2}$$

式中，q 为气动系统的最大耗气量（m^3/min）；k 为修正系数，一般可取 $k=1.3\sim1.5$。

2. 空压机的使用

（1）安装场所　空压机的安装场所必须清洁、无粉尘、通风好、湿度小、温度低，且要留有维护保养空间，所以一般要安装在专用机房内。

（2）噪声　空压机一运转即产生噪声。必须考虑噪声的防治，如设置隔声罩、消声器，选择噪声较低的空压机等。一般而言，螺杆式空压机的噪声较小。

（3）维护　使用专用润滑油并定期更换，空压机起动前应检查润滑油位，并用手拉动传动带使机轴转动几圈，以保证起动时的润滑。空压机起动前和停车后，都应及时排除气罐中的水分。

3.2 气源净化装置

质量不良的压缩气体通常会混有水分、油分和粉尘等杂质，容易导致气压传动系统的工作可靠性和使用寿命大大降低。因此，气源系统中必须设置一些用于除油、除水、除尘的净化装置。压缩空气净化设备主要包括后冷却器、油水分离器和干燥器等。

3.2.1 压缩空气的除水装置

1. 后冷却器

后冷却器安装在空压机出口管道上，其用途是将空压机排出的140~170℃的压缩空气降温至40~50℃，使混入压缩空气中的大部分油雾和水汽达到饱和状态，从而凝结成滴析出。后冷却器的冷却方式主要有水冷式和气冷式两种，其结构形式有：蛇形管式、列管式和散热片式等。图3-7所示为蛇管式后冷却器，它是通过热压缩空气在蛇形管内流动，管外用冷却水经蛇形管管壁进行热交换，使压缩空气得到冷却。

2. 冷冻式空气干燥器

冷冻式空气干燥器的工作原理如图3-8所示，压缩气体首先进入热交换器1冷却，初步冷却的空气中析出的水分和油分经过过滤器排除。接着，压缩空气再进入制冷器5，使压缩空气进一步冷却到2~5℃，使得混入在气体中的气态水分和油分进一步析出，冷却后的压缩气体再进入热交换器1加热输出。

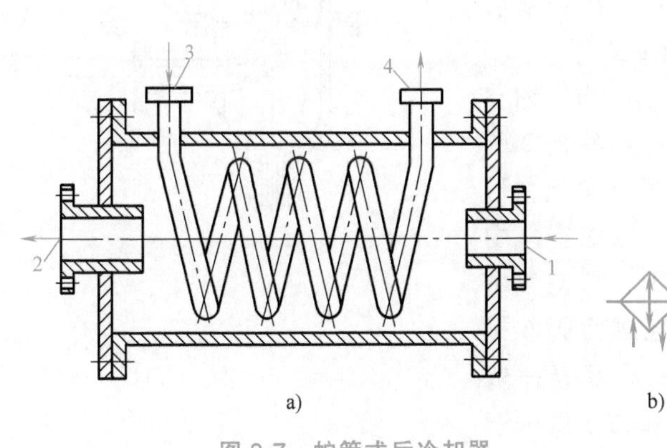

图3-7 蛇管式后冷却器

a）结构示意图 b）后冷却器的图形符号

1、2—冷却水口 3—热空气口 4—冷空气口

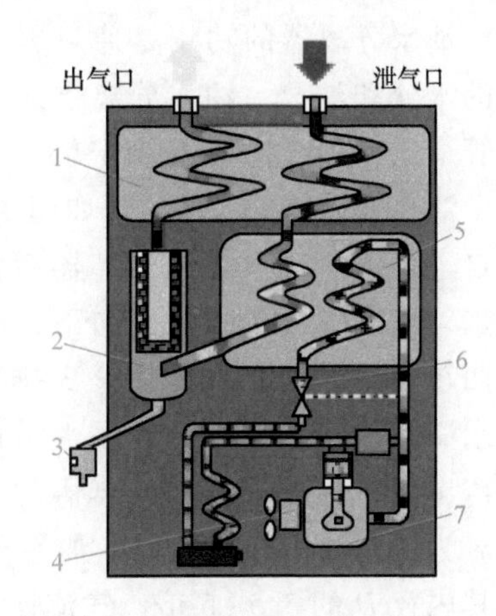

图3-8 冷冻式空气干燥器的工作原理

1—热交换器 2—空气过滤器 3—自动排水器 4—冷却风扇 5—制冷器 6—恒温器 7—风冷压缩机

冷冻式干燥器具有结构紧凑、使用维护方便、维护费用较低等优点，适用于空气处理量较大，压力露点温度不是太低（2~5℃）的场合。冷冻式干燥器在使用时，应考虑进气温度、压力及环境温度和空气处理量。进气温度应控制在40℃以下，超出此温度时，可在干燥器前设置后冷却器。进入干燥器的压缩空气压力不应低于干燥器的额定工作压力。环境温度应低于40℃，若环境温度过低，可加装暖气装置，防止冷凝水结冰。在考虑了进气压力、温度和环境温度等因素后，干燥器实际空气处理量应不大于其额定空气处理量。

3. 吸附式干燥器

干燥器的作用是进一步除去压缩空气中含有的水分、油分及杂质，使压缩空气干燥，提供给对气源质量要求较高的气动装置、气动仪表等。压缩空气的干燥方法主要有吸附、离心、机械降水及冷冻等。图3-9所示为吸附式干燥器。

4. 吸收式干燥器

吸收干燥法是一个纯化学过程，其工作原理如图3-10所示。在干燥罐中，压缩空气中的水分与干燥剂发生反应，使干燥剂溶解，液态干燥剂可从干燥罐底部排出。根据压缩空气温度、含湿量和流速，必须及时填满干燥剂。干燥剂的化学物质通常用氯化钠、氯化钙、氯化镁和氯化锂等。因为化学物质会慢慢用尽，因此干燥剂必须在一定的时间内进行补充。

吸收干燥法的主要优点是价格低，但进口温度不得超过30℃，其中干燥剂的化学物质具有较强烈腐蚀性，必须仔细检查滤芯，防止腐蚀性的雾气进入气动系统中。

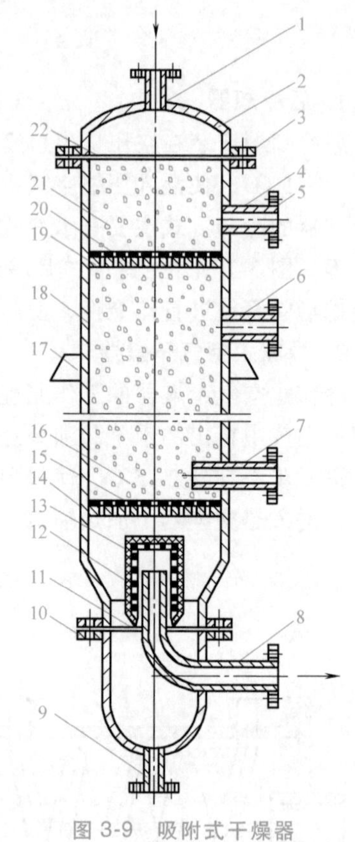

图 3-9 吸附式干燥器

1—湿空气进气管 2—顶盖 3、5、10—法兰 4、6—再生空气排气管 7—再生空气进气管 8—干燥空气输出管 9—排水管 11、22—密封座 12、15、20—钢丝过滤网 13—毛毡 14—下栅板 16、21—吸附剂层 17—支承板 18—筒体 19—上栅板

5. 油水分离器

油水分离器的功用是通过凝聚初步分离压缩空气中的水分和油分。油水分离器通常安装在后冷却器后的管道上，其结构有环形回转式、撞机折回式等。

油水分离器的工作原理如图3-11a所示，当压缩空气自进气管4进入油水分离器后，气流受到隔板2的阻挡，撞击隔板2而折回向下，继而又回升向上，形成回转环流，最后从排气管3排出。此时压缩空气中的水滴和油滴在离心力和惯性力的作用下，从空气中分离出来，沉降于油水分离器的底部，经排污阀6排出。为提高油水分离效果，油水分离器的高度H一般取其内径D的3.5~5倍，气流回转后上升的速度一般不超过1m/s。

图3-11b所示为油水分离器的图形符号。

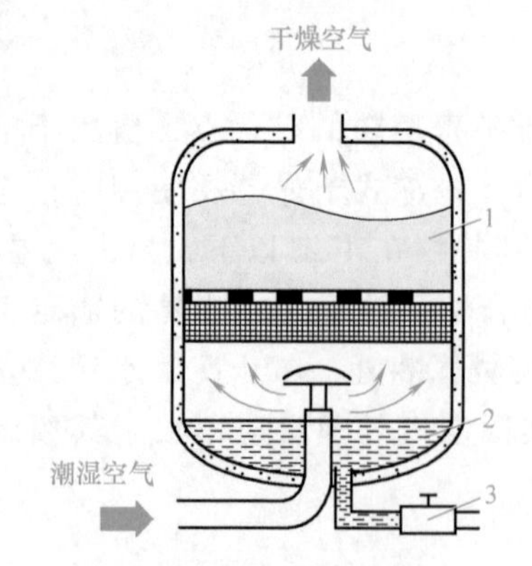

图 3-10 吸收式干燥器的工作原理

1—干燥剂 2—冷凝水 3—冷凝水排水阀

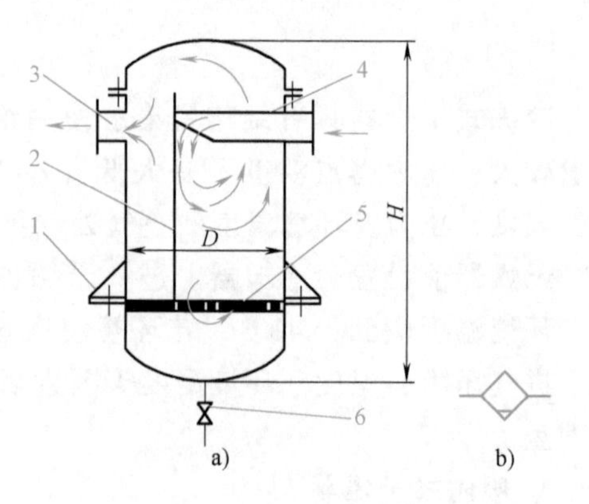

图 3-11 油水分离器

a）工作原理 b）图形符号

1—基座 2—隔板 3—排气管 4—进气管 5—栅板 6—排污阀

3.2.2 压缩空气的过滤装置

1. 过滤器

过滤器主要用于气压传动的主要管路，必须具有最小的压降和一定的油雾分离能力，能清除管道内的灰尘、水分和油分。过滤器的滤芯一般是快速更换型滤芯，过滤精度一般为3~5μm，滤芯由合成纤维制成，纤维以矩阵形式排列。

过滤器的工作原理如图3-12所示，当压缩空气从入口进入，由于受到隔板阻挡，需迂回经过滤芯2，方能从出口排出。经过滤芯2分离出来的油、水和粉尘等流入保护罩3的底部，最后经手动排水器4排出。

2. 分水滤气器

分水滤气器的功能是去除压缩空气中的固态杂质、水滴和油滴，不能除去气态油和气态水，其工作原理如图3-13所示。

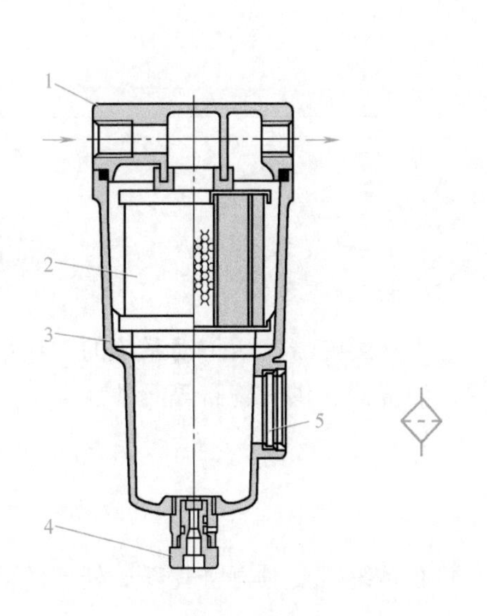

图3-12 过滤器

1—主体 2—滤芯 3—保护罩

4—手动排水器 5—观察窗

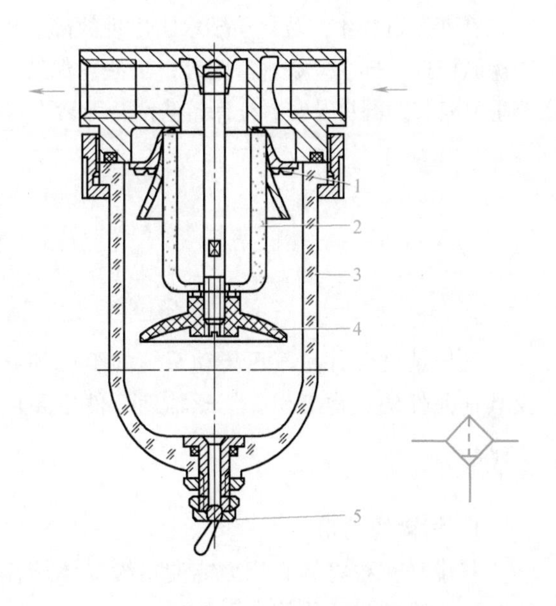

图3-13 分水滤气器

1—导流板 2—滤芯 3—滤杯

4—挡水板 5—排水阀

当压缩空气从入口进入过滤器内部后，因导流板1（旋风叶片）的导向，产生了强烈的旋转，在离心力的作用下，压缩空气中混有的大颗粒固体杂质和液态水滴等被甩到滤杯3的内表面上，在重力作用下沿壁面沉降至底部，然后，经过预净化的压缩空气通过滤芯流出，进一步清除其中颗粒较小的固态粒子，清洁的空气便从出口输出。挡水板4的作用是防止已积存在滤杯中的冷凝水再混入气流中。定期打开排水阀5，放掉积存的油、水和杂质。一般空气过滤器的过滤精度为5μm。为防止造成二次污染，滤杯中的水每天应排空。

3. 自动排水器

自动排水器主要用于自动排出管道、气罐、过滤器滤杯等最下端的积水。按照结构不同，自动排水器分为弹簧式、差压式和浮筒式，其中浮筒式使用最多。

浮筒式自动排水器如图 3-14 所示。压缩空气中的水被分离流入自动排水器内，当水位升到一定高度时，浮筒 3 的浮力大于浮筒的自身重力及作用在盖板 1 上的气体压力时，喷嘴 2 开启，气体压力克服弹簧弹力使活塞右移，打开排水口 5 放水。随着排水的进行，浮筒 3 开始下降，上孔座又被关闭。活塞左腔的气体压力通过设在活塞及手动操纵杆内的溢流孔泄压，迅速关闭排水口。

在使用过程中，若自动排水阀出现故障，可通过手动操纵杆打开排水口放水。此外，需注意保持自动排水器垂直安装，阀口及密封处保持清洁，弹簧不得损坏。

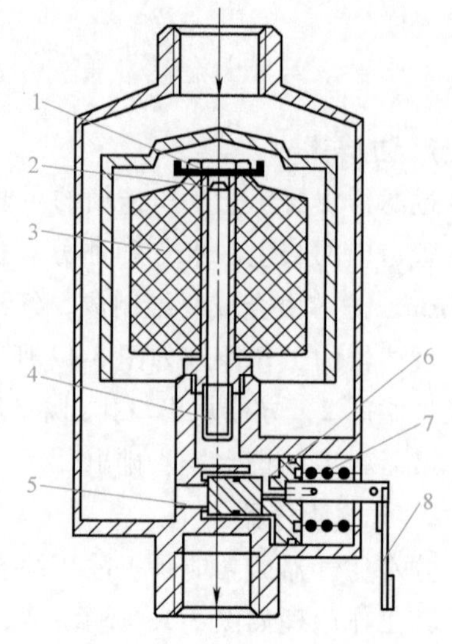

图 3-14 浮筒式自动排水阀
1—盖板 2—喷嘴 3—浮筒 4—滤芯 5—排水口 6—溢流口 7—弹簧 8—手动操纵杆

3.3 气压辅助元件

气压辅助元件是气压传动系统的组成部分之一，它直接影响着气压传动系统的工作性能及其他元件的正常工作。气压辅助元件主要包括气罐、油雾器、供气管路等元件。

3.3.1 气罐

1. 气罐的功用

气罐是一种将具有压力能的压缩气体储存起来，并在系统需要时再将其释放处理的储能装置。气罐的主要作用如下：

1）使压缩空气供气持续平稳，减小输出压力波动。

2）在压缩空气瞬间消耗大时供补充之用。

3）储存一定量的压缩空气，停电或空压机发生故障时，可使气压传动系统继续维持一定时间。

4）可降低空压机的起动、停止频率，其功能相当于增大了空压机的功率。

5）利用气罐的大表面积散热，使压缩空气中的一部分水蒸气凝结为水。

2. 气罐的组成

气罐一般采用圆筒状焊接结构，有立式和卧式两种，一般以立式居多，如图 3-15 所示。立式气罐的高度是其直径的 2~3 倍，进气口应低于出气口，并尽可能加大两者之间的距离，以进一步分离空气中的油和水。同时，气罐上还配有安全阀、压力表、排水阀和检修盖等附件，各附件的用途见表 3-1。

表 3-1 气罐附件的用途

附件名称	用途
安全阀	当气罐内的压力超过允许限度时，可将压缩空气排出
检查孔	清除内部杂质，检查内部情况
压力表	显示气罐内的压力
排水阀	排掉凝结在气罐内的水

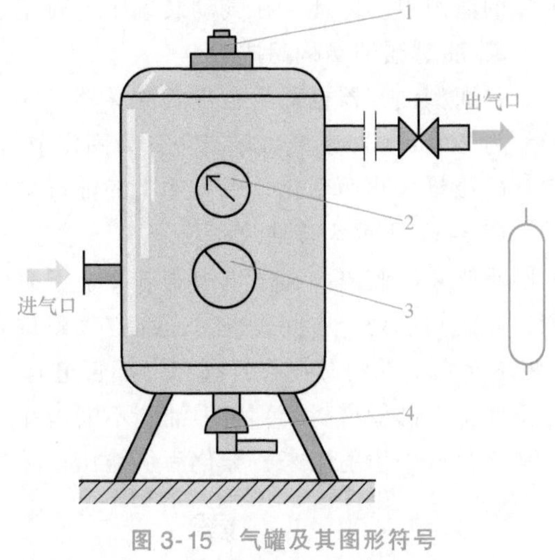

图 3-15 气罐及其图形符号

1—安全阀 2—压力表 3—检修盖 4—排水阀

3. 气罐的使用注意事项

1）气罐属于压力容器，应遵守压力容器的有关规定，必须有产品耐压合格证书。

2）气罐上必须安装有安全阀、单向阀、压力表、检查孔，最低处应设有排水阀。

3）气罐容积（V_c）一般是以空压机的排气量（q）为依据来确定的，可参考下列经验公式：当 $q<0.1\text{m}^3/\text{s}$ 时，$V_c=0.2q$；当 $q=0.1\sim0.5\text{m}^3/\text{s}$ 时，$V_c=0.15q$；当 $q>0.5\text{m}^3/\text{s}$ 时，$V_c=0.1q$。

3.3.2 油雾器

1. 油雾器的功用

气压传动系统中，许多元件工作时都会发生零部件之间的相互滑动。为了防止滑动引起磨损，影响系统正常工作，必须采取润滑措施。然而，经过除尘、除水、除油后的压缩气体比较干燥，而且气动元件滑动部分都构成了密闭气室，因此，目前气压传动系统中元件主要采用油雾器进行润滑，如各种控制阀、气缸和气马达。油雾器以压缩空气为动力，将润滑油喷射成雾状并混合于压缩空气中，使该压缩空气具有润滑气动元件的能力。其优点是方便、干净、润滑质量高。

2. 油雾器的工作原理

油雾器的工作原理如图 3-16 所示。假设气流输入压力为 p_1，通过文氏管后气流压力降为 p_2，当 p_1 和 p_2 的差 Δp 大于把油吸引到排出口所需压力 ρgh 时，油被吸上，在排出口形成油雾并随压缩空气输送出去。若已知输入压力为 p_1，通过文氏管后压力降为 p_2，而 $\Delta p=p_1-p_2$，但因油的黏性阻力是阻止油液向上运动的力，因此实际需要的压差要大于 ρgh，黏度较高的油吸上时所需的压差 Δp 较大；相反，黏度较低的油吸上时所需的压差 Δp 要小一些，但是黏度较低的油即使雾化也容易沉积在管道中，很难到达所

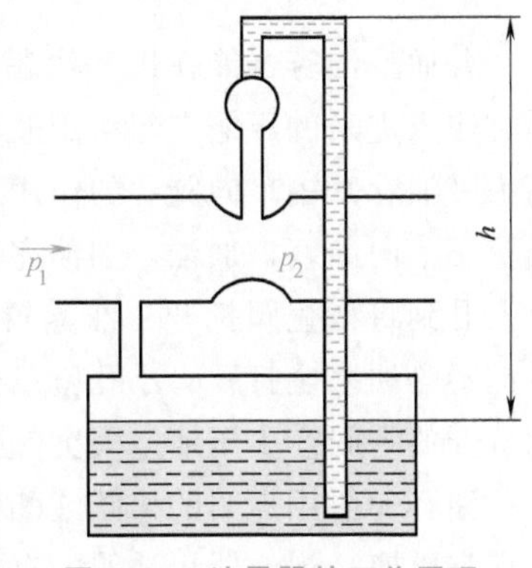

图 3-16 油雾器的工作原理

期望的润滑点。因此，在气动装置中，要正确选择润滑油的牌号。

3. 油雾器的结构组成

普通型油雾器也称为全量式油雾器，经过其雾化后的油雾全部随压缩空气输出，油雾粒径约为 20μm。普通型油雾器又分为固定节流式和自动节流式两种，前者输出的油雾浓度随空气的流量变化而变化，后者输出的油雾浓度基本保持恒定，不随空气流量的变化而变化。

图 3-17 所示为普通型油雾器。压缩空气从输入口进入后，通过立杆 1 的小孔 a 进入截止阀阀座 4 的腔内，在截止阀阀芯 2 上下表面形成压差，此压差被弹簧 3 的部分弹簧力所平衡，而使阀芯处于中间位置，压缩空气就进入油杯 5 的上腔 c，油面受压，压力油经吸油管 6 将单向阀 7 的阀芯托起，阀芯上部管道有一个边长小于阀芯（钢球）直径的四方孔，使阀芯不能将上部管道封死，压力油能不断地流入视油器 9 内，再滴入立杆 1 中，被通道中的气流从小孔 b 中引射出来，雾化后从输出口输出。视油器 9 上部的节流阀 8 用于调节滴油量。

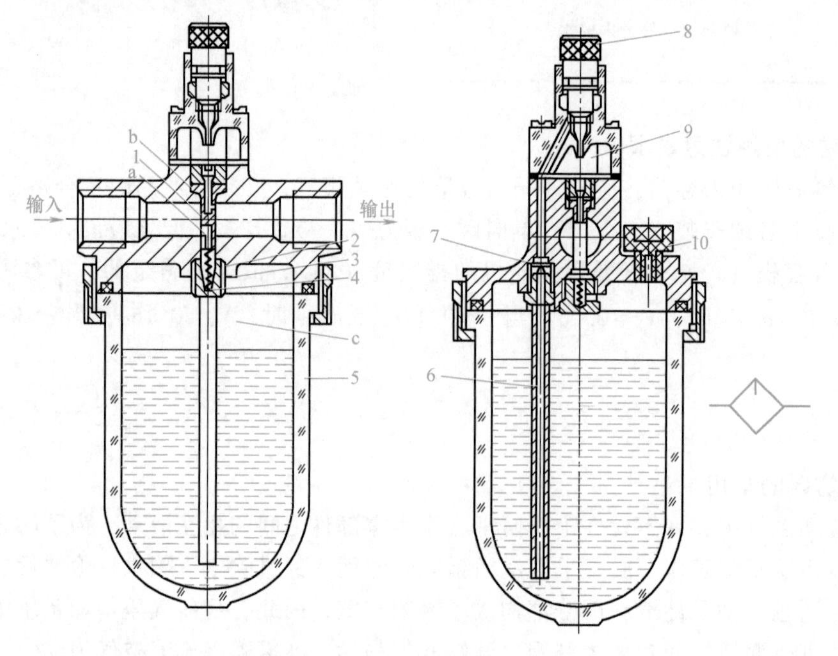

图 3-17　普通型油雾器

1—立杆　2—截止阀阀芯　3—弹簧　4—截止阀阀座　5—油杯　6—吸油管

7—单向阀　8—节流阀　9—视油器　10—油塞

普通型油雾器能在进气状态下加油，这时只要拧松油塞 10 后，油杯 5 上腔 c 便通大气同时输入进来的压缩空气将阀芯 2 压在截止阀阀座 4 上，切断压缩空气进入 c 腔的通道。又因为吸油管 6 中单向阀 7 的作用，压缩空气也不会从吸油管倒灌到油杯中，所以可以在不停气状态下向油塞口加油。加油完毕，拧上油塞。由于截止阀稍有泄漏，油杯上腔的压力又逐渐上升到将截止阀打开，油雾器又重新开始工作，油塞上开有半截小孔，当油塞向外拧出时，不等油塞全打开，小孔就已经与外界相通，油杯中的压缩空气逐渐向外排空，以免在油塞打开的瞬间产生压缩空气突然排放现象。截止阀的工作状态如图 3-18 所示。

油杯一般用透明的聚碳酸酯制成，能清楚地看到油杯中的储油量和清洁程度，以便及时补充与更换。视油器用透明的有机玻璃制成，能清楚地看到油雾器的滴油情况。

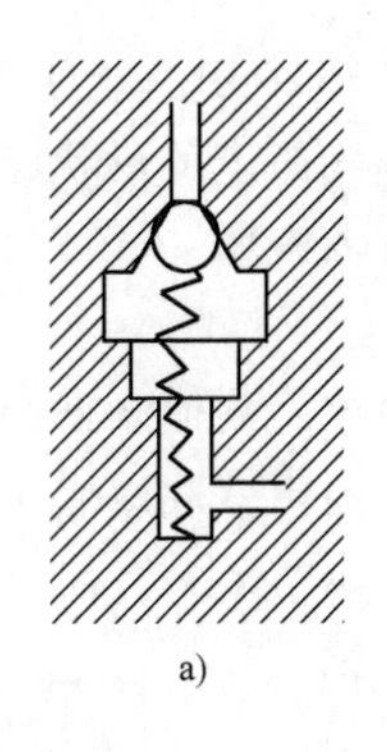
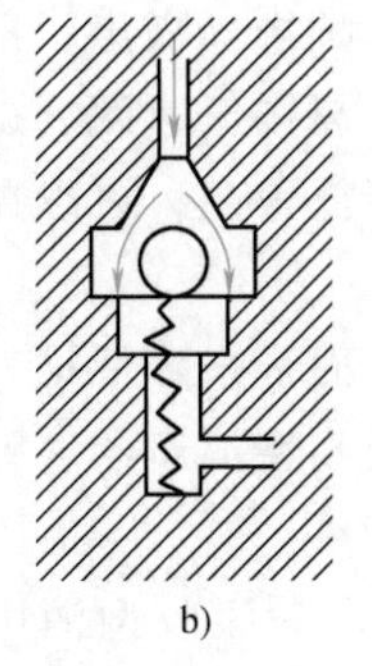
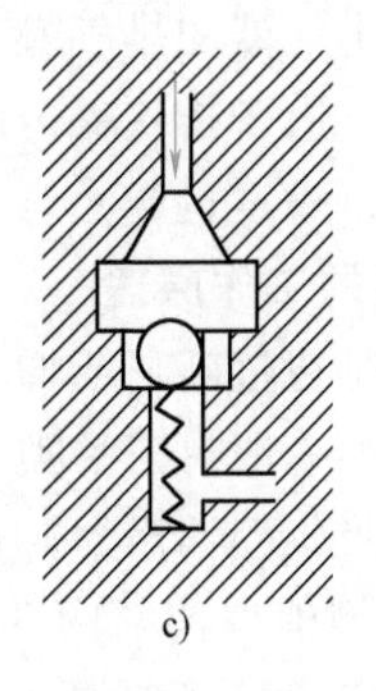

a) b) c)

图 3-18 三种工作状态

a）不工作时 b）工作进气时 c）加油时

4. 油雾器的性能指标

1）流量特性：指油雾器中通过其额定流量时，输入压力与输出压力之差，一般不超过 0.15MPa。

2）起雾空气质量。当油位处于最高位置时，节流阀全开，气流压力为 0.5MPa 时，起雾时的最小空气流量规定为额定空气流量的 40%。

3）油雾粒径。在规定的实验压力 0.5MPa 下，输油量为 30 滴/min，其粒径不大于 50μm。

4）注油后恢复滴油时间。注油完成后，油雾器不能马上滴油，要经过一定时间。在额定工作状态下，一般为 20~30s。

5. 油雾器的典型应用

油雾器在使用中一定要垂直安装，它可以单独使用，也可以和空气过滤器、减压阀、油雾器三件联合使用，组成气源处理装置，使之具有过滤、减压和油雾润滑功能。联合使用时，其连接顺序应为空气过滤器—减压阀—油雾器，不能颠倒。安装时，气源处理装置应尽量靠近气动设备附近，距离不应大于 5m，同时避免安装在换向阀和执行元件之间。气源处理装置如图 3-19 所示。

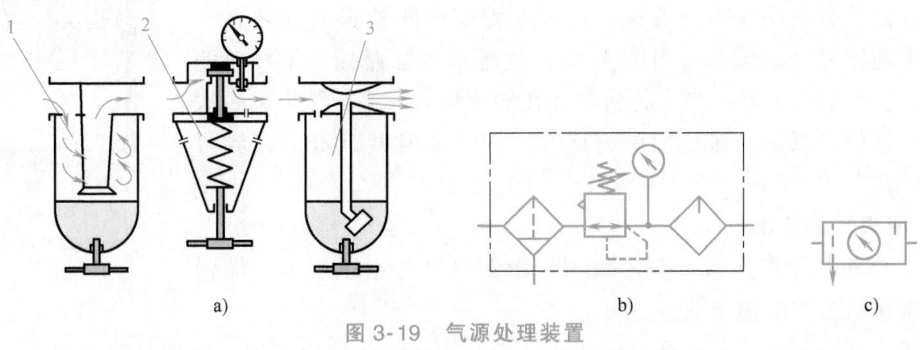

图 3-19 气源处理装置

a）使用示意图 b）图形符号详图 c）图形符号简图

1—过滤器 2—减压阀 3—油雾器

3.3.3 消声器

1. 消声器的功用

气压传动系统未设置回气管路，使用后的压力气体被直接排放至大气。由于排气速度接近声速，会产生强烈的排气噪声。这种排气噪声一般可达 100~120dB，能使工作环境恶化，危害人体健康。由于排气噪声的强弱与排气速度、排气量和排气通道的形状相关，排气的速度和功率越大，噪声也越大。为了降低噪声，可以在排气口装消声器。

2. 消声器的工作原理

消声器就是通过阻尼或增大排气面积来降低排气速度和功率，从而降低噪声的。气动元件使用的消声器一般有三种类型：吸收型消声器、膨胀干涉型消声器和膨胀干涉吸收型消声器。常用的是吸收型消声器。

（1）吸收型消声器　图 3-20 所示为吸收型消声器。这种消声器主要依靠吸声材料消声。消声罩 2 为多孔的吸声材料，一般用聚苯乙烯或铜珠烧结而成。当消声器的通径小于 20mm 时，多用聚苯乙烯作消声材料制成消声罩；当消声器的通径大于 20mm 时，消声罩多用铜珠烧结而成，以增加强度。其消声原理是：当有压气体通过消声罩时，气流受到阻力，声能被部分吸收而转化为热能，从而降低了噪声强度。

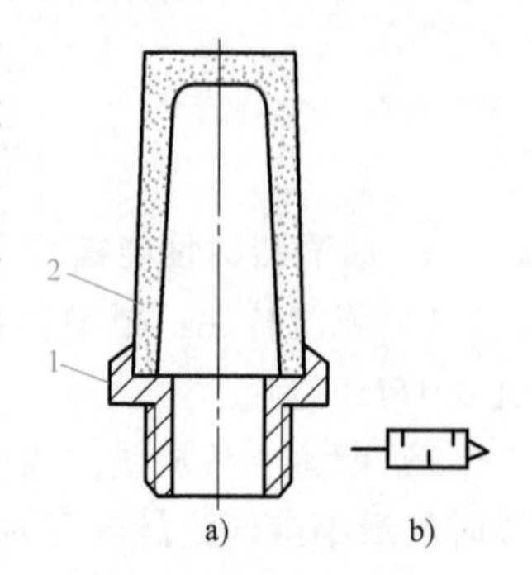

图 3-20　吸收型消声器
a）组成结构　b）图形符号
1—连接螺栓　2—消声罩

吸收型消声器结构简单，具有良好的消除中、高频噪声的性能。消声效果大于 20dB。在气压传动系统中，排气噪声主要是中、高频噪声，尤其是高频噪声，所以采用这种消声器是合适的。在主要是中、低频噪声的场合，应使用膨胀干涉型消声器。

（2）膨胀干涉型消声器　膨胀干涉型消声器又称声学滤波器，它是根据声学滤波原理制造的。这种消声器的直径比排气孔径大得多，气流在里面扩散、膨胀、反射、相互干涉，从而消耗能量，降低了噪声的强度，达到消声的作用。它具有排气阻力小的特点，可消除中、低频噪声，但结构不够紧凑。

（3）膨胀干涉吸收型消声器　这种消声器是上述两种消声器的组合，即在膨胀干涉型消声器的壳体内表面敷设吸声材料制成，如图 3-21 所示。其入口处开设了许多中心对称的斜孔，使得高速进入消声器的气流被分成许多小的流束，在进入无障碍的扩张室 A 后，气流被极大地减速，碰撞后反射到 B 室，气流束相互碰撞、干涉而使噪声减弱，然后气流经过吸声材料的多孔侧壁排入大气，噪声又一次被减弱。该消声器的效果比前两种更好，低频可消声 20dB，高频可消声 40dB。

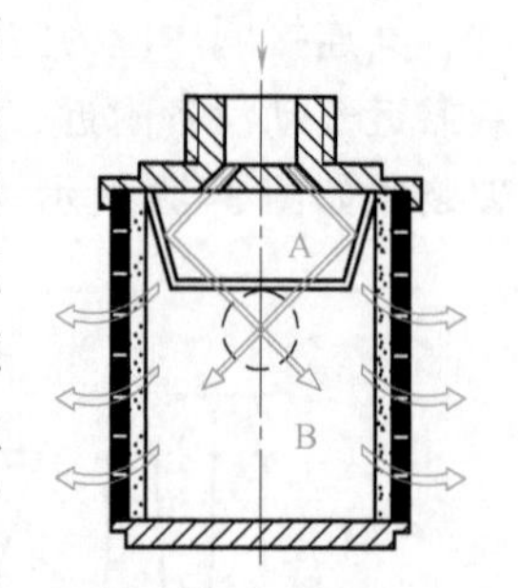

图 3-21　膨胀干涉吸收型消声器

3. 消声器的应用

（1）空压机用消声器　空压机用消声器又分为空压机入口端消声器和空压机出口端消声器。

对于小型空压机，入口端消声器可以装入能换气的消声箱内，有明显降低噪声的作用。一般防声箱用薄钢板制成，内壁涂敷阻尼层，再贴上纤维、地毯之类的吸声材料，不但外观设计美观，而且还能达到消声的目的。由于直接来自空压机的气体中含有大量的水分、油雾等杂质，会影响空压机出口端消声器的工作性能，因此，空压机出口端消声器通常安装在冷凝水分离器与气罐之间。

（2）阀用消声器　气压传动系统中，压力气体在完成动作后经阀直接排向大气。由于阀内气路复杂而窄小，压力气体以近声速从排气口排出，会产生十分刺耳的噪声，因此需要采用消声器来降低排气噪声。

阀用消声器一般采用螺纹连接，直接安装在阀的排气口上。对于采用集装式连接的控制阀，消声器安装在底板的排气口上。在自动生产线上也有采用集中排气消声的方法，把每个气动装置的控制阀排气口用排气管集中引入用于消声的长圆筒中排放。

3.3.4 管路系统

1. 管路的功用

气压传动中，管路系统的功用是将源于空压机（或气罐）的压力气体，按照使用要求输送至各气动设备。如果管路系统配置不合理，可能会产生下列问题：过长的管路传输会使压缩空气沿途压降增大，可能也会造成气动设备供气量不足；使管路系统中的冷凝水无法排放；导致气动设备动作不良，工作可靠性降低；管路维修、保养困难。因此，需对气动系统的供气管路进行合理设计。

2. 管路的分类

按用途不同，气压传动系统管路可分为以下几种：

1）吸气管路：从吸入口过滤器到空压机吸入口之间的管路。此段管路管径宜大，以降低压力损失。

2）排气管路：从空压机排气口到后冷却器或气罐之间的管路。此段管路应耐高温、高压与振动。

3）送气管路：从气罐到气动设备间的管路。送气管路又分成主管路和从主管路连接分配到气动设备之间的分支管路。主管路是固定安装的，用于把空气输送到各处。主管路中必须安装断路阀，它能在维修和保养期间把空气主管路分离成几部分。

4）控制管路：连接气动执行元件和各种控制阀间的管路。此管路多采用软管。

5）排水管道：收集气动系统中的冷凝水，并将水分排出管路。

3. 管路系统的设计原则

（1）必须满足压力和流量的要求　若在使用过程中各气动装置对气体压力有多种需求，则气源系统管路必须以满足最高压力要求来设计。若仅采用同一个管路系统供气，对供气压力要求较低的可通过减压阀减压实现。

气源供气系统管道的直径由供气的最大流量和允许压缩空气在管道内流动的最大压力损失来决定。为避免在管道内流动时有较大的压力损失，压缩空气在管道内流速一般应不小于25m/s。当管道内气体的体积流量为 q_V，管道中允许的流速为［v］时，管道的内径为

$$d=\sqrt{\frac{4q_V}{3600\pi[v]}} \tag{3-3}$$

由式（3-3）计算出管道内径，再结合流量验算空气通过某段管道的压力损失是否在允许范围内。一般对较大型的空气站，在厂区范围内，从管道的起点到终点，压力气体的压降不能超过气源初始压力的8%；在车间范围内，不能超过供气压力的5%。若超过上述范围，则应增大管道直径。

（2）必须满足供气质量的要求　根据各气动装置对压力气体的质量要求，合理设计一般供气系统和清洁供气系统。若一般供气量不大，为减少投资，可用清洁供气系统代替。若

清洁供气系统的用气量不大，可单独设置小型净化、干燥装置来解决。

（3）必须同时兼顾可靠性和经济性的要求　按照供气可靠性和经济性考虑，气动管路主要有两种配置：终端管道和环状管道。

图 3-22 所示的终端管道，组成简单，经济性好，多用于间断供气，一条支路上可安装一个截止阀，用于关闭系统。管道应在流动方向上有 1∶100 的斜度，以利于排水，并在最低位置设置排水器。当气动设备有多种压力要求且用气量都比较大时，采用多种压力管道空气系统，设置多种压力管网，分区供气。当管路中多数设备为低压装置但有少数高压装置时，可采用管道空气系统与瓶装供气相结合的供气系统，管道供大量低压气，瓶装供少量高压气。

图 3-23 所示的环状管道供气可靠性高，压力损失小，压力稳定，但投资较高。在环状主管道系统中，空气从两边输入到达高的消耗点，可将减压力降至最低。这种系统中冷凝水会流向各个方向，因此必须设置足够的自动排水装置。另外，每条支路上及支路间都要设置截止阀，当关闭支路时，整个系统仍能供气。

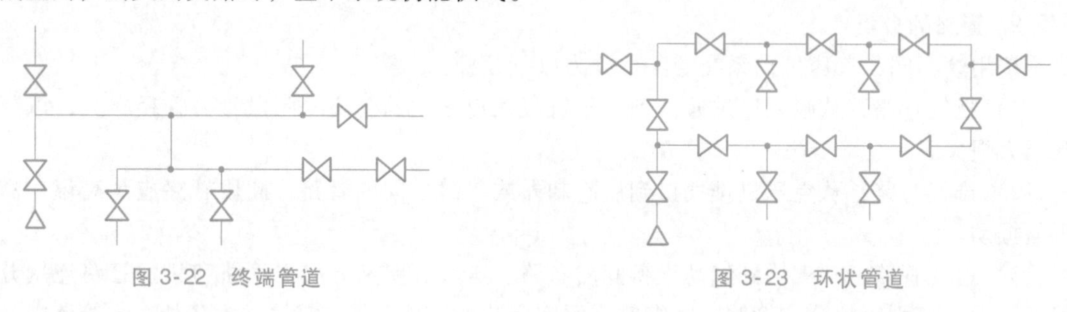

图 3-22　终端管道　　图 3-23　环状管道

思考与练习

1. 气源系统主要包括哪些设备？它们的功能是什么？
2. 空压机有哪些类型？
3. 容积式空压机与速度式空压机的工作原理是什么？有何区别？
4. 简述单级滑片式空压机的工作原理。
5. 气压传动系统对工作介质有哪些要求？对压缩空气为何要进行净化处理？
6. 油雾器使油雾化的原理是什么？油雾器用于什么场合？安装油雾器时有何注意事项？
7. 气罐的功用是什么？如何确定气罐的容积和尺寸？

第4章 CHAPTER 4 气压传动执行元件

在气压传动系统中，气动执行元件的功用是将压缩空气的压力能转换成机械能，并对外做功。常用的气动执行元件主要有气缸和气马达两种。其中，气缸主要用于实现往复直线运动和往复摆动运动，而气马达主要用于实现连续旋转运动。

4.1 气缸

4.1.1 气缸的分类

1. 按驱动方式分

按压缩空气作用在活塞端面上的方向，气缸可分为单作用气缸和双作用气缸两种。单作用气缸仅在一个运动方向靠压缩气体推动，相反方向的运动则靠复位弹簧力、自重或其他力来推动。双作用气缸的往复运动都是靠压缩气体推动的。

2. 按缸筒直径分

按照缸筒直径的大小，气缸可分为微型气缸（2.5~6mm）、小型气缸（8~25mm）、中型气缸（32~320mm）和大型气缸（>320mm）。

3. 按安装方式分

按照安装方式，气缸主要分为固定式气缸、摆动式气缸两种。安装时，固定式气缸安装在机体上固定不动，而摆动式气缸围绕一个固定轴可做一定角度（小于360°）的摆动。

4. 按组成结构分

按照组成结构，气缸可分为活塞式气缸、膜片式气缸、柱塞式气缸和摆动式气缸。

5. 按缓冲方式分

按照是否设置缓冲装置，气缸分为无缓冲气缸和缓冲气缸两种。无缓冲气缸一般适用于微型气缸、小型单作用气缸和短行程气缸。缓冲气缸为防止高速运行的活塞撞击缸盖造成损伤和产生噪声，在行程终端一般会设有缓冲装置。根据缓冲的设计位置，缓冲气缸又可分为单侧缓冲气缸和双侧缓冲气缸；根据缓冲装置是否可调节，还可分为固定缓冲气缸和可调缓冲气缸。

通常，气缸上常见的缓冲有弹性垫缓冲和气垫缓冲两种。弹性垫缓冲一般是固定的，如在活塞两侧设置橡胶垫，或者在两端缸盖上设置橡胶垫，吸收动能，常用于缸径小于25mm的气缸。气垫缓冲一般是可调的，利用活塞在行程终端前封闭的缓冲腔室所形成的气垫作用来吸收动能，适用于大多数气缸的缓冲。

6. 按润滑方式分

按润滑方式，气缸可分为给油气缸和不给油气缸两种。其中，给油气缸是利用混合在压缩空气中的油雾，对气缸内的活塞、缸筒等相对运动部件进行润滑。不给油气缸则是靠装配时添加在密封圈内的润滑脂，对气缸运动部件进行润滑。使用时应注意：不给油气缸一旦给油使用后，就必须持续给油，否则会加速密封件的磨损。

7. 按照气缸功能分

按照气缸功能，气缸可分为普通气缸和特殊气缸。普通气缸包括单作用气缸和双作用气缸。特殊气缸包括气液阻尼刚、冲击气缸、缓冲气缸、步进气缸、摆动气缸、回转气缸和气液增压缸等。

4.1.2 典型气缸的结构特点和工作原理

1. 单作用气缸

图4-1a所示为单作用气缸的组成结构。工作时，单作用气缸在一端缸盖气口输入压缩空气，使活塞杆伸出（或缩回），而另一端靠弹簧、自重或其他外力等使活塞杆恢复到初始位置。它一般用于短行程，对活塞杆推力、运动速度要求不高的场合。图4-1b所示为单作用气缸的图形符号。

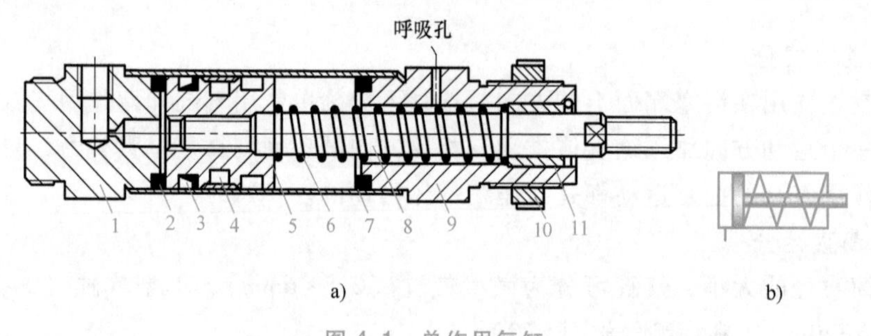

图4-1 单作用气缸

a）组成结构 b）图形符号

1—后缸盖 2—橡胶缓冲柱塞 3—活塞密封圈 4—导向环 5—活塞 6—弹簧 7—缸筒 8—活塞杆 9—前缸盖 10—螺母 11—导向套

根据复位弹簧的安装位置，单作用气缸又分为预缩型气缸和预伸型气缸。其中，预缩型单作用气缸的复位弹簧装在有杆腔内，其作用力使活塞杆初始位置处于缩回位置，如图4-1a所示。而预伸型气缸的复位弹簧装在无杆腔内，气缸活塞杆初始位置为伸出位置。单作用气缸的应用特点如下：

1）结构简单，仅需向一端提供压力气体，耗气量小。

2）复位弹簧的反作用力随压缩行程的增大而增大，因此活塞的输出力随活塞运动行程的增加而减小。

3）缸体内安装弹簧，增加了缸体的长度，缩短了活塞的有效行程。

2. 双作用气缸

双作用气缸的组成结构如图 4-2a 所示，它主要由缸筒 1、活塞杆 4、活塞 8、导向套 6、前缸盖 3、后缸盖 2 及密封圈 7 等元件组成。当 A 孔进气、B 孔排气时，压力气体作用在活塞 8 左侧面积上的作用力大于作用在活塞 8 右侧面积上的作用力和摩擦力等反作用时，压力气体推动活塞 8 向右移动，使活塞杆 4 伸出；反之，当 B 孔进气、A 孔排气时，压力气体推动活塞 8 向左移动，使活塞 8 和活塞杆 4 缩回到初始位置。图 4-2b 所示为双作用气缸的图形符号。

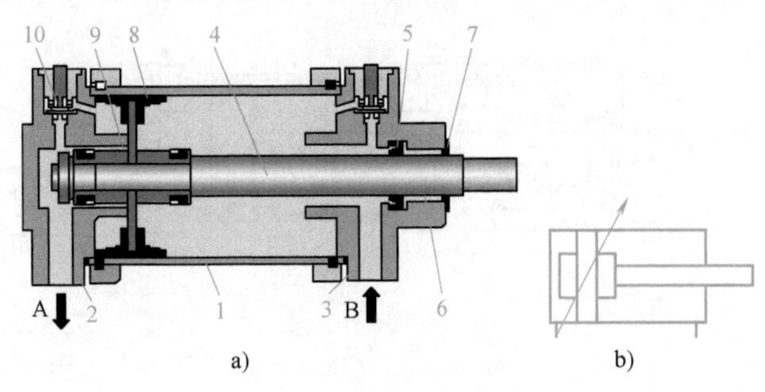

图 4-2 双作用气缸

a）组成结构 b）图形符号

1—缸筒 2—后缸盖 3—前缸盖 4—活塞杆
5—防尘密封圈 6—导向套 7—密封圈
8—活塞 9—缓冲柱塞 10—缓冲节流阀

3. 气液阻尼缸

气液阻尼缸是一种由气缸和液压缸构成的组合缸。图 4-3 所示为串联式气液阻尼缸，它的液压缸 2 和气缸 1 共用一个缸体，两活塞固连在同一活塞杆上。当气缸 1 右腔供气、左腔排气时，活塞杆伸出的同时带动液压缸 2 活塞左移，此时液压缸左腔排油经节流阀 5 流向右腔，对活塞杆的运动起阻尼作用。调节节流阀 5 便可控制排油速度，由于两活塞固连在同一活塞杆上，便也控制了气缸活塞的左行速度。反向运动时，因单向阀 3 开启，活塞杆可快速缩回，液压缸 2 无阻尼。油箱 4 是为克服液压缸两腔面积差和补充泄漏用的。

如果将气缸、液压缸位置改为图 4-4 所示的并联式气液阻尼缸，则油箱可省去，改为油杯补油即可。

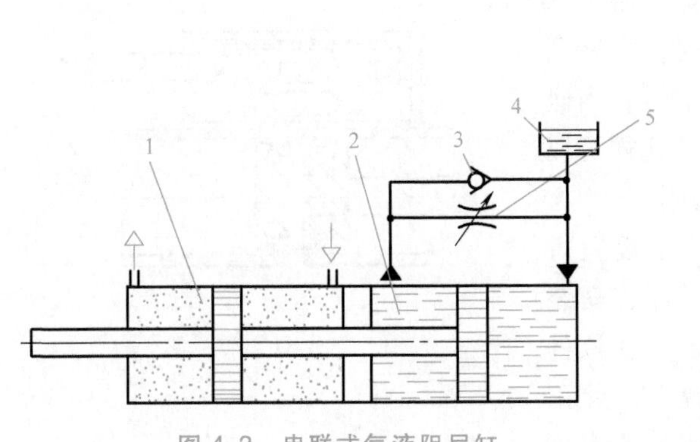

图 4-3 串联式气液阻尼缸

1—气缸 2—液压缸 3—单向阀 4—油箱 5—节流阀

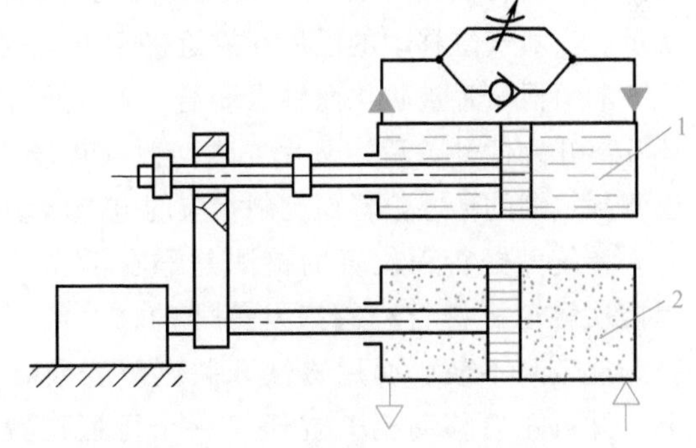

图 4-4 并联式气液阻尼缸

1—液压缸 2—气缸

气液阻尼缸工作时，利用气缸产生驱动力，液压缸起阻尼调节作用，可获得平稳的运动。这种气液阻尼缸常用于机床和切削加工的进给驱动装置，克服了普通气缸在负载变化较大时容易产生的“爬行”或“自移”现象，可满足驱动刀具进行切削加工的要求。

4. 制动气缸

制动气缸也称锁紧气缸，是一种带有制动装置的气缸。制动装置的结构主要有卡套锥面式、弹簧式和偏心式等形式，通常安装在普通气缸的前端。图 4-5a 所示为卡套锥面式制动气缸的组成结构，制动装置由制动闸瓦、制动活塞和弹簧等构成。

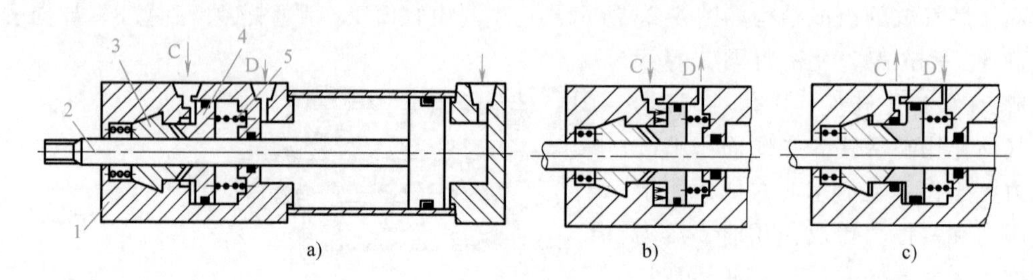

图 4-5 卡套锥面式制动气缸

a）组成结构 b）放松状态 c）夹紧状态

1—锁紧装置 2—活塞杆 3—制动闸瓦 4—制动活塞 5—弹簧

制动气缸在工作过程中，其制动装置有两个工作状态：放松状态（图 4-5b）和夹紧状态（图 4-5c）。

（1）放松状态 当 C 孔进气、D 孔排气时，制动活塞右移，制动机构处于松开状态，气缸活塞和活塞杆即可正常自由运动。

（2）夹紧状态 当 D 孔进气、C 孔排气时，弹簧和气压同时使制动活塞复位，并压紧制动闸瓦。此时制动闸瓦抱紧活塞杆，对活塞杆产生很大的夹紧力——制动力，使活塞杆迅速停止下来，达到正确定位的目的。

在工作过程中，即使气源出现故障，由于弹簧力的作用，仍能锁定活塞杆不使其移动。这种制动气缸夹紧力大，动作可靠。

5. 带磁性开关的气缸

带磁性开关的气缸是指在气缸的活塞上装有一个永久磁环，而将磁性开关装在气缸的缸筒外侧，如图 4-6 所示。当随气缸移动的磁环 6 靠近磁性开关时，舌簧开关 8 的两根簧片被磁化而触点闭合，产生电信号；当磁环 6 离开磁性开关后，簧片失磁，触点断开。这样可以检测到气缸的活塞位置而控制相应的电磁阀动作。

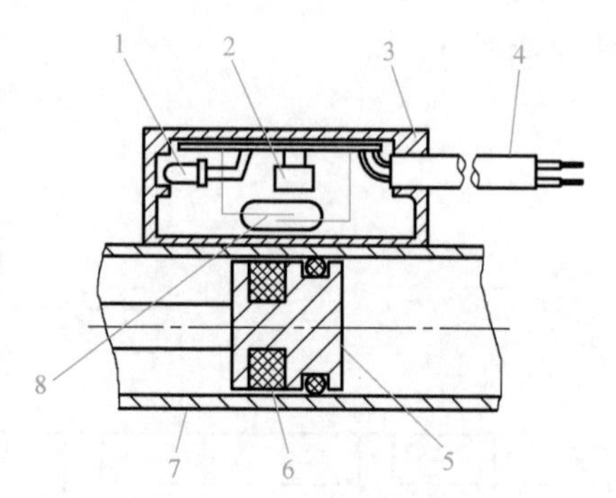

图 4-6 带磁性开关的气缸

1—动作指示灯 2—保护电路 3—开关外壳 4—导线 5—活塞 6—磁环 7—缸筒 8—舌簧开关

传统气缸行程位置的检测是靠在活塞杆上设置行程挡块触动机械行程阀来发信号的，这给设计、安装和制造带来不便。而用磁性开关则可安装在气缸拉杆上，并可左右移动至气缸任何一个行程位置上，使用方便、结构紧凑、开关反应快，气缸可以是各种型号的，但缸筒必须是导磁性弱、隔磁性强的材料，如铝合金、不锈钢、黄铜等。

6. 无杆气缸

无杆气缸没有普通气缸的刚性活塞杆，它利用活塞直接或间接地实现往复运动。无杆气缸的最大优点是节省了安装空间，特别适用于小缸径、长行程的场合。此外，无活塞杆结构能避免活塞杆及密封圈的损伤带来故障。而且，没有活塞杆，活塞两侧受压面积相等，双向行程具有同样大小的推力，有利于提高定位精度。

(1) 机械耦合的无活塞杆气缸　图 4-7 所示为机械耦合的无活塞杆气缸，其不等壁厚的铝制缸筒经拉制而成，并开有管状沟槽缝。为保证开槽处的密封，设有内外侧密封带。内侧密封带 3 靠气压力将其压在缸筒内壁上，起密封作用。外侧密封带 4 起防尘作用。活塞轭 7 穿过长开槽，把活塞 5 和滑块 6 连成一体。活塞轭 7 又将内、外侧密封带分开，内侧密封带穿过活塞轭，外侧密封带穿过活塞轭与滑块之间，但内、外侧密封带未被活塞轭分开处，相互夹持在缸筒开槽上，以保持槽被密封。内、外侧密封带两端都固定在气缸缸盖上。与普通气缸一样，两端缸盖上带有缓冲装置。

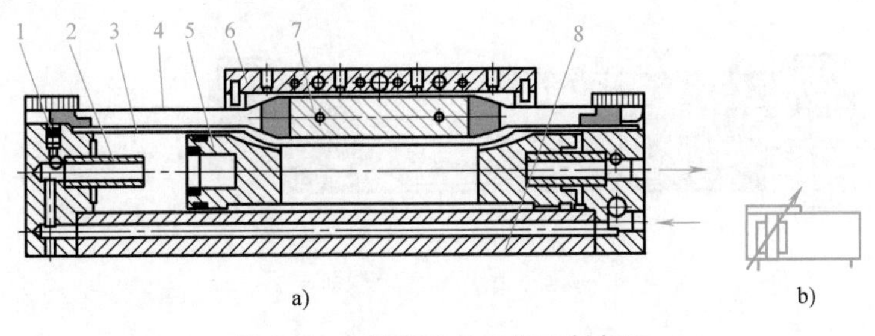

图 4-7　机械耦合的无活塞杆气缸

a) 组成结构　b) 图形符号

1—节流阀　2—缓冲柱塞　3—内侧密封带　4—外侧密封带　5—活塞　6—滑块　7—活塞轭　8—缸筒

这种机械耦合的无活塞杆气缸广泛用于数控机床、注塑机等的开门装置、多功能坐标机械手和自动输送线上。

(2) 磁感应气缸　图 4-8 所示为磁性耦合的无活塞杆气缸，活塞上安装了一组高磁性的内磁环 4，磁力线通过非磁性的薄壁缸筒与套在外面的外磁环 2 作用。由于两组磁环极性相反，具有很强的吸力，当活塞在一侧输入气压作用下移动时，在磁性耦合力作用下，活塞带动套筒与负载一起移动。在气缸行程两端设有缓冲装置。

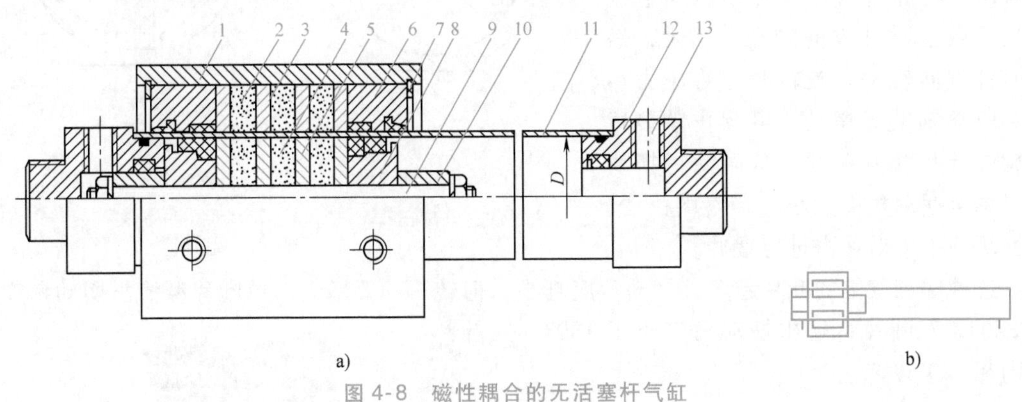

图 4-8　磁性耦合的无活塞杆气缸

a) 组成结构　b) 图形符号

1—套筒（移动支架）　2—外磁环　3—外磁导板　4—内磁环　5—内导磁板

6—压盖　7—卡环　8—活塞　9—活塞轴　10—缓冲柱塞　11—气缸筒　12—端盖　13—进排气口

这种磁性耦合的无活塞杆气缸体积小、重量轻、无外部空气泄漏、维修保养方便。但当速度快、负载大时，内、外磁环易脱开，即负载大小受速度影响，且磁性耦合的无活塞杆气缸中间不可能增加支承点，最大行程受到限制。

7. 摆动气缸

摆动气缸是出力轴被限制在某个角度内做往复摆动的一种气缸，又称为旋转气缸。摆动气缸多用于安装位置受到限制或转动角度小于360°的回转工作部件。按照摆动气缸的结构特点可分为齿轮齿条式和叶片式两类。

（1）齿轮齿条式摆动气缸　齿轮齿条式摆动气缸有单齿条和双齿条两种。图4-9a所示为单齿条齿轮齿条式摆动气缸的组成结构压缩空气推动活塞6带动齿条3做直线运动，齿条3则推动齿轮4做旋转运动，由输出轴5（齿轮轴）输出力矩。输出轴与外部机构的转轴相连，让外部机构做摆动。

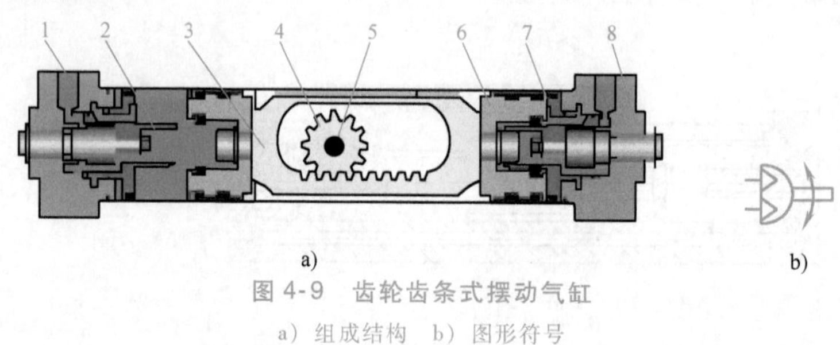

图4-9　齿轮齿条式摆动气缸

a）组成结构　b）图形符号

1—缓冲节流阀　2—缓冲柱塞　3—齿条　4—齿轮　5—输出轴　6—活塞　7—缸体　8—端盖

这种摆动气缸的行程终点位置可调，且在终端设有可调缓冲装置，缓冲作用大小与气缸摆动的角度无关。在活塞上装有一个永久磁环，行程开关可固定在缸体的安装沟槽中。

（2）叶片式摆动气缸　按叶片数量，叶片式摆动气缸可分为单叶片式、双叶片式和多叶片式。图4-10a、b分别为单、双叶片式摆动气缸的结构原理图。在定子上有两条气路，当左腔进气时，右腔排气，叶片在压缩空气作用下做逆时针方向转动；反之，做顺时针方向转动。旋转叶片将压力传递到驱动轴上做摆动。可调止动装置与旋转叶片相互独立，从而使得挡块可以调节摆动角度大小。在终端位置，弹性缓冲垫可对冲击进行缓冲。

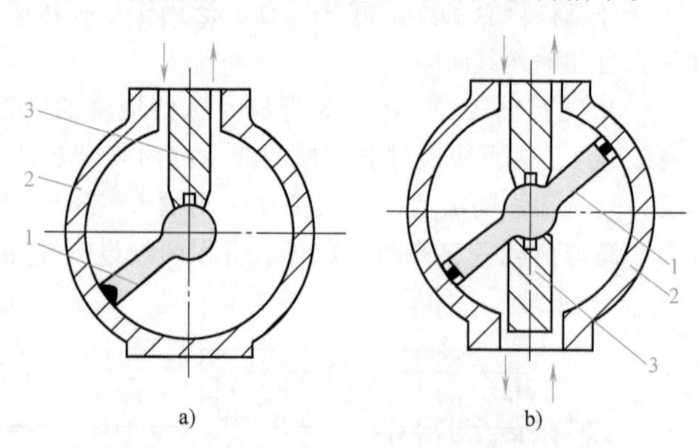

图4-10　叶片式摆动气缸的结构原理图

a）单叶片式摆动气缸　b）双叶片式摆动气缸

1—叶片　2—定子　3—挡块

这种摆动气缸的叶片越多，摆动角度越小，但转矩却要增大。单叶片型输出摆动角度小于360°，双叶片型输出摆动角度小于180°，三叶片型则在120°以内。

8. 带阀气缸

带阀气缸是一种将阀和气缸设计成一体的组合型气缸，可节省阀与气缸之间的接管。如图4-11所示，带阀气缸是由标准气缸、阀、中间连接板和连接管组合而成的。其中，阀一般用电磁阀或气控阀。按照气缸的工作方式，带阀气缸可分为通电伸出型和通电缩

图4-11　带阀气缸

1—气缸　2—单电控电磁阀

回型两种。

这种带阀气缸结构简单，使用方便，节省了管道和耗气量，近年来正被大量使用。其缺点是将阀集中安装，不便维修。

9. 薄型气缸

如图 4-12 所示，薄型气缸结构紧凑，轴向尺寸短。活塞 3 上采用 O 形密封圈密封，缸盖 1 上未设置缓冲机构，缸盖与缸筒 4 之间采用弹簧卡环 7 固定。薄型气缸行程较短，常用缸径为 10～100mm，行程为 50mm 以下。

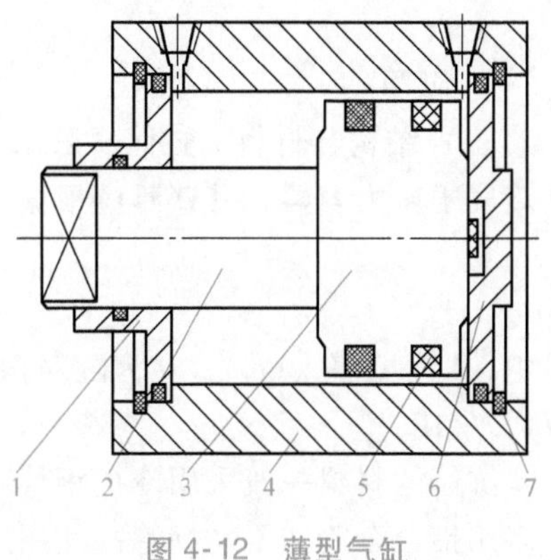

图 4-12 薄型气缸

1—缸盖 2—活塞杆 3—活塞 4—缸筒 5—磁环 6—后缸盖 7—弹性卡环

薄型气缸有供油薄型气缸和不供油润滑薄型气缸两种，除采用的密封圈不同外，其结构基本相同。不供油润滑薄型气缸的特点是：结构简单，紧凑；轴向尺寸小，占用空间小；可在不供油条件下工作，节省了油雾器。

10. 冲击气缸

冲击气缸是一种将压缩气体的压力能转换为活塞和活塞杆等运动部件高速运动动能的特殊气缸。它利用在瞬间产生很大的冲击能量而对外做功。常用的冲击气缸有普通型冲击气缸、快速型冲击气缸和压紧活塞式冲击气缸。普通型冲击气缸如图 4-13 所示，主要由缸体、中盖、活塞和活塞杆等主要零件组成。

普通型冲击气缸的工作过程如图 4-14 所示，主要分为如下三个阶段：

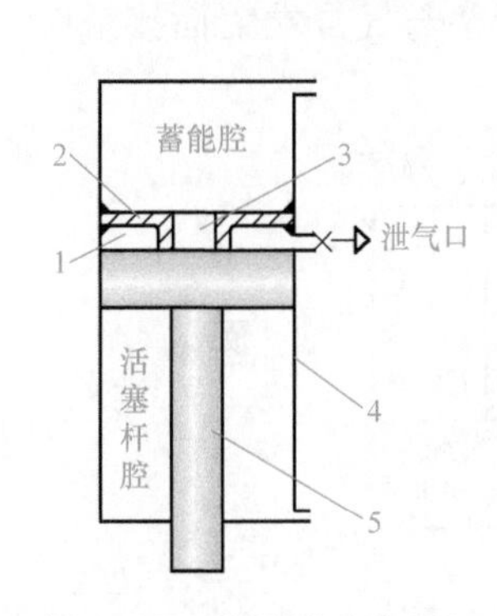

图 4-13 普通型冲击气缸

1—活塞腔 2—中盖 3—喷嘴 4—缸体 5—活塞杆

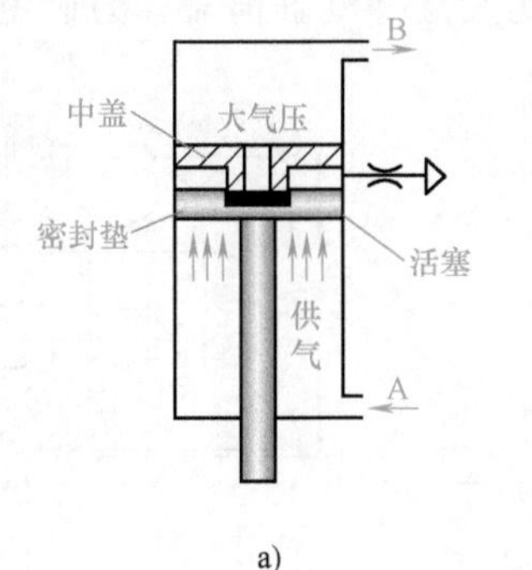

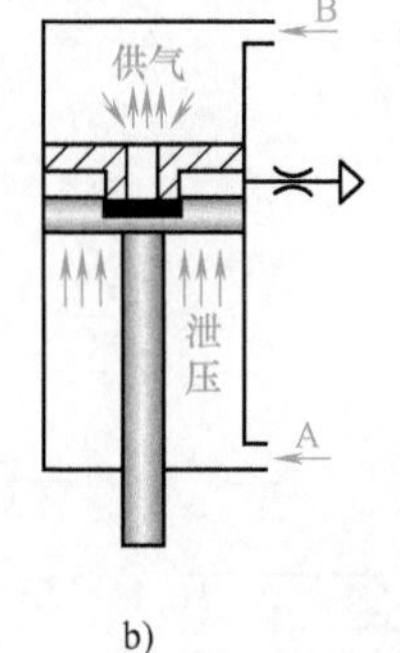

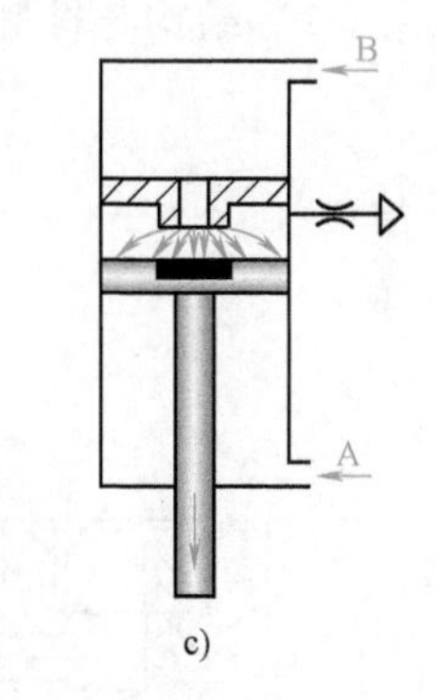

图 4-14 冲击气缸的工作过程

a）初始状态 b）蓄能状态 c）冲击状态

（1）初始状态 气动回路中的气缸控制阀处于原始状态，压缩空气由 A 孔进入冲击气缸头腔，蓄能腔、尾腔与大气相连，活塞处于上限位置，活塞上安装有密封垫片，封住中盖上的喷嘴，中盖与活塞间的环形空间经小孔与大气相通。

（2）蓄能状态 换向阀换向，工作气压向蓄能腔充气，头腔排气。由于喷口的面积为缸径的 1/9，只有当蓄能腔压力为头腔压力的 8 倍时，活塞才开始运动。

（3）冲击状态 活塞开始运动的瞬间，蓄能腔内的压力已达到工作压力，尾腔通过排气口与大气相通。一旦活塞离开喷嘴，蓄能腔的压缩空气就经喷嘴以声速向尾腔充气，且气压作用在活塞上的面积突然增大 8 倍，于是活塞快速向下冲击做功。

经过上述三个阶段后，控制阀复位，冲击气缸完成了一个工作循环。

4.1.3 气缸的主要组成零件

1. 缸筒

（1）结构与材料　缸筒一般采用圆筒形结构，目前也广泛采用方形、矩形、异形管材。缸筒属于压力容器，其壁厚应根据下式进行设计计算：

$$b \geqslant \frac{pD}{2[\sigma]} \tag{4-1}$$

式中，b 为壁厚（cm）；D 为缸筒内径（mm）；p 为气体工作压力（Pa）；$[\sigma]$ 为材料许用应力（MPa）。

缸筒的材料一般采用冷拔钢管、铝合金管、不锈钢管、铜管和工程塑料管；中小型气缸大多用铝合金管和不锈钢管；使用广泛的开关气缸的缸筒要求用非导磁材料；用于冶金、汽车等行业的重型气缸一般采用冷拔精拉钢管，也有用铸铁管的。

（2）技术要求　缸筒表面应具有一定的硬度，以防活塞运动时发生磨损。缸套内表面需镀铬珩磨，镀层厚度为 0.02mm，铝合金缸套需进行硬质阳极氧化处理，硬氧膜层厚度为 30~50μm；与活塞间隙配合的缸筒内径加工精度达 H9 级，圆柱度公差为 0.002~0.003mm，表面粗糙度值为 Ra0.2~0.4μm，缸筒两端面对内孔轴线的垂直度公差为 0.05~0.1mm，气缸缸筒应能承受 1.5 倍的最高工作压力，且不得有泄漏。

2. 缸盖

（1）结构与材料　图 4-15a 所示为无缓冲气缸前盖，为避免活塞与气缸端盖面接触时，

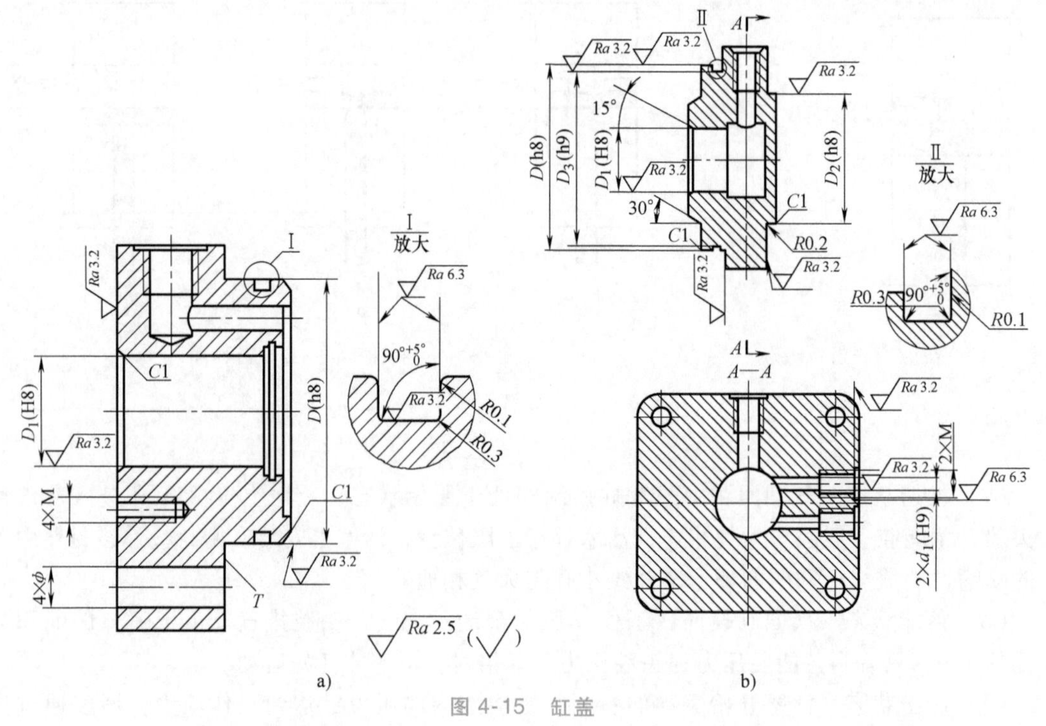

图 4-15　缸盖

a）无缓冲气缸的前盖　b）缓冲气缸的后盖

承受压力气体的面积太小，通常在缸盖上加工出深度不小于1mm的沉孔，此孔必须与进气孔相通。图4-15b所示为缓冲气缸后盖，缓冲气缸的缸盖上除进、排气孔外，还应有装设缓冲装置（如单向阀、节流阀等）的孔道。缸盖的厚度主要考虑安装进、排气管、密封圈、导向装置和缓冲装置等所占的空间。

缸盖多采用铸件，也有采用焊接件的。常见的铸件所用材料多为铸铁及铝合金。

（2）技术要求

1）与缸筒内径配合的D对D_1的同轴度误差不大于0.02mm。

2）D_3对D_1的同轴度误差不大于0.07mm。

3）D_2对D_1的同轴度误差不大于0.08mm。

4）螺纹孔M对d_1的同轴度误差不大于0.02mm。

5）端面T对D_1轴线的垂直度不大于0.01mm。

6）铸件的热处理、漏气试验、防锈涂漆等与缸筒相同。

3. 活塞

（1）结构与材料　活塞是把压力气体的压力能通过活塞杆传递出去的重要受力零件，其结构如图4-16所示。活塞宽度与密封圈数量、导向环形式等因素有关。对标准气缸而言，活塞宽度通常为缸径的20%~25%，同时需综合考虑使用条件，由活塞与缸筒、活塞杆与导向套的间隙等因素来决定。活塞的滑动面小容易引起早期磨损和卡死，如产生“咬缸”现象。

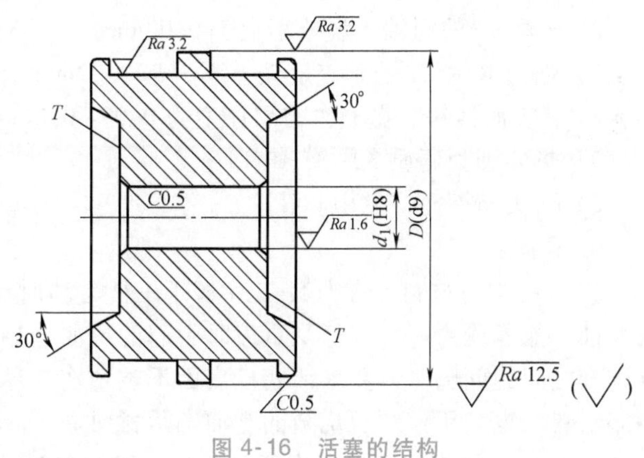

图4-16　活塞的结构

活塞的材料常用铝合金和铸铁，小型气缸的活塞有用黄铜制造的。一般活塞宽度越小，气缸的总长就越短。

（2）技术要求

1）活塞外径（即缸筒内径）的公差取决于所选密封圈。当选用O形密封圈时为f8，用其他密封圈时为f9，采用间隙密封圈时为g5，用YX型密封圈时为d9。

2）活塞外径D对活塞杆连接孔d_1的同轴度误差不大于0.02mm。

3）两端面T对d_1的垂直度误差不大于0.04mm。

4）铸件不允许有砂眼、气孔及疏松等缺陷。

5）热处理硬度应比缸筒低。

6）外径D的圆柱度、圆度误差不超过直径公差的一半。

4. 活塞杆

（1）结构与材料　活塞杆是用来传递力的重要零件，要求能承受拉压、振动等负载，表面耐磨，不生锈。图4-17所示为实心活塞杆。使用时必须考虑活塞杆强度问题、活塞杆头部螺纹受冲击而遭到破坏，考虑细长杆的压杆稳定性、活塞杆伸出时因自重而引起活塞杆头部下垂的问题。为防止活塞杆头部遭到破坏，在使用时应设置、使负载停止的阻挡装置和缓冲吸收装置，以及消除活塞杆上承受的不合理的作用力。活塞杆材料一般选用35、45钢。

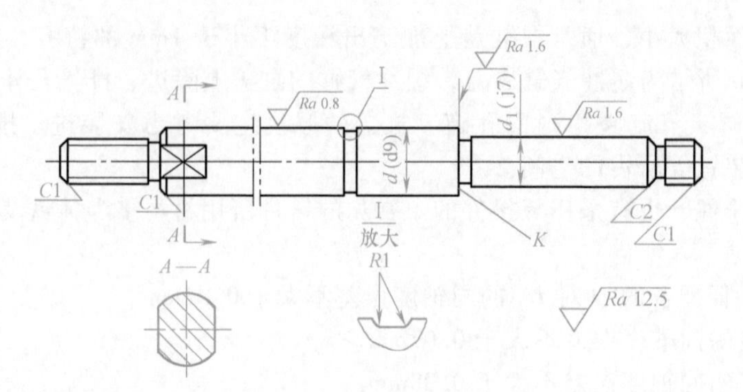

图 4-17 活塞杆

（2）技术要求

1）活塞杆直径 d 与气缸导向套配合，其公差带一般取 f8、f9 或 d9，表面粗糙度值为 $Ra0.8\mu m$。

2）d 对 d_1 的同轴度误差不大于 0.02mm。

3）端面 K 对 d_1 的垂直度误差不大于 0.02mm。

4）d 表面镀铬、抛光，铬层厚度为 0.01~0.02mm。

5）热处理为调质 30~35HRC。

6）两头断面允许钻中心孔。

5. 导向套

（1）结构与材料　导向套在活塞杆往复运动时起导向作用。要求导向套具有良好的滑动性能，能承受由于活塞杆受重载时引起的弯曲、振动及冲击。在粉尘等杂物进入活塞杆和导向套之间的间隙时，要求活塞杆表面不被划伤。导向套一般采用聚四氟乙烯和其他的合成树脂材料，也可用铜颗粒烧结的含油轴承材料。

（2）技术要求　导向套内径公差带一般取 H8，表面粗糙度值为 $Ra0.4\mu m$。

4.1.4　气缸的设计计算

1. 气缸的理论输出力

（1）普通双作用气缸

1）普通双作用气缸的理论推力 F_0（N）为

$$F_0=\frac{\pi}{4}D^2p \tag{4-2}$$

式中，D 为缸径（m）；p 为气缸的工作压力（Pa）。

2）普通双作用气缸的理论拉力 F_1(N) 为

$$F_1=\frac{\pi}{4}(D^2-d^2)p \tag{4-3}$$

式中，d 为活塞杆直径（m），初选双作用气缸时，可假设 $d=0.3D$。

（2）普通单作用气缸

1）预缩型单作用气缸的输出力。

预缩型单作用气缸的理论推力为

$$F_0=\frac{\pi}{4}D^2p-F_{t1} \tag{4-4}$$

预缩型单作用气缸的理论拉力为

$$F_1=F_{t2} \tag{4-5}$$

2）预伸型单作用气缸。

预伸型单作用气缸的理论推力为

$$F_0=F_{t2} \tag{4-6}$$

预伸型单作用气缸的理论拉力为

$$F_1=\frac{\pi}{4}(D^2-d^2)p-F_{t1} \tag{4-7}$$

式（4-4）~式（4-7）中，D 为缸径（m）；d 为活塞杆直径（m）；p 为工作压力（Pa）；F_{t1} 为复位弹簧预压量及行程所产生的弹簧力（N）；F_{t2}为复位弹簧预紧力（N）。

2. 气缸的负载力与负载率

（1）负载力　负载力是选择气缸的重要因素。当气缸所受负载状态不同时，作用在活塞杆上的实际负载力也不同，见表 4-1。

表 4-1　不同负载状态下的负载力

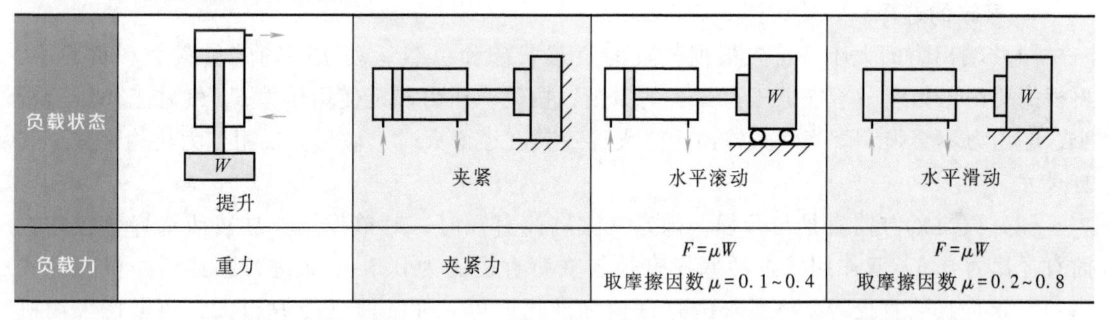

负载状态	提升	夹紧	水平滚动	水平滑动
负载力	重力	夹紧力	$F=\mu W$ 取摩擦因数 $\mu=0.1\sim0.4$	$F=\mu W$ 取摩擦因数 $\mu=0.2\sim0.8$

（2）负载率　气缸的负载率是指气缸的实际负载力 F 与理论输出力 F_0之比，即

$$\eta=\frac{F}{F_0}\times100\% \tag{4-8}$$

气缸负载率的大小与负载的运动状态有关。可参照表 4-2 确定负载率的大小。

表 4-2　负载率与负载的运动状态

负载运动状态	静载荷（如夹紧、低速压铆等）	动载荷	
		气缸速度（50 ~500）mm/s	气缸速度 >500mm/s
负载率	$\eta\leqslant0.7$	$\eta\leqslant0.5$	$\eta\leqslant0.3$

3. 气缸的耗气量

气缸的耗气量是指气缸往复运动时所消耗的压缩空气量，其大小与气缸的性能无关，但它是选择空压机排量的重要参数。气缸的耗气量与气缸的活塞直径 D、活塞杆直径 d、活塞的行程 L 以及单位时间往返次数 N 有关。

以单活塞杆双作用气缸为例，活塞杆伸出和退回时的耗气量分别为

$$V_1=\frac{\pi}{4}D^2L,\quad V_2=\frac{\pi(D^2-d^2)}{4}L$$

因此，活塞往复一次所消耗的压缩空气量为

$$V'=V_1+V_2=\frac{\pi}{4}(2D^2-d^2) \tag{4-9}$$

若活塞每分钟往返 N 次，则每分钟气缸的耗气量为

$$V=NV'$$

以上计算的 V 是理论耗气量。由于泄漏等因素的影响，气缸实际耗气量需要更多。因此气缸的实际耗气量可按式（4-10）来确定：

$$V_S=(1.2\sim1.5)V \tag{4-10}$$

V_S是气缸压缩空气的实际耗气量，这是选择气源供气量的重要依据。未经压缩的自由空气的耗气量要比该值大，当实际消耗的压缩空气量为 V_S时，其自由空气的耗气量为

$$V_{SZ}=V_S\frac{p+0.1013}{0.1013} \tag{4-11}$$

式中，p 为压缩空气的压力（MPa）。

4.1.5 气缸的选择与使用

1. 气缸的选择

（1）输出力的大小　首先根据气缸的负载状态和负载运动状态确定负载力和负载率，再根据使用压力应小于气源压力 85%的原则，按气源压力确定使用压力 p。气缸工作压力较小，输出力不会很大。当气缸输出力过大导致其缸径增大时，应尽量采用扩力机构来减小气缸尺寸。

（2）气缸的缸筒直径与行程　确定气缸缸筒直径时，对单作用气缸按活塞杆直径与缸筒直径比为 0.5，双作用气缸活塞杆直径与缸筒直径比为 0.3~0.4 进行预选，并根据公式（4-1）求得缸筒直径 D，将所求出的 D 值标准化即可。如缸筒直径 D 过大，可考虑采用机械扩力机构。

确定气缸行程时，可根据气缸及传动机构的实际运行距离来预选气缸的行程。为了便于安装与调试，需对计算出的距离加大 10~20mm；但不能太长，以免增大气缸耗气量。

（3）气缸的安装方式　气缸品种和安装形式的确定，需要考虑其使用目的和安装位置等因素。在一般场合下，多选用轴向耳座、前法兰、后法兰等固定安装方式；在要求活塞直线往复移动的同时，又要缸体做较大圆弧摆动时，可选用尾部轴销和中间轴销等安装方式。如需要在回转中输出直线往复移动，可采用回转气缸。

（4）气缸的运行速度　气缸的运动速度主要取决于气缸进、排气口及导管内径。选取时，以气缸进、排气口连接螺纹尺寸为基准。为获得缓慢而平稳的运动，可采用气液阻尼缸。普通气缸的运动速度为 0.5~1m/s，对于高速运动的气缸，应选用缓冲缸或在回路中采用节流调速元件。

2. 气缸的使用注意事项

1）工作条件。气缸的正常工作环境温度为 5~60℃，工作压力为 0.4~0.6MPa（表压）。超出此范围时，应考虑使用特殊密封材料及十分干燥的空气。

2）安装前，应在 1.5 倍的工作压力下进行试压，不允许气缸有泄漏现象。

3）在整个工作行程中负载变化较大时，应选用有足够出力余量的气缸。

4）不使用满行程工作，特别是在活塞杆伸出时，要防止活塞撞击缸盖，损坏零件。

5）注意合理润滑，正确设置与调整油雾器，否则会影响气缸运动零部件间的磨损，严重时会影响气缸运动性能甚至不能工作。

6）气缸使用时必须注意活塞杆强度问题。大多场合活塞杆承受推力负载，必须考虑细长杆的压杆稳定性和气缸水平安装时，活塞杆伸出因自重而引起活塞杆头部下垂的问题。

7）活塞杆头部连接处，在大惯性负载运动停止时，往往伴随着冲击，由于冲击作用而容易引起活塞杆头部螺纹遭受破坏。因此，在使用时应检查负载的惯性力，可通过设置使负载停止的阻挡装置和缓冲装置，来消除活塞杆所承受的不合理作用力。

4.2 气马达

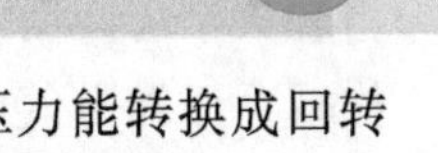

气马达是一种做连续旋转运动的气动执行元件，是一种把压缩空气的压力能转换成回转机械能的能量转换装置。在气压传动中使用广泛的是叶片式、活塞式和齿轮式气马达。

4.2.1 叶片式气马达

1. 叶片式气马达的工作原理

图 4-18 所示为双向叶片式气马达的工作原理图。压缩空气由 A 孔输入，小部分经定子两端的密封盖的槽进入叶片底部，将叶片推出，使叶片贴紧在定子内壁上，大部分压缩空气进入相应的密封空间而作用在两个叶片上，由于两个叶片伸出长度不等，就产生了转矩差，使叶片与转子按逆时针方向旋转，做功后的气体由定子上的孔 C 和 B 排出。若改变压缩空气的输入方向（即压缩空气由 B 孔进入，A 孔和 C 孔排出），则可改变转子的转向。

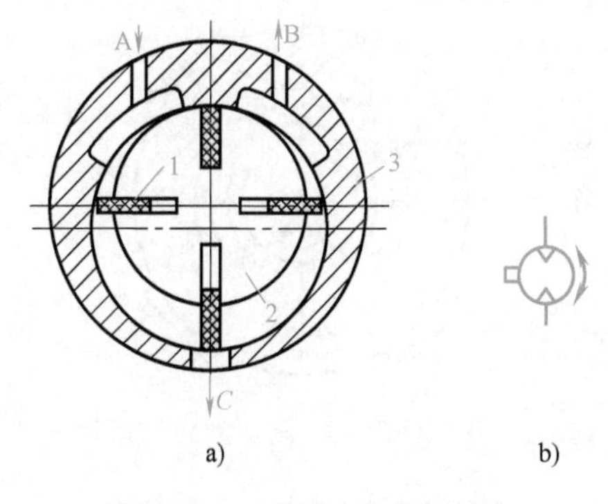

图 4-18 双向叶片式气马达

a）工作原理图 b）图形符号

1—叶片 2—转子 3—定子

2. 工作特点

1）工作安全，具有防爆性能，能在恶劣环境下正常工作。

2）有过载保护功能。过载时，气马达只是降低转速或停止，并不产生故障。

3）可以无级调速。只要控制进气流量，就能调节气马达的功率和转速。

4）比同功率的电动机轻 1/10~1/3，输出功率惯性比较小。

5）可长期满载工作，而温升较小。

6）功率范围及转速范围均较宽，功率小至几百瓦，大至几万瓦，转速可从每分钟几转到上万转。

7）具有较高的起动转矩，可以直接带负载起动。起动、停止迅速。

8）结构简单，操纵方便，可正反转，维修容易，成本低。

9）速度稳定性差。输出功率小，效率低，耗气量大。噪声大，容易产生振动。

4.2.2 活塞式气马达

图 4-19 所示为活塞式气马达的结构原理图。其工作室由缸体和活塞构成。3~6 个气缸围绕曲轴呈放射状分布，每个气缸通过连杆与曲轴相连。通过压缩空气分配阀向气缸顺序供气，压缩空气推动活塞运动，带动曲轴转动。当配气阀转到某角度时，气缸内的余气经排气口排出。改变进、排气方向，可实现气马达的正反转换向。

活塞式气马达适用于低转速、高转矩的场合，其耗气量小，且构成零件多，价格高。其输出功率为 0.2~20kW，转速为 200~4500r/min。活塞式气马达主要用于矿山机械、传送带等设备。

4.2.3 齿轮式气马达

齿轮式气马达有双齿轮式和多齿轮式，而以双齿轮式应用得最多。齿轮可采用直齿、斜齿和人字齿。图 4-20 所示为齿轮式气马达的结构原理图。这种气马达的工作室由一对齿轮构成，压缩空气由对称中心处输入，齿轮在压力的作用下回转。采用直齿轮的气马达可以正反向转动，采用人字齿轮或斜齿轮的气马达则不能反转。

齿轮式气马达与其他类型的气马达相比，具有体积小、重量轻、结构简单、对气源质量要求低、耐冲击及惯性小等优点，但转矩脉动较大，效率低。

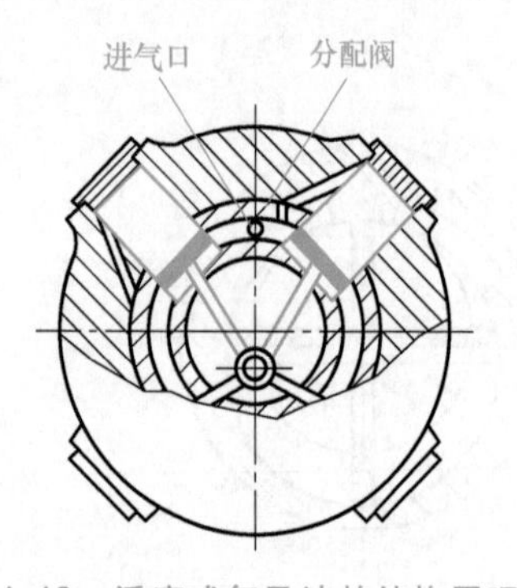

图 4-19 活塞式气马达的结构原理图

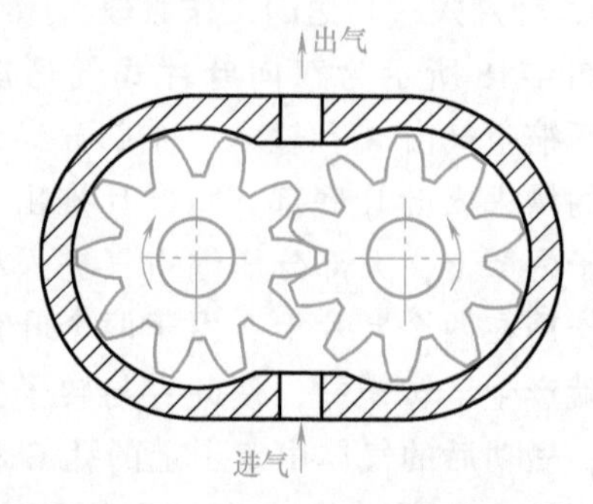

图 4-20 齿轮式气马达的结构原理图

4.2.4 气马达的选择与使用

1. 气马达的选择

不同类型的气马达具有不同的性能特点和适用范围，因此需要从负载的状态要求出发来选择合适的气马达。叶片式气马达适用于低转矩、高转速场合，如某些手动工具、传送带、升降机等起动转矩小的中小功率机械。活塞式气马达适用于中、高转矩，中、低转速场合，如起重机、拉管机、绞车等载荷较大且起动、停止特性要求高的机械。

2. 气马达的使用注意事项

气马达在得到良好、正确润滑的情况下，可在两次检修之间至少运转 2500~3000h。一般应在气马达的换向阀前安装油雾器，以进行不间断的润滑。

思考与练习

1. 阐述气缸的类型及各自的特点。

2. 气液阻尼缸有何用途？串联型阻尼缸与并联型阻尼缸各有何特点？

3. 冲击气缸的工作原理是什么？举例说明冲击气缸的用途。

4. 选择气缸的原则和依据是什么？气缸有哪些使用要求？

5. 气马达主要有哪些结构形式？各自的工作原理是什么？各用于何种场合？

6. 单杆双作用气缸的内径 $D=125\text{mm}$，活塞杆直径 $d=36\text{mm}$，工作压力 $p=0.5\text{MPa}$，气缸负载效率为 0.5。求该气缸的拉力和推力。

第5章 CHAPTER 5 气压传动控制元件

在气动系统中，调节和控制系统工作压力的元件称为压力控制阀，调节和控制气体流量的元件称为流量控制阀，控制气流的通断和气流方向的元件称为方向控制阀。

5.1 方向控制阀

方向控制阀通过改变内部气流通道而使气体流动方向发生变化，从而达到改变气动执行元件运动方向的目的。方向控制阀主要分为换向型控制阀和单向型控制阀两种。

5.1.1 换向型控制阀

1. 基本概念

“通”和“位”是换向阀的两个基本概念。

（1）“通” 换向型控制阀结构主体上分布的主油口称为“通”。换向阀结构主体的主油口包括入口、出口和排气口，但不包括控制口。如：

1）二通阀有两个通口，即一个入口（用P表示）和一个出口（用A表示），只能控制流道的接通和断开，常用于气开关和许多流体通断控制阀等。

2）三通阀有三个通口，即一个入口、一个出口和一个排气口（用T表示），也可以是一个入口和两个出口，用作分配阀；或两个入口（用 P_1 和 P_2 表示）和一个出口，作为选择阀。

3）四通阀有一个入口、两个出口（用A和B表示）和一个排气口T。通路为P→A、B→T或P→B、A→T。

4）五通阀有五个通口，除P、A、B外，还有两个排气口 T_1 和 T_2。通路为P→A、B或P→B、A。

（2）“位” 阀芯的每个稳定的工作位置表明了阀芯在阀体（套）内的切换状态，实现了换向阀通口之间的通路连接，该稳定的工作位置称为“位”。

常用方框表示换向阀的工作位置，有几个方框就表示阀芯相对于阀体有几个工作位置，简称为“几位”。当阀芯在阀体中从一个“位”切换到另一个“位”时，阀体上各主油口的连通形式发生了变化。方框内的箭头表示在这一位置上两个气路连通，但不表示流向，“T”字形符号表示该通路被阀芯封闭，即该气路不通。

阀的静止位置（未加控制信号或未被操作的位置）称为零位（也称初始位）。如电磁阀的零位是指其断电时的工作位置或通路状态。

三位阀有三个工作位置。根据三位阀零位时各通口的连通状态，构成不同零位机能的阀。当阀芯处于中间位置（也称零位）时，各通口呈关断状态，称为中位封闭式阀；若出口与排气口相通，则称为中位卸压式阀；若出口都与入口相通，则称为中位加压式阀；若在中位卸压式阀的两个出口都装上单向阀，则称为中位止回式阀。

2. 换向阀的种类

（1）按换向阀的“通”和“位”的数目分　不同的“通”和“位”构了不同类型的换向阀。有两个通口的二位阀，称为二位二通阀，可实现气路的通或断。有三个通口的二位阀，称为二位三通阀，在不同的工作位置可实现 P、A 或 A、T 相通。这种阀常用来推动单作用气缸或用作行程阀、手动阀等控制系统的气信号。常用的还有二位四通和二位五通阀，可用于推动双作用气缸，分别供给气缸的两个气口，驱动气缸往复运动。

换向阀处于各切换状态时，将其各通口之间的通断状态分别表示在一个长方形的各个方框中，就构成了换向阀的图形符号，见表 5-1。

表 5-1　各种换向阀的图形符号

机能	二位	三位		
		中位密封式	中位卸压式	中位加压式
二通	A P常断　A P常通			
三通	A PT常断　A PT常通	A PT		
四通	AB PT	AB PT	AB PT	AB PT
五通	AB T_1PT_2	AB T_1PT_2	AB T_1PT_2	AB T_1PT_2

表 5-1 中换向阀气口标注采用国内常用的字母表示法，也可以按照 DIN ISO5599-3 用数字标注。两种标注方式的关系见表 5-2。

表 5-2　方向控制阀气控的字母表示法和数字表示法

接口	字母表示法	数字表示法
压缩空气输入口	P	1
排气口	R、S	3、5
压缩空气输出口	A、B	2、4

（续）

接口	字母表示法	数字表示法
12、14导通的控制接口	Z、Y	12、14
使阀门关闭的接口	Z、Y	10
辅助控制管路	P、Z	81、91

（2）按换向阀的操作方式分

1）气控换向阀。气控换向阀利用气体压力使主阀阀芯运动，从而使气流改变方向。气压控制方式可分成加压控制、泄压控制、差压控制和时间控制等。

① 加压控制。加压控制是指所加的控制信号压力是逐渐上升的，当气压增大到阀芯的动作压力时，阀芯沿着加压方向移动，迅速换向。它有单气控和双气控两种。

图5-1所示为单气控截止式换向阀的工作原理图。图5-1a所示为无控制信号K时的状态，阀芯在弹簧和P腔气压作用下，使P、A断开，A、O相通，阀处于排气状态；当K口有控制信号时（图5-1b），阀芯在控制信号K的作用下下移，A、O断开，P、A接通，阀处于工作状态。该阀属于常闭型二位三通换向阀，其图形符号如图5-1c所示。

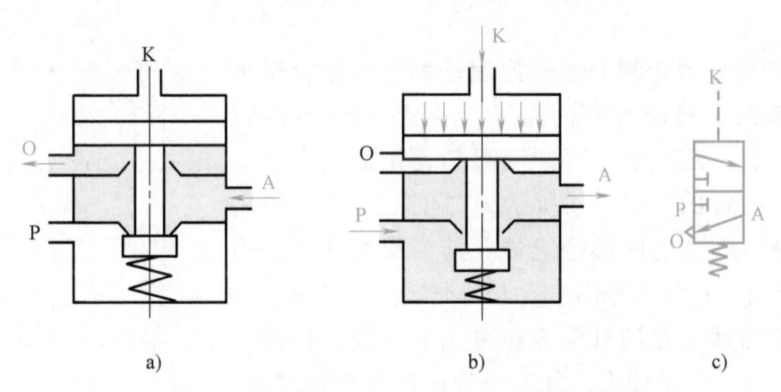

图5-1 单气控截止式换向阀的工作原理图

a）无控制信号K时的状态 b）有控制信号K时的状态 c）图形符号

图5-2所示为双气控换向阀的工作原理图，它是滑阀式二位五通换向阀。图5-2a所示为控制信号K_1存在、K_2信号不存在的状态，阀芯停在右端，P、A接通，B、O_2接通；图5-2b所示为K_2信号存在，K_1信号不存在的状态，此时阀芯停在左端，P、B接通，A、O_1接通。图5-2c所示为其图形符号。双气控换向阀具有记忆功能，即控制信号消失后，阀的输出仍然保持在信号消失前的状态。

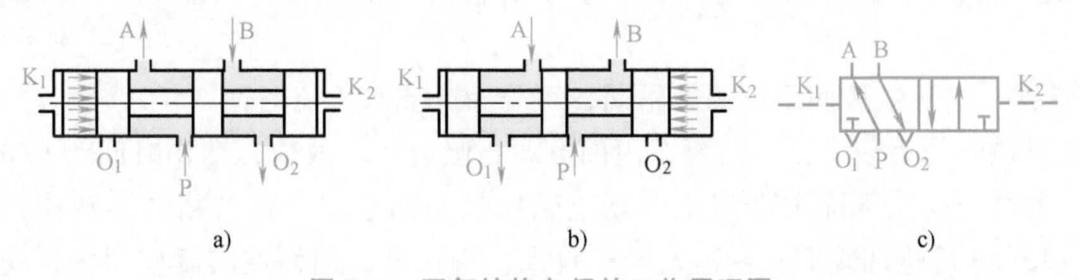

图5-2 双气控换向阀的工作原理图

② 卸压控制。卸压控制是指所加的气控信号压力是逐渐减小的，当减小到某一压力值时，使阀芯迅速移动而实现气流换向。这种阀也有单气控与双气控之分。卸压控制阀的切换

性能不如加压控制阀好。

③ 差压控制。差压控制是利用阀芯两端受气压作用的有效工作面积不等（或两端气压不等），在气压作用力的差值作用下，使阀芯动作而换向的控制方式。

图 5-3a 所示为二位五通差压控制换向阀。当 K 口无控制信号时，P 口压缩空气通过孔 C 进入主阀右端，推动阀芯左移，此时 P 与 A 相通，B 与 O_2 相通；当 K 口有控制信号时，因气控阀阀芯的作用面积大于主阀阀芯的有效工作面积，主阀阀芯在左右两侧气压作用力差值作用下移至右端，P 与 B 相通，A 与 O_1 相通。图 5-3b 所示为该阀的图形符号。

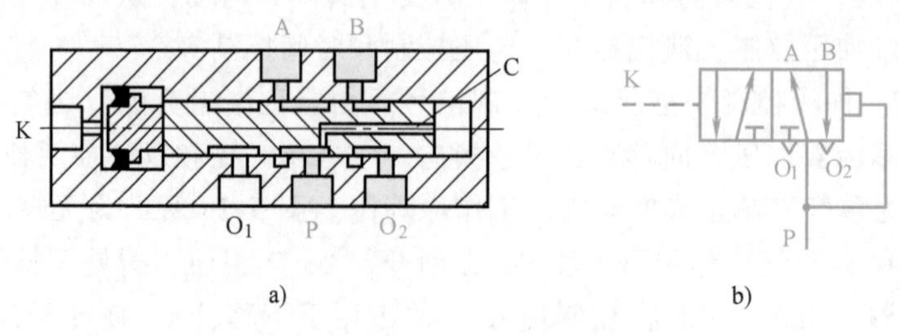

图 5-3　二位五通差压控制换向阀
a）结构示意图　b）图形符号

④ 延时控制。延时控制的工作原理是利用气流经过小孔或缝隙被节流后，再向气室内充气，经过一定的时间，当气室内压力升至一定值后，再推动阀芯动作而换向，从而达到信号延迟的目的。图 5-4 所示为二位三通延时控制换向阀，它由延时和换向两部分组成。其工作原理是：当 K 口无控制信号时，P 与 A 断开，A 与 O 相通，A 口排气；当 K 口有控制信号时，控制气流先经可调节流阀，再到气容。由于节流后的气流量较小，气容中气体压力增长缓慢，经过一定时间后，当气容中气体压力上升到某一值时，阀芯换位，使 P 与 A 相通，A 口有输出。当气控信号消除后，气容中的气体经单向阀迅速排空。调节节流阀开口大小，可调节二位三通延时阀延时时间的长短。这种阀的延时时间在 0~20s 之间，常用于易燃、易爆等不允许使用时间继电器的场合。

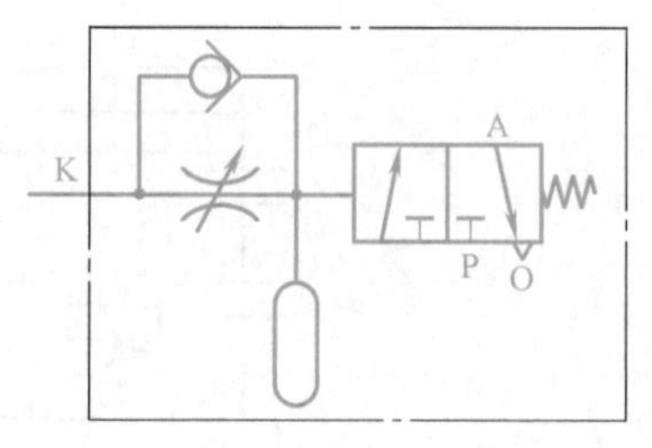

图 5-4　二位三通延时控制换向阀

2）电磁换向阀。电磁换向阀是利用电磁铁的通电吸合与断电释放而推动阀芯来实现换向的。它是电气控制系统与气动系统之间的信号转换元件，它的电信号是由气动设备中的按钮开关、限位开关和行程开关等电气元件触发的，是目前自动化系统中一个非常重要的元器件。

① 电磁铁。电磁铁按使用电源的不同，可分为交流和直流两种。

交流电磁铁起动力较大，不需要专门的电源，吸合、释放快，动作时间为 0.01~0.03s。其缺点是：若电源电压下降 15%以上，则电磁铁吸力明显减小；若衔铁不动作，交流电磁铁会在 10~15min 后烧坏线圈；冲击及噪声较大，寿命低。因而在实际应用中，交流电磁铁允许的切换频率一般为 10 次/min，不得超过 30 次/min。

直流电磁铁工作较可靠，吸合、释放动作时间为 0.05~0.08s，允许使用的切换频率较高，一般可达 120 次/min，最高可达 300 次/min，且冲击小、体积小、寿命长。但需要专门的直流电源，成本较高。

电磁换向阀按操作方式的不同可分为直动式和先导式。图 5-5 所示为这两种操作方式的表示方法。

② 直动式电磁换向阀。由电磁铁的衔铁直接推动阀芯换向的气动换向阀称为直动式电磁换向阀。直动式电磁换向阀是利用电磁线圈通电时，静铁心对动铁心产生的电磁吸力直接推动阀芯移动实现换向的，其工作原理图如图 5-6 所示。

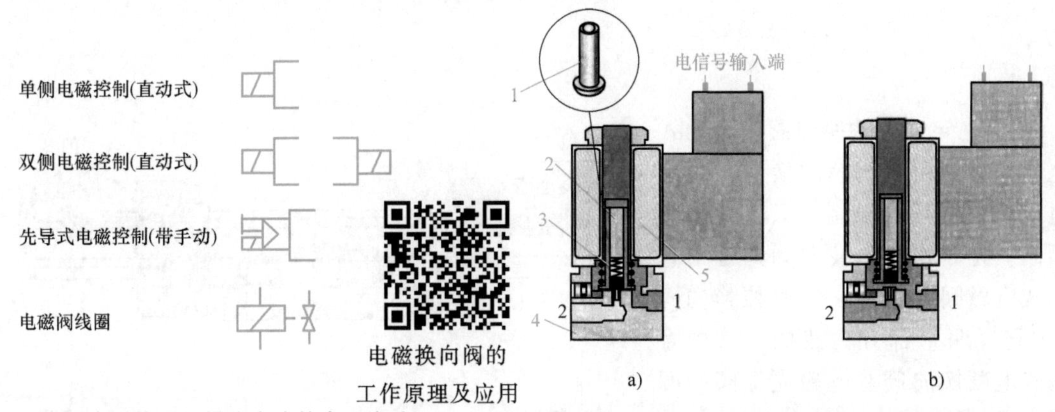

图 5-5　电磁换向阀操作方式的表示方法

图 5-6　直动式电磁换向阀的工作原理图

a）换向前　b）换向后

1—阀芯　2—动铁心　3—复位弹簧　4—阀体　5—电磁线圈

直动式电磁换向阀有单电控和双电控两种。

图 5-7 所示为单电控直动式电磁换向阀，它是二位三通电磁阀。图 5-7a 所示为电磁铁断电时的状态，阀芯靠弹簧力复位，使 P、A 断开，A、O 接通，阀处于排气状态。图 5-7b 所示为电磁铁通电时的状态，电磁铁推动阀芯向下移动，使 P、A 接通，阀处于进气状态。图 5-7c 所示为该阀的图形符号。

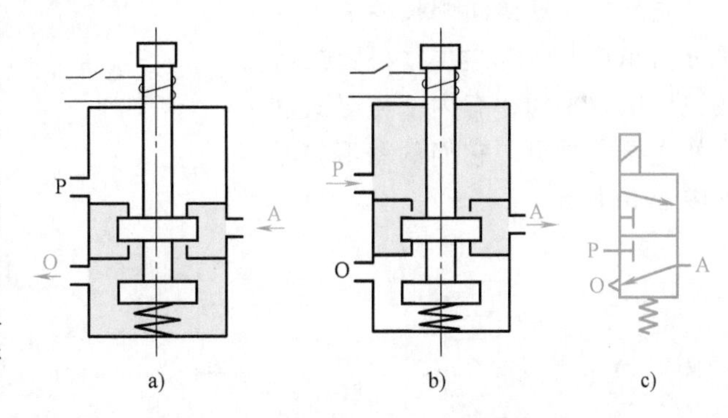

图 5-7　单电控直动式电磁换向阀

a）电磁铁断电时　b）电磁铁通电时　c）图形符号

图 5-8 所示为双电控直动式电磁换向阀，它是二位五通电磁换向阀。如图 5-8a 所示，电磁铁 1 通电，电磁铁 2 断电时，阀芯 3 被推到右位，A 口有输出，B 口排气；若电磁铁 1 断电，阀芯位置不变，即具有记忆能力。如图 5-8b 所示，电磁铁 2 通电，电磁铁 1 断电时，阀芯被推到左位，B 口有输出，A 口排气；若电磁铁 2 断电，空气通路不变。图 5-8c 所示为该阀的图形符号。这种阀的两个电磁铁只能交替得电工作，不能同时得电，否则会产生误动作。

直动式电磁换向阀结构简单、切换速度快、动作频率高，但连接口径不宜大，通径大，故所需电磁力大，体积电耗都要大。另外，当阀芯黏住而动作不良时，如果是交流电磁铁，则容易烧坏线圈。为克服这些缺点，应采用先导式结构。

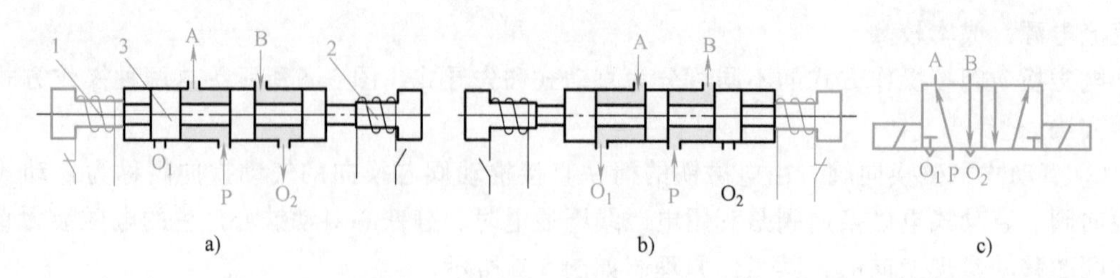

图 5-8　双电控直动式电磁换向阀

a）电磁铁 1 通电、电磁铁 2 断电时　b）电磁铁 2 通电、电磁铁 1 断电时　c）图形符号

1、2—电磁铁　3—阀芯

③ 先导式电磁换向阀。直动式电磁换向阀由于阀芯的换向行程受电磁吸合行程的限制，只适用于小型阀。先导式电磁换向阀则是由直动式电磁阀（导阀）和气控换向阀（主阀）两个部分构成的。其中直动式电磁换向阀在电磁先导阀线圈得电后，导通产生先导气压。先导气压再来推动大型气控换向阀阀芯动作，实现换向。先导式电磁换向阀的工作原理图如图 5-9 所示。

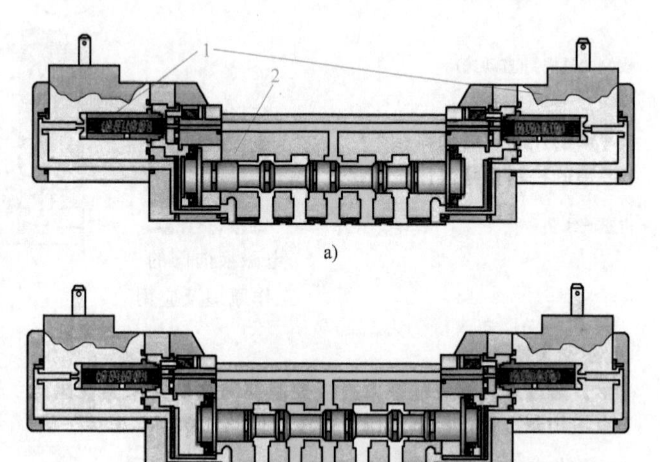

图 5-9　先导式电磁换向阀的工作原理图

a）换向前　b）换向后

1—先导阀　2—主阀

先导式电磁换向阀按控制方式可分为单电控和双电控两种方式。按先导压力来源，有内部先导式和外部先导式之分，它们的图形符号如图 5-10 所示。

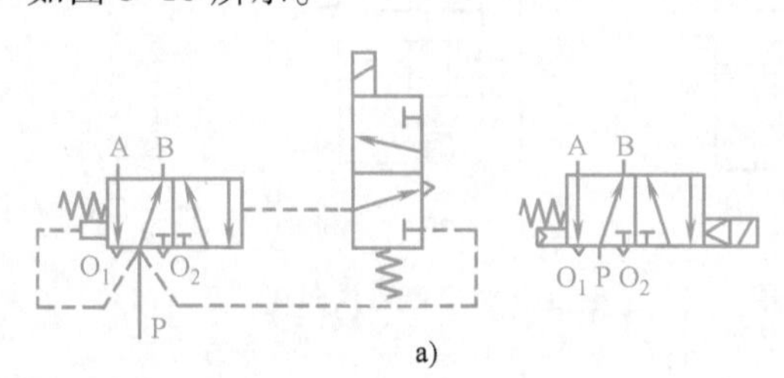

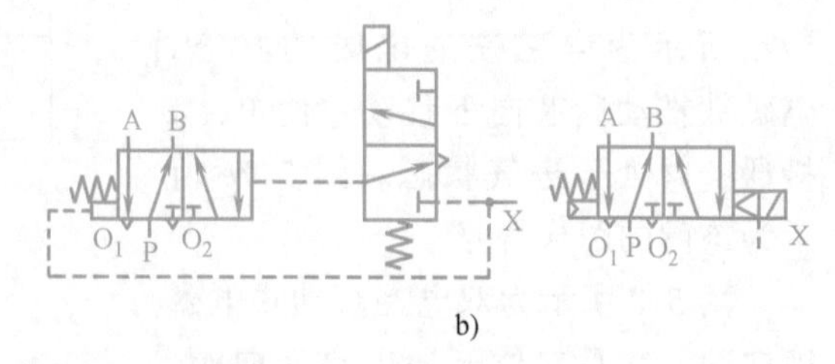

图 5-10　先导式电磁换向阀的图形符号

a）内部先导式　b）外部先导式

图 5-11 所示为单电控外部先导式电磁换向阀。如图 5-11a 所示，当电磁先导阀的励磁线圈断电时，先导阀的 X、A_1、O_1 口断开，A_1、O_1 口接通，先导阀处于排气状态，此时主阀阀芯在弹簧和 P 口气压作用下向右移动，将 P、A 断开，A、O 接通，即主阀处于排气状态。如图 5-11b 所示，当电磁先导阀通电后，使 X、A_1接通，电磁先导阀处于进气状态，即主阀控制腔进气。由于腔内气体作用于阀芯上的力大于 P 口气体作用在阀芯上的力与弹簧力之和，因此将活塞推向左边，使 P、A 接通，即主阀处于进气状态。图 5-11c 所示为单电

控外部先导式电磁阀的详细图形符号，图 5-11d 所示为简化图形符号。

图 5-12 所示为双电控内部先导式电磁换向阀。如图 5-12a 所示，当电磁先导阀 1 通电而电磁先导阀 2 断电时，由于主阀 3 的 K_1腔进气，K_2腔排气，使主阀阀芯移到右边。此时 P、A 接通，A 口有输出；B、O_2接通，B 口排气。如图 5-12b 所示，当电磁先导阀 2 通电而电磁先导阀 1 断电时，主阀 K_2腔进气，K_1腔排气，主阀阀芯移到左边。此时，P、B 接通，B 口有输出；A、O_1接通，A 口排气。双电控换向阀具有记忆功能，即通电时换向，断电时并不返回，可用单脉冲信号控制。为保证主阀正常工作，两个电磁先导阀不能同时通电，电路中要考虑互锁保护。图 5-12c 所示为其图形符号。

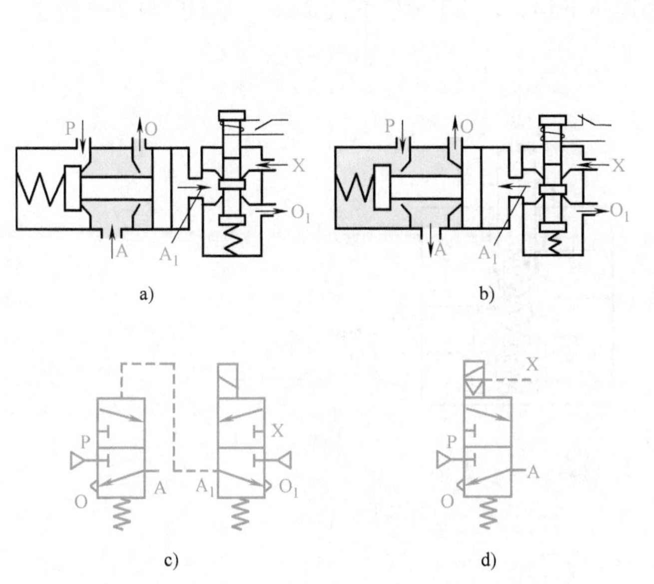

图 5-11 单电控外部先导式电磁阀

a)、b) 工作原理 c) 详细图形符号 d) 简化图形符号

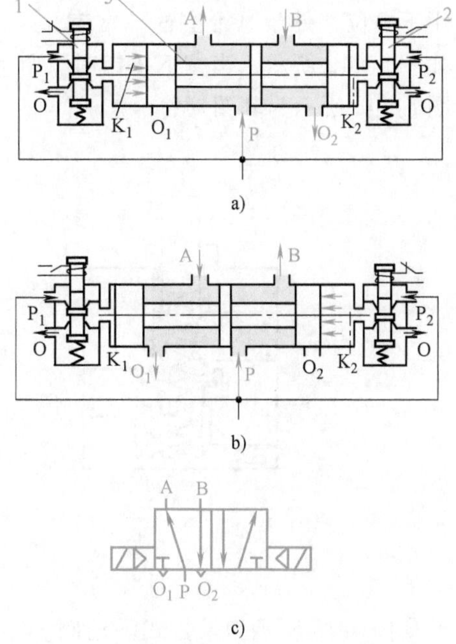

图 5-12 双电控内部先导式电磁换向阀

a)、b) 工作原理 c) 图形符号

1、2— 电磁先导阀 3—主阀

直动式电磁换向阀与先导式电磁换向阀相比较，前者是依靠电磁铁直接推动阀芯，实现阀通路的切换，其通径一般较小或采用间隙密封的结构形式。通径小的直动式电磁换向阀也常称作微型电磁换向阀，常用于小流量控制或作为先导式电磁换向阀的先导阀。而先导式电磁换向阀是由电磁换向阀输出的气压推动主阀阀芯，实现主阀通路的切换。通径大的电磁换向阀都采用先导式结构。

3）人力控制换向阀。靠手或脚使阀芯换向的阀称为人力控制换向阀。人力控制换向阀的主体部分与气控阀类似，按其操纵方式可分为手动阀和脚踏阀两类。靠手使阀芯换向的阀称为手动阀，靠脚使阀芯换向的阀称为脚踏阀。

① 手动阀。手动阀的操作方式有多种，如图 5-13 所示。图 5-13a 所示为按钮式，图 5-13b所示为推拉式，图 5-13c 所示为旋钮式，图 5-13d 所示为拨动式，图 5-13e 所示为锁定式等。

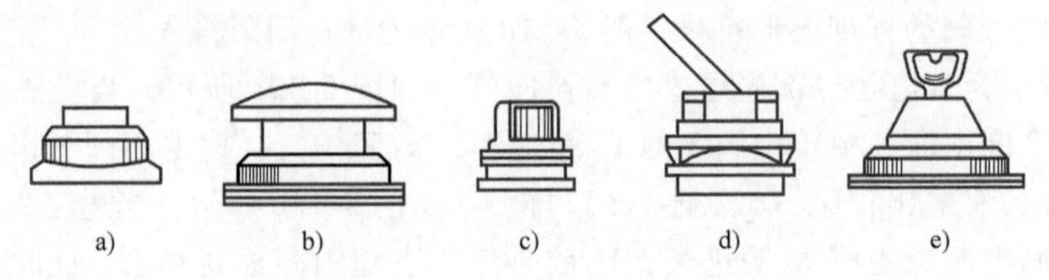

图 5-13　手动阀操作方式

手动阀的操作力不宜太大，故常采用长手柄以减小操作力，或者阀芯采用气压平衡结构，以减小气压作用面积。

图 5-14 所示为按钮式手动阀。如图 5-14a 所示，当手没有按下按钮时，阀芯在弹簧作用下复位，处于原始位置（常态位），1 口通压缩空气，是堵死（关闭）的，2 口通 3 口；如图 5-14b 所示，当按下按钮时，驱动阀芯下移，1 口压缩空气通 2 口，即 1 口与 2 口接通。图 5-14c 所示为其图形符号。

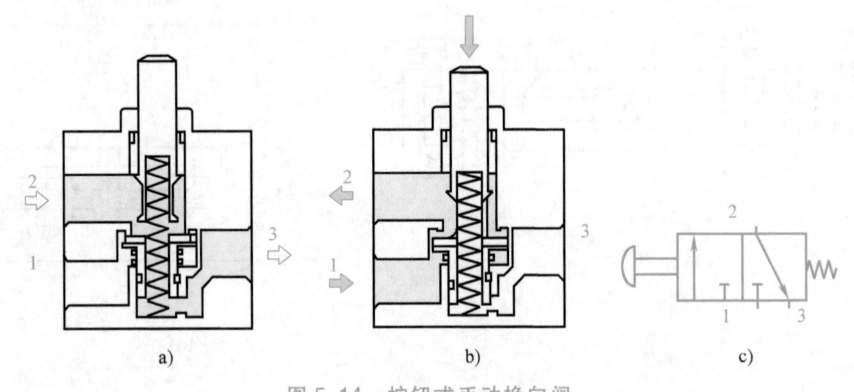

图 5-14　按钮式手动换向阀

a）没有按下按钮时　b）按下按钮时　c）图形符号

图 5-15 所示为推拉式手动阀。如图 5-15a 所示，用手拉起阀芯，则 P 与 B 相通，A 与 O_1 相通；如图 5-15b 所示，将阀芯压下，则 P 与 A 相通，B 与 O_2 相通。图 5-15c 所示为其图形符号。

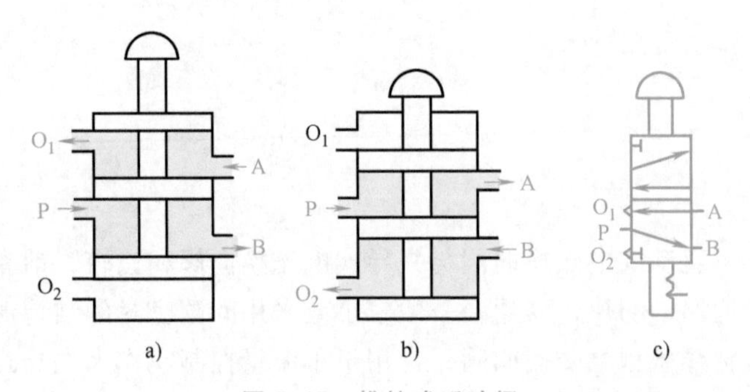

图 5-15　推拉式手动阀

a)、b）工作原理　c）图形符号

旋钮式、锁定式、推拉式等换向阀都具有定位功能，即操作力除去后能保持阀的工作状态不变。图形符号上的缺口数表示有几个定位位置。

手动阀除弹簧复位外，也有采用气压复位的。采用气压复位的好处是具有记忆性，即不加气压信号，阀能保持在原位而不复位。

② 脚踏阀。在半自动气控设备上，由于操作者两只手需要装卸工件，为了提高生产率，用脚踏阀（图 5-16）控制供气更为方便，特别是在操作者坐着工作的场合。脚踏阀有单板脚踏阀和双板脚踏阀两种。单板脚踏阀是脚一踏下便进行切换，脚一离开便恢复到原位，即

只有两位式。双板脚踏阀有两位式和三位式之分。两位式的动作是踏下踏板后，脚离开，阀不复位，直到踏下另一踏板后，阀才复位。三位式有三个动作位置，脚没有踏下时，两边踏板处于水平位置，为中间状态；踏下任一边的踏板，阀被切换，待脚一离开又立即恢复到中位状态。

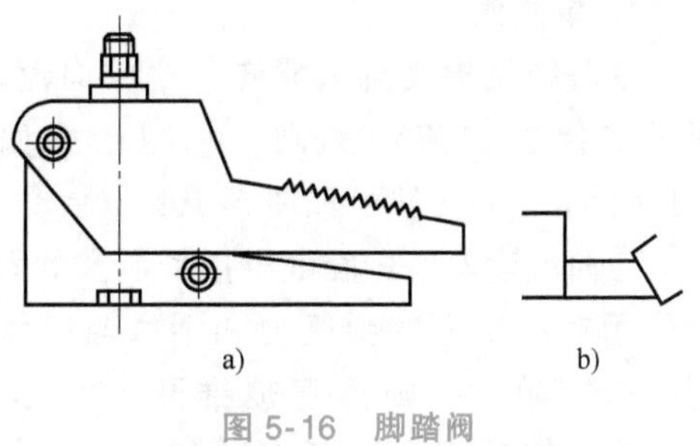

图 5-16 脚踏阀

a）结构示意图 b）图形符号

4）行程阀。行程阀是利用安装在工作台上的凸轮、撞块或其他机械外力来推动阀芯动作实现换向的换向阀，它主要用来控制和检测机械运动部件的行程。行程阀常见的操作方式有顶杆式、滚轮式和单向滚轮式等，其换向原理与手动阀类似。

顶杆式行程阀是利用机械外力直接推动阀杆的头部使阀芯位置变化实现换向的。滚轮式行程阀的头部安装的滚轮可以减小阀杆所受的侧向力。单向滚轮式行程阀常用来排除回路中的障碍信号，其头部滚轮是可以折回的。如图 5-17 所示，单向滚轮式行程阀只有在凸块从正方向通过滚轮时才能压下阀杆发生换向；反向通过时，单向滚轮式行程阀不换向。

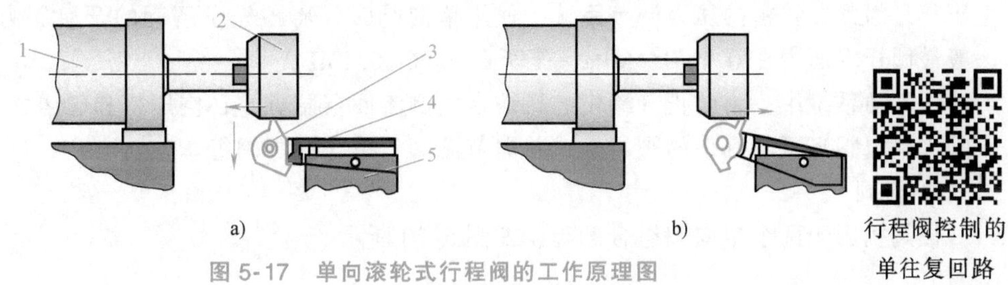

行程阀控制的单往复回路

图 5-17 单向滚轮式行程阀的工作原理图

a）正向通过 b）反向通过

1—气缸 2—凸块 3—滚轮 4—阀杆 5—阀体

如图 5-18 所示，行程阀按阀芯的头部结构形式可分为：直动圆头式（图 5-18a）、杠杆滚轮式（图 5-18b）、可通过滚轮杠杆式（图 5-18c）、旋转杠杆式（图 5-18d）、可调杠杆式（图 5-18e）和弹簧触须式（图 5-18f）等。

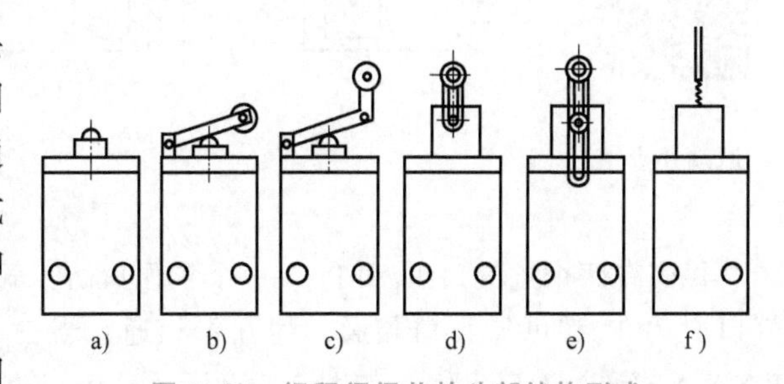

图 5-18 行程阀阀芯的头部结构形式

直动圆头式是由机械力直接推动阀杆的头部使阀切换。滚轮式头部结构可以减小阀杆所受的侧向力，杠杆滚轮式可减小阀杆所受的机械力。可通过滚轮杠杆式结构的滚轮是可折回的，当机械撞块正向运动时，阀芯被压下，阀换向，撞块走过滚轮，阀芯靠弹簧力返回；撞块返回时，由于头部可折，滚轮折回，阀芯不动，阀不换向。弹簧触须式结构操作力小，常用于计数和发信号。

5.1.2 单向型控制阀

只允许气流沿一个方向流动的控制阀称为单向型控制阀。常用的单向型控制阀有单向阀、梭阀、双压阀和快速排气阀等。

1. 单向阀

单向阀是指气流只能向一个方向流动，而不能反方向流动的阀。它的结构如图5-19a所示，图形符号如图5-19b所示。

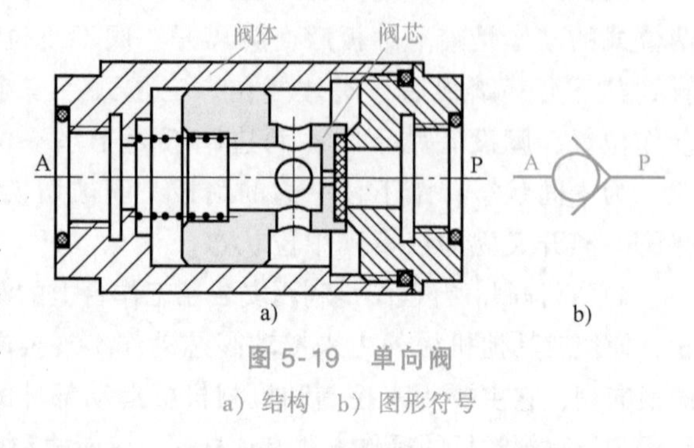

图5-19　单向阀

a）结构　b）图形符号

正向流动时，P腔气压推动活塞的力大于作用在活塞上的弹簧力和活塞与阀体之间的摩擦阻力，则活塞被推开，P、A接通。为了使活塞保持开启状态，P腔与A腔应保持一定的压差，以克服弹簧力。反向流动时，受气压力和弹簧力的作用，活塞关闭，A、P不通。弹簧的作用是增强阀的密封性，防止低压泄漏，另外，在气流反向流动时帮助阀迅速关闭。

单向阀的特性参数包括最低开启压力、压降和流量等。单向阀是在压缩空气作用下开启的，因此在阀开启时，必须达到最低开启压力，否则不能开启。即使阀处在全开状态也会产生压降，因此在精密的压力调节系统中使用单向阀时，需预先了解阀的开启压力和压降值。一般最低开启压力在0.1~0.4MPa，压降在0.06~0.1MPa。

在气动系统中，为防止气罐中的压缩空气倒流回空压机，在空压机和气罐之间应装设单向阀。单向阀还可与其他的阀组合成单向节流阀、单向顺序阀等。

2. 梭阀

梭阀相当于两个单向阀组合的阀，如图5-20所示。

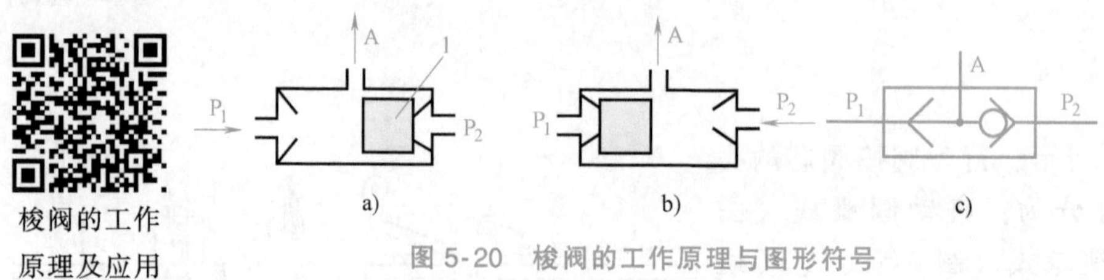

图5-20　梭阀的工作原理与图形符号

a）进气状态　b）进气状态　c）图形符号

梭阀有两个进气口P_1和P_2、一个工作口A，阀芯1在两个方向上起单向阀的作用。进气口P_1和P_2都可与A口相通，但互不相通。当P_1口进气时，阀芯1右移，封住P_2口，使P_1与A相通，A口出气，如图5-20a所示。P_2口进气时，阀芯1左移，封住P_1口，使P_2与A相通，A口也进气，如图5-20b所示。当P_1与P_2都进气时，阀芯就可能停在任意一边，这主要由压力加入的先后顺序和压力的大小而定。若P_1与P_2两口压力不等，则高压口的通道打开，低压口被封闭，高压气流从A口输出。

梭阀的应用很广，多用于手动与自动控制的并联回路中。

梭阀常用于选择信号，如用于手动和自动控制并联的回路中，如图5-21a所示。电磁阀通电时，梭阀阀芯被推向一端，A口有输出，气控阀被切换，活塞杆伸出；电磁阀断电时，活塞杆缩回。电磁阀断电后，按下手动阀按钮，梭阀阀芯被推向一端，A口有输出，活塞杆伸出；松开按钮，则活塞杆缩回。即手动或电控均能使活塞杆伸出。

梭阀还可应用于高、低压切换回路，如图5-21b所示。

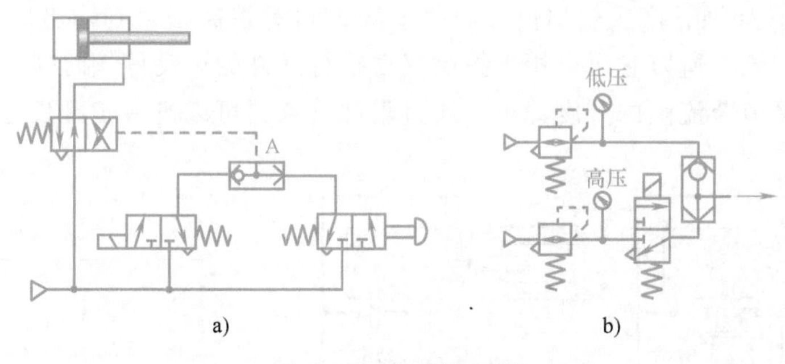

图 5-21 梭阀的应用

a）应用于手动和自动控制并联回路 b）应用于高、低压切换回路

3. 双压阀

图 5-22 所示为双压阀的工作原理与图形符号。它有两个输入口 P_1 和 P_2、一个输出口 A。只有当 P_1、P_2 同时有输入时，A 才有输出，否则 A 无输出；当 P_1 和 P_2 压力不等时，则关闭高压侧，低压侧与 A 相通。双压阀和梭阀的区别要从输入和输出关系来判断。

双压阀在互锁回路中的应用如图 5-23 所示。工件的定位、夹紧信号是安全钻孔的前提条件。该回路中，工件定位后，压下行程阀 1，信号送双压阀 X 口；工件夹紧后，压下行程阀 2，信号送双压阀 Y 口。X、Y 口都有信号时，双压阀 3 输出信号，气控阀 4 换向，钻孔气缸 5 向右进给钻孔。

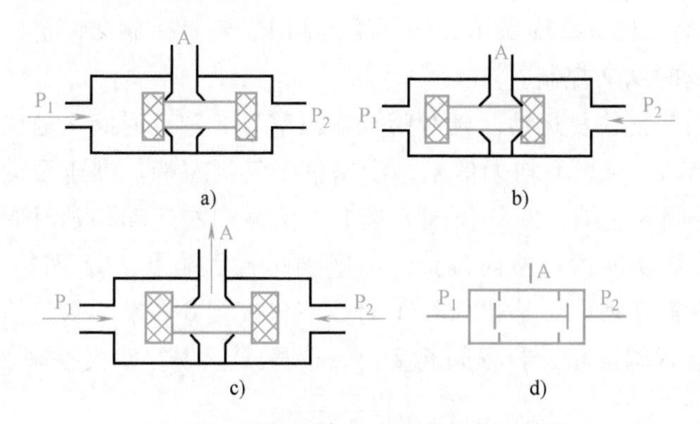

图 5-22 双压阀的工作原理与图形符号

a）P_1 进气时 b）P_2 进气时 c）P_1 和 P_2 都进气时 d）图形符号

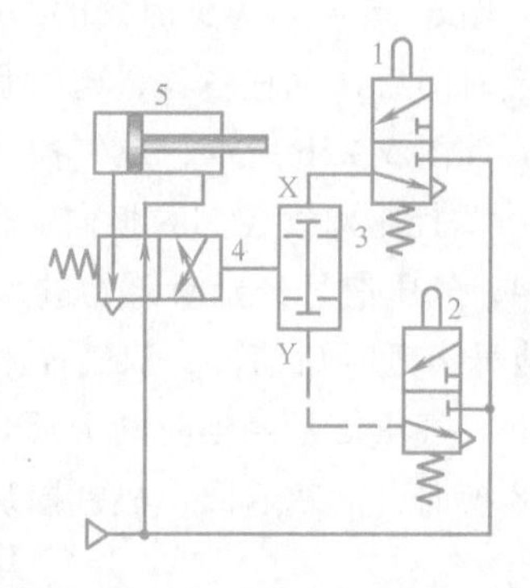

图 5-23 双压阀在互锁回路中的应用

1、2—行程阀 3—双压阀

4—气控阀 5—钻孔气缸

5.1.3 时间控制换向阀

1. 延时阀

延时阀是气动系统中的一种时间控制元件，它是通过节流阀调节气室充气时压力上升的速度来实现延时的。延时阀有常通型和常断型两种，图 5-24 所示为常断型延时阀的工作原理与图形符号。

图 5-24 所示的常断型延时阀是由单向节流阀 1、气室 2 和一个单侧气控二位三通换向阀 3 组合而成的。控制信号从 X 口经节流阀进入气室 2。由于节流阀的节流作用，使得气室 2 压力上升速度较慢。当气室 2 压力达到单侧气控二位三通换向阀 3 的动作压力时，换向阀换

向，输入口 A 和 B 导通，产生输出信号。由于从 X 口有控制信号到输出口 B 产生信号输出存在一定的时间间隔，所以它可以用来控制气动执行元件的运动停顿时间。若要改变延时时间的长短，只要调节节流阀的开度即可。通过附加气室还可以进一步延长延时时间。

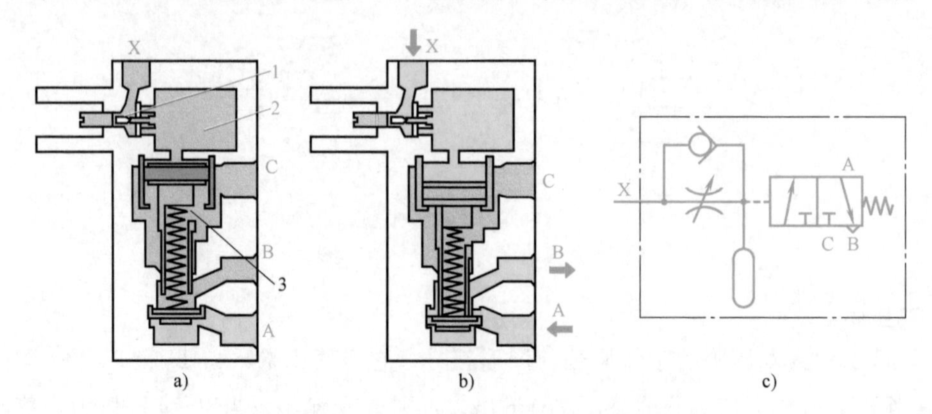

图 5-24　常断型延时阀的工作原理与图形符号

a）换向前　b）换向后　c）图形符号

1—单向节流阀　2—气室　3—单侧气控二位三通换向阀

当 X 口撤除控制信号后，气室 2 内的压缩空气迅速通过单向阀排出，延时阀快速复位。所以延时阀的功能相当于电气控制中的通电延时时间继电器。

图 5-25 所示为延时阀的应用回路。如图 5-25a 所示，按下手动阀 1，经延时阀 2 设定的一定时间后，气缸右移，延时长短由延时阀 2 控制。

如图 5-25b 所示，双气控阀 8 控制气缸往复运动。延时阀 6 输出信号 Z 和延时阀 7 输出信号 Y 控制双气控阀 8 换向。图示状态下，Z、Y 均无信号，活塞位于气缸左端。推压手动阀 4，气压信号经延时阀 6 进入双气控阀 8 左端，双气控阀 8 换向，活塞向右运动；延时阀 6 信号 Z 延时后消失，双气控阀 8 以记忆功能保持换向位置。活塞到达行程端点，行程阀 5 换向，气压信号经延时阀 7 延时，延时阀 7 换向，输出信号 Y 进入双气控阀 8 右端，双气控阀 8 换向，活塞返回，机械撞块脱离行程阀滚轮，行程阀 5 复位，信号 Y 消失。双气控阀 8

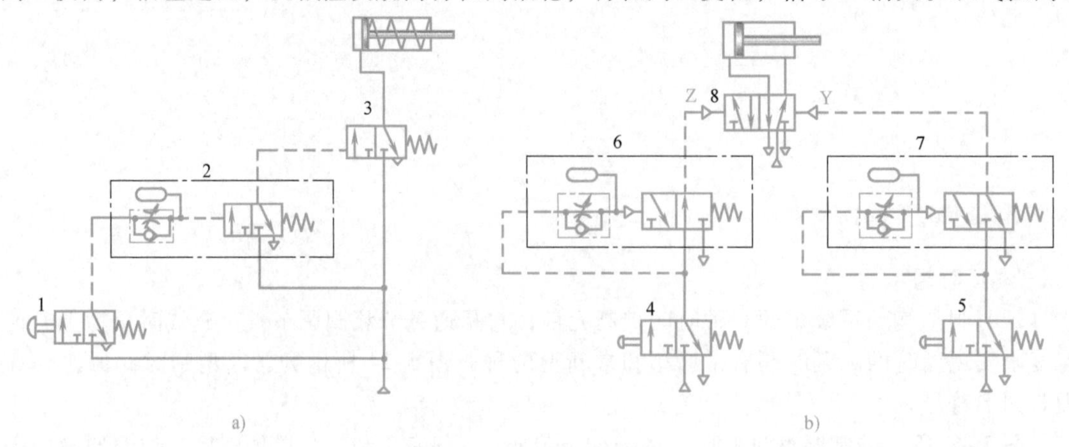

图 5-25　延时阀的应用回路

a）回路一　b）回路二

1、4—手动阀　2、6、7—延时阀　3—单气控阀　5—行程阀　8—双气控阀

以记忆功能保持在活塞返回位置，完成一次往复循环。再次推压手动阀 4 开始新的循环。

如图 5-26 所示，延时阀可分为常开式和常闭式两种。

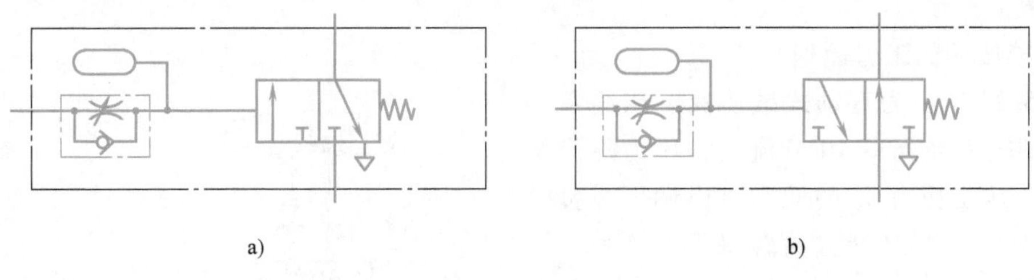

图 5-26 延时阀的种类

a）常开式 b）常闭式

2. 脉冲阀

脉冲阀是靠气流流经气阻、气容的延时作用，使压力输入长信号变为短暂的脉冲信号输出的阀类。其工作原理如图 5-27 所示，图 5-27a 所示为无信号输入的状态；图 5-27b 所示为有信号输入的状态，此时滑柱向上，A 口有输出，同时从滑柱中间节流小孔不断向气室（气容）中充气；如图 5-27c 所示，当气室内的压力达到一定值时，滑柱向下，A 与 O 接通，A 口的输出状态结束。

图 5-28 所示为脉冲阀的结构图。这种阀的信号工作压力为 0.2～0.8MPa，脉冲时间为 2s。

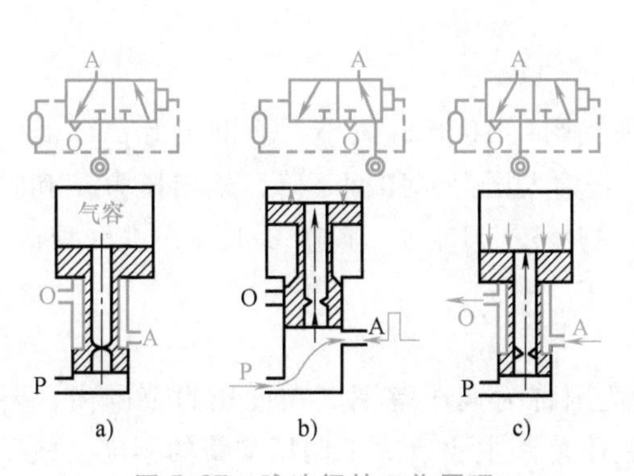

图 5-27 脉冲阀的工作原理

a）无信号输入状态 b）有信号输入状态 c）信号输入终了状态

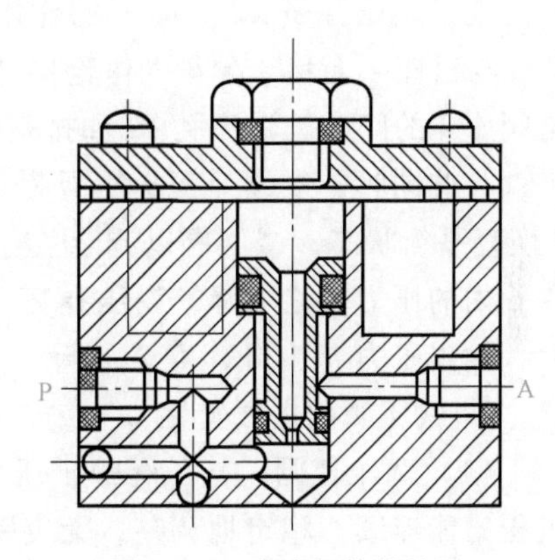

图 5-28 脉冲阀的结构图

5.2 压力控制阀

5.2.1 减压阀

气动系统不同于液压系统，一般每一个液压系统都自带液压源（液压泵）。而在气动系统中，一般由空压机先将空气压缩储存在气罐内，然后经管路输送给各个气动装置使用。而气罐内的空气压力往往比各台设备实际所需要的压力高些，同时其压力波动也较大。因此，需要用减压阀（调压阀）将其压力减到每台装置所需的压力，并使减压后的压力稳定在所需压力值上。

1. 减压阀的工作原理

图 5-29 所示为直动式减压阀。压缩空气由左端输入经阀口 10 节流后，压力降为 p_2 输出。输出压力 p_2 的大小可由调压弹簧 2、3 调节。当顺时针方向转动调节手柄 1 时，调压弹簧 2、3 推动阀阀座 4、膜片 5 和阀芯 8 向下移动，使进气阀口 10 开启，气流通过阀口后压力降低为 p_2 输出。与此同时，有一部分气流由阻尼孔进入膜片气室 6，在膜片下产生一个向上的推力与弹簧力平衡，阀口开度稳定在某一值上，减压阀便有稳定的压力输出。

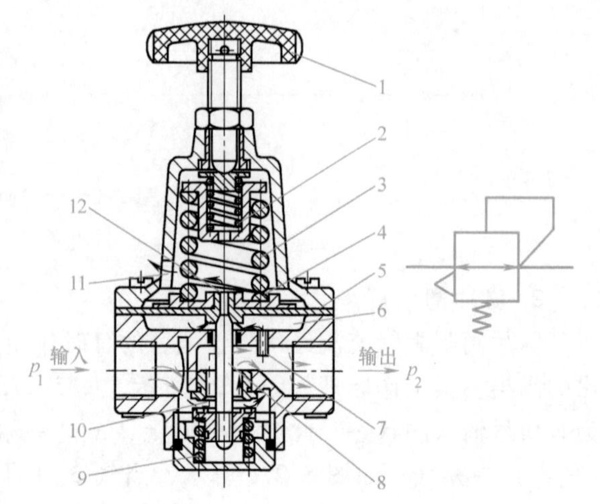

图 5-29 直动式减压阀

1—调节手柄 2、3—调压弹簧 4—阀座 5—膜片 6—膜片气室 7—阻尼孔 8—阀芯 9—复位弹簧 10—进气阀口 11—排气孔 12—溢流孔

减压阀以调定压力 p_2 工作时，若输入压力 p_1 瞬间升高，输出压力 p_2、膜片气室 6 内的气体压力升高；作用于膜片 5 的向上推力大于调压弹簧 2、3 向下的作用力，膜片 5 与阀座 4 上移，少量气体经阀芯 8 顶端与阀座 4 的间隙、溢流孔 12 和排气孔 11 排出；与此同时，复位弹簧 9 使阀芯 8 上移，进气阀口 10 开口减小，输出压力 p_2 降低，膜片 5 恢复平衡状态，减压阀以调定值稳定输出。若输入压力 p_1 瞬间下降，输出压力 p_2 和膜片气室 6 内的压力随之下降。调压弹簧 2、3 推动膜片 5、阀座 4、阀芯 8 下移，进气阀口 10 增大，输出压力 p_2 上升，直至平衡。

2. 减压阀的主要特性

（1）调压范围　减压阀输出压力的调节范围称为调压范围。在此压力范围内，要求输出压力能连续、稳定地调整，无突跳现象。调压范围主要取决于调压弹簧的刚度。减压阀的输入压力与最大输出压力的关系见表 5-3。

表 5-3 减压阀的输入压力与最大输出压力的关系

输入压力/MPa	0.16	0.4	0.63	1.0	1.2	1.6	2.5	4.0
最大输出压力/MPa	0.1	0.25	0.4	0.63	0.8	1.0	1.6	2.5

（2）压力特性　压力特性是指减压阀在一定的输出流量下，输入压力波动对输出压力的影响。要求在规定流量下，出口压力随进口压力变化而变化的值不大于 0.05MPa。典型的压力特性曲线如图 5-30 所示。

（3）流量特性　流量特性是指减压阀在一定的输入压力下，输出流量的变化对输出压力波动的影响。要求输出流量在较大范围内变化时，出口压力的变化越小越好。典型的流量特性曲线如图 5-31 所示。

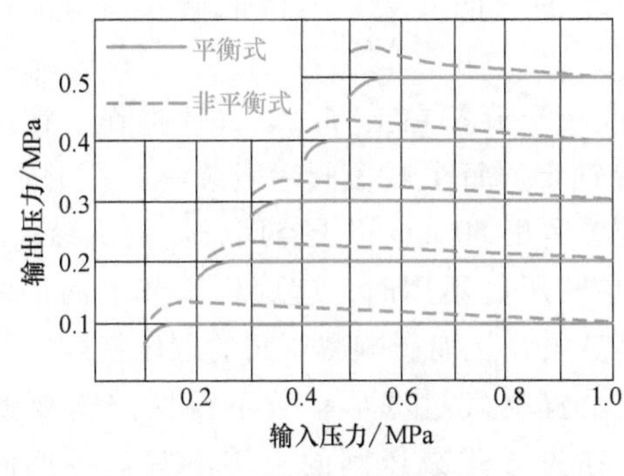

图 5-30 压力特性曲线

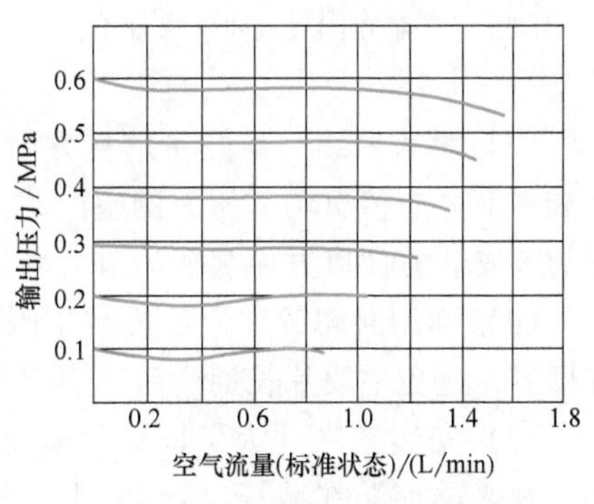

图 5-31 流量特性曲线

减压阀的压力特性和流量特性表征了其稳压性能，是选用阀的重要依据。阀的输出压力只有低于输入压力一定值时，才能保证输出压力的稳定。由图 5-30 可知，输入压力至少要高于输出压力 0.1MPa。另外，由图 5-31 可知，阀的输出压力越低，受流量的影响越小，但在小流量时，输出压力波动较大。当实际流量超出规定的额定流量时，输出压力将急剧下降。

（4）溢流特性　溢流特性是指阀的输出压力超过调定值时，溢流阀打开，空气从溢流口流出。减压阀的溢流特性表示通过溢流口的溢流流量与输出口的超压压力之间的关系，溢流特性曲线如图 5-32 所示。特性曲线上的 a 点为减压阀的输出压力调定值，b 点为溢流口即将打开时的输出压力。

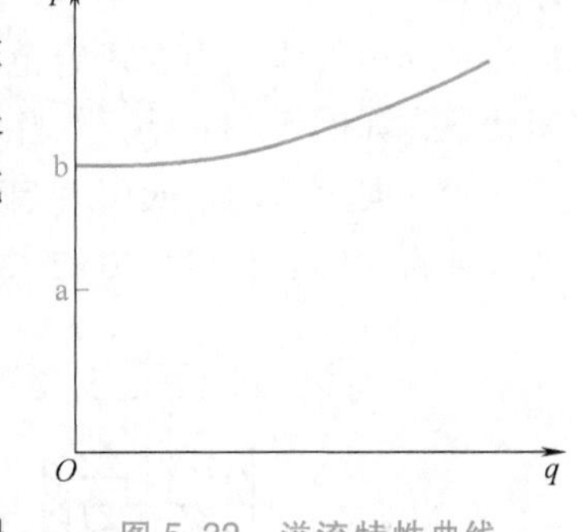

图 5-32 溢流特性曲线

3. 减压阀的使用注意事项

在减压阀的使用过程中应注意以下事项：

① 减压阀的进口压力应比最高出口压力大 0.1MPa 以上。

② 安装减压阀时，最好手柄在上，以便于操作。阀体上的箭头方向为气体的流动方向，安装时不要装反。阀体上的堵头可以拧下来，装上压力表。

③ 连接管道安装前，要用压缩空气吹净或用酸蚀法将锈屑等清洗干净。

④ 在减压阀前安装分水滤气器，阀后安装油雾器，以防减压阀中的橡胶件过早变质。

⑤ 减压阀不用时，应旋松手柄回零，以免膜片经常受压产生塑性变形。

4. 减压阀的选择

（1）选择阀的类型　根据功能要求选择，如调压范围、稳压精度、是否需要遥控、有无其他特殊功能要求等。

（2）选择阀的规格　根据通过减压阀的最大流量，选择阀的通径；应使气源压力大于减压阀最高出口压力 0.1MPa。

5. 减压阀的使用

（1）压力范围　在使用时，应尽量避免使用调压范围的下限值，最好使用上限值的 30%、80%，并希望选用符合这个调压范围的压力表，压力表读数应超过上限值的 20%。输出压力不得超过设定压力的最大值。普通型减压阀的出口压力不要超过进口压力的 85%，精密型减压阀的出口压力不要超过进口压力的 90%。

（2）气流方向　要按减压阀或定值器上箭头所示的方向安装，不得把输入、输出口接反。

（3）垂直安装　最好在垂直方向安装，即手柄或调节旋钮在上方，以方便操作。在调节旋钮上方应留出调节压力的空间，压力调整完后应锁定。每个减压阀一般装一只压力表，压力表安装方向以方便观察为宜。减压阀底部螺塞处要留出 60 mm 以上空间，以便于维修。

（4）不用时卸载　为延长减压阀的使用寿命，在减压阀不用时，应旋松调节手柄，使其回零，避免使膜片长期受压而引起塑性变形、过早变质，从而影响减压阀的调压精度。

（5）安装顺序　为保证进气质量，减压阀前应设置空气过滤器；若下游回路需要给油，油雾器应装在减压阀出口侧，顺序不能颠倒。在先导式减压阀的上游不宜安装换向阀；否则，由于换向阀不断换向，会造成减压阀内喷嘴挡板机构较快磨损，阀的特性逐渐变差。

5.2.2　溢流阀

气罐或回路中压力超过调定值时，要用溢流阀向外放气，溢流阀在气动系统中起过载保护作用。

当系统中气体压力在调定范围内时，作用在活塞 3 上的压力小于弹簧 2 的力，活塞处于关闭状态，如图 5-33a 所示。当系统压力升高，作用在活塞 3 上的压力大于弹簧的预定压力时，活塞 3 向上移动，阀门开启排气，如图 5-33b 所示。直到系统压力降到调定范围以下，活塞又重新关闭。开启压力的大小与弹簧的预压量有关。

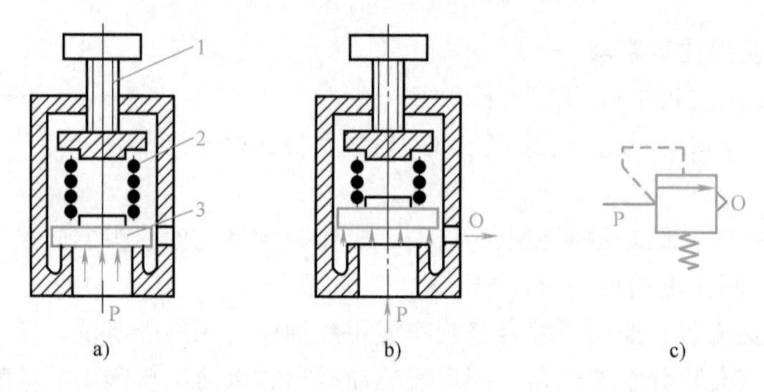

图 5-33　溢流阀

a）关闭状态　b）开启状态　c）图形符号

1—调节手柄　2—弹簧　3—活塞

5.2.3　顺序阀

图 5-34 所示为顺序阀的工作示意图，图 5-34a 所示为未驱动状态，图 5-34b 为已驱动状态。可以看到，顺序阀由两部分组成：左侧主阀为一个单气控的二位三通换向阀，右侧为一个通过调节外部输入压力和弹簧力平衡来控制主阀是否换向的先导阀。

如图 5-34b 所示，当被检测的压力信号由先导阀的 D 口输入时，其气压力和调节弹簧的弹簧力相平衡。当压力达到一定值时，就能克服弹簧力使先导阀的阀芯抬起。先导阀阀芯抬起后，主阀输气口 C 的压缩空气就能进入主阀阀芯处的右侧，推动阀芯左移实现换向，使

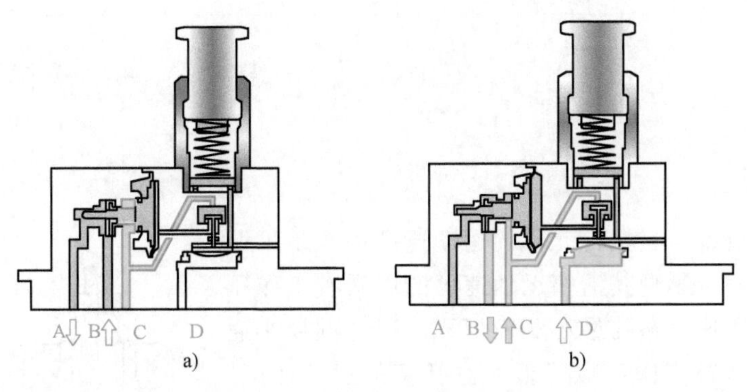

图 5-34 顺序阀的工作示意图

主阀输出口 B 与输入口 C 导通产生输出信号。由于调节弹簧的弹簧力可以通过调节旋钮进行预先调节设定，所以顺序阀只有在 D 口的输入气压达到设定压力时，才会产生输出信号。这样就可以利用顺序阀实现由压力大小控制的顺序动作。

图 5-35 所示为顺序阀的实物图和图形符号。

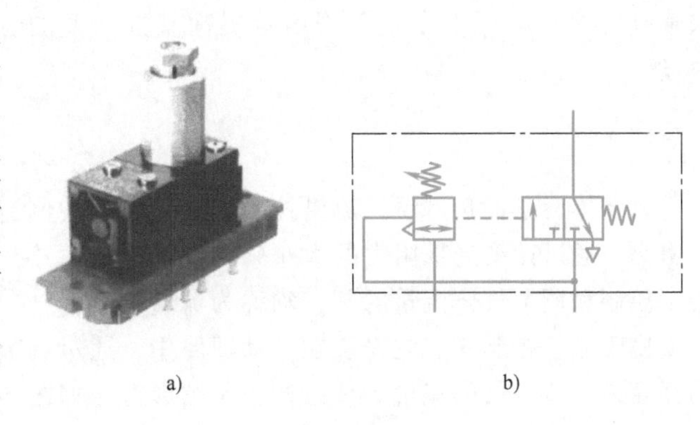

图 5-35 顺序阀

a）实物图 b）图形符号

5.2.4 压力开关

压力开关是一种当输入压力达到设定值时，电气触点接通，发出电信号；当输入压力低于设定值时，电气触点断开的元件。压力开关常用于需要进行压力控制和保护的场合。这种利用气信号来接通和断开电路的装置也称为气电转换器，其输入信号是气压信号，输出信号是电信号。应当注意的是，让压力开关触点吸合的压力值一般高于让触点释放的压力值。

在图 5-36 所示的压力开关工作原理图中可以看到，当 X 口的气压力达到一定值时，即可推动阀芯克服弹簧力右移，而使电气触点 a、c 断开，a、b 闭合导通。当压力下降到一定值时，阀芯在弹簧力作用下左移，电气触点复位。给定压力同样可以通过调节旋钮设定。

顺序阀和压力开关都是根据所检测位置气压的大小来控制回路各执行元件的动作的元件。顺序阀产生的输出信号为气压信号，用于气动控制；压力开关的输出信号为电信号，用于电气控制。

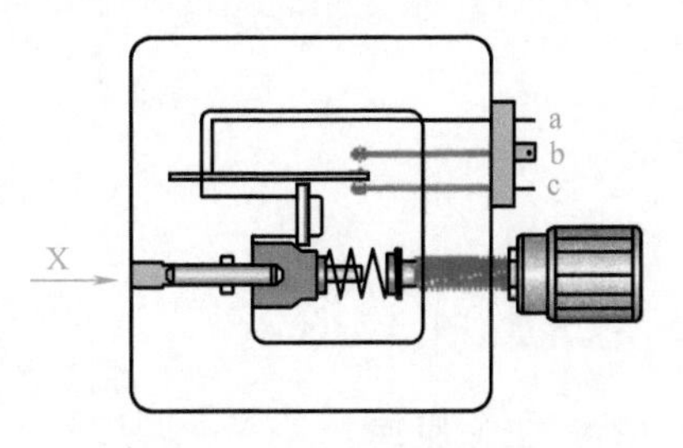

图 5-36 压力开关工作原理图

某些气动设备或装置中，因结构限制而无法安装或难以安装位置传感器进行位置检测时，也可采用安装位置相对灵活的压力顺序阀或压力开关来代替。这是因为在空载或轻载时，气缸工作压力较低，运动到位活塞停止时压力才会上升，使顺序阀或压力开关产生输出信号。这时它们所起的作用就相当于位置传感器。

5.3 流量控制阀

在很多气动设备中，执行元件的运动速度都应是可调节的。气缸工作时，影响其活塞运动速度的因素有工作压力、缸径和气缸所连气路的最小截面面积。通过选择小通径的控制阀或安装节流阀可以降低气缸活塞的运动速度。通过增大管路的流通截面或使用大通径的控制阀以及采用快速排气阀等都可以在一定程度上提高气缸活塞的运动速度。

5.3.1 节流阀

从流体力学的角度看，流量控制就是在管路中制造局部阻力，通过改变局部阻力的大小来控制流量的大小。凡用来控制和调节气体流量的阀，均称为流量控制阀，节流阀就属于流量控制阀。它安装在气动回路中，通过调节阀的开度来调节空气的流量。其结构图及图形符号如图 5-37 所示。

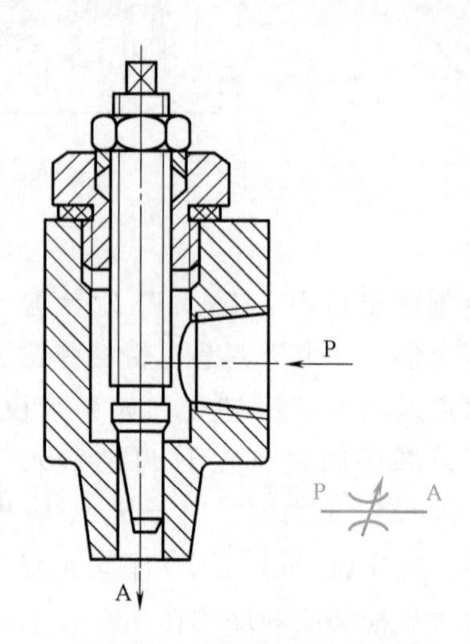

图 5-37 节流阀的结构图及图形符号

图 5-38a 所示为针阀式节流口，当阀开度较小时，调节比较灵敏，当超过一定开度时，调节流量的灵敏度就差了。图 5-38b 所示为三角槽形节流口，通流面积与阀芯位移量呈线性关系。图 5-38c 所示为圆柱斜切式节流口，通流面积与阀芯位移量成指数关系，能进行小流量精密调节。

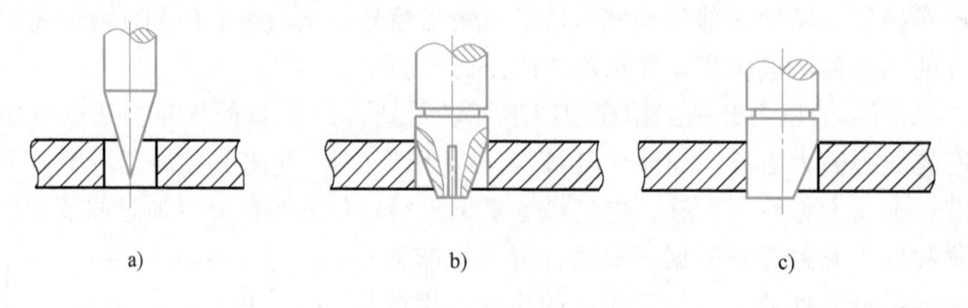

图 5-38 常用节流口形式

a）针阀式节流口 b）三角槽形节流口 c）圆柱斜切式

5.3.2 单向节流阀

1. 工作原理

单向节流阀是气压传动系统中最常用的速度控制元件。它是由单向阀和节流阀并联而成的，节流阀只在一个方向上起流量控制的作用，相反方向的气流可以通过单向阀自由流通。利用单向节流阀可以实现对执行元件每个方向上的运动速度的单独调节，如图 5-39 所示。

如图 5-39 所示，压缩空气从单向节流阀的左腔进入时，单向密封圈 3 被压在阀体上，空气只能从由调节螺母 1 调整大小的节流口 2 通过，再从右腔输出。此时单向节流阀对压缩空气起到调节流量的作用。当压缩空气从右腔进入时，单向密封圈在空气压力的作用下向上翘起，使得气体不必通过节流口而可以直接流至左腔并输出。此时单向节流阀没有节流作用，压缩空气可以自由流动。在有些单向节流阀的调节螺母下方还装有一个锁紧螺母，用于流量调节后的锁定。

图 5-39 单向节流阀

a）工作原理图 b）图形符号

1—调节螺母 2—节流口 3—单向密封圈

单向节流阀的工作原理及应用

2. 节流调速方式

对于气缸来说，有两种节流调速方式：进气节流调速和排气节流调速。

（1）进气节流调速 图 5-40a 所示为进气节流调速，进气侧单向阀关闭，排气侧单向阀开启。进气流量小，进气腔压力上升缓慢，排气迅速，排气腔压力很低。这种节流调速方式主要靠压缩空气的膨胀使活塞前进，故很难控制气缸的速度达到稳定，一般只用于单作用气缸、夹紧缸和低摩擦力气缸等的速度控制。

（2）排气节流调速 图 5-40b 所示为排气节流调速，换向阀换向后，气缸进气侧的单向阀开启，向气缸无杆腔快速充气，无杆腔的气体只能经排气侧的节流阀排气。调节节流阀的开度，便可改变气缸的运动速度。这种控制方式下，活塞运行稳定。排气节流调速常用于双作用气缸回路中。

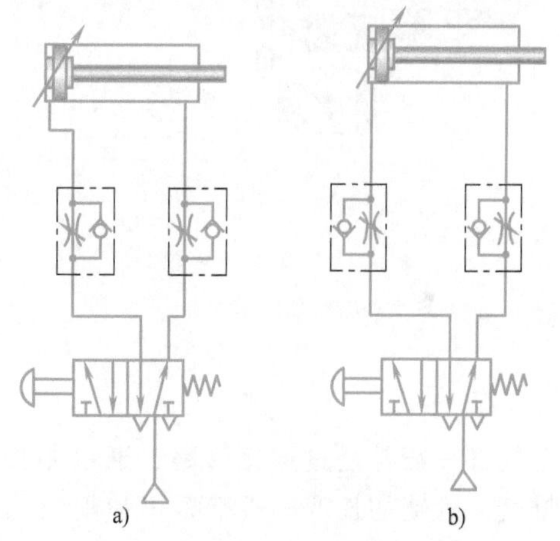

图 5-40 节流调速方式

a）进气节流调速 b）排气节流调速

5.3.3 排气节流阀

图 5-41 所示为排气节流阀。排气节流阀安装在气动装置的排气口上，控制排入大气的气体流量，以改变执行机构的运动速度。排气节流阀常带有消声器以减小排气噪声，并能防止不清洁的气体通过排气孔污染气路中的元件。

排气节流阀宜用于在换向阀与气缸之间不能安装速度控制阀的场合。应注意，排气节流

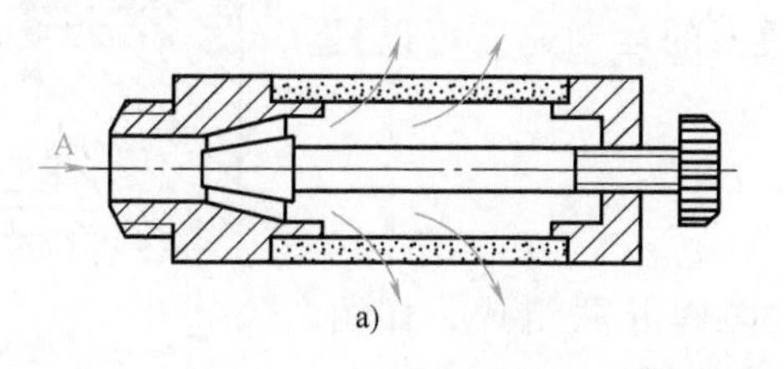

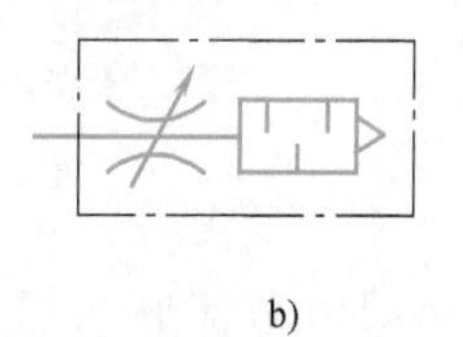

图 5-41 排气节流阀

a）结构原理图 b）图形符号

阀对换向阀会产生一定的背压，对有些结构形式的换向阀而言，此背压对换向阀的动作灵敏性可能有些影响。

5.3.4 快速排气阀

快速排气阀如图 5-42 所示。P 口输入工作气体，阀芯上移，关闭下阀座，开启上阀座，工作气体由阀芯杯形翼边外侧到达工作口 A；P 口无工作气体输入时，在 A、P 口差压作用下，阀芯迅速下降，关闭 P 口，接通 A 口与 R 口，实现快速排气。

图 5-43 所示为快速排气阀应用回路。在气缸与换向阀 1 间安装快速排气阀 2、3，气缸两腔由快速排气阀 2 或 3 直接排气，以提高活塞往复运动速度。如图 5-43b 所示，换向阀 5 换向，气缸左腔进气，右腔经单向节流阀 7 排气，气缸慢速向右运动；换向阀 5 复位，气缸右腔经单向节流阀 7 进气，气缸左腔由快速排气阀 6 排气，活塞快速返回左端。必须注意，使用快速排气阀时，活塞必须有足够的缓冲能力。

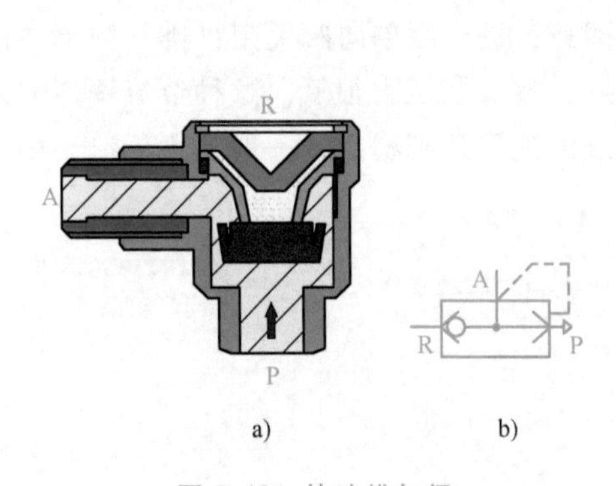

图 5-42 快速排气阀

a）结构原理图 b）图形符号

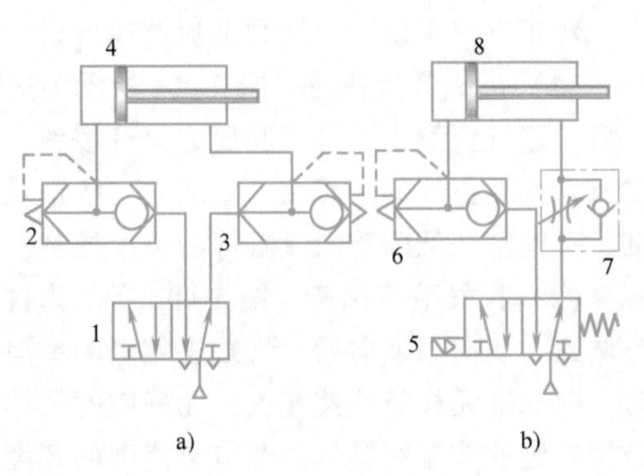

图 5-43 快速排气阀应用回路

a）两腔快速排气阀 b）单腔快速排气阀

1、5—换向阀 2、3、6—快速排气阀

4、8—液压缸 7—单向节流阀

气缸一般是经过连接管路，通过主控换向阀的排气口向外排气。管路的长度、通流面积和阀门的通径都会对排气产生影响，从而影响气缸活塞的运动速度。快速排气阀的作用在于，当气缸内腔体向外排气时，气体可以通过它的大口径排气口迅速向外排出，可以大大缩短气缸排气行程，减小排气阻力，从而提高活塞运动速度；而当气缸进气时，快速排气阀的密封活塞将排气口封闭，不影响压缩空气进入气缸。实验证明，安装快速排气阀后，气缸活塞的运动速度可以提高 4~5 倍。

5.3.5 调速阀

先导式调速阀由节流阀与可控单向阀并联组成，如图 5-44所示。X 口无控制信号时，气流经节流阀 1 由 B 口流出；X 口输入控制信号，先导控制活塞 5 上移，单向阀开启，气

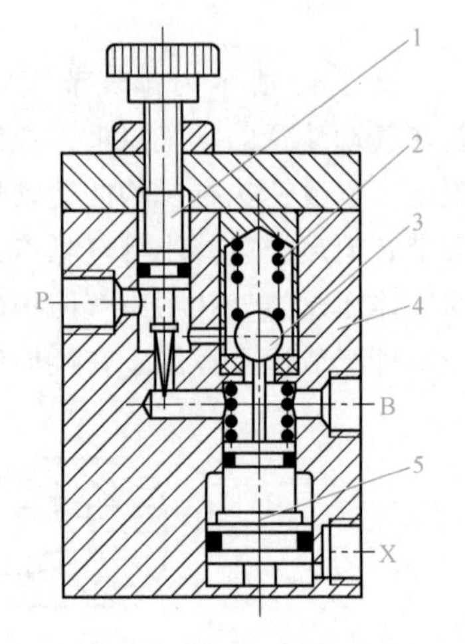

图 5-44 先导式调速阀

1—节流阀 2—弹簧 3—单向阀

4—阀体 5—先导控制活塞

流经单向阀沿 A→B 自由流动；由 B→A 流动时，无论 X 口有无控制信号，气流均可直接经单向阀反向自由通过。

先导式调速阀可实现气缸两种速度的控制，在图 5-45 所示应用回路中，在图示状态下，气源压缩空气经换向阀 3 左位通路、先导式速度控制阀 2 的单向阀进入气缸右腔，气缸位于左端终点。换向阀 3 置右位，压缩空气经换向阀 3 右位通路、单向节流阀 1 进气缸左腔，活塞向右运动。运动初期，机控阀 4 处于图示状态，其输出控制信号作用于先导式速度控制阀 2 控制口，其单向阀开启，气缸右腔经单向阀排气，活塞快速向右运动；活塞杆撞块压下机控阀 4 的滚轮，机控阀 4 换向，切断其输出信号，先导式速度控制阀 2 控制口与大气相通，其单向阀关闭；气缸右腔经单向节流阀排气，活塞慢速向右运动。

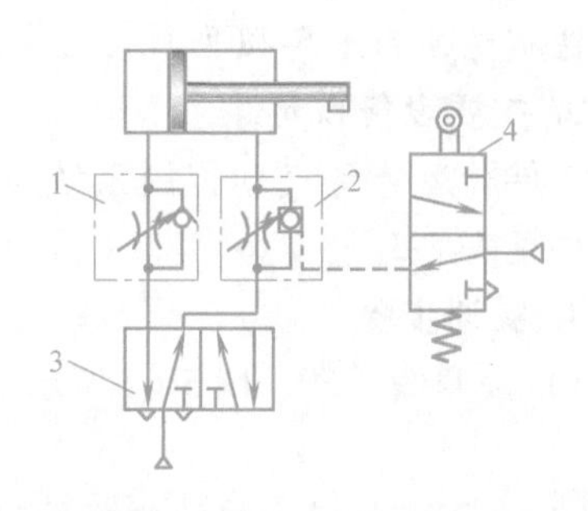

图 5-45　先导式速度控制阀应用回路
1—单向节流阀　2—先导式速度控制阀
3—换向阀　4—机控阀

实训 5-1　工件转运装置

1. 实训目的

1）掌握单作用气缸、双作用气缸的接线方法。

2）掌握单气控二位三通换向阀的应用和接线方法。

2. 实训原理和方法

本实训是建立一个工件转运装置的气动控制系统。如图 5-46 所示，工件转运装置利用一个气缸将某方向传送装置送来的木料推送到与其垂直的传送装置上做进一步加工。要求通过一个按钮使气缸活塞杆伸出，将木块推出；松开按钮，气缸活塞杆缩回。

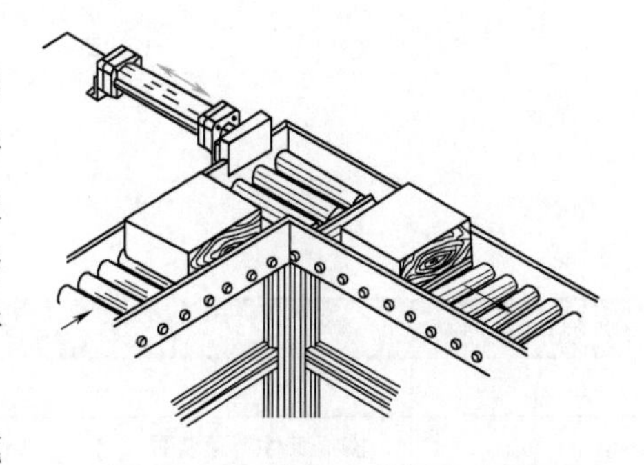
图 5-46　工件转运装置示意图

根据实际需要，执行元件可选用单作用气缸或双作用气缸。如被推物件很重，执行元件可采用双杆气缸。确定好执行元件的类型后，根据气缸的类型选取相应的方向控制阀。方向控制阀也可根据具体要求采用人力、机械或电磁等控制方式。拟订实训方案见表 5-4。

表 5-4　实训方案

方案	执行元件的类型	方向控制阀的类型	控制方式
方案一	单作用气缸	二位二通换向阀	人力、自复位
方案二	双作用气缸	二位二通换向阀	

此外，应根据被推物件大小，确定气缸活塞行程大小。对于行程较小的，可以采用单作用气缸；行程如果较长，则应采用双作用气缸。直接控制回路如图 5-47 所示。

对执行元件的控制，也可考虑采用间接控制的方法实现，如图5-48所示。

3. 主要设备和元件

工件转运装置气动控制系统实训的主要设备和元件见表5-5。

4. 实训步骤

1）按照图5-59、图5-60所示回路进行连接并检查。

2）在固定气动回路的各元件时，要注意安装布局合理、美观。安装时，需要考虑气动元件的操作方便性、安全性和可靠性。

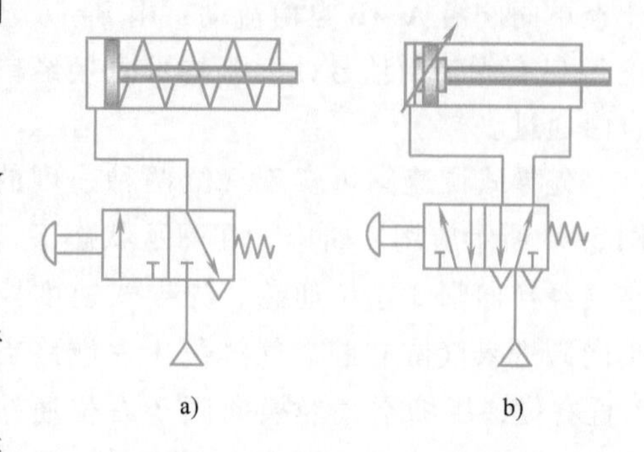

图5-47 直接控制回路

a）采用单作用气缸 b）采用双作用气缸

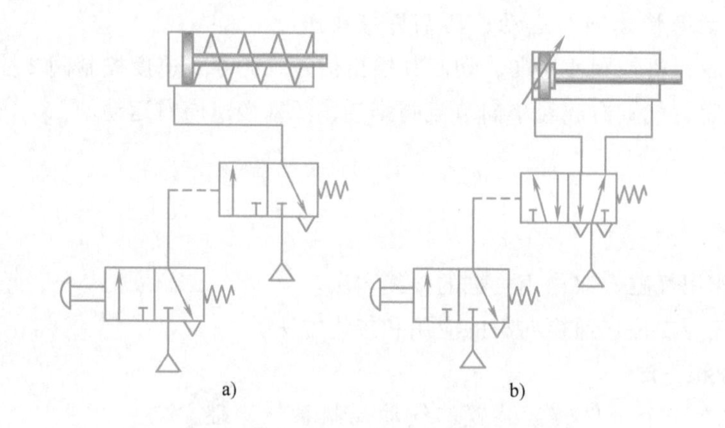

图5-48 间接控制回路

a）采用单作用气缸 b）采用双作用气缸

表5-5 主要设备和元件

序号	主要设备和元件	序号	主要设备和元件
1	气源1个	4	各种方向控制阀若干
2	模拟工件转运装置1套	5	气管若干
3	双作用气缸、单作用气缸各1个	6	气源处理装置1套

3）连接无误后，打开气源和电源，观察气缸运动情况。

4）根据实训现象对直接控制、间接控制实现方式进行比较。

5）对实训中出现的问题进行分析和解决。

6）实训完成后，将各元件整理后放回原位。

5. 操作技能测评

学生应能够按照实训步骤和技能测试记录表中的测评要求，进行独立思考和实训。工件转运装置气动控制系统实训测试记录表参照表1-3设计，并进行测评。

6. 实训报告与思考题

1）分析实训中所用气动元件的功能特点。

2）推动木料的动作对选择单作用气缸和双作用气缸有何作用？

实训 5-2　自动送料装置

1. 实训目的

1）掌握二位五通双气控换向阀的应用和接线方法。

2）熟悉行程阀的工作原理和接线方法。

2. 实训原理和方法

本实训是建立一个自动送料装置的气动控制系统，如图 5-49 所示。自动送料装置利用一个双作用气缸将料仓中的成品推入滑槽进行装箱。为提高效率，要求采用一个带定位的开关起动气缸动作。按下开关，气缸活塞杆伸出，活塞杆完全伸出即将工件推入滑槽；工件推入滑槽后活塞杆自动缩回，活塞杆完全缩回后再次自动伸出，推下一工件。如此循环，直至再次按下定位开关，气缸活塞完全缩回后停止。

如图 5-49 所示，自动送料装置中仅需要一个执行元件（双作用气缸 1A1）。要实现自动送料，该执行元件需完成两步动作：活塞杆自动伸出和缩回。而要自动实现两步动作，应有两个相应的行程发信元件：一个检测活塞杆是否已经完全伸出；另一个检测气缸活塞杆是否已经完全缩回。因此，双作用气缸 1A1 自动往复运动是一种行程程序控制回路，如图 5-50 所示。

在图 5-50 中，行程阀 1S1 和 1S2 除了应画出与其他元件的连接方式外，为说明它们的行程检测作用，还应标明其实际安装位置。图中 1S1 的画法表明在起动之前它已经处于被压下的状态。

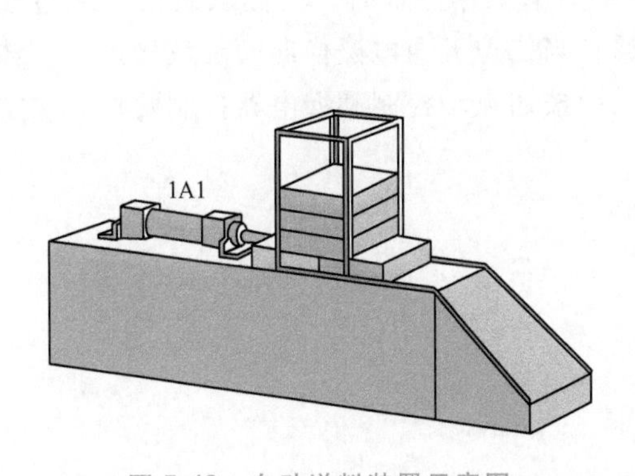

图 5-49　自动送料装置示意图

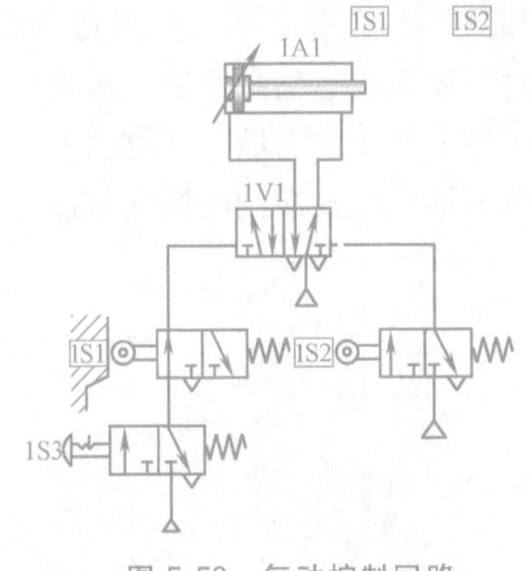

图 5-50　气动控制回路

3. 主要设备和元件

自动送料装置气动控制系统实训的主要设备和元件见表 5-6。

表 5-6　主要设备和元件

序号	实训设备和元件	序号	实训设备和元件
1	气源 1 个	4	方向控制阀、按钮阀若干
2	自动送料装置 1 套	5	气管若干
3	带定位开关的双作用气缸 1 个	6	气源处理装置 1 套

4. 实训步骤

1）按照图 5-50 所示回路进行连接并检查。

2）在固定气动回路的各元件时，要注意安装布局合理、美观。安装时，需要考虑气动元件的操作方便性、安全性和可靠性。

3）连接无误后，打开气源和电源，观察气缸运行情况。

4）根据实验现象对滚轮杠杆式行程阀的应用和接线方法进行总结。

5）对实验中出现的问题进行分析和解决。

6）实验完成后，将各元件整理后放回原位。

5. 操作技能测评

学生应能够按照实训步骤和技能测试记录表中的测评要求，进行独立思考和实训。自动送料装置气动控制系统实训测试记录表参照表1-3设计，并进行测评。

6. 实训报告与思考题

1）限位开关是否可以作为起动信号直接去控制气缸的气源？会有什么结果？

2）行程开关是如何实现双作用气缸自动往复动作的？

实训5-3　电磁换向阀控制双作用气缸换向回路

1. 实训目的

掌握单电控二位五通电磁换向阀的工作原理和接线方法。

2. 实训原理和方法

本实训是建立一个电磁换向阀控制双作用气缸换向回路。电磁换向阀控制双作用气缸换向回路如图5-51所示。当二位五通电磁换向阀处于图示工作位置时，气体从泵出来经过该阀再经过节流阀到达气缸左腔，推动气缸活塞右移；当二位五通电磁换向阀右位接入，气体经其右位进入气缸的右腔，气缸活塞左移。要求采用按钮点动控制和继电器控制两种方法实现对二位五通电磁换向阀的换向控制。

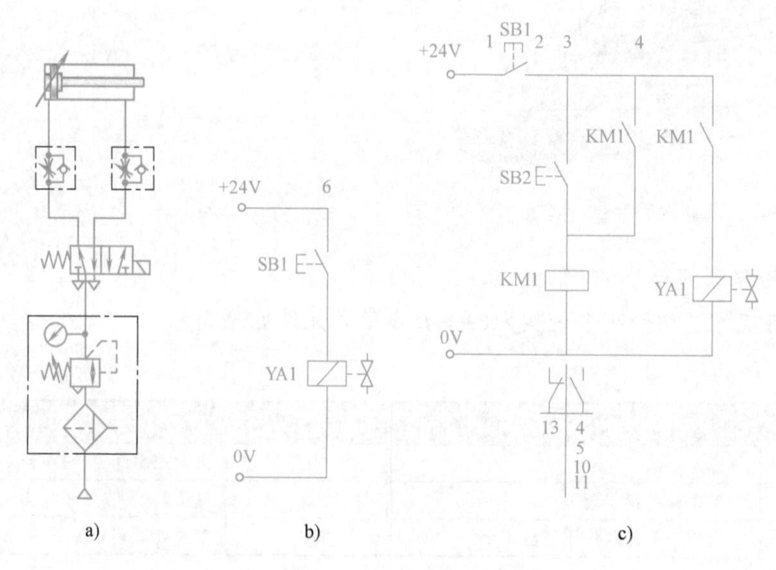

图5-51　电磁换向阀控制双作用气缸换向控制回路

a）气动回路　b）按钮点动控制　c）继电器控制

3. 主要设备和元件

电磁换向阀控制双作用气缸换向回路实训的主要设备和元件见表5-7。

表5-7 主要设备和元件

序号	实训设备和元件	序号	实训设备和元件
1	气源1个	4	二位五通单电控电磁换向阀、单向节流阀若干
2	带有直流电源的实训平台1套	5	气管若干
3	双作用气缸1个	6	气动三联件1套

4. 实训步骤

1）按图5-51搭接实训回路。

2）将二位五通电磁换向阀的电源输入口插入相应的控制板输出口。

3）确认连接安装正确、稳妥，把气源处理装置的调压旋钮旋松，通电开启气源。待气源工作正常后，再次调节气源处理装置的调压旋钮，使回路中的压力在系统工作压力以内。

4）实验完毕后，关闭气源，切断电源，待回路压力为零时，拆卸回路，清理元件并放回规定位置。

5. 操作技能测评

学生应能够按照实训步骤和技能测试记录表中的测评要求，进行独立思考和实训。电磁换向阀控制双作用气缸换向实训测试记录表参照表1-3设计，并进行测评。

6. 实训报告与思考题

使用按钮点动控制和继电器控制两种方法来实现二位五通电磁换向阀的换向控制有何区别?

实训5-4 手动阀控制双作用气缸换向回路

1. 实训目的

掌握手动控制二位三通换向阀的工作原理和接线方法。

2. 实训原理和方法

如图5-52所示，本实训是建立一个手动阀控制双作用气缸换向回路。使两只手动阀同时向同一个方向动作，接通回路，压缩空气经两只手动阀作用于气控阀使其左位接入；此时压缩空气经过气控阀、单向节流阀进入气缸的左腔，气缸活塞杆伸出。只要有一个手动换向阀复位，则气控阀在弹簧力的作用下复位到右位接入，气缸缩回。

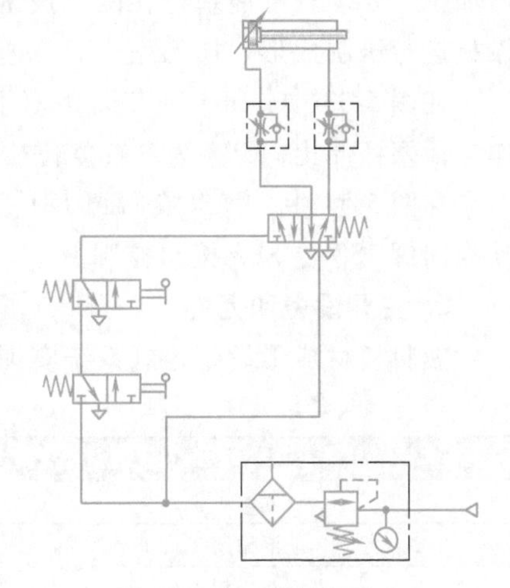

图5-52 双手操作回路

3. 主要设备及实训元件

手动阀控制双作用气缸换向回路实训的主要设备和元件见表5-8。

4. 实训步骤

1）检验各个元件的使用性能是否正常。

2）按图5-52搭建实训回路图。

3）确认连接安装正确、稳妥，把气源处理装置的调压旋钮旋松，通电开启气源。待气源工作正常，再次

表 5-8 主要设备和元件

序号	实训设备和元件	序号	实训设备和元件
1	气源 1 个	4	手动控制换向阀、二位五通单气控换向阀、单向节流阀若干
2	带有直流电源的实训平台 1 套	5	气管若干
3	双作用气缸 1 个	6	气动三联件 1 套

调节气源处理装置的调压旋钮，使回路中的压力在系统工作压力以内。

4）切换手动阀（使两只手动阀同时向同一个方向动作），使回路接通，压缩空气经手动阀作用于气控阀，使其左位接入；此时压缩空气经气控阀过单向节流阀进入气缸的左腔，气缸活塞杆伸出。

5）只要有一个手动换向阀复位，则气控阀在弹簧力的作用下复位到右位接入，气缸活塞杆缩回。

6）实验完毕后，关闭气源，切断电源，待回路压力为零时，拆卸回路，清理元件并放回规定的位置。

5. 操作技能测评

学生应能够按照实训步骤和技能测试记录表中的测评要求，进行独立思考和实训。手动阀控制双作用气缸换向回路实训测试记录表参照表 1-3 设计，并进行测评。

6. 实训报告与思考题

两只手动控制换向阀串联使用有何特点？

实训 5-5 塑料板材成形设备控制

1. 实训目的

1）掌握双压阀的接线方法。

2）理解双压阀的工作原理和在气动回路中的应用。

2. 实训原理

本实训是利用双压阀建立一个气动控制回路，以实现对塑料板材成形设备的可靠控制。如图 5-53 所示，现有一套采用气控的塑料板材成形设备，利用一个气缸对塑料板材进行成形加工。要求气缸活塞杆在两个按钮 1S1、1S2 同时按下后伸出，带动曲柄连杆机构对塑料板材进行压制成形。加工完毕后，通过另一个按钮 1S3 让气缸活塞杆缩回。

在图 5-53 中，SB1 和 SB2 为双手操作按钮。当同时按下两个按钮后，气缸活塞才能动作，活塞杆伸出。SB3 为气缸复位按钮，当按下 SB3 后，气缸缩回，设备恢复初始状态。

在图 5-54 中，气动换向阀 1S1 受 SB1 按钮控制，气动换向阀 1S2 受 SB2 按钮控制，气动换向阀 1S3 受 SB3 按钮控制。

3. 主要设备和元件

塑料板材成形设备控制系统实训的主要设备和元件见表 5-9。

表 5-9 主要设备和元件

序号	主要设备和元件	序号	主要设备和元件
1	气源 1 个	4	双气控方向控制阀、按钮阀
2	双作用气缸 1 个	5	气管若干
3	双压阀 1 个	6	气源处理装置 1 套

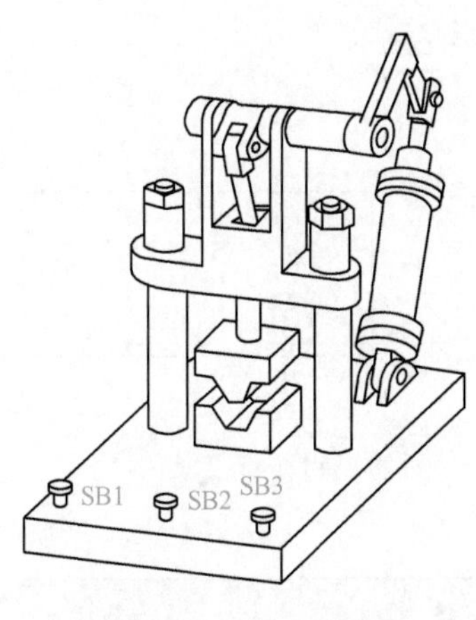

图 5-53　板材成形装置

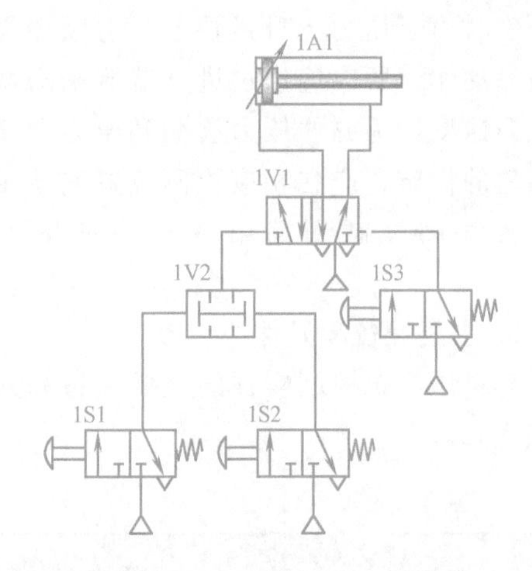

图 5-54　采用双压阀气控回路图

4. 实训步骤

1）按照图 5-54 所示回路进行连接并检查。

2）连接无误后，打开气源和电源，观察气缸运行情况。

3）对实训中出现的问题进行分析和解决。

4）实训完成后，将各元件整理后放回原位。

5. 操作技能测评

学生应能够按照实训步骤和技能测试记录表中的测评要求，进行独立思考和实训。塑料板材成形设备控制系统实训测试记录表参照表 1-3 设计，并进行测评。

6. 实训报告与思考题

根据双压阀的工作原理分析如何利用双压阀提高气动回路控制的安全可靠性。

实训 5-6　碎料压实机控制

1. 实训目的

1）掌握压力顺序阀的接线方法。

2）理解压力顺序阀的工作原理和在气动回路中的应用。

2. 实训原理

本实训是利用压力顺序阀建立一个气动控制回路，以实现对碎料压实机的控制。如图 5-55 所示，碎料在压实机中经过压实后运出。原料由送料口送入压实机中，气缸 A 将其推入压实区。气缸 B 的控制在这里不考虑。气缸 A 用于对碎料进行压实，其活塞在一个手动按钮控制下伸出，对碎料进行压实。当气缸无杆腔压力达到 0.5MPa 时，表明一个压实过程结束，气缸活塞自动缩回；这时可以打开压实区的底板，将压实后的碎料从压实机底部取出。

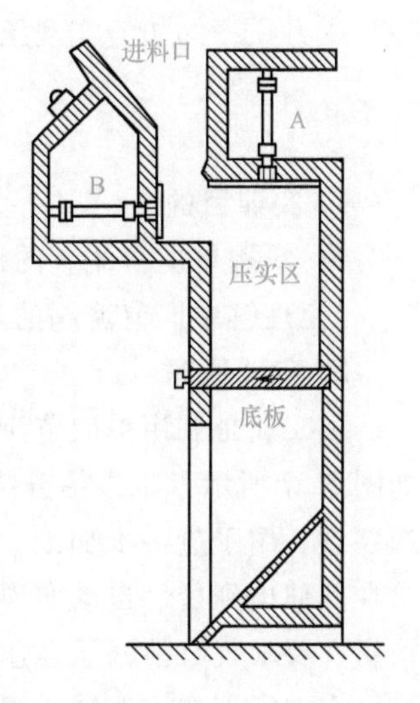

图 5-55　碎料压实机

在本实训中，气缸 A 的活塞的返回控制应采用压力顺序阀实现。其检测压力应为气缸无杆腔压力。如不进行节流，可能在压实时由于压力上升过快，压力顺序阀无法可靠动作，所以应通过进气节流来降低压力上升速度。为方便压力检测和压力顺序阀压力值的设定，应在相应检测位置安装压力表。其气动控制回路组成模块如图 5-56 所示。

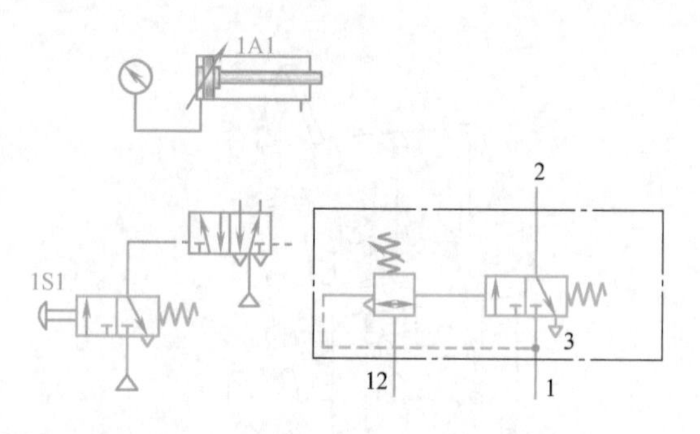

图 5-56　气动控制回路组成模块

3. 主要设备和元件

碎料压实机控制实训的主要设备和元件见表 5-10。

表 5-10　主要设备和元件

序号	主要设备和元件	序号	主要设备和元件
1	气源 1 个	4	方向控制阀、按钮阀
2	双作用气缸 1 个	5	气管若干
3	压力顺序阀 1 个	6	气源处理装置 1 套

4. 实训步骤

1）根据图 5-56 完成气动控制回路图。

2）按照气动控制回路图进行连接并检查。

3）连接无误后，打开气源，观察气缸运行情况是否符合控制要求。

4）对实训中出现的问题进行分析和解决。

5）实训完成后，将各元件整理后放回原位。

5. 操作技能测评

学生应能够按照实训步骤和技能测试记录表中的测评要求，进行独立思考和实训。碎料压实机控制系统实训测试记录表参照表 1-3 设计，并进行测评。

6. 实训报告与思考题

压力顺序阀如何实现压实机碎料的顺序控制？

实训 5-7　工件抬升装置速度控制

1. 实训目的

1）掌握单向节流阀的接线方法。

2）理解单向节流阀的工作原理和在气动回路中的应用。

2. 实训原理

本实训是利用单向节流阀建立一个气动控制回路，以实现对工件抬升装置速度的控制。如图 5-57 所示，工件抬升装置利用一个气缸将从下方传送装置送来的工件抬升到上方的传送装置，用于进一步加工。气缸活塞杆的伸出要求利用一个按钮来控制，活塞杆的缩回则要求在其伸出到位后自动实现。为了避免活塞运动速度过高产生的冲击对工件和设备造成机械损害，要求气缸活塞运动速度可以调节。

在本实训中，气缸活塞杆伸出时，不存在压力检测等特殊要求，所以可以采用排气节流进行调速。气缸活塞杆缩回时，安装支架的重力和本身自重方向与活塞运动方向相同，即为负值负载，所以应采用排气节流进行调速。

在图 5-58 中，采用排气调速方法完成图中各主要组成模块之间的连接。

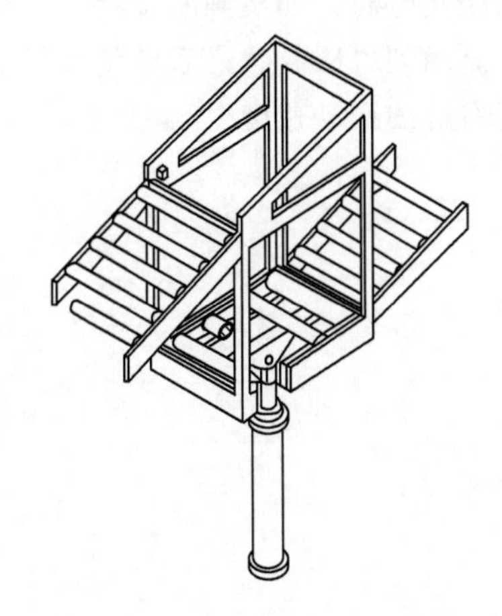

图 5-57　工件抬升装置示意图

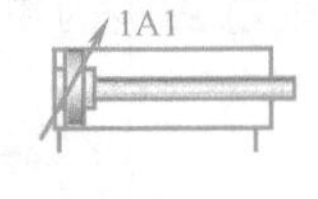

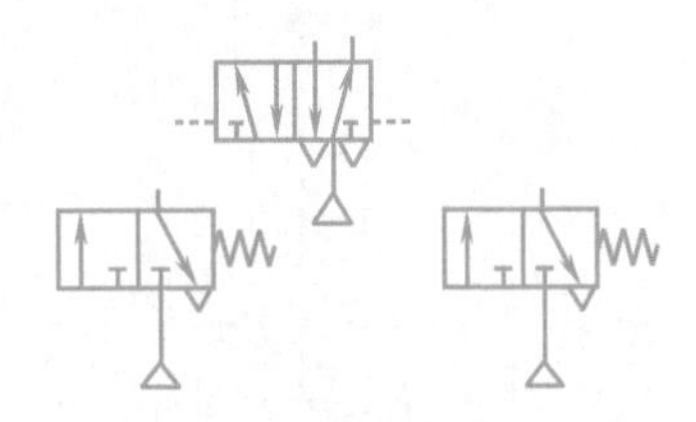

图 5-58　气动控制回路图

3. 主要设备和元件

工件抬升装置速度控制实训的主要设备和元件见表 5-11。

表 5-11　主要设备和元件

序号	主要设备和元件	序号	主要设备和元件
1	气源 1 个	4	方向控制阀、按钮阀
2	双作用气缸 1 个	5	气管若干
3	单向节流阀 1 个	6	气源处理装置 1 套

4. 实训步骤

1）按照气动控制回路图进行连接并检查。

2）连接无误后，打开气源，观察气缸运行情况是否符合控制要求。

3）掌握单向节流阀的两种不同安装方式以及调节方法。

4）对实训中出现的问题进行分析和解决。

5）实训完成后，将各元件整理后放回原位。

5. 操作技能测评

学生应能够按照实训步骤和技能测试记录表中的测评要求，进行独立思考和实训。工件抬升装置速度控制实训测试记录表参照表 1-3 设计，并进行测评。

6. 实训报告与思考题

单向节流阀、快速排气阀是如何实现对双作用气缸调速控制的？

实训 5-8　单作用气缸双向调速控制

1. 实训目的

理解单向节流阀双向调速的工作原理和接线方法。

2. 实训原理

本实训是利用单向节流阀实现对单作用气缸调速控制。如图 5-59 所示。当电磁铁得电时，二位三通电磁换向阀右位接入，压缩空气经过气源处理装置通过二位三通电磁换向阀的右位再经过两个相对安装的单向节流阀进入气缸的无杆腔，活塞杆伸出，在此过程中调节接近气缸的单向节流阀可以控制活塞的运行速度。当电磁阀失电时，回位到左位状态。气缸活塞在弹簧的作用下向右运动，右腔的压缩空气经单向节流阀到电磁阀，最后排到大气中，在此过程中调节接近电磁阀的单向节流阀就可以控制活塞右行的运动速度。

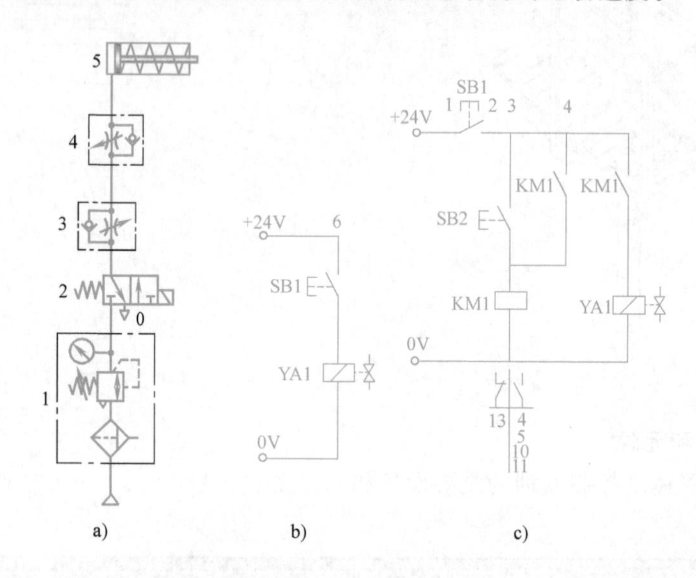

图 5-59　单向节流阀调速控制回路图

a）气动回路　b）按钮点动控制　c）继电器控制

1—气源处理装置　2—二位三通电磁换向阀　3、4—单向节流阀　5—单作用气缸

3. 主要设备和元件

单作用气缸双向调速控制实训的主要设备和元件见表 5-12。

表 5-12　主要设备和元件

序号	主要设备和元件	序号	主要设备和元件
1	气源 1 个	4	二位三通电磁换向阀
2	单作用气缸 1 个	5	气管若干
3	单向节流阀 1 个	6	气源处理装置 1 套

4. 实验步骤

1）检验元件使用性能是否正常。

2）在看懂图 5-59 后，搭接实验回路。

3）将二位三通电磁换向阀的电源输入口插入相应的控制板输出口。

4）确认连接安装正确、稳妥，把气源处理装置的调压旋钮旋松，通电，开启气源。待气源工作正常后，再次调节气源处理装置的调压旋钮，使回路中的压力在系统工作压力以内。

5）当电磁换向阀得电时，右位接入，压缩空气经过气源处理装置通过电磁换向阀的右位再经过两个相对安装的单向节流阀进入气缸的无杆腔，活塞杆伸出，在此过程中调节接近气缸的单向节流阀可以控制活塞的运行速度。

6）当电磁换向阀失电时，回位到左位状态。气缸活塞在弹簧的作用下向右运动，右腔的压缩空气经单向节流阀到电磁换向阀，最后排到大气中，在此过程中调节的单向节流阀就可以控制活塞右行的运动速度。

7）实训完毕后，关闭气源，切断电源，待回路压力为零时，拆卸回路，清理元件放回规定位置。

5. 操作技能测评

学生应能够按照实训步骤和技能测试记录表中的测评要求，进行独立思考和实训。单作用气缸双向调速控制实训测试记录表参照如表1-3设计，并进行测评。

6. 实训报告与思考题

单向节流阀是如何实现对单作用气缸调速控制的？

实训5-9　快速排气阀控制双作用气缸速度

1. 实训目的

1）掌握快速排气阀的接线方法。

2）理解快速排气阀的调速原理。

2. 实训原理

本实训是利用快速排气阀实现对双作用气缸双向调速控制。快速排气阀调速回路图如图5-60所示，电磁换向阀处于中位时，压缩空气进入不了气缸；当电磁换向阀左位工作时，压缩空气经气源处理装置，通过电磁换向阀再经过快速排气阀进入气缸的左腔，活塞在压缩空气的作用下向右运动，而在此时调节出口的单向节流阀的开口大小就能随意改变活塞的运行速度。当电磁换向阀的右位工作时，压缩空气进入气缸的右腔，活塞向左运动，由于气缸的左边接了一个快速排气阀，所以可以迅速回位。

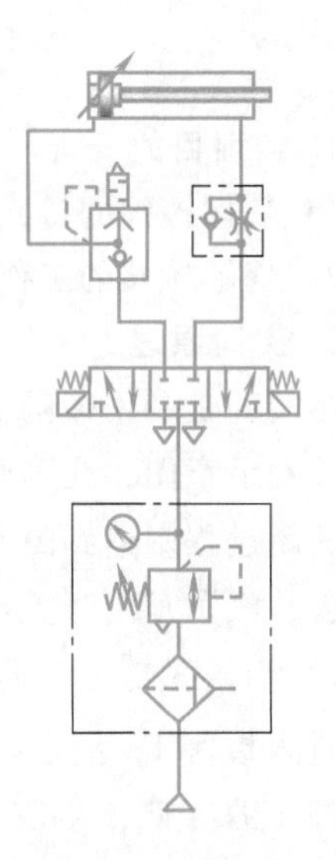

图5-60　快速排气阀调速回路图

3. 主要设备和元件

快速排气阀控制双作用气缸速度实训的主要设备和元件见表5-13。

表5-13　主要设备和元件

序号	主要设备和元件	序号	主要设备和元件
1	气源1个	4	三位五通电磁换向阀
2	单作用气缸1个	5	气管若干
3	单向节流阀1个、快速排气阀1个	6	气源处理装置1套

4. 实训步骤

（1）检验元件的使用性能是否正常。

（2）看懂图5-60之后，搭建实验回路。

（3）将三位五通双电磁换向阀的电源输入口插入相应的控制板输出口。

（4）确认连接安装正确稳妥，把气源处理装置的调压旋钮旋松，通电开启气源。待气源工作正常后，再次调节气源处理装置的调压旋钮，使回路中的压力在系统工作压力以内。

（5）电磁换向阀处于中位时，压缩空气进入不了气缸；当电磁换向阀左位工作时，压缩空气经气源处理装置，通过电磁换向阀再经过快速排气阀进入气缸的左腔，活塞在压缩空气的作用下向右运动，而在此时调节出口的单向节流阀的开口大小就能随意改变活塞的运行速度。

（6）当电磁换向阀的右位工作时，压缩空气进入气缸的右腔，活塞向左运动，由于气缸的左边接了一个快速排气阀，所以可以迅速回位。

（7）实训完毕后，关闭气源，切断电源，待回路压力为零时，拆卸回路，清理元件并放回规定位置。

5. 操作技能测评

学生应能够按照实训步骤和技能测试记录表中的测评要求，进行独立思考和实训。快速排气阀控制双作用气缸速度实训测试记录表参照表 1-3 设计，并进行测评。

6. 实训报告与思考题

分析快速排气阀是如何实现对双作用气缸进行调速控制的。

实训 5-10　公共汽车车门开关控制

1. 实训目的

1）掌握梭阀的接线方法。

2）理解梭阀的工作原理及在气动回路中的应用。

2. 实训原理

本实训是利用梭阀实现多点对公共汽车车门的控制。图 5-61 所示为公共汽车车门开关控制装置示意图，在驾驶员和售票员的座位处都装有气动开关，他们都可以开关车门。当车门在关闭过程中遇到障碍物时，此回路能使车门自动开启，起到安全保护的作用。

公共汽车车门开关控制气动回路如图 5-62 所示。

1）当操纵二位三通按钮式换向阀 A 或 B 时，气源压缩空气经二位三通按钮式换向阀 A 或 B 进入梭阀 1，把控制信号送到二位四通双气控换向阀 4 的 a 侧，使其向车门开启方向切换。气源压缩空气经二位四通双气控换向阀 4 和单向节流阀 5 到气缸的有杆腔，使车门开启。

2）当操纵二位三通按钮式换向阀 C 或 D 时，气源压缩空气经二位三通按钮式换向阀 C 或 D 到梭阀 2，把控制信号送到二位四通双气控换向阀 4 的 b 侧，使其向车门关闭方向切换。气源压缩空气经二位四通双气控换向阀 4 和单向节流阀 6 到气缸的无杆腔，使车门关闭。

3）车门关闭过程中如遇到障碍物，就会压下行程阀 8，此时气源压缩空气经行程阀 8，把控制信号通过梭阀 3 送到二位四通双气控换向阀 4 的 a 侧，使二位四通双气控换向阀 4 向车门开启方向切换。

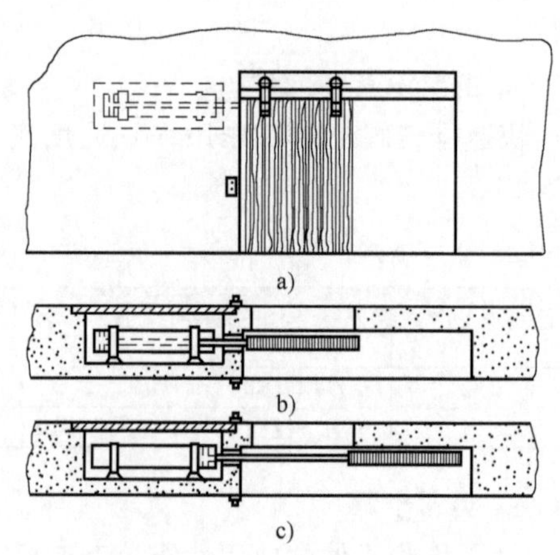

图 5-61　公共汽车车门开关控制装置示意图

a）车门示意图　b）关闭状态　c）开启状态

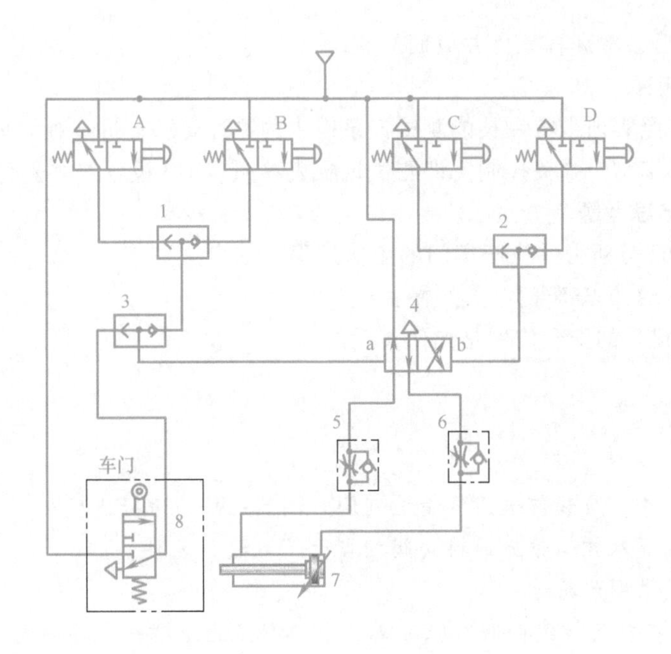

图 5-62 公共汽车车门开关控制气动回路

1、2、3—梭阀 4—二位四通双气控换向阀

5、6—单向节流阀 7—气缸 8—行程阀

系统电磁铁和行程阀的动作顺序见表 5-14。

表 5-14 电磁铁和行程阀的动作顺序

气缸的工作循环	信号来源	换向阀					行程阀
		A	B	C	D	4	8
活塞杆伸出(门开)	按下 A(或 B)	+(-)	-(+)	—	—	a(+)	—
活塞杆缩回(门关)	按下 A(或 B)	—	—	+(-)	-(+)	b(+)	—
遇到障碍	行程阀 B	—	—	—	—	a(+)	+

3. 主要设备和元件

梭阀实现多点对公共汽车车门开关控制实训的主要设备和元件见表 5-15。

表 5-15 主要设备和元件

序号	主要设备和元件	序号	主要设备和元件
1	气源 1 个	4	换向阀 1 个、行程阀 1 个
2	双作用气缸 1 个	5	气管若干
3	梭阀 3 个、单向节流阀 2 个	6	气源处理装置 1 套

4. 实训步骤

1）根据控制要求设计气动控制回路图。

2）按照气动控制回路图进行连接并检查。

3）连接无误后，打开气源和电源，观察气缸运行情况是否符合控制要求。

4）对实训中出现的问题进行分析和解决。

5）实训完成后，整理各元件并放回原位。

5. 操作技能测评

学生应能够按照实训步骤和技能测试记录表中的测评要求，进行独立思考和实训。梭阀实现多点对公共汽车车门开关控制实训测试记录表参照表 1-3 设计，并进行测评。

6. 实训报告与思考题

1）根据图 5-62 分析公共汽车车门的工作过程。

2）如何调整公共汽车车门开关快慢？

3）分析行程阀 8 的安全作用是如何实现的。

思考与练习

1. 在气压传动中，应如何选用流量控制阀来调节气缸的运行速度？

2. 为什么说电气双控二位五通换向阀相当于“双稳”元件？

3. 画出下列阀的图形符号：

（1）二位五通差压气控换向阀 （2）双电控二位五通电磁先导换向阀 （3）梭阀
（4）中位封闭式三位五通气控换向阀 （5）快速排气阀 （6）常断延时通型换向阀

4. 气动换向阀按照控制方式不同可分为哪几种？各有何特点及应用？

第6章 CHAPTER 6 真空元件

在低于大气压力下工作的元件称为真空元件，由真空元件所组成的系统称为真空系统。真空系统作为实现自动化的一种重要手段，广泛用于轻工、食品、印刷、医疗、塑料制品以及自动搬运机械手等各种机械。

6.1 真空发生装置

真空系统的真空是依靠真空发生装置产生的。真空发生装置有真空泵和真空发生器两种。真空泵是一种吸入口形成负压，排气口直接通大气，两端压力比很大的气动元件，主要用于连续大流量，适合集中使用但不宜频繁启停的场合。真空发生器是利用压缩空气的流动而形成一定真空度的气动元件，主要用于流量不大的间歇工作和工件表面光滑的场合。

6.1.1 真空泵

1. 真空泵的分类

按照工作原理，真空泵可以分为气体传输泵和气体捕集泵两种类型。气体传输泵是一种能使气体不断地被吸入和排出，达到抽气目的的真空泵。气体捕集泵是使气体分子被吸附或凝结在泵的内表面上，从而减小容器内的气体分子数目而达到抽气目的的真空泵。其中，气体传输泵又分为变容真空泵和动量传输泵；气体捕集泵又分为吸附泵、吸气剂泵和吸气剂离子泵。

2. 真空泵的工作原理

现以旋片泵为例，说明真空泵的工作原理。旋片泵是一种典型的真空泵，其主要由泵体、转子、旋片和弹簧等组成，如图 6-1 所示。泵体内腔偏心地安装着一个转子，转子外圆与泵体内腔表面相切，且两者之间有很小的间隙，转子槽内装有带张力的弹簧，使旋片顶端与泵腔内壁保持接触，转子旋转带动旋片沿泵腔内壁滑动。

工作时，两个旋片把转子、泵腔和两个端盖所围成的月牙形空间分隔成 A、B、C 三部分。当转子按图示的箭头方向旋转时，与吸气口相通的空间 A 的容积是逐渐增大的，空间 A

中的压力不断地降低，当泵入口处的外部气体压力大于空间 A 中的压力时，被抽的气体不断地被抽进空间 A 中，此时处于吸气过程。居中的空间 B 的容积正逐渐减小，压力不断地增大，此时处于压缩过程。而与排气口相通的空间 C 的容积进一步减小，空间 C 中的压力进一步升高，当被压缩的气体压力超过排气压力时，排气阀被压缩气体推开，气体穿过油箱内的油层排至大气中。在泵的连续运转过程中，不断地进行着吸气、压缩、排气过程，从而达到连续抽气的目的。

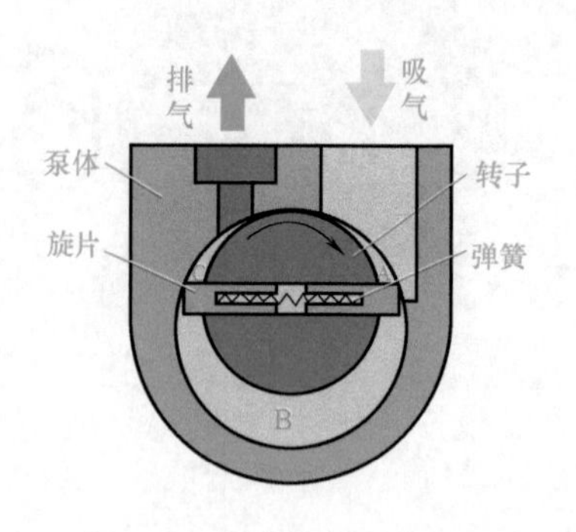

图 6-1　真空泵的工作原理

3. 真空泵的用途

真空泵广泛应用于电子、食品、医药、化工、造纸、农业和机械等行业。由于真空应用领域所涉及的工作压力的范围很宽，需根据不同的工作范围和要求，选用不同类型的真空泵，也可将不同类型的真空泵组合使用。

6.1.2　真空发生器

1. 真空发生器的基本结构与工作原理

真空发生器是根据文丘里原理产生真空的，其结构原理如图 6-2a 所示。当压缩空气通过喷嘴 1 射入接收室 2 时，会形成射流。射流卷吸接收室 2 内的静止空气并和它一起运动进入混合室 3，并由扩散室 4 输出。由于卷吸作用，在接收室 2 内形成了一定的负压。若在接收室 2 下方装吸盘，则在吸盘内能产生真空，达到一定的真空度时就能吸持物体。如果切断喷嘴 1 供气，抽真空过程就会停止。真空发生器的图形符号如图 6-2b 所示。

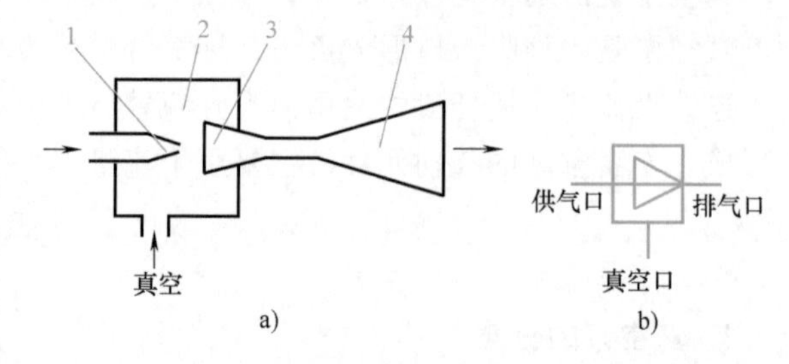

图 6-2　真空发生器

a）结构原理　b）图形符号

1—喷嘴　2—接收室　3—混合室　4—扩散室

2. 真空发生器的主要工作特性

（1）耗气量　真空发生器的耗气量是指每分钟通过喷嘴的压缩空气流量（L/min）。它与工作喷嘴直径和工作压力密切相关。相同直径的喷嘴，其耗气量随工作压力的升高而增加。喷嘴直径是选择真空发生器的主要依据，喷嘴直径越大，抽吸流量和耗气量越大，而产生的真空度越低；喷嘴直径越小，抽吸流量和耗气量越小，但产生的真空度越高。

（2）排气特性和流量特性　排气特性表示最大真空度、空气耗气量和最大吸入流量三者分别与供气压力之间的关系。最大真空度是指真空口被完全封闭时，真空口内的真空度。最大吸入量是指真空口向大气敞开时，从真空口吸入的流量（标准状态下）。真空发生器的排气特性如图 6-3a 所示。当真空口完全封闭时，在设定的供给压力下，最大真空度达极限值；当真空口完全向大气敞开时，在设定的供给压力下，最大吸入量达到极限值。真空发生器的供给压力宜为 0.25~0.6MPa，最佳使用范围为 0.4~0.5MPa。

流量特性是指在供给压力为 0.45MPa 的条件下，真空口处于变化的不封闭状态下，吸入流量与真空度之间的关系。真空发生器的流量特性如图 6-3b 所示。

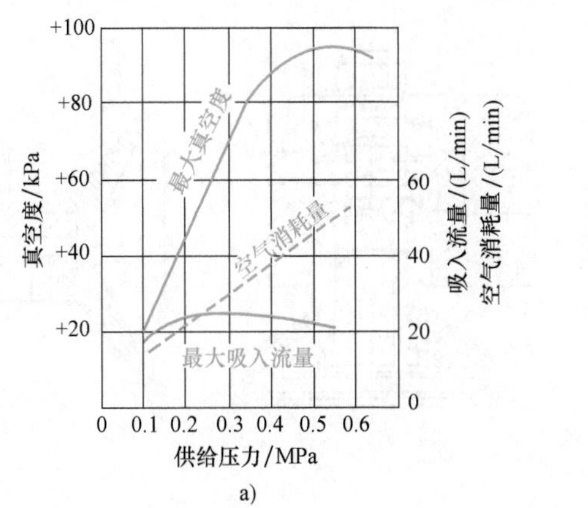

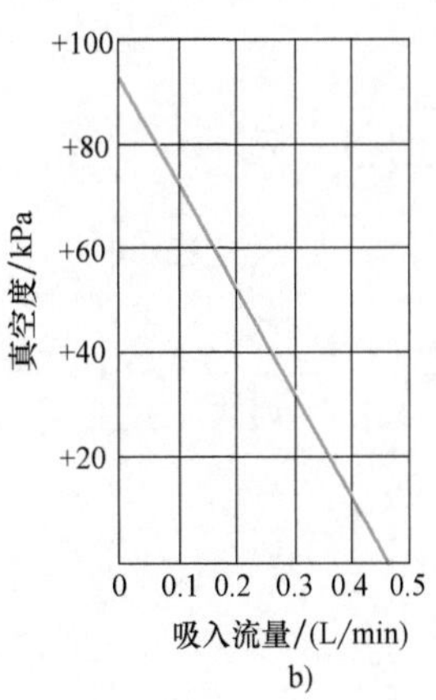

图 6-3 真空发生器的排气特性和流量特性

a）排气特性 b）流量特性

（3）抽气时间 抽气时间是指真空吸盘内的真空度达到所需要的真空压力的时间，是衡量真空发生器的一个动态指标。它与真空度、抽吸通道的容积、吸附表面的泄漏状况等有关。

3. 真空发生器的使用特点

1）真空发生器结构简单、体积小、使用寿命长。

2）真空发生器产生的真空度可达 88kPa，吸入流量不大，但可控、可调，稳定可靠。

3）真空发生器瞬时开关特性好，无残余负压。

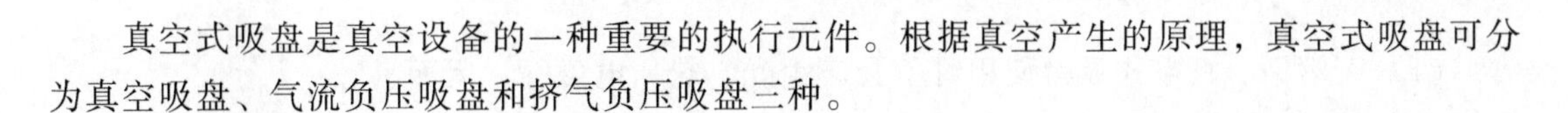

6.2 真空式吸盘

真空式吸盘是真空设备的一种重要的执行元件。根据真空产生的原理，真空式吸盘可分为真空吸盘、气流负压吸盘和挤气负压吸盘三种。

6.2.1 真空式吸盘的分类

1. 真空吸盘

此类吸盘是通过控制系统中的控制阀来形成吸盘内部真空。如图 6-4a 所示，当控制阀把吸盘与真空泵互连时，吸盘因内腔空气被真空泵抽出而形成负压，吸住工件；当控制阀将吸盘与大气连通时，被吸持工件由于吸盘失去吸力，利用自重脱离吸盘。吸盘吸力不仅同吸盘与工件表面的接触面积、吸盘内外压差有关，还会受到工件表面状态的直接影响。但真空泵能保证吸盘内持续产生负压，所以这种吸盘比其他形式的吸盘吸力要大。

2. 气流负压吸盘

气流负压吸盘如图 6-4b 所示。当控制阀将气泵与喷嘴接通时，吸盘内腔空气与来自气泵的压缩空气在喷嘴处形成高速射流并被带走，在吸盘内腔形成负压。在工厂一般都有空压机站或空压机，气源比较容易解决，不需配置专用的真空泵，所以气流负压吸盘在工厂中使

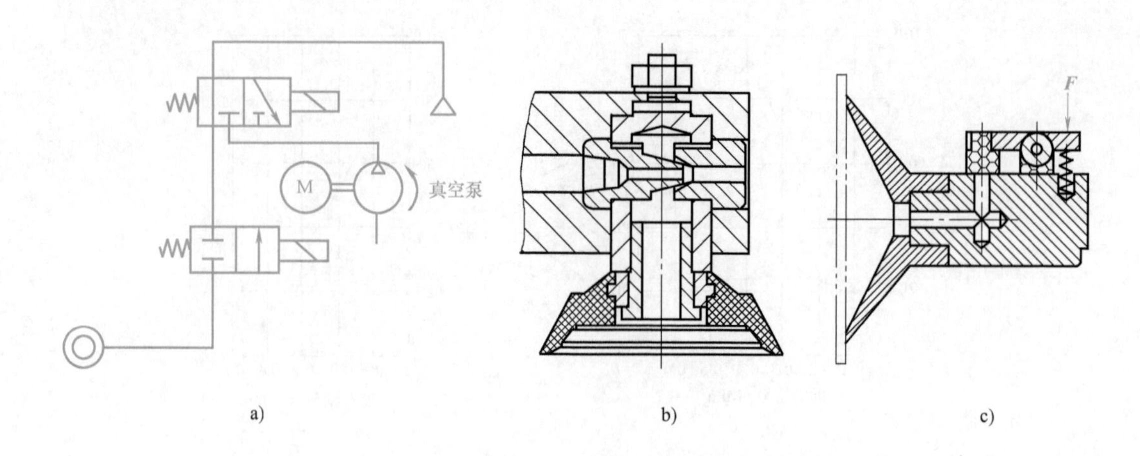

图 6-4　常见的真空式吸盘

a）真空吸盘　b）气流负压吸盘　c）挤气负压吸盘

用方便。

3. 挤气负压吸盘

挤气负压吸盘如图 6-4c 所示。它是依靠外力将吸盘皮碗压向被吸附工件表面，吸盘内腔的空气被挤压出去，形成吸盘内腔负压，将工件牢牢吸住，即可搬运工件；到达目标位置后，利用碰撞力或电磁力作用，破坏吸盘腔内的负压，释放工件。此种挤气负压吸盘不需要真空泵系统，也不需要气源，比较经济方便，但其可靠性比真空吸盘和气流负压吸盘差。

6.2.2　真空式吸盘的安装

真空式吸盘是靠吸盘 2 上的螺纹直接与真空发生器或者真空安全阀、空心螺杆相连的，如图 6-5 所示。

6.2.3　真空式吸盘的特点

（1）无污染　真空式吸盘使用时不会产生光、热、电磁等，因而不会污染环境，特别绿色环保。

（2）不损失工件　真空式吸盘通常采用橡胶制造而成，吸取或者放下工件不会对工件造成损伤。

（3）易使用　不管被吸物体是什么材质，只要能密封，不漏气，则均能使用真空式吸盘。电磁式吸盘则不行，它只能使用在钢制工件上。

（4）易损耗　由于真空式吸盘一般采用橡胶制造，直接吸附物体，磨损严重，损耗快。

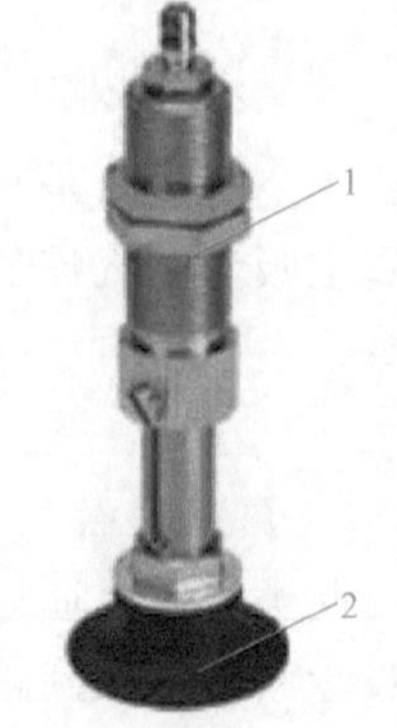

图 6-5　真空式吸盘的安装

1—螺杆　2—吸盘

6.2.4　真空式吸盘的选择与使用

1. 真空式吸盘的选用

真空式吸盘品种多样。用橡胶制成的吸盘可在高温下操作，用硅橡胶制成的吸盘适合吸持表面粗糙的工件，用聚氨酯制成的吸盘很耐用。若要求吸盘耐油，可考虑选用聚氨酯、丁腈橡胶或含乙烯基的聚合物等材料制造的吸盘。为了避免划伤工件表面，最好选用由丁腈橡胶或硅橡胶制成的带有波状管的吸盘。此外，选用真空式吸盘还需要考虑以下事项：

1）根据被移送物体的重量，决定吸盘的大小和数量。

2）根据被移送物体的形状和表面状态，决定真空式吸盘的种类。

3）根据工作环境温度，选择真空式吸盘的材质。

4）根据连接方式，决定所用的吸盘、接头、缓冲连接器。

5）被移送物体的高低。

6）缓冲距离。

2. 真空式吸盘使用注意事项

1）使用过程中，保持真空压力稳定。

2）当发现真空式吸盘因老化等原因而失效时，应及时更换新的真空式吸盘。

3）用真空式吸盘吸持、搬运重物时，严禁超过理论吸持力的40%，以防止过载，造成重物脱落。

6.3 其他真空元件

1. 真空用气阀

（1）真空用压力控制阀　真空用压力控制阀主要用于真空回路的减压。真空减压阀的结构原理如图6-6a所示。工作时，顺时针方向旋转手轮3，设定弹簧4被拉伸，膜片1上移，带动给气阀2的阀芯抬起，则给气孔7打开，输出口与真空口接通。输出真空度通过反馈孔6作用于膜片下腔。当膜片1处于力平衡时，输出真空压力便达到一定值，且吸入一定流量气体。当输出口真空压力上升时，膜片1上移。阀的开度增大，则吸入流量增大。当输出口压力接近大气压力时，吸入流量达到最大值。反之，当吸入流量逐渐减小至零时，输出口真空度逐渐下降，直至膜片1下移，给气孔被关闭，真空度达最低值。手轮全松，复位弹簧推动给气阀，封住给气孔，则输出口和设定弹簧室都与大气相通。图6-6b所示为其图形符号。

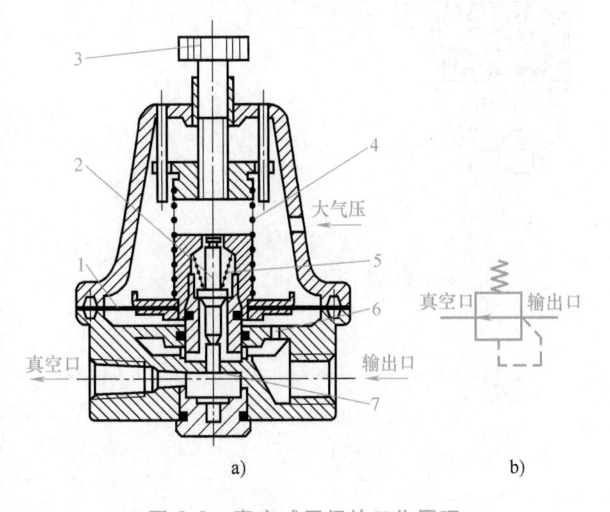

图6-6　真空减压阀的工作原理

a）结构原理图　b）图形符号

1—膜片　2—给气阀　3—手轮　4—设定弹簧　5—复位弹簧　6—反馈孔　7—给气孔

（2）真空用流量控制阀　真空回路中的节流阀用于控制真空破坏的快慢，其出口压力不得高于0.5MPa，以保护

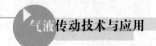

真空压力开关和抽吸过滤器。

（3）真空用方向控制阀

1）单向阀。真空用的单向阀主要有两个作用：一是当供给阀停止供气时，要保持吸盘内的真空压力不变，可节省能量；二是可延缓被吸工件脱落的时间，以便采取安全措施，一般应选用流通能力大、开启压力低的单向阀。

2）换向阀。真空用的换向阀主要用于实现真空回路的换向，如供给阀、真空破坏阀、真空切换阀和真空选择阀。其中，供给阀是向真空发生器提供压缩气体的阀；真空破坏阀是破坏吸盘内的真空状态来使工件脱离吸盘的阀；真空切换阀是接通或断开真空压力源的阀；真空选择阀可控制吸盘对工件吸着或脱离，一个阀具有两个功能，以便简化回路设计。

2. 真空压力控制开关

（1）真空顺序阀　如要改变真空信号，可使用真空顺序阀（或称真空控制阀），其结构原理与压力顺序阀相同，只是用于负压控制。如图 6-7a 所示，当真空顺序阀的控制口 K 上的真空度达到设定值时，二位三通换向阀换向。图 6-7b 所示为其图形符号。

（2）真空开关　真空开关是用于检测真空压力的开关。当真空压力未达到设定值时，开关处于断开状态；当真空压力达到设定值时，开关处于接通状态，发出电信号，控制真空吸附机构动作。真空开关按触点形式可分为有触点式（舌簧式磁性开关）和无触点式（半导体真空开关）。膜片式真空开关属于有触点式真空开关，它利用膜片感应真空压力变化，再通过舌簧式磁性开关配合磁环提供压力信号。图 6-8 所示为膜片式真空开关的工作原理。

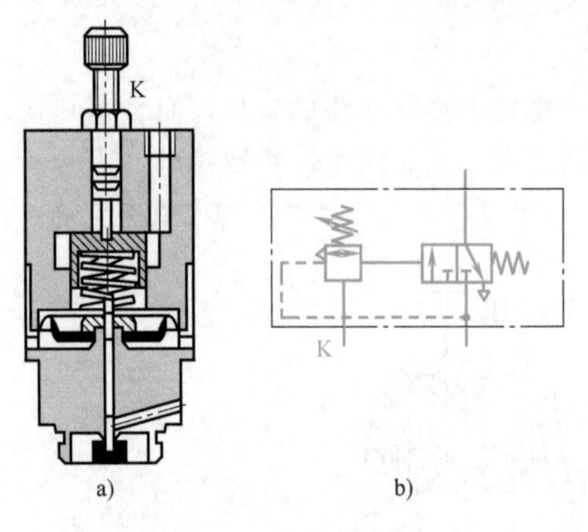

图 6-7　真空顺序阀

a）结构原理　b）图形符号

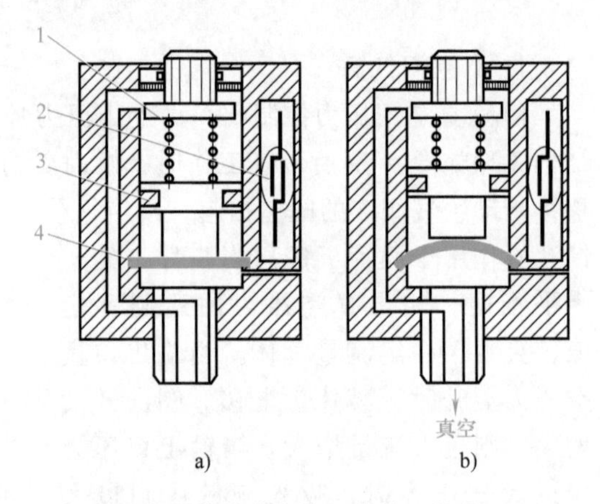

图 6-8　膜片式真空开关的工作原理

a）真空压力未达到设定值　b）真空压力达到设定值

1—调节弹簧　2—舌簧式磁性开关　3—磁环　4—膜片

6.4　真空元件使用注意事项

1）真空发生器与真空式吸盘之间的连接管要尽量短，且不承受外力。拧动时，要防止连接管扭曲变形，造成漏气。

2）为了保证停电后能保持一定的真空度，在真空式吸盘与真空发生器之间应设置单向阀，真空电磁阀也应采用长通型结构，以防真空失效，造成工件松脱。

3）吸盘的吸着面积应小于工件的表面积，以免发生泄漏。

4）对于大面积的板材宜采用多个大口径的吸盘吸吊，以增强吸吊的平稳性。

5）当用一个真空发生器连接多个吸盘时，每个吸盘应单独配有真空压力开关，以保证其中任一吸盘漏气导致真空度不符合要求时，都不会吊起工件。

6）供给的气源应经过净化处理，也不能含有油雾。在恶劣环境中工作时，真空开关前也应安装过滤器。

实训　机器人码垛工作站气式末端执行器的控制

1. 实训目的

1）熟悉真空发生器的工作原理。

2）熟悉气式末端执行器与码垛机器人本体的协调控制。

3）掌握气式末端执行器的气压传动回路图，能顺利地搭建本实训回路，并完成规定的操作。

2. 实训原理和方法

本实训是建立一个用于机器人码垛工作站的气式末端执行器的控制系统。该气式末端执行器电气动元件主要包括四个真空吸盘、一个真空发生器、一个单电控二位二通电磁换向阀，用于搬运箱体零件。其气动控制回路如图 6-9 所示。

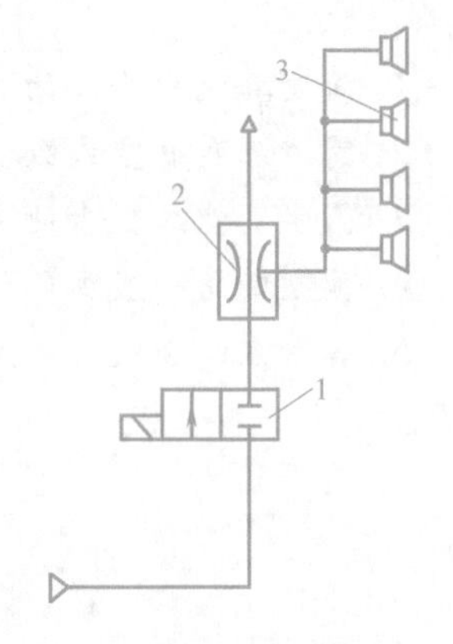

图 6-9　气式末端执行器的气动控制回路

1—单电控二位二通电磁换向阀　2—真空发生器　3—真空吸盘

用于机器人码跺箱体零件的气式末端执行器工作过程如下：

1）控制码垛机器人本体，带动气式末端执行器进入吸持箱体零件的位姿。

2）利用码垛机器人控制器，控制单电控二位二通电磁换向阀 1 换向，通过真空发生器 2，在四个真空吸盘 3 内形成真空，吸持箱体工件。

3）控制码垛机器人本体，带动气式末端执行器，将被吸持的箱体工件送至对应的码垛位姿。

4）利用码垛机器人控制器，控制单电控二位二通电磁换向阀 1 换向，通过真空发生器 2，控制气式末端执行器释放工件，然后码垛机器人带动气式末端执行器返回初始位置。

3. 主要设备和元件

机器人码垛工作站气式末端执行器的控制实训的主要设备和元件见表 6-1。

表 6-1　主要设备和元件

序号	主要设备和元件	序号	主要设备和元件
1	气源	5	真空发生器
2	码垛机器人本体	6	气源处理装置
3	由四个真空吸盘组成的气式末端执行器	7	箱体
4	单电控二位二通电磁换向阀		

4. 实训内容及操作步骤

1）按照图 6-9 选择所需的气动元件，并摆放在实训台上。

2）关闭气源开关，在码垛机器人本体上装接气式末端执行器及其电气动控制回路。

3）打开气源开关，调控电磁换向阀，观察气式末端执行器的吸持和释放工件的动作。

4）关闭气源开关，拆卸所搭建的气动回路，并将气动元件、气管等归位。

5. 操作技能测评

学生应能够按照实训步骤和技能测试记录表中的测评要求，进行独立思考和实训。机器人码垛工作站的气式末端执行器控制实训测试记录表可参照表 1-3 设计。

6. 实训报告与思考题

1）分析实训中所用气动元件的功能特点。

2）分析影响气式末端执行器可靠吸持箱体工件的因素。

思考与练习

1. 简述真空发生器的工作原理。
2. 简述三种真空式吸盘的工作原理及应用。
3. 简述真空式吸盘使用时的注意事项。
4. 真空回路一般由哪些真空元件组成？
5. 真空系统在使用时主要有哪些注意事项？

第7章 CHAPTER 7 气压传动基本回路

7.1 气动回路的符号表示法

工程上，气动回路图是以气动元件图形符号组合而成的。以气动元件图形符号所绘制的回路图可分为定位和不定位两种表示法，如图 7-1 所示。

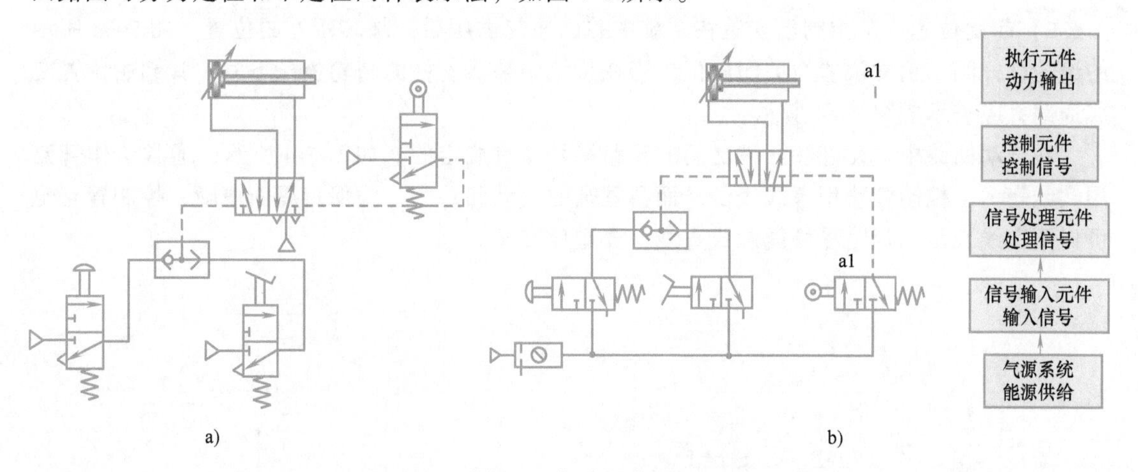

图 7-1 气动回路图

a）定位回路图 b）不定位回路图

如图 7-1a 所示，定位回路图是按系统中元件实际的安装位置绘制的，它方便工程技术人员查找元件的位置，方便维修和保养。不定位回路图不是按元件的实际位置绘制的，而是根据信号的流动方向，从下向上依次绘制气源系统、信号输入元件、信号处理元件、控制元件及执行元件，如图 7-1b 所示。本章主要使用不定位回路表示法。

为分清气动元件与气动回路的对应关系，图 7-2a、b 分别给出了全气动系统和电气动系统的控制链中信号流与元件之间的对应关系，掌握这一点对分析和设计气动程序控制系统尤为重要。

在回路图中，阀和气缸尽可能水平放置。所有元件均以起始位置表示，否则另加注释。

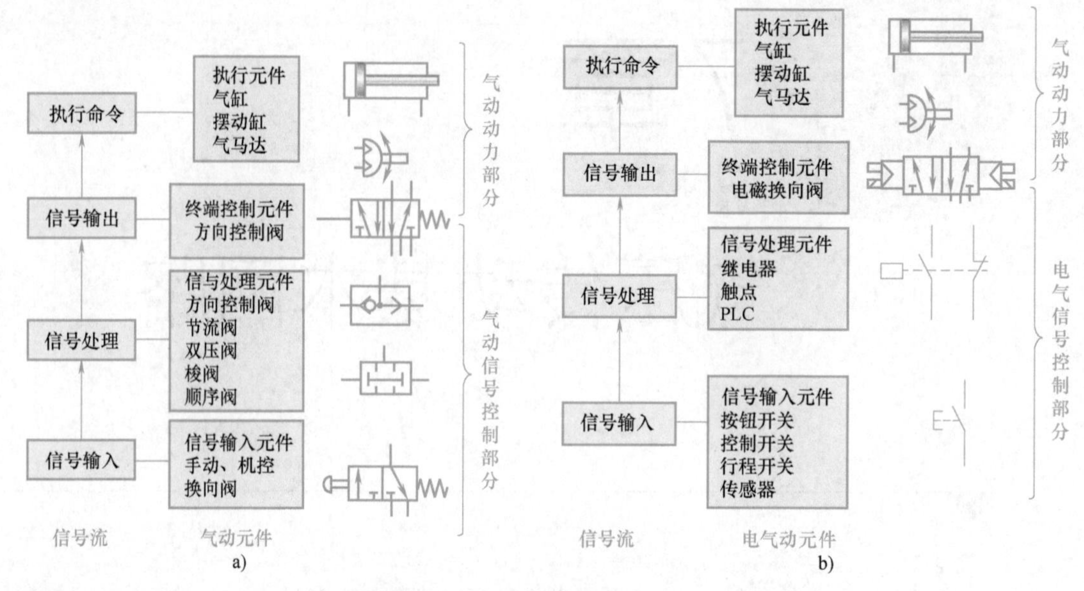

图 7-2 信号流和气动元件的关系

a）全气动系统 b）电气动系统

阀的位置定义如下：

1）正常位置：是指阀芯未操纵时阀的位置。

2）起始位置：是指阀已安装在系统中并已通气供压后，阀芯所处的位置。图 7-3a 所示的滚轮杠杆阀，正常位置为关闭阀位；当在系统中被活塞杆的凸轮板压下时，其起始位置变成通路，应表示成图 7-3b 所示。

在气动回路中，元件和元件之间的管路符号是有规定的。如图 7-4 所示，通常工作管路用实线表示，控制管路用虚线表示。而在复杂的气动回路中，为保持图面清晰，控制管路也可以用实线表示。管路尽可能画成直线，要避免交叉。

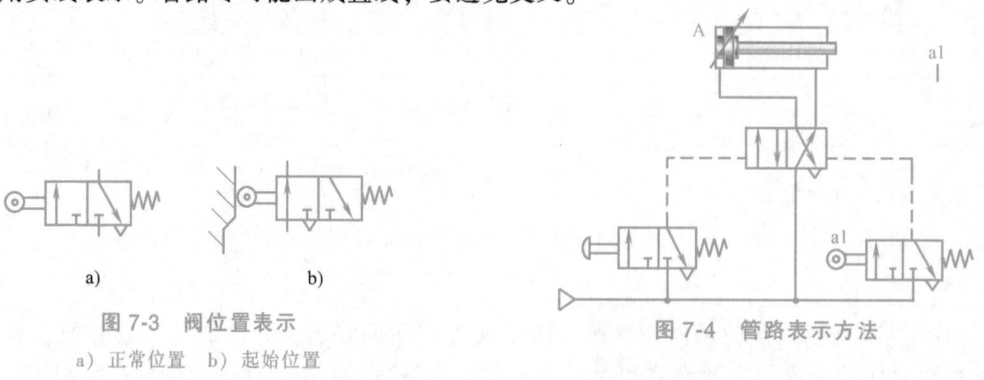

图 7-3 阀位置表示

a）正常位置 b）起始位置

图 7-4 管路表示方法

7.2 方向控制回路

方向控制回路主要用于实现对气动执行元件的换向控制，常采用二通阀、三通阀、四通

阀、五通阀等方向控制阀，构成单作用执行元件和双作用执行元件的各种换向控制回路。

7.2.1 单作用气缸的换向回路

单作用气缸靠气压使活塞杆朝单方向伸出，反向依靠弹簧力或自重等其他外力返回。通常采用二位三通换向阀、三位三通换向阀和二位二通换向阀来实现单作用气缸的方向控制。

1. 采用二位三通阀控制

图7-5所示为采用手控二位三通换向阀控制单作用气缸换向的回路，适用于气缸缸径较小的场合。图7-5a所示为采用弹簧复位的手控二位三通换向阀控制单作用气缸换向的回路，当按下按钮后换向阀切换，活塞杆伸出；松开按钮后换向阀复位，气缸活塞杆靠弹簧力返回。图7-5b所示为采用带定位机构的手控二位三通换向阀控制单作用气缸换向的回路，按下按钮后活塞杆伸出；松开按钮后，因换向阀具有定位机构而保持原位，活塞杆仍持续伸出；只有将按钮上拨，手控二位三通换向阀才能换向，气缸排气，活塞杆返回。

当气缸直径很大时，手控二位三通换向阀的流通能力过小，将会影响气缸的运动速度。因此，直接控制气缸换向的主控阀需采用通径较大的气控阀，如图7-6所示，阀1可采用手动操作阀或机控阀，阀2为气控阀。

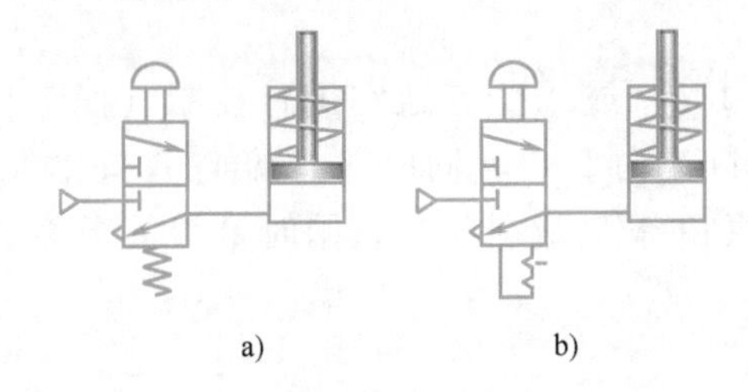

图7-5 采用手控二位三通换向阀控制的单作用气缸换向的回路

a）采用弹簧复位 b）采用带定位机构

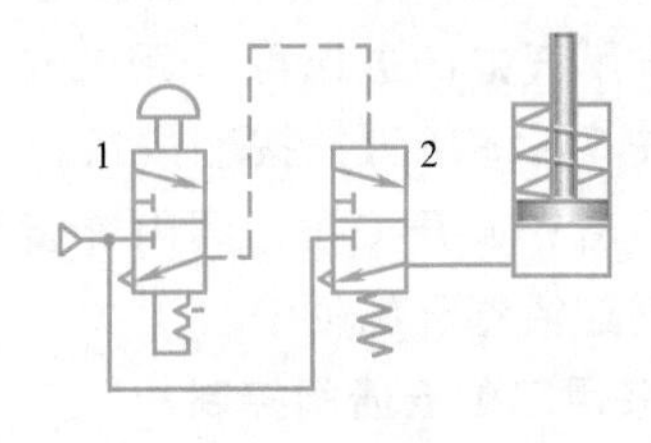

图7-6 采用二位三通阀的气控换向回路

图7-7所示为采用电控二位三通换向阀控制单作用气缸换向的回路。图7-7a所示为采用单电控换向阀的控制回路，工作时若气缸在伸出过程中突然断电，单电控二位三通换向阀将立即复位，气缸返回。图7-7b所示为采用双电控换向阀控制单作用气缸换向的回路，由于双电控换向阀具有记忆功能，当气缸在伸出过程中突然断电时，气缸仍将保持在原来的状态。

图7-8所示为采用一个二位三通阀和一个二位二通阀的组合控制回路，该回路能实现单作用气缸的中间停止功能。

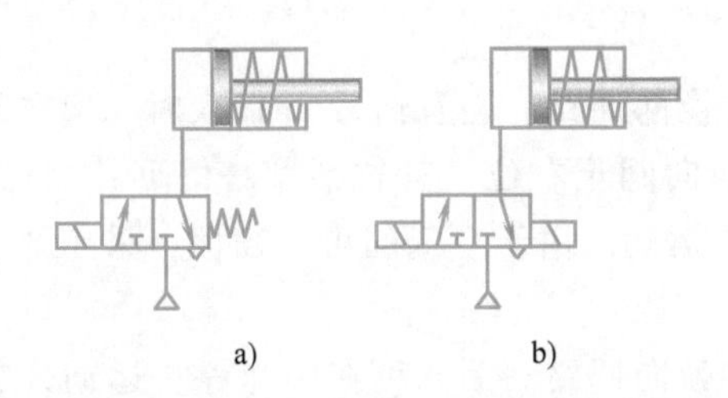

图7-7 采用电控二位三通换向阀控制单作用气缸换向的回路

a）采用单电控换向阀 b）采用双电控换向阀

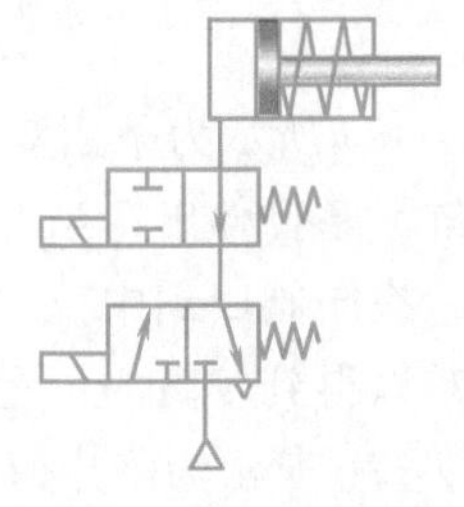

图7-8 采用一个二位三通阀和一个二位二通阀的组合控制回路

2. 采用三位三通阀控制

如图 7-9 所示，采用三位三通阀的换向控制回路，能实现活塞杆在行程中途的任意位置停留，但因空气的可压缩性，其定位精度较低。

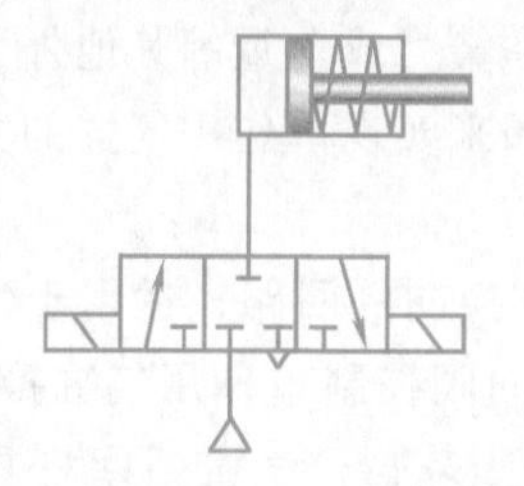

图 7-9 采用三位三通阀的换向回路

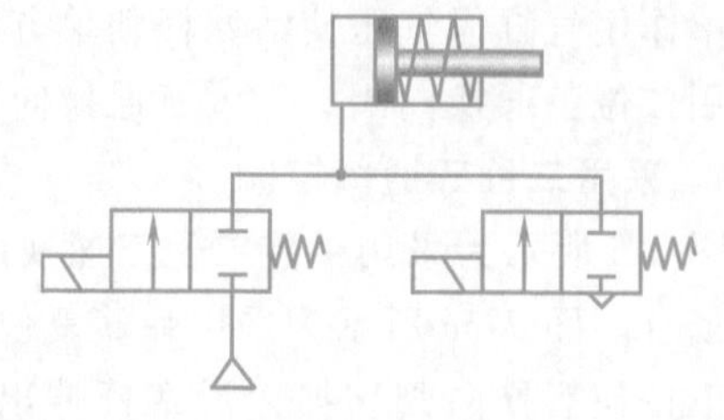

图 7-10 采用二位二通阀的换向回路

3. 采用二位二通阀控制

图 7-10 所示为采用二位二通阀控制单作用气缸换向的回路，对于该回路应注意的问题是：两个电磁阀不能同时通电。

7.2.2 双作用气缸的换向回路

1. 采用二位四通阀和二位五通阀控制

双作用气缸的进退可采用二位四通阀（图 7-11a）或二位五通阀进行控制（图 7-11b）。如图 7-11a 所示，按下按钮，压缩空气从 A 口流向 P 口，同时 T 口流向 B 口排气，活塞杆伸出；放开按钮，阀内弹簧复位，压缩空气由 A 口流向 T 口，同时 P 口流向 B 口排放，气缸活塞杆缩回。

2. 采用三位五通阀控制

当需要中间定位时，可采用三位五通阀构成换向回路，如图 7-12 所示。

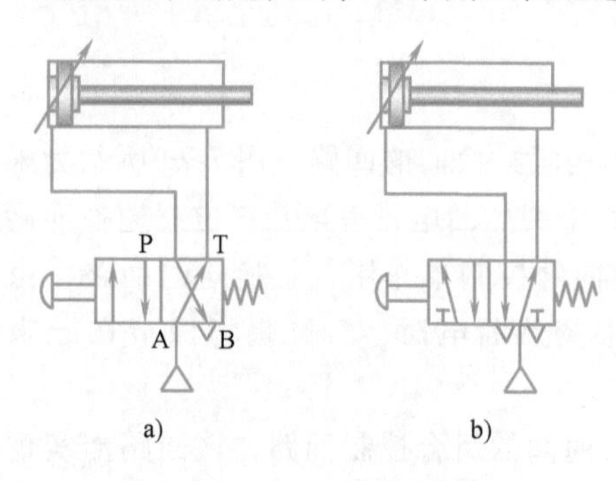

图 7-11 双作用气缸的控制回路

a）采用二位四通阀 b）采用二位五通阀

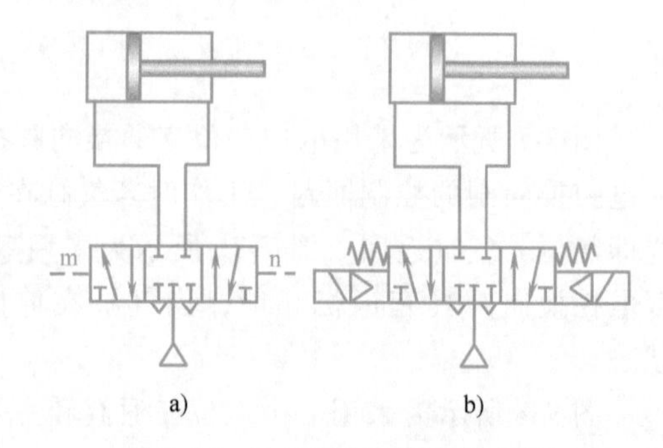

图 7-12 三位五通阀的换向回路

a）采用双气控三位五通阀 b）采用双电控三位五通阀

图 7-12a 所示为采用双气控三位五通阀的换向回路。当有信号 m 输入时，换向阀移至左位，气缸活塞杆伸出；当有信号 n 输入时，换向阀至右位，气缸活塞杆缩回；当信号 m、n 均无时，换向阀回到中位，活塞杆在中途停止运动。由于空气的可压缩性，采用纯气动的控制方式难以得到较高的位置控制精度。

图 7-12b 所示为采用双电控三位五通阀的换向回路。活塞可在中途停止运动，它用电气控制电路来进行控制。

7.2.3 气马达的换向回路

图 7-13a 所示为气马达单方向旋转的回路，采用了二位二通阀来实现转停控制，气马达的转速用节流阀来调整。图 7-13b、c 所示分别为采用两个二位三通阀和一个三位五通阀来控制气马达正反转的回路。

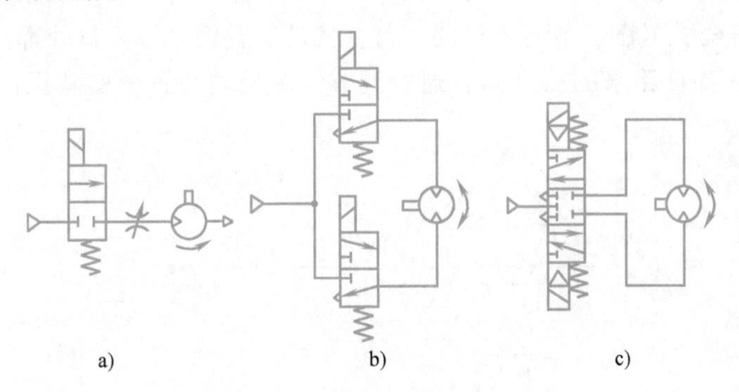

图 7-13　气马达的换向回路

a）采用二位二通阀　b）采用两个二位三通阀　c）采用一个三位五通阀

7.3 压力控制回路

压力控制回路用于调节和控制系统的压力。这种回路按用途可分为气源压力控制回路、气动系统工作压力控制回路、高低压转换回路、双压驱动回路、多级压力控制回路、增压回路等。

7.3.1 气源压力控制回路

气源压力控制回路也称为一次压力控制回路，用于控制压缩空气站的气罐输出压力保持在允许的额定压力范围内。这种压力控制对控制精度要求不高，主要关注动作可靠性。如图 7-14 所示，在该回路中用压力继电器 3 或电触点压力表 4 控制空压机的转、停，使气罐内空

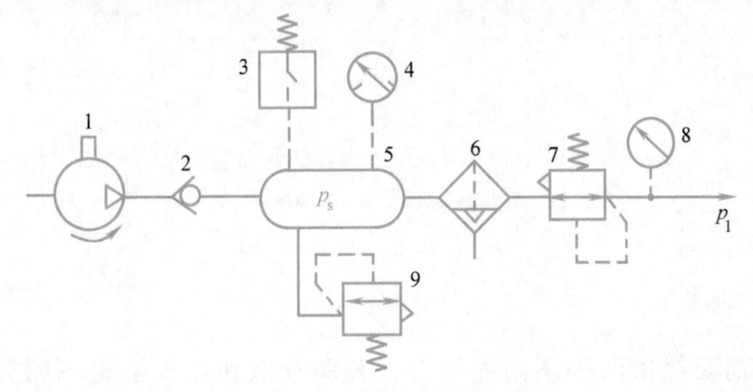

图 7-14　一次压力控制回路

1—空压机　2—单向阀　3—压力继电器　4—电触点压力表　5—气罐　6—空气过滤器　7—减压阀　8—压力表　9—溢流阀

气压力保持在规定的范围内。溢流阀 9 的作用是当压力继电器 3 失灵时，打开溢流，以确保安全。

7.3.2 气动系统工作压力控制回路

气动系统工作压力控制回路也称为二次压力控制回路。为了使气动系统正常工作，保持性能稳定，达到安全、可靠、节能等目的，每台气动装置的气源入口处都需要这种回路。如图 7-15 所示，从一次回路来的压力 p_1，通过调节气源处理装置中的减压阀 2 来获得所需的工作压力 p_2。

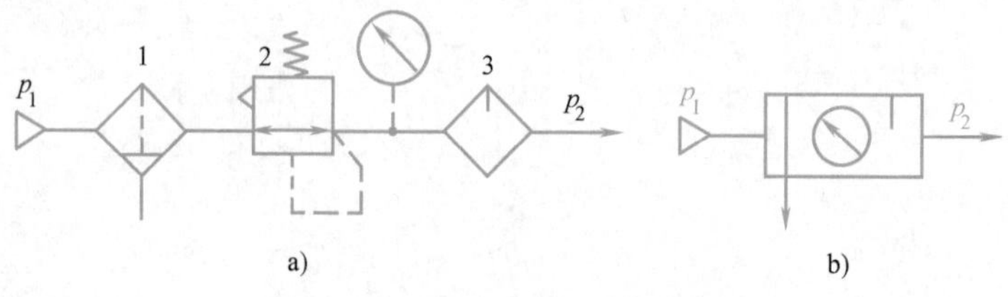

图 7-15 二次压力控制回路

a）详图 b）简图

1—空气过滤器 2—减压阀 3—油雾器

在图 7-15 中，油雾器 3 主要用于对气动换向阀和执行元件进行润滑。如果采用无给油润滑气动元件，则不需要油雾器。

7.3.3 高低压转换回路

在实际应用中，有些气动控制系统需要有高低压力的选择。图 7-16a 所示为高低压转换回路，该回路由两个减压阀分别调出 p_1、p_2 两种不同的压力，气动系统就能得到所需要的高低压输出，该回路适用于负载差别较大的场合。图 7-16b 所示为利用两个减压阀和一个换向阀构成的高低压力 p_1 和 p_2 的自动换向回路，可同时输出高、低压。

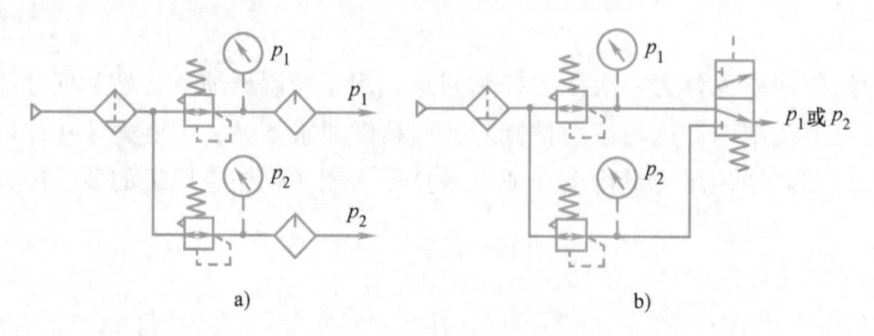

图 7-16 高低压转换回路

a）采用减压阀控制 b）采用换向阀选择

7.3.4 双压驱动回路

气动系统有时需要提供两种不同的压力，来驱动双作用气缸在不同方向上的运动。图 7-17 所示为采用带单向减压阀的双压驱动回路。当电磁换向阀 1 通电时，系统采用正常压力驱动活塞杆伸出，对外做功；当电磁换向阀 1 断电时，气体经过单向减压阀 2 后，进入气缸有杆腔，以较低的压力驱动气缸缩回，达到节省耗气量的目的。

7.3.5 多级压力控制回路

在一些场合，如在平衡系统中，需要根据工件重量的不同提供多种平衡压力。这时就需要用到多级压力控制回路。图 7-18 所示为一种采用远程调压阀的多级压力控制回路。该回路中的远程调压阀 1 的先导压力通过三个电磁换向阀 2、3、4 的切换来控制，可根据需要设定低、中、高三种先导压力。在进行压力切换时，必须用电磁换向阀 5 先将先导压力泄压，然后选择新的先导压力。

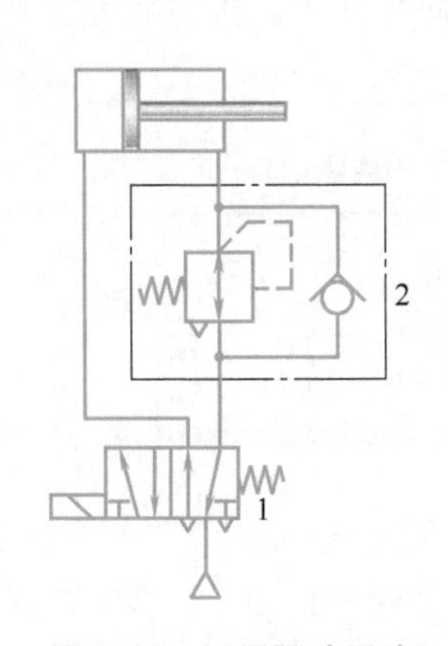

图 7-17　双压驱动回路

1—电磁换向阀　2—单向减压阀

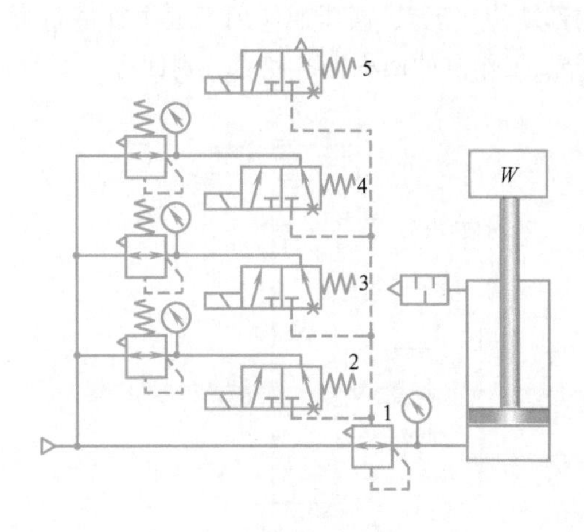

图 7-18　采用远程调压阀的多级压力控制回路

1—远程调压阀　2~5—电磁换向阀

7.3.6 增压回路

当压缩空气的压力较低，或气缸设置在狭窄的空间里，不能使用较大面积的气缸，而且要求很大的输出力时，可采用增压回路。增压一般使用增压器，增压器可分为气体增压器和气液增压器。

1. 采用气体增压器的增压回路

气体增压器是以输入气体压力为驱动源，根据输出压力侧受压面积小于输入压力侧受压面积的原理，得到大于输入压力的增压装置。它可以通过内置换向阀实现连续供给。

图 7-19 所示为采用气体增压器的增压回路。二位五通电磁换向阀通电，气控信号使二位三通换向阀换向，经增压器增压后的压缩空气进入气缸无杆腔；二位五通电磁换向阀断电，气缸在较低的供气压力作用下缩回，可以达到节能的目的。

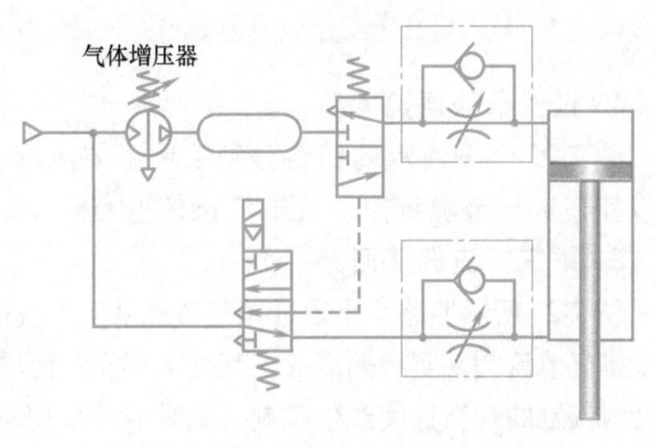

图 7-19　采用气体增压器的增压回路

2. 采用气液增压器的夹紧回路

气液增压器的高压侧用液压油，以实

现从压缩空气到高压油的转换。图 7-20 所示为采用气液增压器的夹紧回路。电磁换向阀左侧通电，对增压器低压侧施加压力，增压器动作，其高压侧产生高压油供应给工作缸，推动工作缸活塞动作并夹紧工件。电磁换向阀右侧通电可实现工作缸及增压器回程。使用该增压回路时，油、气关联处密封要好，油路中不得混入空气。

3. 采用气液转换的冲压回路

图 7-21 所示为采用气液转换的冲压回路，电磁换向阀通电后，压缩空气进入气液转换器，使工作缸动作。当活塞前进到某一位置，触动三通高低压转换阀时，该阀动作，压缩空气供入增压器，使增压器动作。由于增压器活塞动作，气液转换器到增压器的低压液压回路被切断（由内部结构实现），高压油作用于工作缸进行冲压做功。当电磁换向阀复位时，气压作用于增压器及工作缸的回程侧，使之分别回程。此种回路主要用于薄板冲床、压力机等设备中。

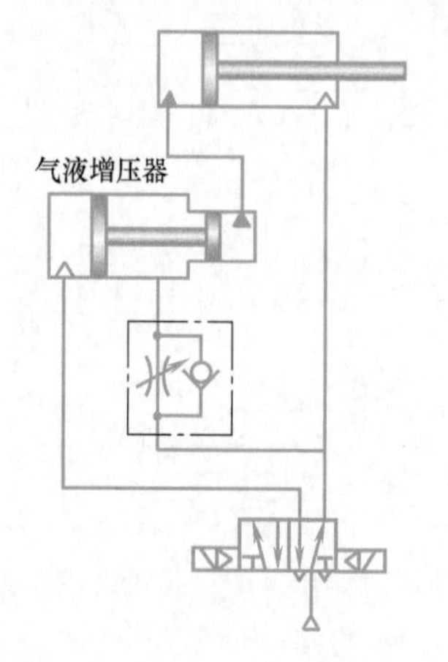

图 7-20　采用气液增压器的夹紧回路

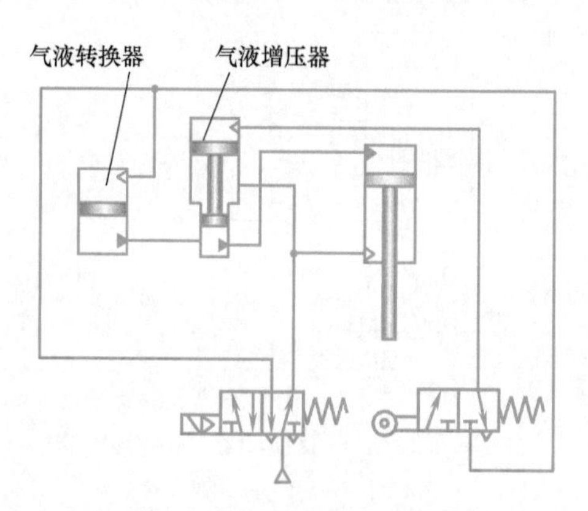

图 7-21　采用气液转换的冲压回路

7.4　速度控制回路

利用流量控制阀来改变进排气管路的有效截面面积，可实现气动执行元件的速度控制。

7.4.1　单作用气缸的速度控制回路

1. 进气节流调速回路

图 7-22a、b 所示的回路分别采用了节流阀和单向节流阀，通过调节节流阀的不同开度，可以实现进气节流调速。气缸活塞杆返回时，由于没有节流，可以快速返回。

2. 排气节流调速回路

图 7-23 所示回路均是通过排气节流来实现快进—慢退的。图 7-23a 所示回路是在排气口设置一个排气节流阀来实现调速的。其优点是安装简单，维修方便；但管路比较长时，较大的管内容积会对气缸的运行速度产生影响，此时不宜采用排气节流阀控制。图 7-23b 所示回路中的换向阀与气缸之间安装了单向节流阀。进气时不节流，活塞杆快速前进；换向阀复位时，由节流阀控制活塞杆的返回速度。这种安装形式不会影响换向阀的性能，工程中多采用这种回路。

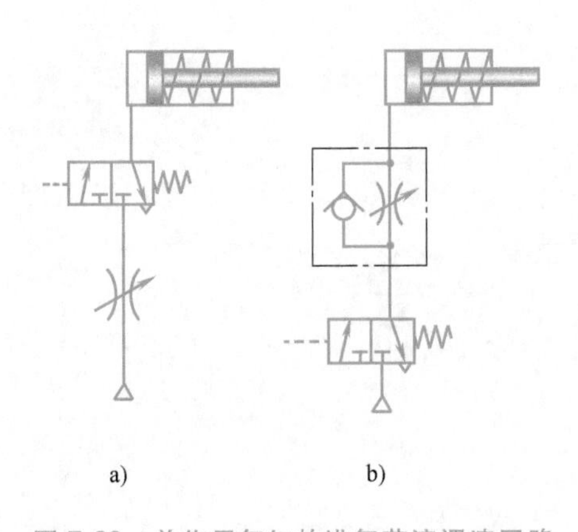

图 7-22 单作用气缸的进气节流调速回路

a）采用节流阀 b）采用单向节流阀

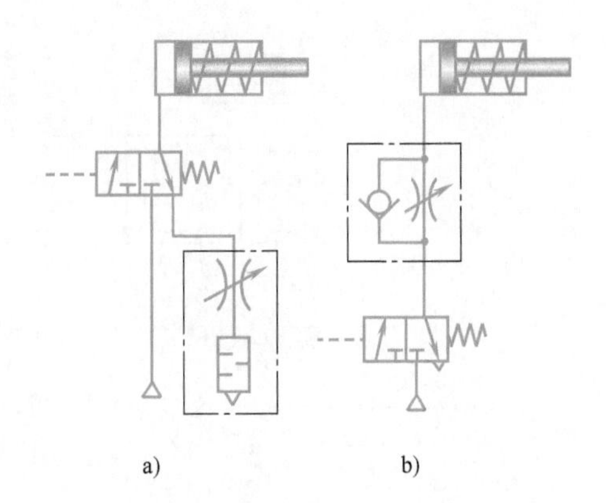

图 7-23 排气节流调速回路

3. 双向调速回路

如图 7-24 所示，此回路是气缸活塞杆伸出和返回都能调速的回路，进、退速度分别由阀 1、2 调节。

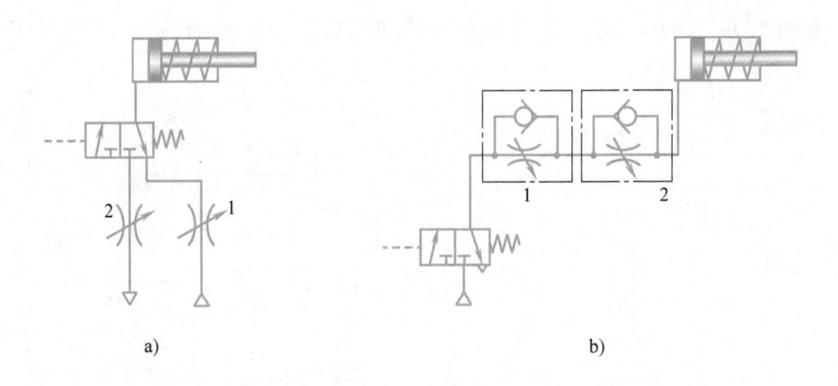

图 7-24 单作用气缸的双向调速回路

7.4.2 双作用气缸的速度控制回路

1. 进气节流调速回路

图 7-25a 所示为双作用气缸的进气节流调速回路。进气节流时，气缸排气腔压力很快降至大气压，而进气腔压力的升高比排气腔压力的降低缓慢。当进气腔压力产生的合力大于活塞静摩擦力时，活塞开始运动。由于动摩擦力小于静摩擦力，所以活塞起动时运动速度较快，进气腔容积急剧增大。由于进气节流限制了供气速度，进气腔压力降低，容易产生气缸的“爬行”现象。一般来说，进气节流多用于垂直安装的气缸支承腔的供气回路。

2. 排气节流调速回路

图 7-25b 所示为双作用气缸的排气节流调速回路。排气节流时，排气腔内可以建立与负载相适应的背压，在负载保持不变或微小变动的条件下，运动比较平稳，调节节流阀的开度即可调节气缸往复运动的速度。从节流阀的开度和速度的比例、初始加速度、缓冲能力等特

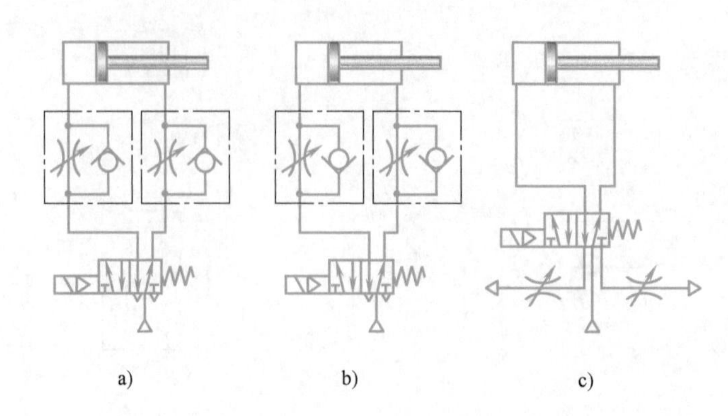

图 7-25　双作用气缸的进排气节流调速回路

a）进气节流调速回路　b）排气节流调速回路　c）采用排气节流阀的调速回路

性来看，双作用气缸一般采用排气节流控制。图 7-25c 所示为采用排气节流阀的调速回路。

3. 快速往返回路

图 7-26a 所示为采用快速排气阀的气缸快速往返回路，在气缸返回时的出口安装快速排气阀，可以提高气缸的返回速度。图 7-26b 所示为采用快速排气阀和溢流阀组合控制的快速往返回路，在快速排气阀 3 和 4 的后面分别装有溢流阀 2 和 5，当气缸通过快速排气阀排气时，溢流阀成为背压阀，使气缸的排气腔有了一定的背压力，提高了运动的平稳性。

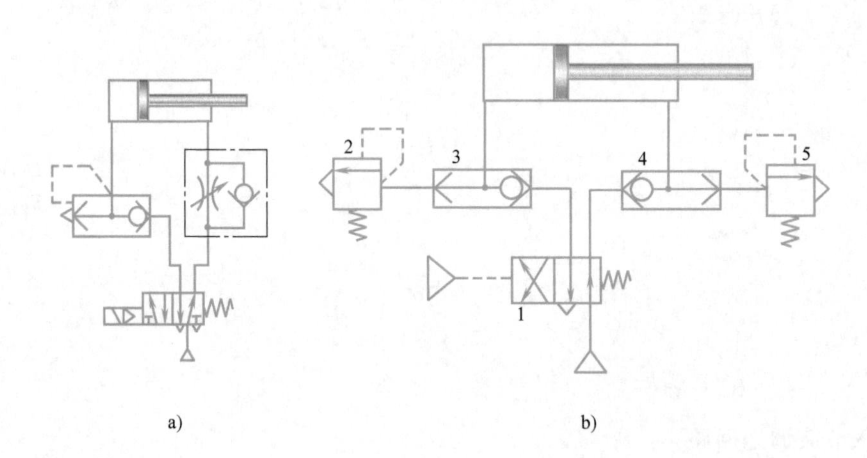

图 7-26　快速往返回路

a）采用快速排气阀的气缸快速往返回路　b）采用快速排气阀和溢流阀组合控制的快速往返回路

1—气控换向阀　2、5—溢流阀　3、4—快速排气阀

4. 缓冲回路

气缸驱动较大负载高速移动时，会产生很大的动能。将此动能从某一位置开始逐渐减小，逐渐减慢速度，最终使执行元件在指定位置平稳停止的回路称为缓冲回路。如图 7-27 所示，缓冲的方法大多是利用空气的可压缩性，在气缸内设置气压缓冲装置。

对于行程短、速度高的情况，气缸内设气压缓冲装置吸收动能比较困难，一般采用液压

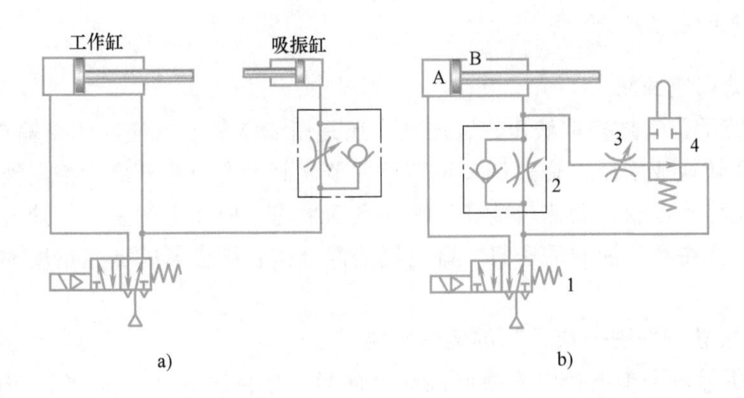

图 7-27 缓冲回路

1—电磁换向阀 2—单向节流阀 3—节流阀 4—行程阀

吸振器，如图 7-27a 所示。对于运动速度较高、惯性力较大、行程较长的气缸，可采用两个节流阀并联使用的方法，如图 7-27b 所示。

在图 7-27b 的回路中，节流阀 3 的开度大于单向节流阀 2 中节流阀的开度。当电磁换向阀 1 通电时，A 腔进气，B 腔的气流经节流阀 3、行程阀 4 从电磁换向阀 1 排出。调节节流阀 3 的阀口开度，可改变活塞杆的前进速度。当活塞杆挡块压下行程终端的行程阀 4 后，行程阀 4 换向，通路切断，这时 B 腔的余气只能从单向节流阀 2 中的节流阀排出。如果把单向节流阀 2 中的节流阀的开度调得很小，则 B 腔内压力猛升，对活塞产生反向作用力，阻止和减小活塞的高速运动，从而达到在行程末端减速和缓冲的目的。根据负载大小调整行程阀 4 的位置，即调整 B 腔的缓冲容积，就可获得较好的缓冲效果。

5. 冲击回路

冲击回路是利用气缸的高速运动给工件以冲击的回路。如图 7-28 所示，冲击回路由储存压缩空气的气罐 1、快速排气阀 4 及操纵气缸的气控换向阀 2、电磁换向阀 3 等元件组成。气缸在初始状态时，由于机动换向阀处于压下状态，即上位工作，气缸有杆腔通大气。电磁换向阀 3 通电后，气控换向阀 2 换向，气罐内的压缩空气快速流入冲击气缸，气缸起动，快速排气阀快速排气，活塞以极高的速度运动，活塞的动能可对工件形成很大的冲击力。使用该回路时，应尽量缩短各元件与气缸之间的距离。

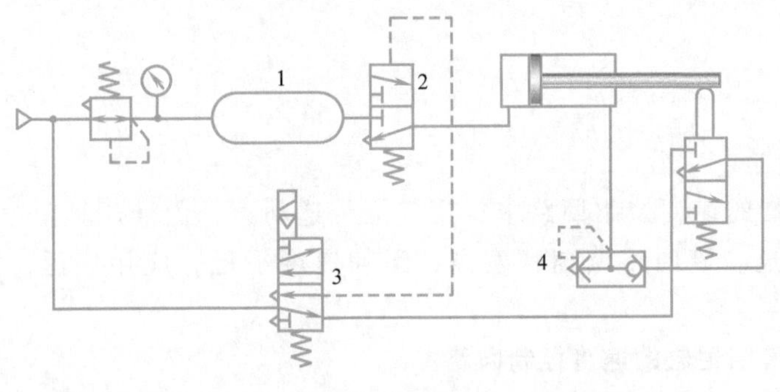

图 7-28 冲击回路

1—气罐 2—气控换向阀 3—电磁换向阀 4—快速排气阀

7.4.3 气液联合传动的速度控制回路

1. 气液联动调速回路

如图 7-29 所示，气缸换成液压缸，原动力还是压缩空气。由换向阀 1 输出的压缩空气，经气液转换器 2 转换成油压，通过调节可调单向节流阀 3 的节流开度，控制液压缸活塞运动速度。此种调速容易控制，调速精度高，活塞运动平稳。应注意的是，气液转换器容积应大于液压缸容积，要注意气油间的密封，避免气油混合，否则会影响调速精度和活塞运动的平稳性。

2. 实现“快进—慢进—快退”的变速回路

如图 7-30 所示，当单电控电磁换向阀 5 换向后，气液缸 1 后腔进气，前腔经机控换向阀 2 快速排油至气液转换器 4，活塞杆快进。当活塞杆撞块压住机控换向阀 2 后，油路切断，前腔余油只能经单向节流阀 3 回到气液转换器 4，使活塞杆慢进。调节单向节流阀 3，可得到所需的进给速度。当单电控电磁换向阀 5 复位后，气经气液转换器 4，油经单向节流阀 3 迅速流入气液缸 1 前腔，后腔气体从单电控电磁换向阀 5 迅速排空，使活塞杆快退。本变速回路常用于机床上刀具进给和退回的驱动缸。机控换向阀 2 的位置可根据加工工件长度调整。

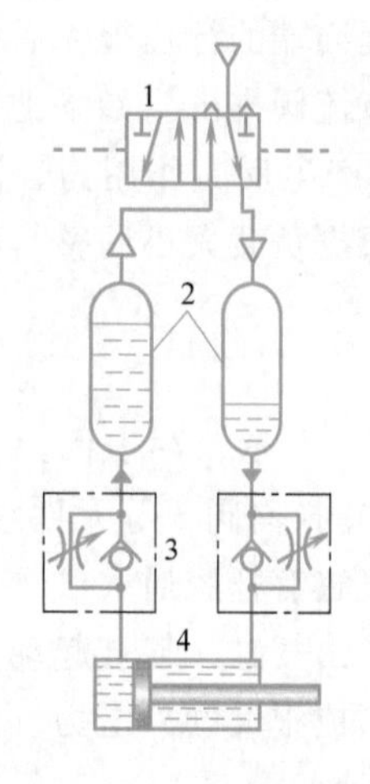

图 7-29 气液联动的调速回路

1—双气控换向阀 2—气液转换器 3—可调单向节流阀 4—液压缸

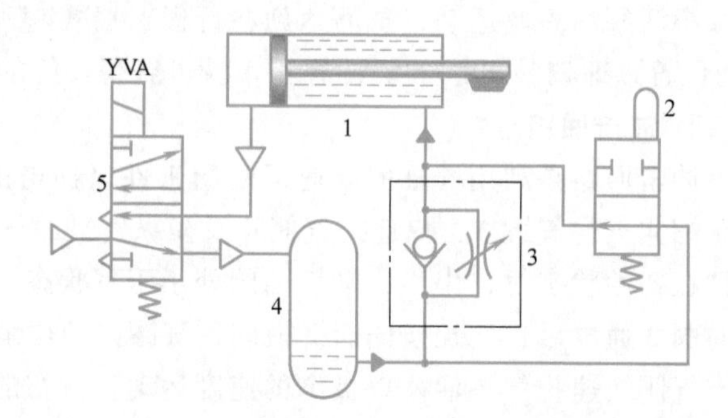

图 7-30 “快进—慢进—快退”变速回路

1—气液缸 2—机控换向阀 3—单向节流阀 4—气液转换器 5—单电控电磁换向阀

7.4.4 气液阻尼缸的速度控制回路

在气液阻尼缸的速度控制回路中，用气缸传递动力，由液压缸阻尼稳速，并由液压缸和调节机构调速。该回路调速精度高，运动速度平稳，应用广泛，尤其在机床中用得较多。

1. 串联型气液阻尼缸的速度控制回路

如图 7-31 所示，由双气控换向阀 6 控制串联型气液阻尼缸 1 的活塞杆前进与后退，单向节流阀 4 和 5 调节活塞杆的进退速度，油杯 2 补充回路中少量漏油。

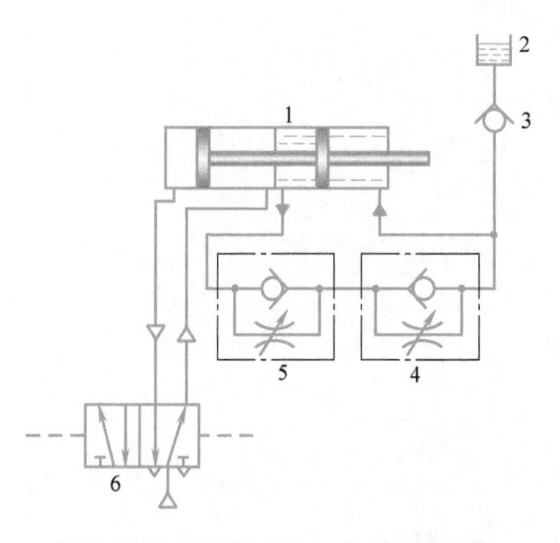

图 7-31　串联型阻尼缸双向调速回路

1—串联型气液阻尼缸　2—油杯　3—单向阀　4、5—单向节流阀　6—双气控换向阀

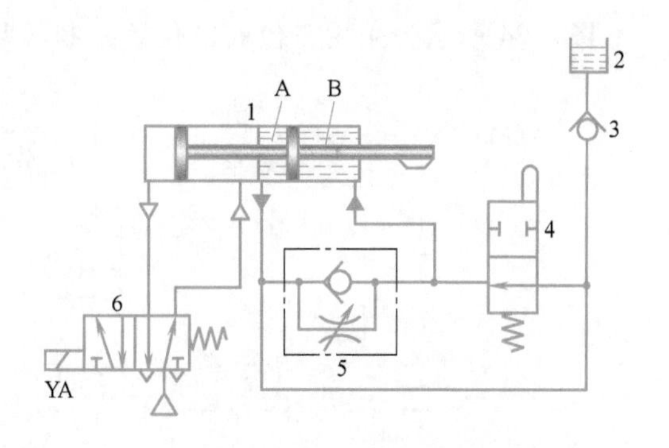

图 7-32　采用机控换向阀实现串联型气液阻尼缸“快进—慢进—快退”的变速回路

1—串联型气液阻尼缸　2—油杯　3—单向阀　4—机控换向阀　5—单向节流阀　6—电磁换向阀

图 7-32 所示为采用机控换向阀实现串联型气液阻尼缸“快进—慢进—快退”的变速回路。当 YA 通电时，活塞杆前进，液压缸 B 腔油从机控换向阀 4 流入 A 腔，实现快进。当活塞杆前进到撞块压住机控换向阀 4 时，B 腔油只能由单向节流阀 5 的流入 A 腔，实现慢进。当 YA 失电时，电磁换向阀 6 复位，气缸活塞杆退回，A 腔油先通过单向节流阀 5，后经过单向节流阀 5 和机控换向阀 4 一起流入 B 腔，实现快退运动。移动机控换向阀 4 的位置，可改变开始变速的位置。

2. 并联型气液阻尼缸的速度控制回路

图 7-33 所示为采用并联型气液阻尼缸的速度控制回路。调节连接液压缸两腔回路中设置的单向节流阀 1 可实现速度控制，2 为储存液压油的蓄能器。这种回路的优点是：比串联型结构紧凑，气液不宜相混；缺点是：如果两缸安装轴线不平行，会由于机械摩擦导致运动速度不平稳。

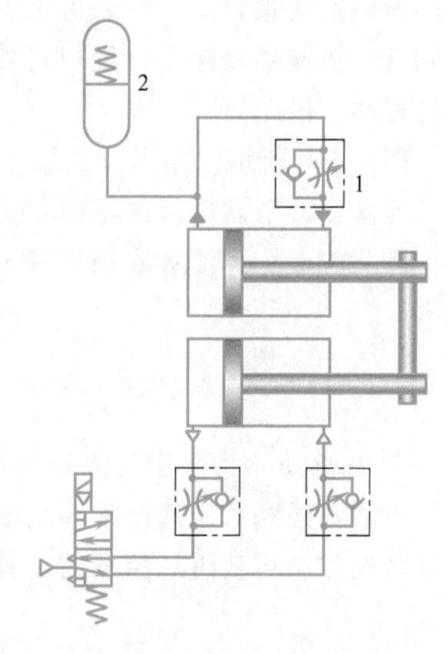

图 7-33　采用并联型气液阻尼缸的速度控制回路

1—单向节流阀　2—蓄能器

7.5　位置控制回路

如果要求气缸在运动过程中的某个中间位置停下来，则要求气动系统具有位置控制功能。由于空气的可压缩性，采用纯气动控制方式难以得到较高的控制精度。对于定位精度要求较高的场合，应采用机械辅助定位或气液转换器等控制方法。

7.5.1 采用三位阀的位置控制回路

图 7-34 所示为采用三位阀的位置控制回路。

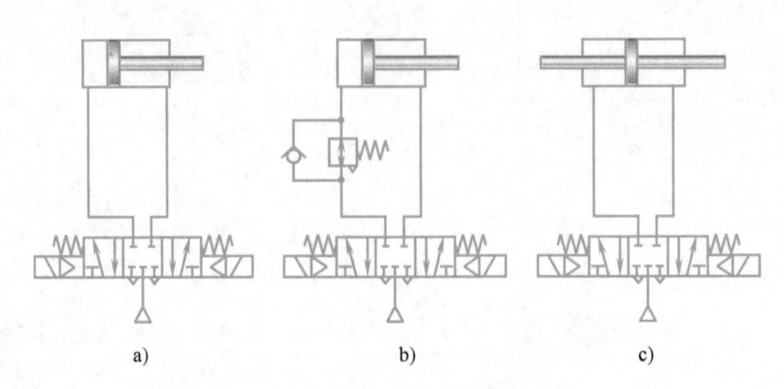

图 7-34 采用三位阀的位置控制回路

图 7-34a 所示为采用三位阀中位封闭式的位置控制回路。当三位阀处于中位时，气缸两腔的压缩空气被封闭，活塞可以停留在行程中的某一位置。这种回路不允许系统有内泄漏，否则气缸将偏离原停止位置。另外，由于气缸活塞两端作用面积不同，阀处于中位后，活塞仍将移动一段距离。

图 7-34b 所示回路可以克服上述缺点，因为它在活塞面积较大的一侧和控制阀之间增设了调压阀，调节调压阀的压力，可以使作用在活塞上的合力为零。

图 7-34c 所示回路采用了中位加压式三位换向阀，适用于活塞两侧作用面积相等的气缸。

7.5.2 采用气液转换器的位置控制回路

图 7-35 所示为采用气液转换器的位置控制回路。当液压缸运动到指定位置时，控制信号使五通电磁阀和二通电磁阀均断电，液压缸有杆腔的液体被封闭，液压缸停止运动。采用气液转换方法可获得高精度的位置控制效果。

7.5.3 采用缓冲挡铁的位置控制回路

如图 7-36 所示，气马达 3 驱动小车 4 左右运动，当小车碰到缓冲器 1 时，缓冲器减速行进一小段距离；只有当小车车轮碰到挡铁 2 时，小车才被迫停止。该回路简单，气马达速度变化缓慢，调速方便。

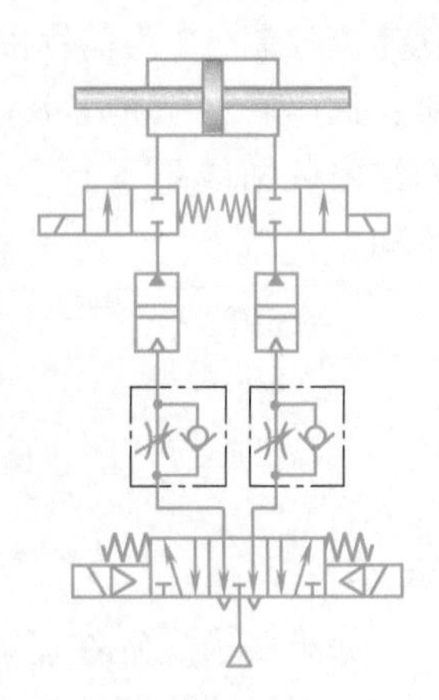

图 7-35 采用气液转换器的位置控制回路

7.5.4 采用间歇转动机构的位置控制回路

如图 7-37 所示，水平气缸活塞杆前端与齿轮齿条机构相连，齿条 1 往复运动推动齿轮 3 往复摆动，齿轮上棘爪摆动，推动棘轮以及与棘轮同轴的工作台做单向间歇转动。工作台下装有凹槽缺口，以使水平气缸活塞杆返程时，垂直缸活塞杆进入该凹槽，使工作台

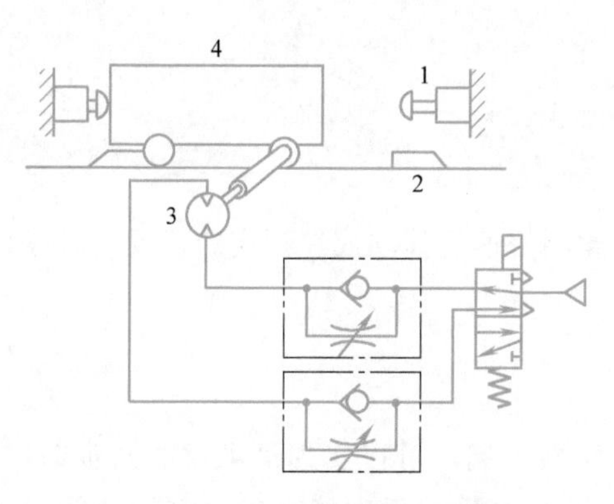

图 7-36 采用缓冲挡铁的位置控制回路

1—缓冲器 2—挡铁 3—气马达 4—小车

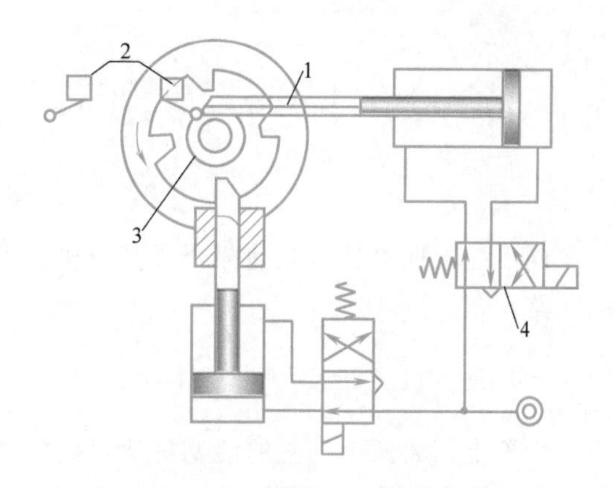

图 7-37 采用间歇转动机构的位置控制回路

1—齿条 2—行程开关 3—齿轮

4—单电控二位四通换向阀

准确定位。

7.5.5 采用多位气缸的位置控制回路

如图 7-38 所示，使用多位气缸可实现多点位置控制，常用于流水线上物件的检测、分选和砂箱的分类等场合。

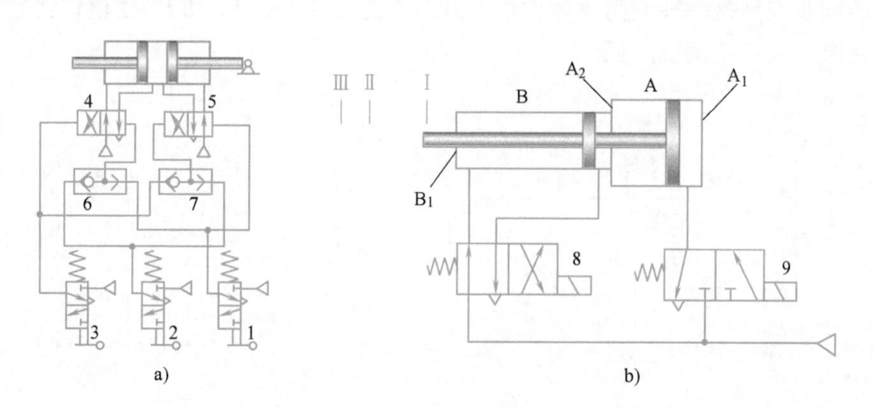

图 7-38 多位气缸的位置控制回路

1、2、3—手控换向阀 4、5—双气控二位四通换向阀 6、7—梭阀

8—单电控二位四通换向阀 9—单电控二位三通换向阀

如图 7-38a 所示，手控换向阀 1、2、3 经梭阀 6、7 控制两个双气控二位四通换向阀 4 和 5，使气缸两活塞杆收回，处于图示状态。当手控换向阀 2 动作时，两活塞杆一伸一缩；当手控换向阀 3 动作时，两活塞杆全部伸出。

图 7-38b 所示为采用串联气缸实现三个位置控制的回路。A、B 两缸串联，当单电控二位三通换向阀 9 通电时，A 缸活塞杆向左推出 B 缸活塞杆，使其由位置Ⅰ移到位置Ⅱ。当单电控二位四通换向阀 8 通电时，B 缸活塞杆继续由Ⅱ伸到Ⅲ，故 B 缸活塞杆有Ⅰ、Ⅱ、Ⅲ三个位置。如果在 A 缸的端盖 A_1、A_2 处及 B 缸的端盖 B_1 处分别安装调节螺钉，就可控制 A 缸和 B 缸的活塞杆停止在位置Ⅰ至位置Ⅱ间的任一位置。

7.6 同步控制回路

同步控制回路是指驱动两个或多个执行机构以相同的速度移动或在预定的位置同时停止的回路。

7.6.1 采用机械连接的同步控制回路

理论上，将两个气缸的活塞杆通过机械结构连接在一起，可以实现最可靠的同步动作。图 7-39a 所示的同步装置使用齿轮齿条机构将两个气缸的活塞杆连接起来，实的现同步动作。图 7-39b 所示为使用连杆机构的气缸同步装置。采用机械连接的同步控制回路的缺点是：机械误差会影响同步精度，并且两个气缸的设置距离不能太大，机构也较复杂。

7.6.2 采用节流阀的同步控制回路

图 7-40 所示为采用出口节流调速的同步控制回路。由单向节流阀 4、6 控制缸 1、2 同步上升，由单向节流阀 3、5 控制缸 1、2 同步下降。采用这种同步控制方法时，如果气缸缸径相对于负载来说足够大，工作压力足够高，则可以取得一定程度的同步效果。采用节流阀实现气缸的同步控制是一种最简单的方法，但它不能适应负载 F_1 和 F_2 变化较大的场合，即当负载变化时，同步精度要降低。

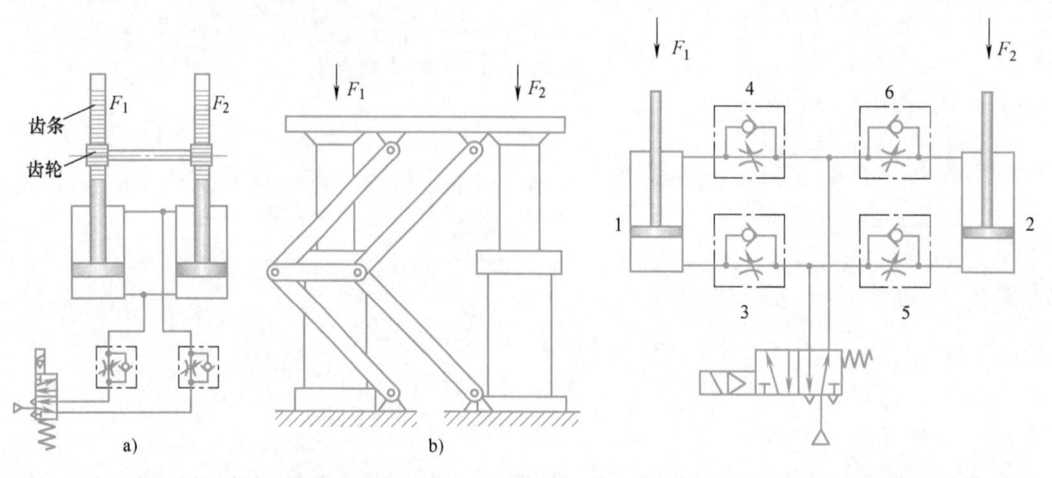

图 7-39 利用机械连接的同步控制
a）使用齿轮齿条结构 b）使用连杆机构

图 7-40 采用出口节流调速的同步控制回路
1、2—缸 3~6—单向节流阀

7.6.3 采用气液缸的同步控制回路

如图 7-41 所示，A 缸下腔与 B 缸上腔充满油液，通过把油封入回路达到两缸正确同步，精度较高。A 缸与 B 缸可在同一地方，也可在不同地方安装。由于两缸为单活塞杆缸，要求 A 缸下腔有效面积 A_1 与 B 缸上腔面积 A_2 相等。该回路中，如果气液缸发生有内泄漏和外泄

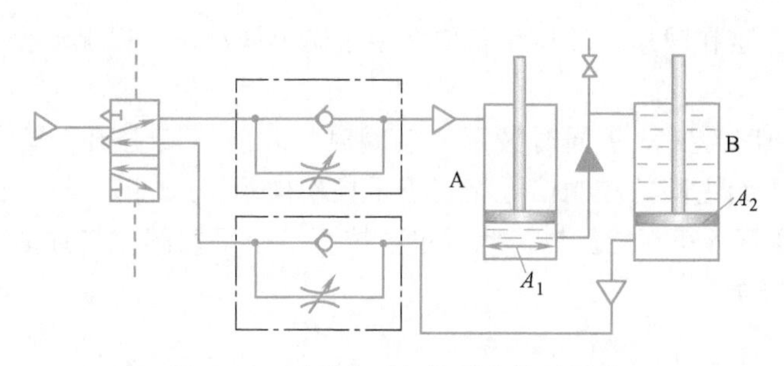

图 7-41 采用气液缸的同步控制回路

漏，由于油量不能自动补充，两缸的位置关系会产生累积误差。回路中截止阀用于注油或排除混入油中的空气。

7.6.4 采用气液联动缸的同步控制回路

对于负载在运动过程中有变化，且要求运动平稳的场合，使用气液联动缸可取得较好的效果。图 7-42 所示为采用两个气缸和液压缸串联而成的气液联动缸的同步控制回路。工作平台上施加了两个不相等的负载 F_1 和 F_2，且要求水平升降。当回路中的电磁换向阀 7 的 1YA 通电时，电磁换向阀 7 左位工作，压力气体流入气液联动缸 1、2 的下腔中，克服负载 F_1 和 F_2 推动活塞上升。此时，在从梭阀 6 来的先导压力的作用下，常开型二位二通阀 3、4 关闭，使气液联动缸 1 的液压缸上腔的油压入气液联动缸 2 的液压缸下腔，气液联动缸 2 的液压缸上腔的油被压入气液联动缸 1 的液压缸下腔，从而使它们保持同步上升。同样，当电磁换向阀 7 的 2YA 通电时，可使气液联动缸向下的运动保持同步。

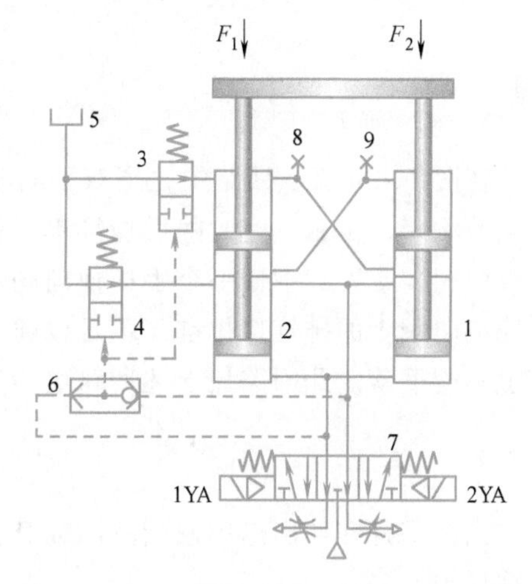

图 7-42 采用两个气缸和液压缸串联而成的气液联动缸的同步控制回路

1、2—气液联动缸 3、4—常开型二位二通阀 5—油箱 6—梭阀 7—电磁换向阀 8、9—放气塞

这种上下运动中由于泄漏而造成的液压油不足，可在电磁阀不通电的图示状态下从油箱 5 自动补充。为了排出液压缸中的空气，需设置放气塞 8 和 9。

7.7 安全保护回路

气动执行元件的过载、气压的突然降低以及气动执行机构的快速动作等情况都可能危及操作人员或设备的安全，因此在气动回路中，通常要加入安全回路。

7.7.1 双手操作安全回路

所谓双手操作安全回路就是使用了两个起动用的手动阀，只有同时按动这两个阀时执行元件才动作的回路。这在锻压、冲压设备中常用来避免误动作，以保证操作者的安全以及设备的正常工作。

图 7-43a 所示回路需要双手同时按下手动阀时，才能切换主阀，气缸活塞才能下落并锻、冲工件。实际上给主阀的控制信号相当于手控换向阀 1、2 相“与”的信号。若手控换向阀 1（或 2）的弹簧折断不能复位，此时单独按下一个手动阀，气缸活塞也可以下落，所以此回路并不十分安全。

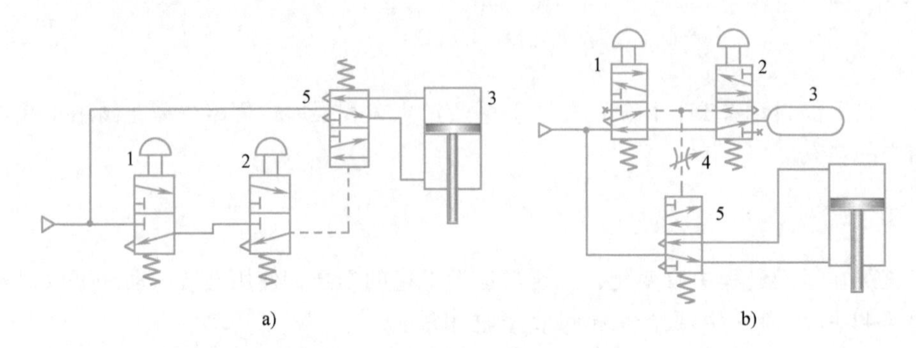

图 7-43 双手操作安全回路

1、2—手控换向阀 3—蓄能器 4—节流阀 5—单气控换向阀

在图 7-43b 所示回路中，当双手同时按下手控换向阀时，蓄能器 3 中预先充满的压缩空气经节流阀，延迟一定时间后切换单气控换向阀 5，活塞才能落下。如果双手不同时按下手控换向阀，或因其中任一个手控换向阀弹簧折断不能复位，蓄能器 3 中的压缩空气都将通过手控换向阀 1 的排气口排空，不足以建立起控制压力，因此单气控换向阀 5 不能被切换，活塞也不能下落。此回路比上述回路更为安全。

7.7.2 过载保护回路

当活塞杆在伸出途中遇到故障或其他原因使气缸过载时，活塞能自动返回的回路，称为过载保护回路。

图 7-44 所示为过载保护回路，按下手控换向阀 1，使双气控换向阀 2 处于左位，活塞右移前进，正常运行时，挡块压下行程阀 5 后，活塞自动返回；当活塞运行中途遇到障碍物 6，气缸左腔压力升高至超过预定值时，顺序阀 3 打开，控制气体可经梭阀 4 将双气控换向阀 2 切换至右位（图示位置），使活塞缩回，气缸左腔压缩空气经双气控换向阀 2 排掉，可以防止系统过载。

7.7.3 互锁回路

图 7-45 所示为互锁回路，它利用梭阀 1、2、3 及二位五通换向阀 4、5、6 实现互锁，能保证只有一个活塞动作。如当二位三通换向阀 7 切换至左位时，则二位五通换向阀 4 换至左位，使 A 缸活塞杆上移伸出。与此同时，气缸进气管路的压缩空气使梭阀 1、2 动作，把二位五通换向阀 5、6 锁住，B 缸和 C 缸活塞杆均处于下降状态。此时二位三通换向阀 8、9 即使有信号，B、C 缸也不会动作。如果要改变缸的动作，必须把前一个气缸的换向阀复位。

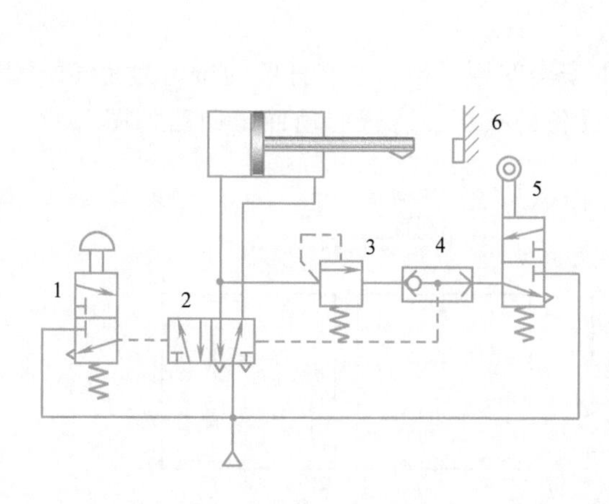

图 7-44 过载保护回路

1—手控换向阀 2—双气控换向阀 3—顺序阀
4—梭阀 5—行程阀 6—障碍物

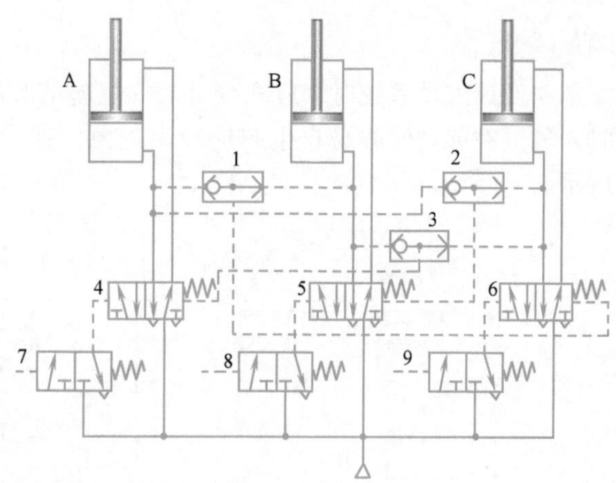

图 7-45 互锁回路

1、2、3—梭阀 4、5、6—二位五通换向阀
7、8、9—二位三通换向阀

7.7.4 残压排放回路

气动系统工作停止后，在系统内残留有一定量的压缩空气，这对系统的维护造成了很多不便，严重时可能发生伤亡事故。残压排放回路如图 7-46 所示。

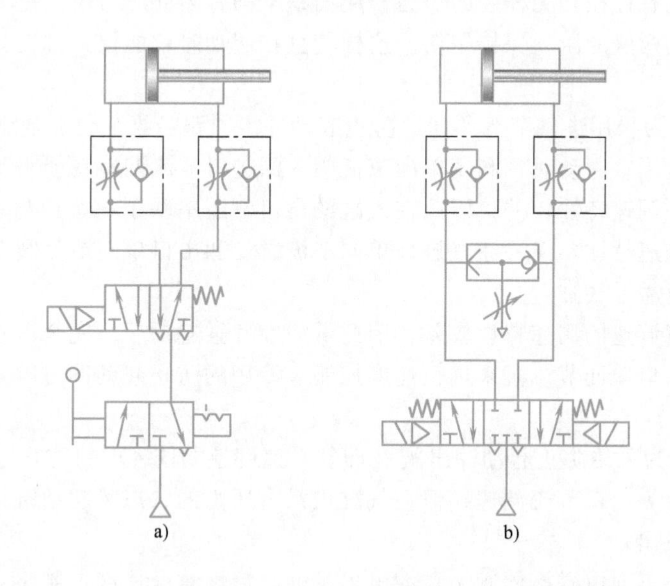

图 7-46 残压排放回路

a）采用三通阀 b）采用节流阀

图 7-46a 所示为采用三通阀的残压排放回路，在系统维修或气缸动作异常时，气缸内的压缩空气经三通阀排出，气缸在外力的作用下可以任意移动。

图 7-46b 所示为采用节流阀的残压排放回路。当系统不工作时，三位五通换向阀处于中位，将节流阀打开，气缸两腔的压缩空气经梭阀和节流阀排出。

7.7.5 防止起动冲出回路

在设计气动系统时，应充分考虑气缸起动时的安全问题。当气缸有杆腔的压力为大气压时，气缸在起动时容易产生起动冲出现象，造成设备的损坏。防止起动冲出回路如图 7-47 所示。

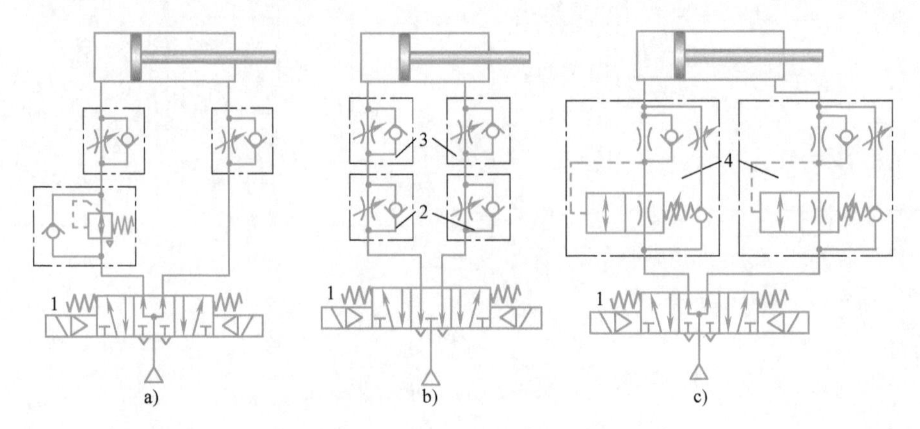

图 7-47 防止起动冲出回路

1—三位五通电磁换向阀 2、3—单向节流阀 4—复合速度控制阀

图 7-47a 所示为使用中位加压机能三位五通电磁阀的防止起动冲出回路。当气缸为单活塞杆气缸时，气缸有杆控和无杆腔的压力作用面积不同，因此应考虑三位五通电磁换向阀处于中位时，使气缸两侧的压力保持平衡。这样气缸在起动时就能保证排气侧有背压，不会以很快的速度冲出。

图 7-47b 所示为采用进气节流调速的防止起动冲出回路。当三位五通电磁换向阀 1 断电时，气缸两腔都泄压；起动时，利用单向节流阀 3 的进口节流调速功能来防止起动冲出。由于进口节流调速的调速特性较差，因此在气缸的出口侧还串联了一个出口单向节流阀 2，用于改善起动后的调速特性。需要注意进口单向节流阀 3 和出口单向节流阀 2 的安装顺序，进口单向节流阀 3 应靠近气缸。

由于进气节流调速的调速特性较差，因此希望在气缸起动后，完全消除进口单向节流阀的影响，只使用出口单向节流阀来进行速度控制。专用的防止起动冲出阀就是为此而开发出来的。

图 7-47c 所示为采用防止起动冲出阀（即复合速度控制阀 4）的防止起动冲出回路。此回路在正常驱动时为出口节流调速，但在气缸内没有压力的状态下起动时将切换为进口节流调速，防止起动飞出。

例如：当三位五通电磁换向阀 1 左端电磁铁通电后，复合速度控制阀 4 中的二通阀处于右位，压缩空气经固定节流口向气缸无杆腔供气，气缸活塞杆低速伸出，当气缸无杆腔压力达到一定值时，二通阀切换到左位，变为正常的出口节流调速。

7.7.6 防止下落回路

气缸在垂直使用且带有负载的场合，如果突然停电或停气，活塞杆将会在负载重力的作用下伸出，为了保证安全，通常应考虑加设防止下落机构。防止下落回路如图 7-48 所示。

图 7-48a 所示为采用了两个二位二通气控换向阀的防止下落回路。当三位五通电磁换向阀 1 左端电磁铁通电时，压缩空气经梭阀 2 作用在两个二位二通气控换向阀 3 上，使它们换向，气缸向下运动。同理，当三位五通电磁换向阀右端电磁铁通电时，气缸向上运动。当三位五通电磁换向阀的电磁铁均不通电时，加在二位二通气控换向阀上的气控信号消失，二位二通气控换向阀复位，气缸两腔的气体被封闭，气缸保持在原位置。

图 7-48b 所示为采用气控单向阀的防止下落回路。当三位五通电磁换向阀左端电磁铁通电后，压缩空气一路进入气缸无杆腔，另一路将右侧的气控单向阀打开，使气缸有杆腔的气体经由气控单向阀排出。当三位五通电磁换向阀的电磁铁均不通电时，加在气控单向阀上的气控信号消失，气缸两腔的气体被封闭，气缸保持在原位置。

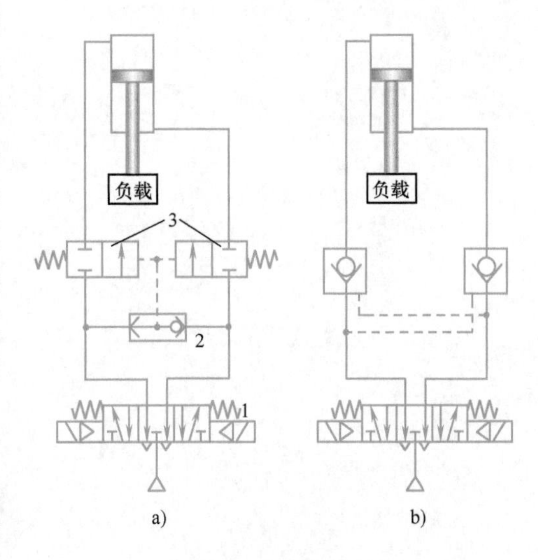

图 7-48　防止下落回路

a）采用二位二通气控换向阀的防止下落回路

b）采用气控单向阀的防止下落回路

1—三位五通电磁换向阀　2—梭阀

3—二位二通气控换向阀

7.8　真空回路

7.8.1　采用真空泵的真空回路

图 7-49 所示的真空回路利用真空泵吸入口形成负压，排气口直接通大气，对容器进行抽气，以获得真空。

图 7-49a 所示为采用两个二位二通阀控制真空泵 5，完成真空吸起和真空破坏的回路。当电磁换向阀 7 通电、电磁换向阀 6 断电时，真空泵 5 产生的真空使吸盘 1 将工件吸起，当电磁换向阀 7 断电、电磁换向阀 6 通电时，压缩空气进入吸盘，真空被破坏，吹气使吸盘与工件脱离。

图 7-49b 所示为采用一个二位三通阀控制真空泵的真空回路。当电磁换向阀 10 断电时，真空泵 5 产生真空，工件被吸盘吸起；当电磁换向阀 10 通电时，压缩空气使工件脱离吸盘。

7.8.2　采用真空发生器的真空回路

图 7-50 所示为采用真空发生器的真空回路。起动手动阀 1 向真空发生器 3 提供压缩空气，即产生真空，对真空吸盘 2 进行抽吸，当真空吸盘 2 内的真空度达到调定值时，真空顺序阀 4 打开，推动二位三通阀换向，使控制阀 5 切换，气缸 A 活塞杆缩回（吸盘吸着工件移动）。当活塞杆缩回压下行程阀 7 时，延时阀 6 动作，同时开关 1 换向，真空吸盘 2 内真

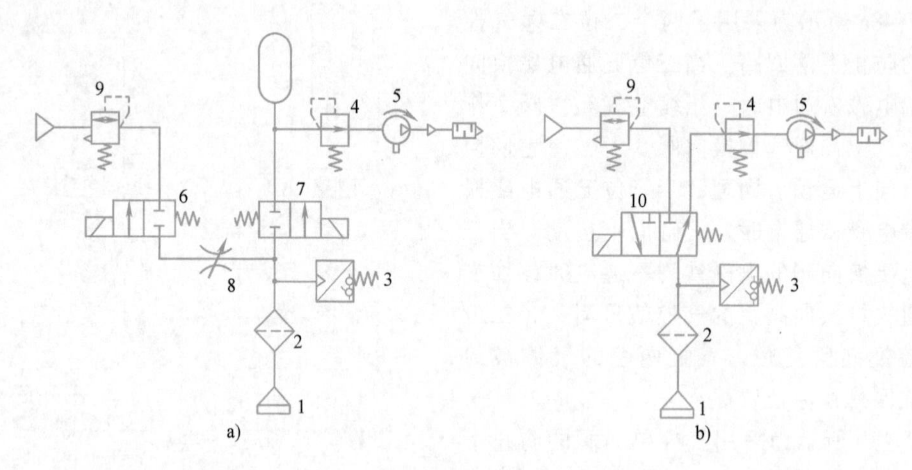

图 7-49　采用真空泵的真空回路

a）采用两个二位二通阀控制真空泵　b）采用一个二位三通阀控制真空泵

1—吸盘　2—过滤器　3—压力开关　4—减压阀　5—真空泵　6、7、10—电磁换向阀

8—节流阀　9—溢流阀

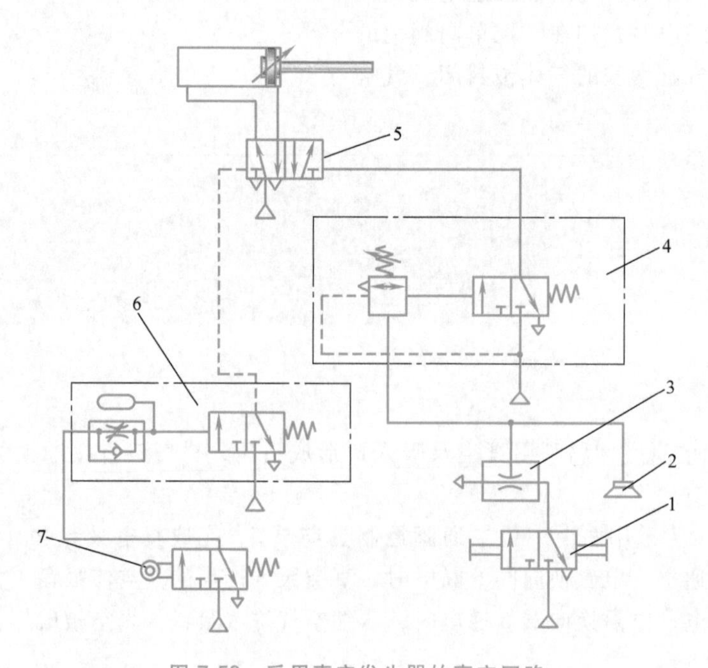

图 7-50　采用真空发生器的真空回路

1—手动阀　2—真空吸盘　3—真空发生器　4—真空顺序阀　5—控制阀　6—延时阀　7—行程阀

空破坏（吸盘放开工件），经过设定时间延时后，控制阀 5 换向，气缸活塞杆伸出，完成一次吸放工件动作。

实训 7-1　二次压力控制回路

1. 实训目的

1）理解二次压力控制回路的工作原理。

2）掌握减压阀的接线方法。

2. 实训原理和方法

如图7-51所示，本实训分别采用按钮点动和继电器控制单电控电磁换向阀，实现单作用气缸的往复运动。当单电控电磁换向阀得电时，压缩空气进入气缸的无杆腔，推动活塞运动。在此过程中，可独立调节气源处理装置的调压旋钮（或调节减压阀的开口大小）控制系统中的压力，也可同时调节气源处理装置和减压阀来共同控制系统压力。

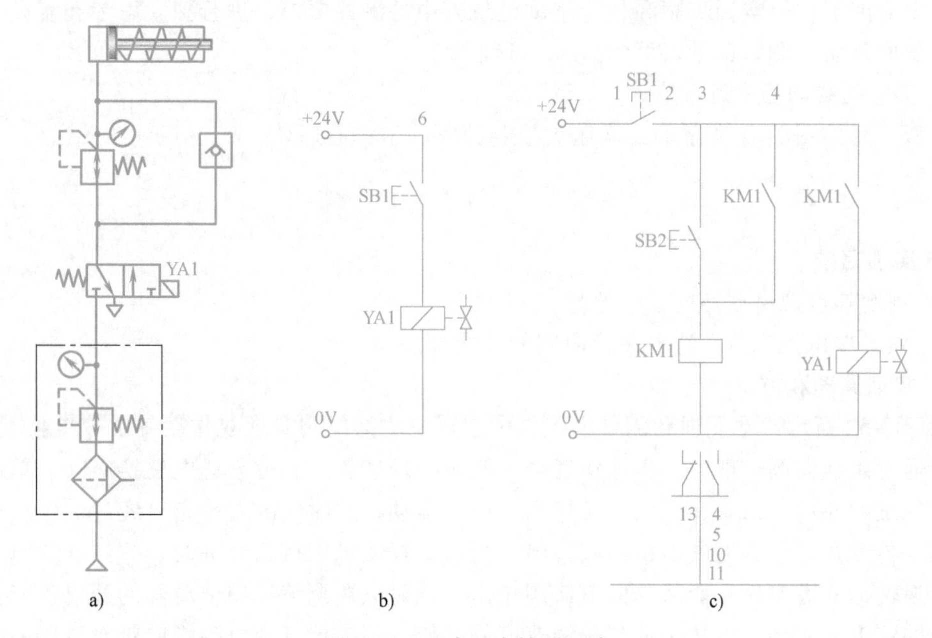

图7-51 二次压力控制回路

a）气动回路 b）按钮点动控制的电气回路 c）继电器控制的电气回路

3. 主要设备及实训元件

二次压力控制回路实训的主要设备和元件见表7-1。

表7-1 主要设备和元件

序号	主要设备和元件	序号	主要设备和元件
1	气源	5	减压阀
2	气动实训平台	6	单向阀
3	单作用气缸	7	气管
4	单电控两位三通电磁阀	8	气源处理装置

4. 实训步骤

1）根据实训需要选择元件，并检验元件的使用性能是否正常。

2）看懂图7-51后，搭建实验回路。

3）将单电控二位三通电磁换向阀的电源输入口插入相应的控制板输出口。

4）确认连接安装正确、稳妥，把气源处理装置的调压旋钮旋松，开启气源。待气源工作正常后，再次调节气源处理装置的调压旋钮，使回路中的压力在系统工作压力以内。

5）操控单电控二位三通电磁换向阀，控制气缸运动，同时调节气源处理装置、减压阀的开口大小，从而调控系统压力。

6）实训完毕后，关闭气源，切断电源，待回路压力为零时，拆卸回路，清理元器件并放回规定的位置。

5. 操作技能测评

学生应能够按照实训步骤和技能测试记录表中的测评要求，进行独立思考和实训。二次压力控制回路实训测试记录表可参照表 1-3 设计。

6. 实训报告与思考题

分析、总结图 7-51 所示的二次压力控制回路的工作原理。

实训 7-2　速度换接回路

1. 实训目的

1）理解速度换接回路的工作原理。

2）熟悉单电控二位三通电磁换向阀的接线方法。

2. 实训原理和方法

如图 7-52 所示，本实训利用单电控二位三通电磁换向阀实现双作用气缸速度换接回路。二位五通电磁换向阀得电时，压缩空气经过气源处理装置、二位五通电磁换向阀、单向节流阀进入气缸的左腔，活塞在压缩空气作用下向右运动，此时气缸右腔空气经过二位三通电磁换向阀，再经过二位五通电磁换向阀排出。当活塞杆接触到接近开关时，二位三通电磁换向阀失电换位，右腔空气只能从单向节流阀排出，此时只要调节单向节流阀的开口就能控制活塞运动的速度，实现一个从快速到较慢速度的换接。当二位五通电磁换向阀右位接入时，可以实现快速回位。

3. 主要设备及实训元件

速度换接回路实训的主要设备和元件见表 7-2

表 7-2　主要设备和元件

序号	主要设备和元件	序号	主要设备和元件
1	气源	6	单电控二位三通电磁换向阀 1 个
2	气动实训平台	7	接近开关 1 个
3	单杆双作用气缸 1 个	8	气管若干
4	单向节流阀 2 个	9	气源处理装置 1 套
5	单电控二位五通电磁换向阀 1 个		

4. 实训步骤

1）根据实训的需要选择元件，并检验元件的使用性能是否正常。

2）看懂图 7-52 后，搭建实验回路。

3）将单电控二位五通电磁换向阀和单电控二位三通电磁换向阀以及接近开关的电源输入口插入相应的控制板输出口。

4）确认连接安装正确、稳妥后，把气源处理装置的调压旋钮旋松，通电开启气泵。待泵工作正常后，再次调节气源处理装置的调压旋钮，使回路中的压力在系统工作压力范围以内。

5）操控电磁换向阀，实现图 7-52 所示回路的速度换接动作。

6）实训完毕后，关闭气源，切断电源，待回路压力为零时，拆卸回路，清理元件并放回规定位置。

5. 操作技能测评

学生应能够按照实训步骤和技能测试记录表中的测评要求，进行独立思考和实训。速度换接回路实训测试记录表可参照表 1-3 设计。

6. 实训报告与思考题

分析、总结图 7-52 所示的回路是怎样实现速度换接的。

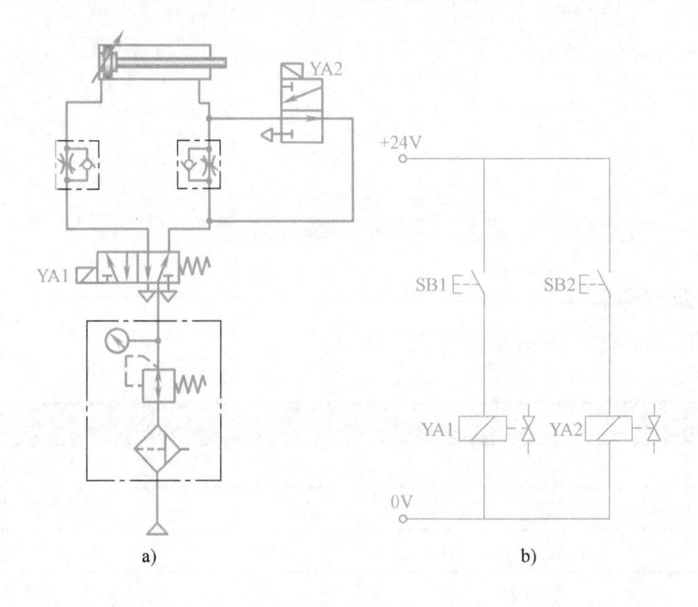

图 7-52 速度换接回路

a）气动回路 b）电气回路

实训 7-3 互锁回路

1. 实训目的

1）理解互锁回路的工作原理。

2）熟悉梭阀的接线方法和应用。

2. 实训原理

互锁回路如图 7-53 所示。当电磁阀 2YA 失电时，压缩空气经电磁阀 1 使气控阀 3 动作而左位接入，压缩空气进入气缸 7 的左腔，气缸 7 的活塞向右运行，同时压缩空气经梭阀 5 让气控阀 4 一直处于右位工作；当电磁阀 1YA 失电，电磁阀 2 工作时，压缩空气经气控阀 4 的左位进入气缸 8 的左腔，活塞向右运动，同时压缩空气经梭阀控制气控阀 3 一直处于右位工作，从而避免了同时动作。

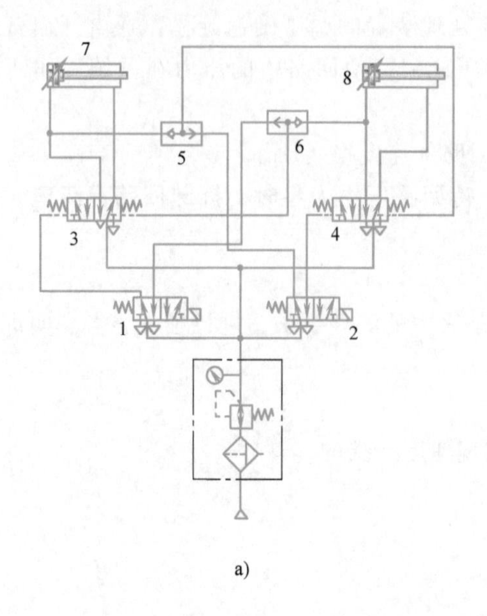

a)

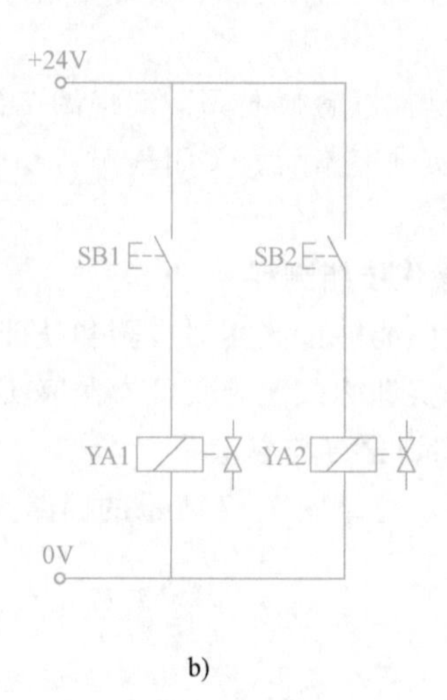

b)

图 7-53　互锁回路

a）气动回路　b）电气回路

1、2—电磁阀　3、4—气控阀　5、6—梭阀　7、8—气缸

3. 主要设备及实训元件

互锁回路实训的主要设备和元件见表 7-3。

表 7-3　主要设备和元件

序号	主要设备和元件	序号	主要设备和元件
1	气源	5	二位五通双气控换向阀 2 个
2	气动实训平台	6	单电控二位五通电磁换向阀 2 个
3	单杆双作用气缸 2 个	7	气管若干
4	梭阀 2 个	8	气源处理装置 1 套

4. 实训步骤

1）根据实训的需要选择元件（单杆双作用气缸、梭阀、二位五通双气控换向阀、单电控二位五通电磁换向阀、气源处理装置、气管），并检验元件的使用性能是否正常。

2）看懂图 7-53 后，搭建实验回路。

3）将单电控二位三通电磁换向阀的电源输入口插入相应的控制板输出口。

4）确认连接安装正确、稳妥，把气源处理装置的调压旋钮旋松，开启气源。待气源工作正常后，再次调节气源处理装置的调压旋钮，使回路中的压力在系统工作压力范围以内。

5）操控电磁换向阀，实现图 7-53 所示回路的互锁动作。

6）实训完毕后，关闭气源，切断电源，待回路压力为零时，拆卸回路，清理元件并放回规定的位置。

5. 操作技能测评

学生应能够按照实训步骤和技能测试记录表中的测评要求，进行独立思考和实训。互锁回路实训测试记录表可参照表 1-3 设计。

6. 实训报告与思考题

分析、总结图 7-53 所示的回路是如何实现互锁的。

实训 7-4　缓冲回路

1. 实训目的

1）理解缓冲回路的工作原理。

2）熟悉单电控二位三通电磁换向阀的接线方法。

2. 实训原理

本实训的缓冲回路如图 7-54 所示。二位五通电磁换向阀得电时，压缩空气经气源处理装置，过二位五通换向阀的左位，再经单向节流阀进入气缸的左腔，活塞快速向右运动；当活塞杆接近行程终点时，行程开关发出的电信号使二位三通电磁换向阀得电，气缸由高速运动状态转变为低速缓冲状态（两个节流阀分别调定为不同的节流开度，以控制气缸的高、低速运动或低速缓冲）。

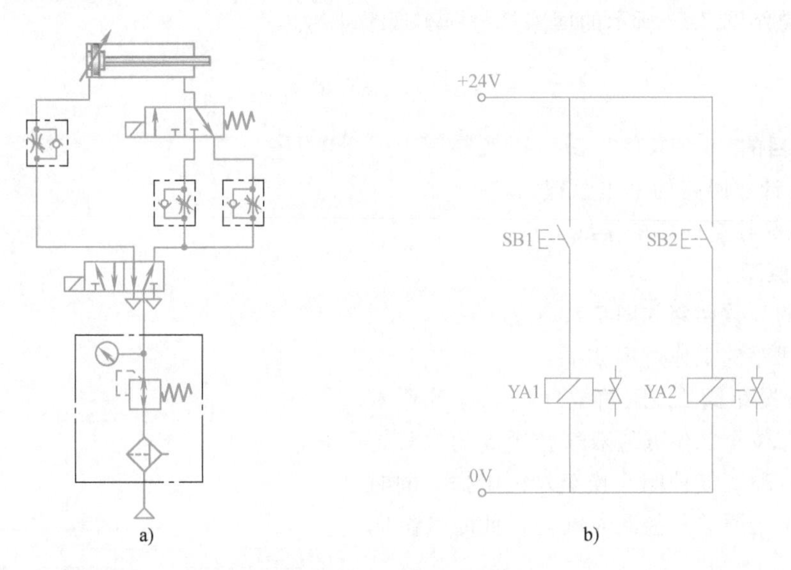

图 7-54　缓冲回路

a）气动回路　b）电气回路

3. 主要设备及实训元件

缓冲回路实训的主要设备和元件见表 7-4。

表 7-4　主要设备和元件

序号	主要设备和元件	序号	主要设备和元件
1	气源	5	单电控二位五通电磁换向阀 1 个
2	气动实训平台	6	单电控二位三通电磁换向阀 1 个
3	双作用气缸 1 个	7	气管若干
4	单向节流阀 3 个	8	气源处理装置 1 套

4. 实训步骤

1）根据实训需要选择元件，并检验元件的使用性能是否正常。

2）看懂图 7-54 后，搭建实验回路。

3）将单电控二位五通电磁换向阀和单电控二位三通电磁换向阀以及接近开关的电源输入口插入相应的控制板输出口。

4）确认连接安装正确、稳妥，把气源处理装置的调压旋钮旋松，开启气源。待气源工作正常后，再次调节气源处理装置的调压旋钮，使回路中的压力在系统工作压力范围以内。

5）操控电磁换向阀，实现图 7-54 所示回路的低速缓冲。

6）实训完毕后，关闭气源，切断电源，待回路压力为零时，拆卸回路，清理元件并放回规定的位置。

5. 操作技能测评

学生应能够按照实训步骤和技能测试记录表中的测评要求，进行独立思考和实训。缓冲回路实训测试记录表可参照表 1-3 设计。

6. 实训报告与思考题

分析、总结图 7-54 所示的回路是怎样实现缓冲的。

实训 7-5　计数回路

1. 实训目的

1）理解计数回路的工作原理。

2）熟悉气控换向阀的接线方法。

2. 实训原理

本实训的计数回路如图 7-55 所示。

该计数回路的工作过程如下：

1）按下按钮阀 2，压缩空气经二位五通双气控阀 3 的左位至二位五通双气控阀 5 的左气控口，使二位五通双气控阀 5 换至左位工作，同时使左边的二位三通单气控阀 4 断开，此时气缸向右运动。

2）当按钮阀 2 复位后，作用于二位五通双气控阀 5 气控口的压缩空气经二位五通双气控阀 3 排出，所以左边的二位三通单气控阀 4 在弹簧力的作用下复位。从而无杆缸的气体经二位三通单气控阀 4 作用于二位五通双气控阀 3，使其切换至右位工作，等待下次信号的输入。

3）当再次按下按钮阀 2 后，压缩空气经二位五通双气控阀 3 的右位至二位五通双气控阀 5 的右气控口，使其换至右位接通，气缸向左运行。同时右边的二位三通单气控阀 6 换向将气路断开。当按钮阀 2 复位后，二位五通双气控阀 5 气控口的气体经二位五通双气控阀 3 排出，同时

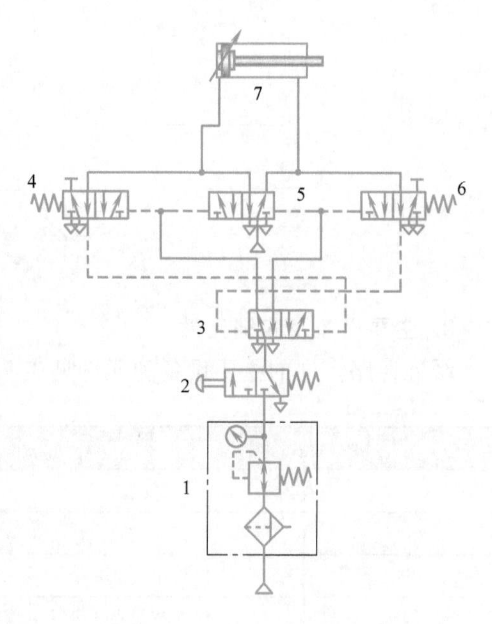

图 7-55　计数回路

1—气源处理装置　2—按钮阀　3、5—二位五通双气控阀　4、6—二位三通单气控阀　7—气缸

右边的二位三通单气控阀 6 复位，有杆腔的气体经二位三通单气控阀 6 作用于二位五通双气控阀 3 使其左位接入，等待下次信号的输入。

3. 主要设备及实训元件

计数回路实训的主要设备和元件见表 7-5。

表 7-5　主要设备和元件

序号	主要设备和元件	序号	主要设备和元件
1	气源	5	二位五通双气控阀 1 个
2	气动实训平台	6	二位五通单气控阀 3 个
3	单杆双作用气缸 1 个	7	气管若干
4	按钮阀 1 个	8	气源处理装置 1 套

4. 实训步骤

1）根据实训需要选择元件，并检验元件的使用性能是否正常。

2）看懂图 7-55 后，搭建实验回路。

3）确认连接安装正确、稳妥，把气源处理装置的调压旋钮旋松，开启气源。待气源工作正常后，再次调节气源处理装置的调压旋钮，使回路中的压力在系统工作压力范围以内。

4）操控按钮阀，实现图 7-55 所示回路的计数功能。

5）实训完毕后，关闭气源，切断电源，待回路压力为零时，拆卸回路，清理元件并放回规定位置。

5. 操作技能测评

学生应能够按照实训步骤和技能测试记录表中的测评要求，进行独立思考和实训。计数回路实训测试记录表可参照表 1-3 设计。

6. 实训报告与思考题

分析、总结图 7-55 所示的回路是怎样实现计数的。

实训 7-6　时间控制回路

1. 实训目的

1）理解时间控制回路的工作原理。

2）熟悉延时阀的接线方法。

2. 实训原理

时间控制回路如图 7-56 所示。当按下按钮阀 1 后，主控阀 4 换向，活塞杆伸出，当活塞杆压下行程阀 2 后，需经过一定时间（即延时阀 3 的延时时间），主控阀 4 才能切换，活塞杆返回，至此完成一次往复循环。

3. 主要设备及实训元件

时间控制回路实训的主要设备和元件见表 1-2。

表 7-6　主要设备和元件

序号	主要设备和元件	序号	主要设备和元件
1	气源	5	二位四通按钮阀 1 个
2	气动实训平台	6	气管若干
3	双作用气缸 1 个	7	气源处理装置 1 套
4	延时阀 1 个		

4. 实训步骤

1）按照图 7-56 所示的回路进行连接并检查。

2）在固定各气动元件时，要注意安装布局合理、美观。安装时，还要考虑气动元件的操作方便性、安全性和可靠性。

3）连接无误后，打开气源和电源，观察气缸的运行情况。

4）根据实训现象对滚轮杠杆式行程阀和延时阀接线方法进行总结。

5）对实训中出现的问题进行分析和解决。

6）实训完成后，关闭气源，切断电源，待回路压力为零时，拆卸回路，清理元件并放回规定位置。

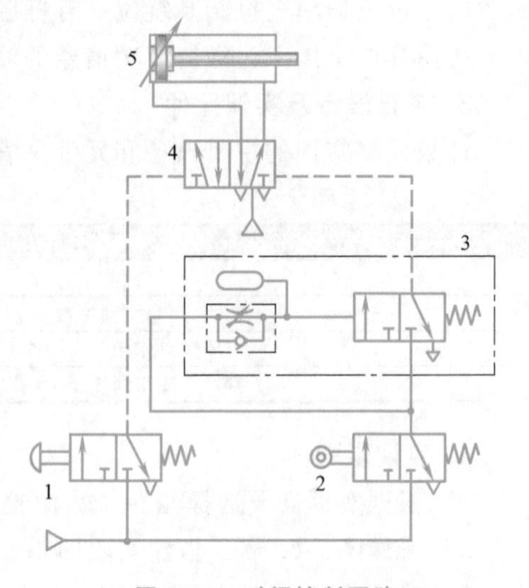

图 7-56 时间控制回路

1—按钮阀 2—行程阀 3—延时阀 4—主控阀 5—气缸

5. 操作技能测评

学生应能够按照实训步骤和技能测试记录表中的测评要求，进行独立思考和实训。时间控制回路实训测试记录表可参照表 1-3 设计。

时间控制回路

6. 实训报告与思考题

分析、总结图 7-56 所示的回路是如何实现时间控制的。

思考与练习

1. 气动回路按照功能不同，可以分为________、________和________等基本类型，另外还有________、________、________等几种其他控制回路。

2. 速度控制回路是利用________来改变进排气管路的有效截面面积，以实现速度控制的。

3. 什么是一次压力控制回路？什么是二次压力控制回路？

4. 什么是压力控制回路？其主要功能有哪些？

5. 什么是同步控制回路？常用的同步控制回路有哪些？

6. 什么是安全保护回路？常用的安全保护回路有哪些？

第8章 CHAPTER 8

气压传动系统设计与仿真

气压传动系统的控制大都属于程序控制或逻辑控制。其中，程序控制是根据生产过程的要求，使气动执行元件按预先规定的顺序协调动作的一种自动控制方式。逻辑控制是指气动执行元件的输出与时间、动作顺序无关的一种自动控制方式。两种不同控制方式的系统既可采用纯气动控制回路，也可采用电气控制回路来完成各自动作。本章主要介绍纯气动控制回路的设计与仿真。

8.1 气动系统设计的主要内容和流程

1. 明确工作要求

设计气动系统前，要明确运动和操作力的要求、控制要求及工作条件等。

1）运动和操作力的要求：主要包括主机的动作顺序，动作时间，运动速度及其可调范围，运动平稳性，定位精度，操作力和自动化程度等。

2）工作环境条件：如温度、防尘、防爆、防腐蚀要求及工作场所等情况，必须调查清楚。

3）掌握机、电、液控制相配合的情况，以及其对气动系统的要求。

2. 设计气动回路

1）画出气动执行元件的工作流程图。

2）画信号-动作状态图或卡诺图，也可直接写出逻辑函数表达式。

3）画逻辑原理图。

4）画回路图。

5）根据逻辑原理图设计出几种方案，进行合理比较，选择最佳的气动回路。

3. 选择气动执行元件

气动执行元件的选择主要包括确定气缸或气马达的类型，气缸的安装形式、具体尺寸、行程长度、密封形式和耗气量等。应优先选用标准气缸。

4. 选择气动控制元件

1）确定控制元件的类型。

2）确定控制元件的通径。一般控制阀的通径可按其工作压力与最大流量确定。

5. 选择气动辅件

1）分水过滤器。其类型主要根据过滤精度要求而定。

2）油雾器。根据油雾颗粒大小和流量来选取。

3）气源处理装置。气源处理装置的减压阀、分水过滤器和油雾器串联使用时，三者的通径要一致。

4）消声器。根据工作场所选用不同形式的消声器，其通径大小应按通过的流量而定。

5）气罐。按理论容积及安装场合，选择具体结构和尺寸。

6. 验算压力损失

1）供气管直径的确定。各供气管段直径可根据该段的气体流量，并考虑与前后连接元件通径一致的原则初步选定；在验算压力损失后，最终确定各供气管段的直径。

2）压力损失的验算。总压力损失为沿程压力损失和局部压力损失之和，在车间内可取总压力损失小于或等于 0.01~0.1MPa。

7. 选择空压机

1）确定空压机的供气量。根据各设备的平均用气量之和，再考虑各种影响和状态，乘以适当倍数即为空压机的供气量（以自由状态空气量表示）。

2）确定空压机的供气压力。根据用气设备的额定压力与气动系统总压力损失之和来确定。

8.2 多缸单往复行程程序控制系统设计

多缸单往复行程程序控制系统，是指在一个循环程序中，系统中所有气缸都只做一次往复运动。常用的行程程序控制系统设计方法有信号-动作（X-D）状态图法和卡诺图法等。利用 X-D 状态图法设计行程程序控制系统，故障诊断和排除比较简单、直观，设计出的气动系统控制准确，使用和维护方便。由于篇幅所限，本节只介绍 X-D 状态图法。

8.2.1 障碍信号的判断和排除

障碍信号是指行程程序控制系统中那些相互干扰的信号，其存在有多种形式。例如：一个信号妨碍另一个信号输入，使程序不能正常进行的信号，称为Ⅰ型障碍信号，它经常发生在单往复程序控制系统中；由于多次出现而产生的障碍信号，称为Ⅱ型障碍信号，这种障碍通常发生在多往复程序控制系统中。障碍信号会导致执行元件不能正常工作，使系统成为有障系统。

图 8-1 所示为一行程程序控制系统，其动作要求为两个气缸做协调的单往复运动。该控制回路是一个有障系统，究其原因如下：

当按钮阀 q 在图示位置时，压缩空气作用在主换向阀 A 的右端，主换向阀 B 的两端无压缩空气，因此两个主换向阀 A、B 右位工作，两个气缸 C、D 处于缩回状态。当按下按钮阀 q 后，压缩空气便可作用到主换向阀 A 的左端，由于行程阀 b_0 一直受压导通，信号就一

直供给主换向阀 A 右端，主换向阀 A 就不能切换，气缸 C 活塞杆不能伸出。可见，主换向阀 A 右端的信号 A_0 相对 q 是一个障碍信号。

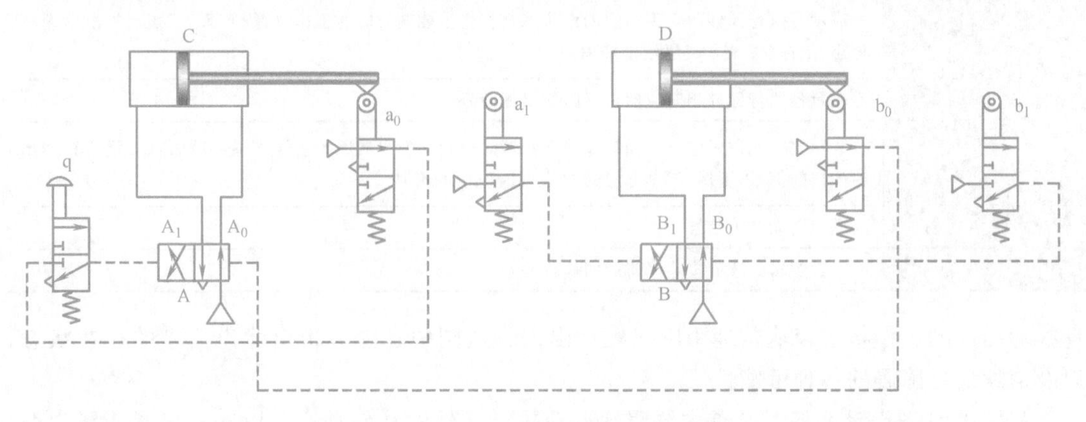

图 8-1 行程程序控制系统（有障系统）

如果主控阀 A 右端没有信号，按下按钮阀 q 后，压缩空气进入主换向阀 A 左端，左位工作，压缩空气进入气缸 C，使活塞杆伸出，信号消失，发出信号。当气缸 C 运行到最右端，压下行程开关 a_1 时，信号将压缩空气引入主换向阀 B 左端，使主换向阀 B 左位工作，气缸 D 活塞杆伸出，发出信号。压缩空气经行程阀 b_1 作用在主换向阀 B 右侧，但此时信号仍在将压缩空气引入主换向阀 B 左端，因此主换向阀 B 不能切换，气缸 D 活塞杆无法退回。可见，主换向阀 B 左端信号妨碍了右端信号的输入。

所以，在上述回路中主换向阀 B 左端信号 B_1 妨碍了其他信号的输入，形成了障碍，导致整个系统不能正常工作，必须设法将其消除。

8.2.2 行程程序控制系统的设计步骤

气动行程程序控制系统的设计，主要是为了解决信号和执行元件之间的协调和连接问题，具体设计步骤如下：

1）根据生产自动化的工艺要求，列出工作流程或绘制工作流程图。

2）绘制 X-D 状态图。

3）找出障碍信号并排除，列出所有执行元件控制信号的逻辑表达式。

4）绘制逻辑原理图。

5）绘制气动回路的原理图。

8.2.3 X-D 状态图中的规定符号

由于气动行程程序控制系统的元件、动作较多，为了在设计中能准确表达程序动作与信号间的关系，必须用规定的符号、数字来表示，见表 8-1。

8.2.4 用 X-D 状态图设计系统

1. 绘制 X-D 状态图

X-D 状态图（简称 X-D 图）法是一种图解法，它可以把各个控制信号的存在状态和气

表 8-1　行程程序控制系统符号规定与说明

符号	说明
A、B、C……	依运动顺序表示气缸和对应的主控阀
A_0、A_1、B_0、B_1 C_0、C_1……	表示各执行元件两个不同的动作状态及相应主控阀对应的工作位置：下标“1”表示气缸活塞杆伸出，下标“0”表示气缸活塞杆缩回
a、b	表示各执行元件相对应的行程阀发出的信号
a_0、a_1、b_0、b_1、 c_0、c_1……	表示执行元件对应于不同动作状态终端的行程阀发出的原始信号，下标“1”表示 1 活塞杆伸出时发出的信号，下标“0”表示活塞杆退回时发出的信号
q	程序启动开关信号
q^*	经过逻辑处理而排除障碍后的执行信号

动执行元件的工作状态较清楚地用图线表示出来，从图中还能分析出障碍信号的存在状态，以及消除信号障碍的各种可能性。

利用 X-D 图设计系统时，首先要明确气动执行元件的动作顺序。以上料夹紧装置为例，A 为上料缸，B 为夹紧缸，其循环动作为：起动→上料缸 A 进→夹紧缸 B 进→夹紧缸 B 退→上料缸 A 退。下面以上料夹紧装置的工作程序图为例，说明 X-D 图的画法。

（1）绘制方格图　如图 8-2 所示，根据流程的动作顺序及数量，从左至右、从上至下用细实线绘制出需要的方格（一般为 $2N+2$，N 为气动执行元件的数量）。上面两行从左至右按顺序分别填写程序序号 1、2、3 等和相应的动作状态，在最右边填写执行信号的表达式（简称执行信号）。左边两列从上至下填上控制信号及控制动作状态组的序号（简称 X-D 组）1、2、3 等。每个 X-D 组包括上下两行，上行为行程信号行，下行为该信号控制的动作状态。例如：A_1 表示控制 A_1 的动作信号。下面的备用格可根据具体情况填入中间记忆元件（辅助阀）的输出信号、消障信号等。

X-D 组		1 A_1	2 B_1	3 H_1	4 A_0	执行信号
1	$a_1(A_1)$ A_1					$a_1^*(A_1)=qa_0$
2	$a_1(B_0)$ B_1					$a_1^*(B_1)=\Delta a$
3	$b_1(B_0)$ B_0					$b_1^*(B_0)=b_1$
4	$b_0(A_0)$ A_0					$b_1^*(A_1)=\Delta b_1$
备用格	Δb_1					
	Δb_0					

图 8-2　X-D 图

（2）绘制动作状态线（D 线）　在每一横行下半部用粗实线绘制各执行元件的动作状态线。动作状态线的起点是该动作程序的开始点，用符号“○”画出，动作状态线的终点用符号“×”画出。动作状态线的终点是该动作状态改变的变化点，用粗实线连接起点和终点。应注意的是，两个对立动作的 D 线叠加在全程序中应刚好闭合（填满全程序所有方格）。

(3) 绘制信号线（X线） 在每一横行上半部用细实线绘制各对应的信号线。信号线的起点与同一组中动作状态线的起点相同，用符号“○”画出，其终点和上一组中产生该信号的动作线终点相同，用“×”画出。需要指出的是，若考虑到阀的切换及气缸起动等的传递时间，信号线的起点应超前于它所控制动作的起点，而信号线的终点应滞后于产生该信号动作线的终点。当在X-D图上反映这种情况时，要求信号线的起点和终点都伸出分界线，但因为这个值很小，因而除特殊情况外，一般不予考虑。

若信号的起点与终点同在一条分界线上，则表明该信号为脉冲信号。脉冲信号的脉冲宽度等于行程阀发出信号、主控阀换向、气缸起动、信号传递及信号在管路中传输等所需时间的总和。

2. 判别障碍信号

在X-D图中，若各信号线均比所控制的动作线短（或等长），则各信号均为无障碍信号；若有某些信号线比所控制的动作线长，则该信号为障碍信号，长出的那部分线段就是障碍段，用波浪线表示。障碍信号会影响执行元件的正常运行，必须加以排除。

3. 排除障碍

排除障碍的实质是缩短障碍信号线的长度，使实际执行信号线短于动作线。其原则是使障碍信号中的执行段保留，使障碍段失效或消失。常用的方法有：

(1) 脉冲信号法 这种方法的实质是将所有的有障信号变为脉冲信号，使其在命令主控阀完全换向后立即消失，这就必然消除了任何I型障碍。如将图8-2中的有障信号变成脉冲信号，则两个有障信号就变成了无障信号。将信号的执行信号填入X-D图后，就成为图8-2的形式。

脉冲信号可以采用机械法或脉冲回路法产生。

1）机械法。机械法就是利用挡块或通过式行程阀发出脉冲信号的排障方法。例如：图8-3a所示为采用挡块使行程阀发出的信号变成脉冲信号的示意图，当活塞杆伸出时，行程阀发出脉冲信号；而当活塞杆缩回时，行程阀不发出信号。图8-3b所示为采用单向滚轮式行程阀发出脉冲信号的示意图，当活塞杆伸出时，压下行程阀发出脉冲信号；当活塞杆退回时，因行程阀的头部具有可折性触销，因而行程阀不被压下而不发出信号。如将图8-1中的有障行程阀用这种方法排障，成本较低。

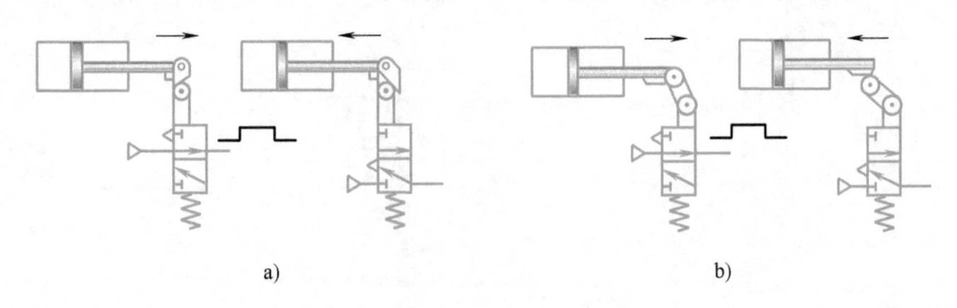

图8-3 机械法产生脉冲信号排障

a）采用挡块使行程阀发出的信号变成脉冲信号 b）采用单向滚轮式行程阀发出脉冲信号

这种方法简单，可节省元件和管道。但此方法不可将行程阀用来限位，因为不可能把这类行程阀安装在活塞杆行程的末端，而必须保留一段行程以便使挡块或凸轮通过行程阀，只适用于定位精度要求不高、活塞运动速度不太高的场合。

2）脉冲回路法。脉冲回路法就是利用脉冲回路（或脉冲阀）将有障信号变成脉冲信号。如图 8-4 所示，当有障信号 a 发出后，换向阀 D 出口即有输出，同时信号 a 经气阻（节流阀）、气容 C 后进入阀 D 控制端，经气阻、气容延时至气容压力升至阀 D 切换压力时，阀 D 换向，输出信号 a 即被切断，从而使原长信号 a 变为脉冲信号。调整脉冲阀中节流阀的开度就可以得到合适的脉冲时间。此方法适用于定位精度要求较高或安装机械脉冲行程阀受空间限制的场合。如采用脉冲回路法产生脉冲信号，从而对图 8-1 中所示的有障行程阀进行排障，成本相对较高。

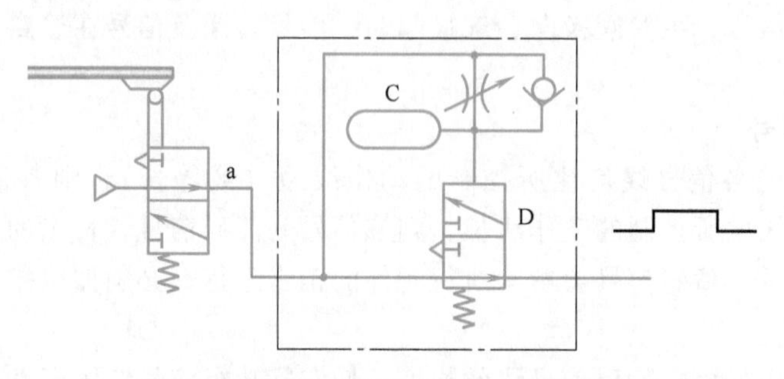

图 8-4　脉冲回路法产生脉冲信号排障

（2）逻辑回路法　这种方法是利用逻辑门的性质，将有障碍的原始长信号变为无障碍的短信号。

1）逻辑“与”排障法。逻辑“与”排障法如图 8-5a 所示，为了排除障碍信号 m 的障碍段而引入制约信号 x，使 m、x 进行逻辑“与”运算后，得到消障后的无障碍信号，即逻辑“与”排障的关键是选择制约信号 x，选用时应尽量选用系统中合适的原始信号，这样可不增加元件。原始信号选为制约信号的条件是：起点应在 m 开始之前，终点应在 m 的无障碍段中，使其信号线与无障碍信号执行段有重合，而与有障碍段不重合。这种方法可直接用逻辑“与”元件，也可用行程阀组合，如图 8-5b、c 所示。

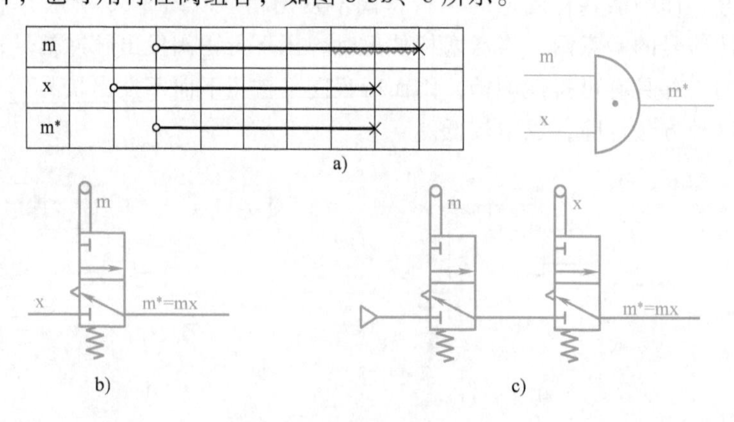

图 8-5　逻辑“与”排障

2）逻辑“非”排障法。逻辑“非”排障法如图 8-6a 所示，利用原始的障碍信号 m 与经逻辑“非”运算得到的反相信号排除障碍，得到无障碍信号。原始信号取逻辑“非”（即制约信号）的条件是，其起始点要在有障信号 m 的执行段之后、m 的障碍段之前，终点应在 m 的障碍段之后。这种方法也可直接用逻辑元件或与行程阀组合，如图 8-6b、c 所示。

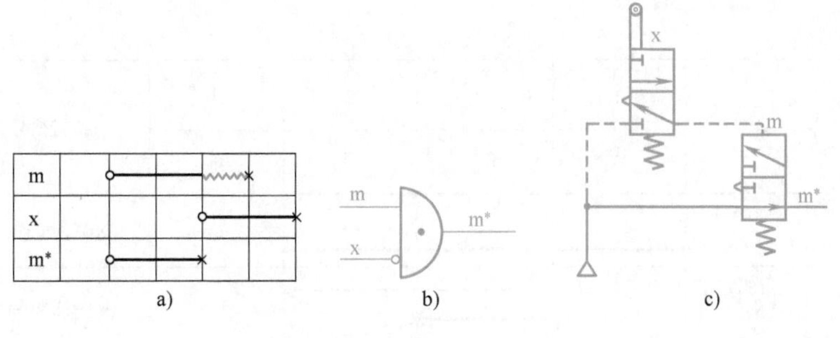

图 8-6 逻辑“非”排障

（3）辅助阀法 若在 X-D 图中找不到可用来作为排除障碍的制约信号时，可采用增加一个辅助阀的方法来排除障碍，这里的辅助阀就是中间记忆元件，即双稳元件。其方法是用辅助阀输出的信号作为制约信号，用它和有障信号 m 相“与”，以排除 m 中的障碍。排障逻辑表示式为

$$m^* = mK_d^t$$

式中，m 为有障碍信号；m^* 为排障后的执行信号；K 为辅助阀（中间记忆元件）输出信号；t、d 为辅助阀 K 的两个控制信号。

图 8-7a、b 所示分别为用辅助阀法排除障碍的逻辑原理图和气动回路图。辅助阀 K 为二位三通或二位五通双气控阀，当 t 有信号时辅助阀 K 有输出，而当 d 有信号时辅助阀 K 无输出。显然，t、d 两个信号不能同时存在，只能一先一后，否则将产生干涉，其逻辑代数式应满足 td=0。辅助阀 K 排障中，辅助阀控制信号 t、d 应选用系统中合适的原始信号，其选用原则是：t 是使辅助阀 K 接通有输出的信号，其起点应在障碍信号 m 起点之前（或同时），其终点应在 m 的无障碍段中；d 是使辅助阀 K 切断输出的信号，其起点应在信号 m 障

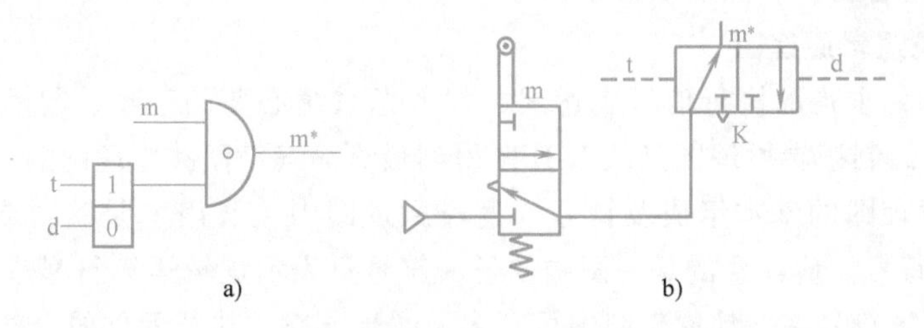

图 8-7 用辅助阀排除障碍

a）逻辑原理图 b）气动回路图

碍段起点之后，其终点应在 m 障碍段结束之前；t 与 d 起点之间不应有 m 的障碍段。图 8-8 所示为辅助阀控制信号选择示意图。

图 8-9 所示为对图 8-1 所示回路进行辅助阀法排障的 X-D 图。

需要指出的是，在 X-D 图中，若信号线与动作线等长，则此信号可称为瞬时障碍信号，它不加排除也能自动消失，仅使某个行程的开始比预

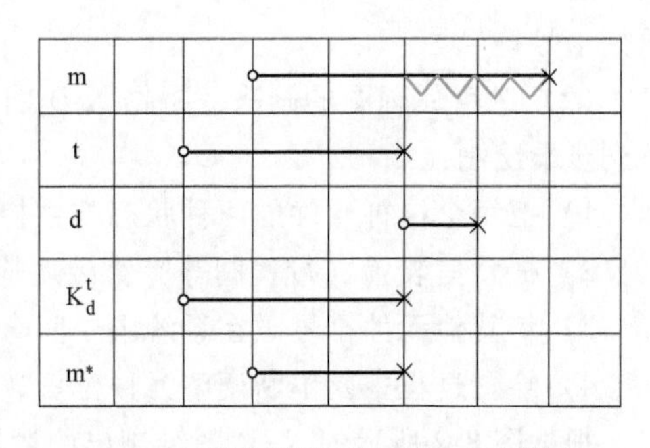

图 8-8 辅助阀控制信号选择示意图

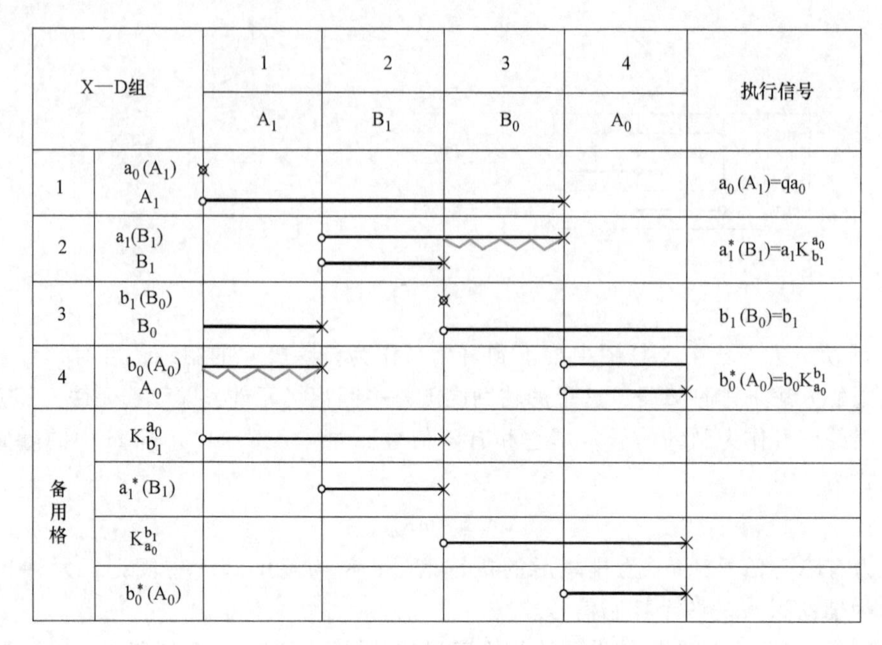

图 8-9 辅助阀法排障的 X-D 图

定的程序产生稍微的时间滞后，一般不需要考虑。在图 8-9 中，排除障碍后的执行信号实际上也还是属于这种类型。

4. 列写执行信号

对无障碍的原始信号和排除障碍后的无障碍信号逐一写出执行信号表达式，对应填入 X-D图中最右一列各行中，如图 8-2 所示。

5. 绘制系统逻辑原理图

根据用 X-D 图求得的执行信号表达式，并考虑系统必要的手动、起动、复位等，绘制出逻辑原理图。绘制逻辑原理图是从 X-D 图得到最终的气动回路原理图的必要过程。

（1）逻辑原理图的基本组成及符号 逻辑原理图中主要用“是”“或”“与”“非”“记忆”等逻辑符号。应注意的是，图中的任一符号只表示逻辑运算符号，不总代表某一确定元件，某一逻辑符号在气动原理图中可有多种实现方案。执行元件的动作由主控阀输出表示，因为主控阀常具有记忆能力，因而可用逻辑记忆字号表示。行程发信装置主要为行程阀、起动阀、复位阀等，用小方框表示，并在框内填上原始信号符号，也可不画出方框只写原始信号符号。

（2）逻辑原理图的画法 根据 X-D 图中执行信号栏中的逻辑表达式，使用上述符号按下列步骤绘制：

1）把每个执行元件的两种状态与主控阀相连后，自上而下地画在系统图的右侧。

2）把发信装置（行程阀等）大致对应于所控制的元件画在系统图的左侧。

3）将其他元件符号画在系统图中间合适的位置，并按逻辑关系连接相关气路。

4）绘图过程中要不断调整元件位置，使连线尽量短、交叉尽可能少。

根据图 8-2 所示的 X–D 图绘制出的逻辑原理图，如图 8-10 所示。

6. 绘制气动程序控制系统原理图

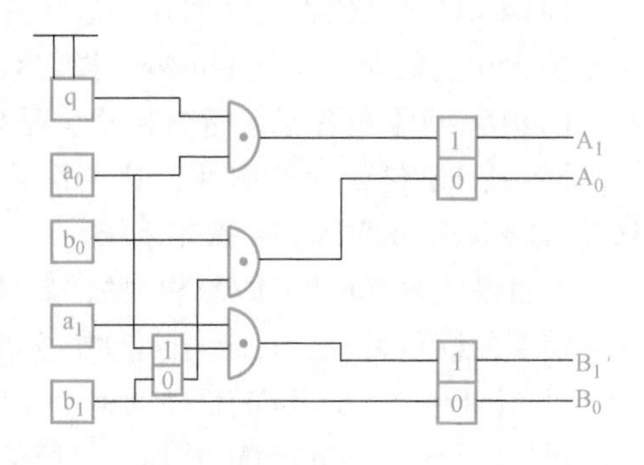

图 8-10 逻辑原理图

根据所绘制的逻辑原理图，便可绘制出气动程序控制系统原理图，其步骤及注意事项如下：

1）根据实际情况选用气阀、逻辑元件等来实现相应的逻辑功能。

2）一般规定，气动程序控制系统原理图是以流程终了时刻作为气路的初始状态，因此原理图中各元件及气路连接均按初始静止状态绘制。

3）系统中的控制气路一般用虚线表示。

4）系统中各元件的排列布置尽量整齐、直观、连线少、交叉少。

5）在画各元件间的连线时，要特别注意哪个行程阀为有源元件（即直接与气源相接），哪个行程阀为无源元件（即不直接与气源相连）。其一般规律是无障碍的原始信号为有源信号，对于有障碍的原始信号，用逻辑回路法排障为无源元件；若用辅助阀法排障，则只需使它们与辅助阀、气源串接即可。

根据上述原则和图 8-10，可绘制气动程序控制系统原理图，如图 8-11 所示。

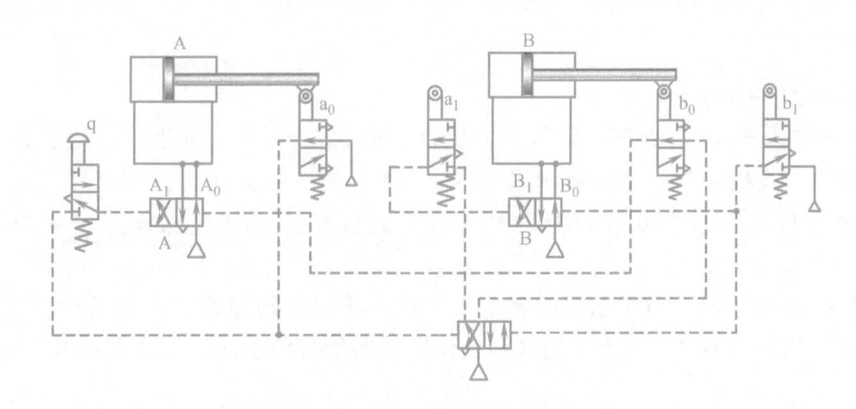

图 8-11 气动程序控制系统原理图

8.3 气动系统设计软件 FluidSIM 简介

8.3.1 FluidSIM 软件中的文件

Fluid Sim 软件的应用

FluidSIM 软件的目录结构如图 8-12 所示。

aq 目录包含 FluidSIM 软件的知识库。

bin 目录包含 FluidSIM 软件的可执行文件及附加库。该目录还含有注册信息及卸载程序 fduninst. exe。

bmp16 目录也包含元件图片，这些图片具有 16 个灰度，用于至少 256 色的 Microsoft Windows 操作系统。

bmp16c 目录包含元件插图和教学资料。

bmp4 目录包含元件图片，这些图片具有 4 个灰度，用于 16 色的 Microsoft Windows 操作系统。

ct 目录包含 FluidSIM 软件中的回路图，该目录也是保存新建回路图的默认目录。在 ct 子目录中含有下列回路图：

lib 目录包含 FluidSIM 软件的整个元件库。

lib2 目录包含 FluidSIM 软件 2. x 版的元件库。

misc 目录包含 FluidSIM 软件的辅助文件和选项文件。

shw 目录包含描述文件。

snd 目录包含 FluidSIM 软件的声音文件。

sym 目录以树形结构方式显示元件库。在“插入”菜单中，该目录内容也以树形结构方式显示。

tmp 目录包含预计算的回路模型及 FluidSIM 软件新建的临时文件。

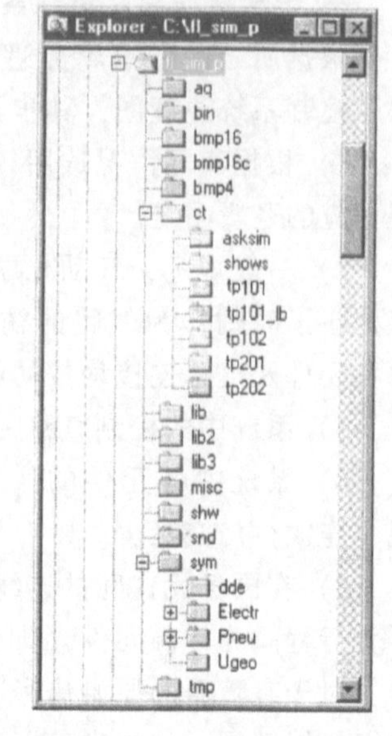

图 8-12 FluidSIM 软件的目录结构

8.3.2 新建回路图

1. 新建文件和元件

单击按钮 或在“文件”菜单下，执行“新建”命令，新建空白绘图区域，以打开一个新窗口（图 8-13），每个绘图区域都自动含有一个文件名，且可按该文件名进行保存。这个文件名显示在新窗口标题栏上。通过元件库右边的滚动条，用户可以浏览元件。

窗口左边显示出 FluidSIM 软件的整个元件库，其包括新建回路图所需的气动元件和电气元件。窗口顶部的菜单栏列出了仿真和创建回路图所需的功能，工具栏给出了常用的菜单功能。

工具栏包括下列九组功能：

1）新建、浏览、打开和保存回路图。

2）打印窗口内容，如回路图和元件图片。

3）编辑回路图。

4）调整元件位置。

5）显示网格。

6）缩放回路图、元件图片和其他窗口。

7）回路图检查。

8）仿真回路图，控制动画播放（基本功能）。

9）仿真回路图，控制动画播放（辅助功能）。

状态栏位于窗口底部，用于显示操作 FluidSIM 软件期间的当前计算和活动信息。在编辑模式中，FluidSIM 软件可以显示由鼠标指针所选定的元件。

在 FluidSIM 软件中，操作按钮、滚动条和菜单栏与大多数 Microsoft Windows 应用软件

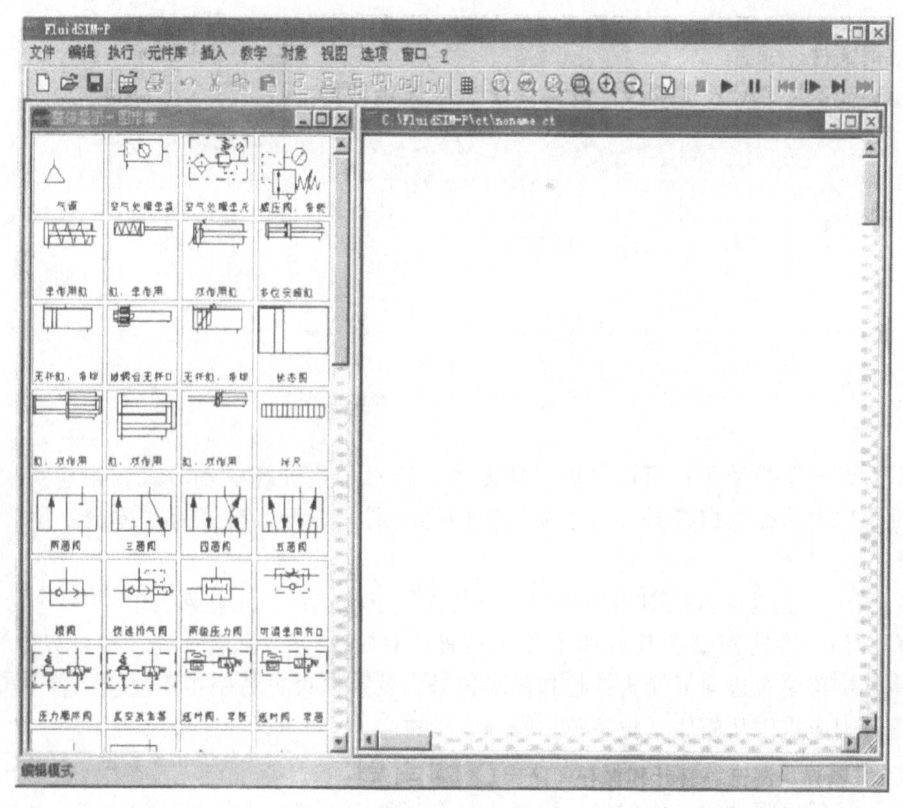

图 8-13　新建窗口

相类似。

使用鼠标，用户可以从元件库中将元件拖动和放置在绘图区域上。方法如下：将鼠标指针移动到元件库中的元件上，这里将鼠标指针移动到气缸上。按下鼠标左键并保持，移动光标，则气缸被选中，光标由箭头变为四方向箭头交叉式，元件外形随光标移动而移动。将光标移动到绘图区域，释放鼠标左键，则气缸就被放到绘图区域里，如图 8-14 所示。

采用这种方法，可以从元件库中拖动各个元件，并将其放到绘图区域中的期望位置上。按同样的方法，也可以重新布置绘图区域中的元件。

为了简化新建回路图，元件自动在绘图区域中定位。

若要将气缸移至绘图区域外，如绘图窗口外，则鼠标指针变为禁止符号🚫，且不能放下元件。

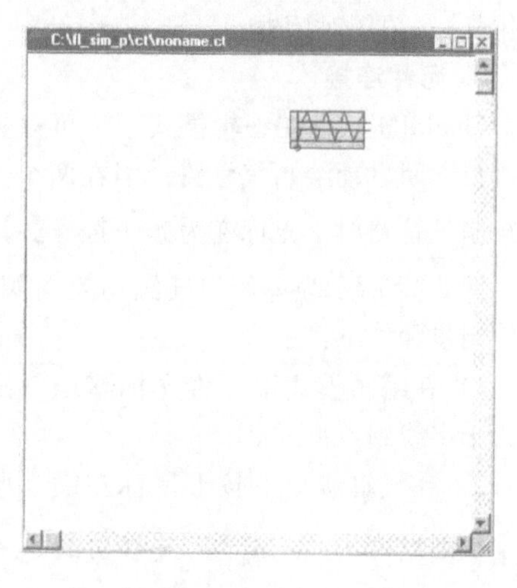

图 8-14　新建气缸元件

2. 换向阀参数设置

将换向阀和气源拖至绘图区域，双击换向阀，弹出图 8-15 所示的对话框。

（1）左端、右端驱动　换向阀两端的驱动方式可以单独定义，其可以为一种驱动方式，也可以为多种驱动方式，如“手动”“机控”或“气

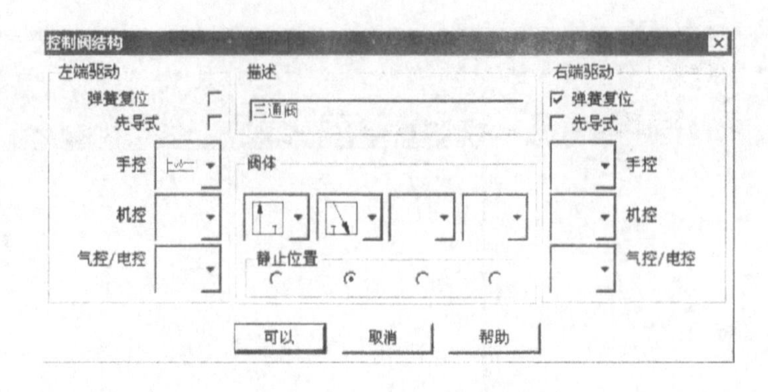

图 8-15　控制阀参数设置

控/电控”。单击下拉菜单，可以设置驱动方式，若不希望选择驱动方式，则应直接从驱动方式下拉菜单中选择空白符号。对于换向阀的每一端，都可以设置为“弹簧复位”或“气控复位”。

（2）描述　这里键入换向阀的名称，该名称用于状态图和元件列表中。

（3）阀体　换向阀最多具有四个工作位置，对每个工作位置来说，都可以单独选择。单击阀体下拉菜单右边向下箭头并选择图形符号，就可以设置每个工作位置。若不希望选择工作位置，则应直接从阀体下拉菜单中选择空白符号。

（4）静止位置　该按钮用于定义换向阀的静止位置（有时也称之为中位）。静止位置是指换向阀不受任何驱动的工作位置。注意：只有当静止位置与弹簧复位设置相一致时，静止位置定义才有效。

从左边下拉菜单中选择带锁定手控方式，换向阀右端选择“弹簧复位”，单击“可以”按钮，关闭对话框。

（5）指定气接口 3 为排气口　双击气接口“3”，弹出图 8-16 所示的“气接口”对话框，单击“气接口端部”下拉菜单，选择一个图形符号，从而确定气接口形式。选择排气口符号（表示简单排气），关闭对话框。

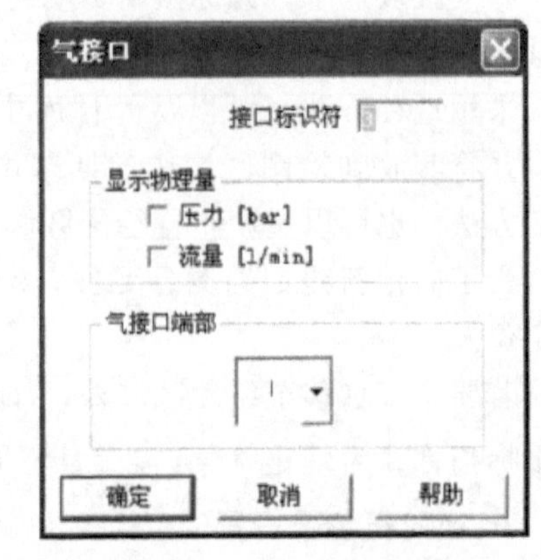

图 8-16　“气接口”对话框

3. 元件连接

FluidSIM 软件在编辑模式下，可以在两个选定的气接口之间自动绘制气管路；当在两个气接口之间不能绘制气管路时，光标变为禁止符号。

图 8-17 所示为单作用气缸与换向阀的管路连接，其绘制步骤如下：

1）在编辑模式下，将光标移至气缸接口时，其变为十字线圆点形式。

2）在气缸接口上按下鼠标左键（此时光标变为十字线圆点箭头形式）并移动鼠标。

3）保持按下鼠标左键，将光标移动到换向阀 2 口上，此时光标变为十字线圆点箭

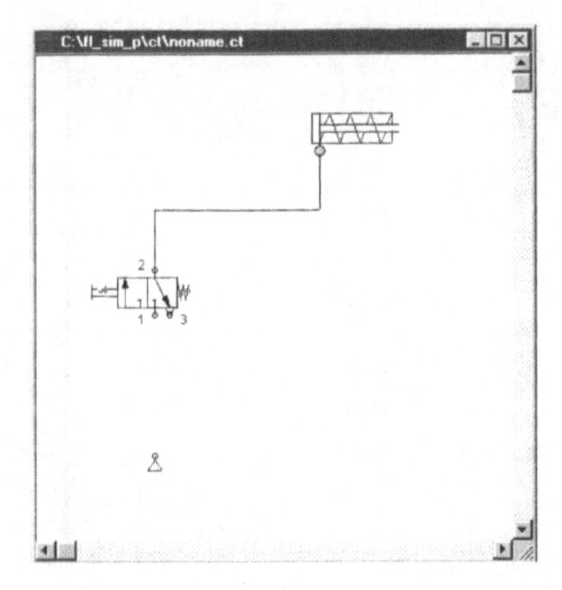

图 8-17 单作用气缸与换向阀的管路连接

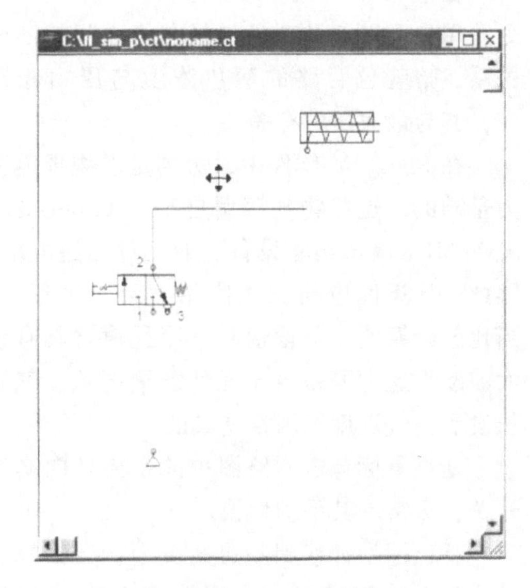

图 8-18 重新绘制气管路

头向内形式。

4）释放鼠标左键，在选定的单作用气缸气接口与换向阀 2 口之间，立即显示出气管路，完成了这两个气接口之间的气管路连接。

在编辑模式下，既可以重新绘制选定的气管路、移动元件和气管路，也可以删除元件和气管路。当将光标移至需要重新绘制的气管路上时，光标变为选定气管路符号。按下鼠标左键，向左移动符号，然后释放鼠标左键，立即重新绘制气管路，如图 8-18 所示。

连接其他元件，则气动回路如图 8-19 所示。

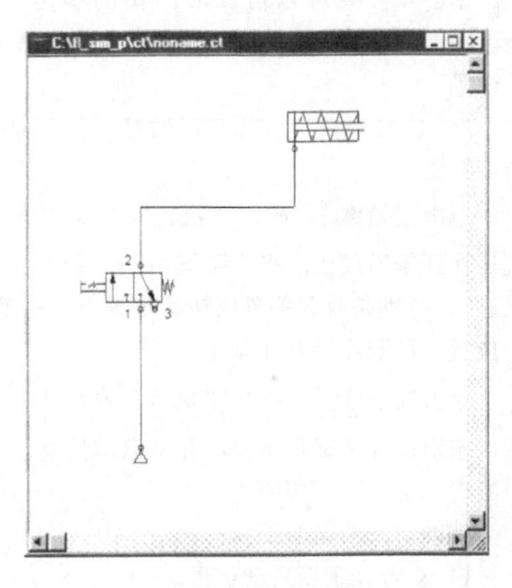

图 8-19 气动回路

8.3.3 气动回路的仿真

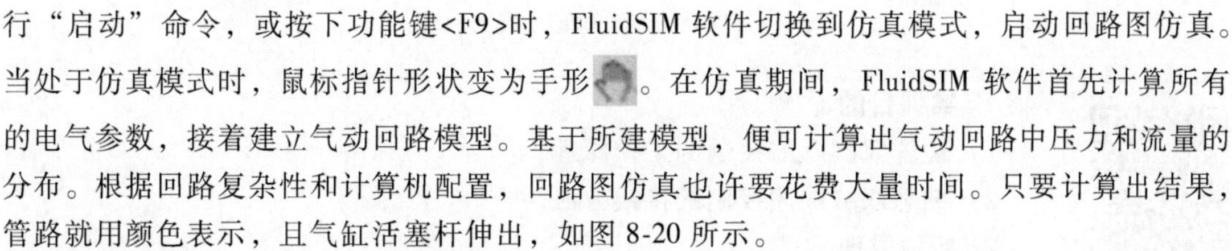

当单击按钮，或在“执行”菜单下执行“启动”命令，或按下功能键<F9>时，FluidSIM 软件切换到仿真模式，启动回路图仿真。当处于仿真模式时，鼠标指针形状变为手形。在仿真期间，FluidSIM 软件首先计算所有的电气参数，接着建立气动回路模型。基于所建模型，便可计算出气动回路中压力和流量的分布。根据回路复杂性和计算机配置，回路图仿真也许要花费大量时间。只要计算出结果，管路就用颜色表示，且气缸活塞杆伸出，如图 8-20 所示。

仿真回路图中，淡红色的电缆表示有电流流动，暗蓝色的气管路中有压力，淡蓝色的气管路中无压力。

在“选项”菜单下，执行“仿真”命令，用户可以定义颜色与状态值之间的匹配关系，暗蓝色管路的颜色浓度与压力相对应，其与最大压力有关。

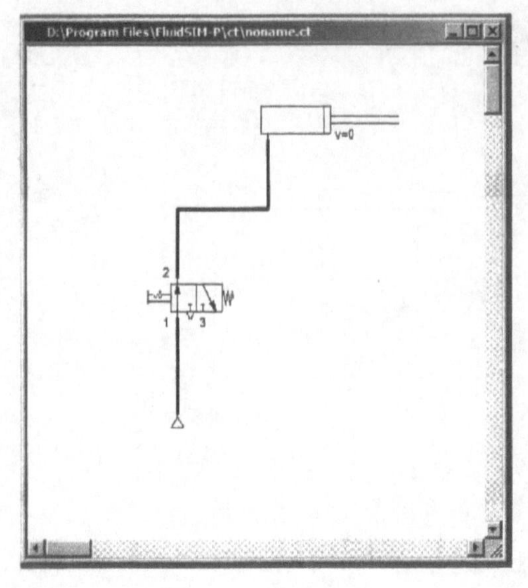

图 8-20 仿真回路

在 FluidSIM 软件中，仿真是以物理模型为基础的，这些物理模型是基于 FestoDidacticGmbH &. Co. 实验设备上的元件而建立的，因此，计算值应与测量值相一致。实际上，当比较计算值和测量值时，测量值常具有较大波动，这主要是由于元件制造误差、气管长度和空气温度等因素造成的。

通过鼠标单击回路图中的手控换向阀和开关，可实现其手动切换。

将鼠标指针移到左边开关上，当鼠标指针变为手指形状时，表明该开关可以被操作，单击开关就可以仿真回路图的实际性能。在本例中，一旦单击该开关，开关就闭合，自动开始重新计算，然后气缸活塞返回至初始位置。

FluidSIM 软件允许用户同时打开几个回路图，也就是说，FluidSIM 软件能够同时仿真几个回路图。

单击按钮 ，或在“执行”菜单下执行“停止”命令，可以将当前回路图由仿真模式切换到编辑模式。将回路图由仿真模式切换到编辑模式时，所有元件都将被置回“初始状态”。特别是将开关置成初始位置以及将换向阀切换到静止位置时，气缸活塞将回到上一个位置，且删除所有计算值。

单击按钮 ，或在“执行”菜单下执行“暂停”命令，或按功能键<F8>，可以将编辑状态切换为仿真状态，但并不启动仿真。在启动仿真之前，若设置元件，则这个特征是有用的。

辅助仿真功能如下：

1）复位和重新启动仿真。

2）单步模式仿真。

3）仿真至系统状态变化。

实训 8-1 装料装置控制系统

双缸顺序动作气动回路

1. 实训目的

1）理解双缸顺序控制的工作原理。

2）熟悉双缸顺序控制的接线方法。

2. 实训原理

本实训是用两个气缸从垂直料仓中取料并向滑槽传递工件，完成装料的过程。如图 8-21 所示，要求按下按钮后气缸 A 活塞杆伸出，将工件从料仓推出至气缸 B 的前面，气缸 B 活塞杆再伸出将其推入输送滑槽。此时气缸 A 活塞杆退回，退回到位后，气缸 B 活塞杆再退回，完成一次工件传递过程。

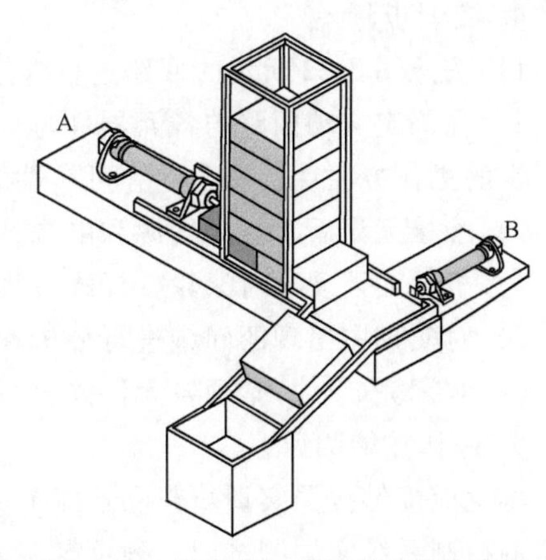

图 8-21 装料装置的控制系统示意图

装料装置的气动控制回路如图 8-22 所示。按下按钮阀 1，气缸 B 在原位压下行程阀 S_1，气控阀 2 左位工作，气缸 A 活塞杆伸出，把工件从料仓中推出至气缸 B 前面，气缸 A 活塞杆压下行程阀 S_3，气控阀 3 左位工作，气缸 B 活塞杆伸出，把工件推向滑槽，气缸 B 压下行程阀 S_2，气控阀 2 右位工作，气缸 A 活塞杆退回原位，气缸 A 活塞杆压下行程阀 S_4，气控阀 3 右位工作，气缸 B 活塞杆退回原位，气缸 B 活塞杆压下行程阀 S_1，一次工件传递过程结束，开始下一个循环。

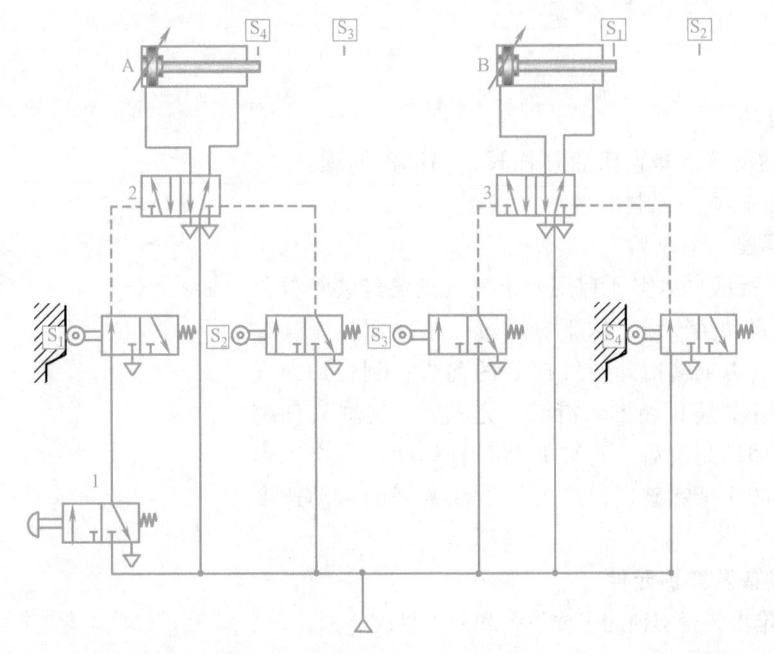

图 8-22 装料装置的气动控制回路

3. 主要设备及实训元件

装料装置的控制系统实训的主要设备和元件见表 8-2。

表 8-2 主要设备和元件

序号	主要设备和元件	序号	主要设备和元件
1	气源	5	二位五通双气控换向阀 2 个
2	气动实训平台	6	二位三通按钮阀 1 个
3	双作用气缸 2 个	7	气管若干
4	二位三通行程阀 4 个	8	气源处理装置 1 套

4. 实训步骤

1）按照图 8-22 所示的回路进行连接并检查。

2）在固定气动回路的各元器件时，要注意安装布局合理、美观。安装时，需要考虑气动元件的操作方便性、安全性和可靠性。

3）连接无误后，打开气源和电源，观察气缸运行情况。

4）根据实训现象对滚轮杠杆式行程阀和顺序控制的接线方法进行总结。

5）对实训中出现的问题进行分析和解决。

6）实训完成后，整理各元件并放回原位。

5. 操作技能测评

学生应能够按照实训步骤和技能测试记录表中的测评要求，进行独立思考和实训。装料装置的控制系统实训测试记录表可参照表 1-3 设计。

6. 实训报告与思考题

1）分析、总结两个双作用气缸的顺序工作原理。

2）总结两个双作用气缸顺序工作的接线。

实训 8-2 纸箱抬升推出装置

1. 实训目的

1）理解辅助阀（单向滚轮杠杆阀）消障的原理。

2）熟悉双缸顺序控制的接线方法。

2. 实训原理

如图 8-23 所示，本实训利用两个气缸把已经装箱打包完成的纸箱从自动生产线上取下。通过一个按钮控制气缸 A 活塞杆伸出，将纸箱抬升到气缸 B 的前方；到位后，气缸 B 活塞杆伸出，将纸箱推入滑槽；完成后，气缸 A 活塞杆首先缩回；回缩到位后，气缸 B 活塞杆缩回，一个工作过程完成。为防止纸箱破损，应对气缸活塞杆的运动速度进行调节。

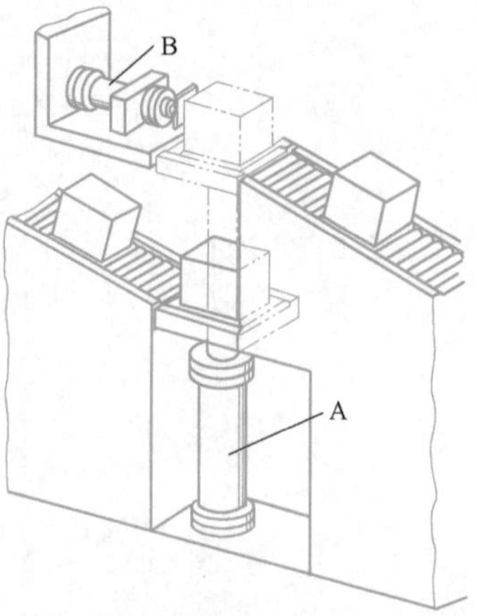

B
A

图 8-23 纸箱抬升推出装置示意图

3. 主要设备及实训元件

纸箱抬升推出装置实训的主要设备和元件见表 8-3。

表 8-3 主要设备和元件

序号	主要设备和元件	序号	主要设备和元件
1	气源	6	二位五通双气控换向阀 2 个
2	气动实训平台	7	二位三通按钮阀 1 个
3	双作用气缸 2 个	8	气管若干
4	二位三通行程阀 4 个	9	气源处理装置 1 套
5	单向节流阀 2 个		

4. 实训步骤

1）按照图 8-24 所示的回路进行连接并检查。

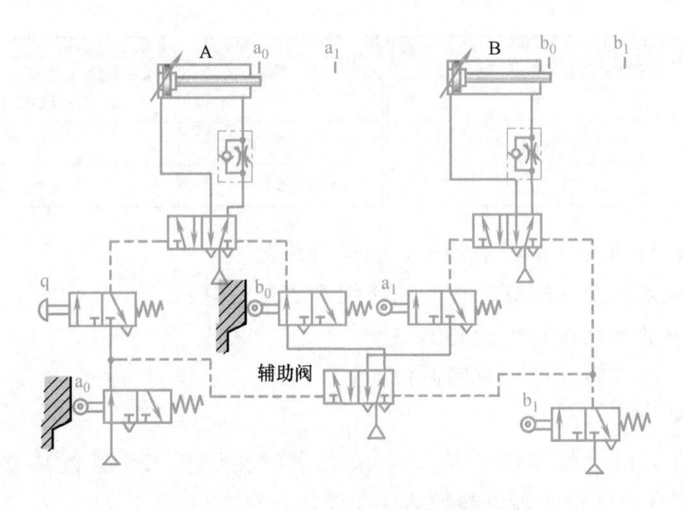

图 8-24 采用辅助阀消障的气动回路图

2）在固定气动回路的各元器件时，要注意安装布局合理、美观。安装时，需要考虑气动元件的操作方便性、安全性和可靠性。

3）连接无误后，打开气源和电源，观察气缸的运行情况。

4）根据实训现象对单向滚轮行程阀和顺序控制的接线方法进行总结。

5）对实训中出现的问题进行分析和解决。

6）实训完成后，整理各元件并放回原位。

5. 操作技能测评

学生应能够按照实训步骤和技能测试记录表中的测评要求，进行独立思考和实训。纸箱抬升推出装置实训测试记录表可参照表 1-3 设计。

6. 实训报告与思考题

分析、总结图 8-24 所示气动回路是如何采用单向滚轮杠杆阀消除回路障碍信号的。

实训 8-3 FluidSIM 软件仿真

1. 实训目的

1）掌握 FluidSIM 仿真软件的使用方法。

2）熟悉三个气缸顺序控制的工作原理。

2. 实训原理

用脉冲信号法设计气动控制回路图，并用 FluidSIM 软件画出回路图。三个气缸的动作顺序为 A+→A-→B+→C+→C-→B-（“+”表示气缸活塞杆伸出，“-”表示气缸活塞杆缩回）。

3. 主要设备及实训元件

Fluid SIM 软件仿真实训的主要设备和元件见表 8-4。

4. 实训步骤

1）按照所设计的三个气缸顺序控制回路进行仿真回路连接，并检查。

2）在固定气动回路的各元器件时，要注意安装布局合理、美观。

表 8-4　主要设备和元件

序号	主要设备和元件	序号	主要设备和元件
1	气源	4	二位五通电磁换向阀 3 个
2	气动实训平台	5	气管若干
3	双作用气缸 3 个	6	气源处理装置 1 套

3）连接无误后，启动仿真，观察各气缸的运行情况。

4）根据实训现象对三个气缸顺序控制的接线方法进行总结。

5）对实训中出现的问题进行分析和解决。

6）实训完成后，整理各元件并放回原位。

5. 操作技能测评

学生应能够按照实训步骤和技能测试记录表中的测评要求，进行独立思考和实训。Fluid SIM 仿真软件实训测试记录表可参照表 1-3 设计。

6. 实训报告与思考题

分析、总结利用 Fluid SIM 软件进行气动回路仿真的工作步骤。

思考与练习

1. 什么是Ⅰ型故障信号？Ⅰ型故障常用的排除方法有哪些？

2. 什么是Ⅱ型故障信号？Ⅱ型故障常用的排除方法有哪些？

3. 运用 X-D 图法，设计三个缸按“A+→B-→C+→B+→A-→C-”顺序动作的气动回路。

第9章 CHAPTER 9 气压传动系统电气控制与设计

在实际设备中，气压传动系统除了包括气动元件外，通常还有电动机、机械执行元件等，工作过程较为复杂。采用电气控制方式，不仅能对不同类型的执行元件实现集中控制，而且还能满足比较复杂的控制逻辑要求。气压传动技术与电子控制技术相结合，已成为实现现代传动与控制的关键技术之一，尤其在各种自动化生产线上得到了广泛应用。本章重点介绍和电气控制有关的低压电气元件、位置传感器及继电器的控制回路设计。

9.1 电气控制基本知识

9.1.1 低压电气元件

低压电气元件通常是指在交流额定电压1200V、直流额定电压1500V及以下的电路中起通断、保护、控制或调节作用的电器产品。

1. 按钮

按钮是一种用人力（一般为手指或手掌）操作，并具有储能复位的开关电气元件，主要用于在电气控制线路中发布命令及电气联锁。

图9-1a所示为普通点动按钮的结构示意图。操作时，将按钮帽往下按，桥式动触头3向下运动，与常闭触头5先断开，再与常开触头4接通。一旦操作人员的手指离开按钮帽，在复位弹簧2的作用下，先与常开触头4断开，然后与常闭触头5接通。图9-1b所示为其实物图。

各种按钮符号如图9-2所示。

2. 继电器

继电器是一类监测各种电量或非电量的电气元件，广泛用于电动机或电路的保护以及生产过程自动化控制。一般来说，继电器首先通过测量环节输入外部信号（如电压、电流等电量或温度、压力、速度等非电量）并传递给中间机构；然后将它与设定值（即整定值）进行比较，当达到整定值时，中间机构就使执行机构产生输出动作，从而闭合或分断电路，

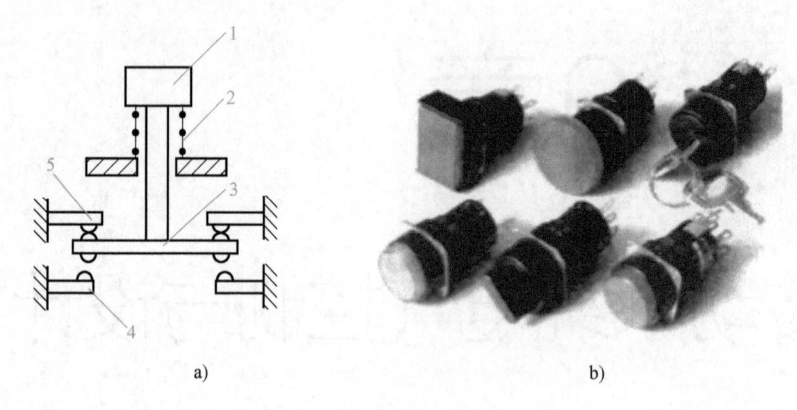

图 9-1 普通点动按钮

a）结构示意图 b）实物图

1—按钮帽 2—复位弹簧 3—桥式动触头 4—常开触头 5—常闭触头

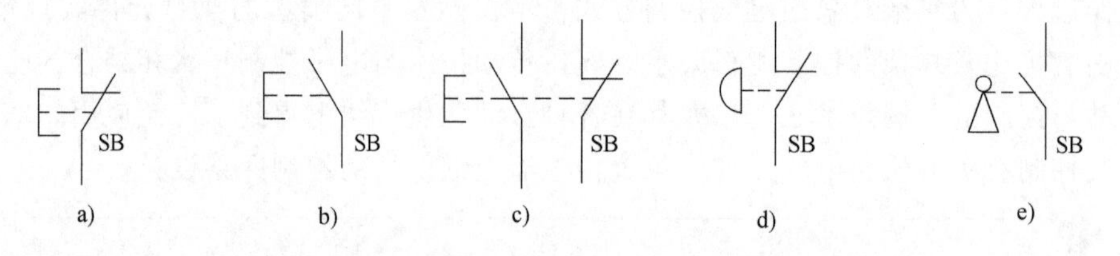

图 9-2 按钮符号

a）常闭按钮 b）常开按钮 c）复合按钮 d）急停按钮 e）钥匙操作按钮

达到控制电路的目的。常用的继电器有中间继电器和时间继电器等。

（1）中间继电器　如图 9-3 所示，中间继电器由线圈、铁心、衔铁、复位弹簧、触点及端子组成，由线圈磁场产生的电磁力来接通或断开触点。当继电器线圈流过电流时，衔铁就会在电磁力的作用下克服弹簧压力，使常闭触点断开，常开触点闭合；当继电器线圈无电流时，电磁力消失，衔铁在返回弹簧的作用下复位，使常闭触点闭合，常开触点打开。中间继电器的线圈及触点的图形符号如图 9-4 所示。

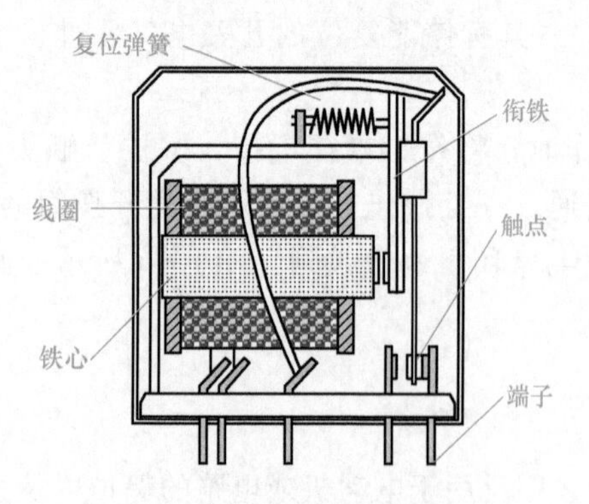

图 9-3 中间继电器结构原理图

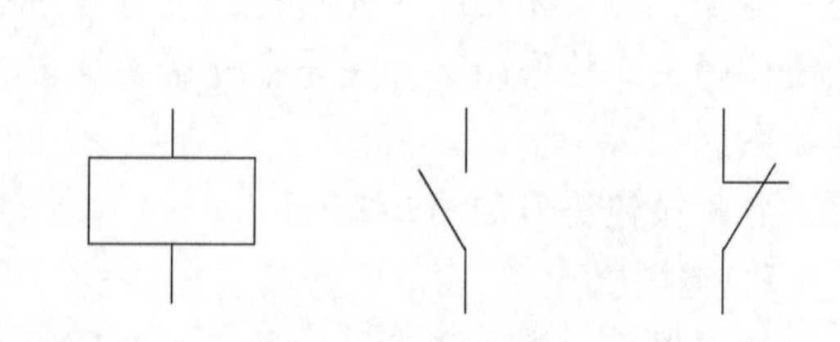

图 9-4 中间继电器的线圈及触点的图形符号

因为继电器线圈消耗电力很小，所以用很小的电流通过线圈即可使电磁铁励磁，而其控制的触点可通过相当大的电压、电流，这是继电器触点的容量放大机能。

（2）时间继电器　时间继电器是一种利用电磁或机械动作原理实现触头延时通或断的电气元件，常用的有电磁式、空气阻尼式、电动式和晶体管式等。

图 9-5a 所示为通电延时型空气阻尼式时间继电器的结构示意图。线圈 1 通电后，吸下动铁心 2，活塞 3 因失去支承，在释放弹簧 4 的作用下开始下降，带动伞形活塞 5 和固定在其上的橡皮膜 6 一起下移，在膜上面形成空气稀薄的空间。伞形活塞 5 由于受到下面空气的压力，只能缓慢下降。经过一定时间后，杠杆 7 才能碰触微动开关 8，使常闭触点断开，常开触点闭合。可见，从电磁线圈通电开始到触点动作为止，中间经过一定的延时，这就是时间继电器的延时作用。延时长短可以通过螺钉 9 调节进气孔的大小来改变。空气阻尼式时间继电器的延时范围较大，可达 0. 4～180s。当电磁线圈断电后，活塞在弹簧 10 的作用下迅速复位，气室内的空气经由气孔 11 及时排出，断电不延时。

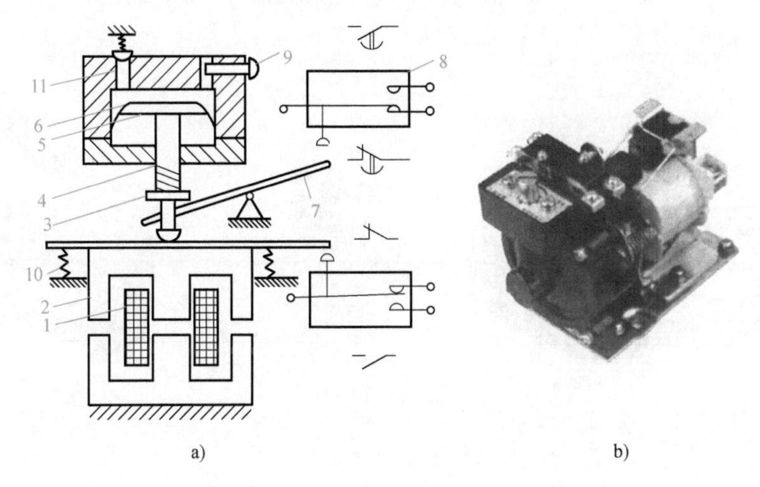

图 9-5　通电延时型空气阻尼式时间继电器

a）结构示意图　b）实物图

1—线圈　2—动铁心　3—活塞　4、10—弹簧　5—伞形活塞　6—橡皮膜　7—杠杆　8—微动开关　9—螺钉　11—气孔

时间继电器目前在电气控制回路中应用非常广泛。它与中间继电器的相同之处是都由线圈和触点构成；而不同的是：在时间继电器中，当输入信号时，电路中的触点经过一定时间后才闭合或断开。按照输出触点的动作形式，时间继电器分为以下两种（图 9-6）：

1）延时闭合继电器。当继电器线圈通电时，经过预置时间延时，继电器触点闭合；当继电器线圈未通电时，继电器触点断开。

2）延时断开继电器。当继电器线圈通电时，继电器触点闭合；当继电器线圈未通电时，经过预置时间延时，继电器触点断开。

9. 1. 2　位置开关

1. 行程开关

行程开关（图 9-7）是一种按工作机械的行程，发出操作命令的位置开关，主要用于工作机械的限位及流程控制。其动作原理与控制按钮类似，只是它用运动部件上的撞块来碰撞行程开关的推杆。

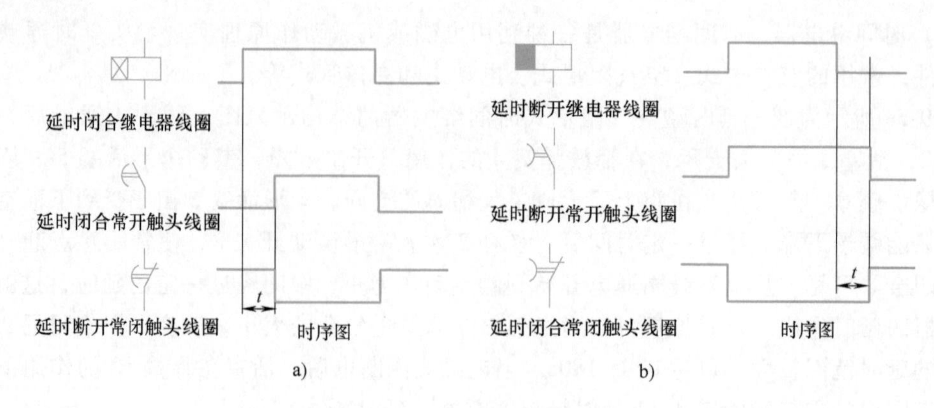

图 9-6 时间继电器线圈及其触点图形符号和时序图

a）延时闭合 b）延时断开

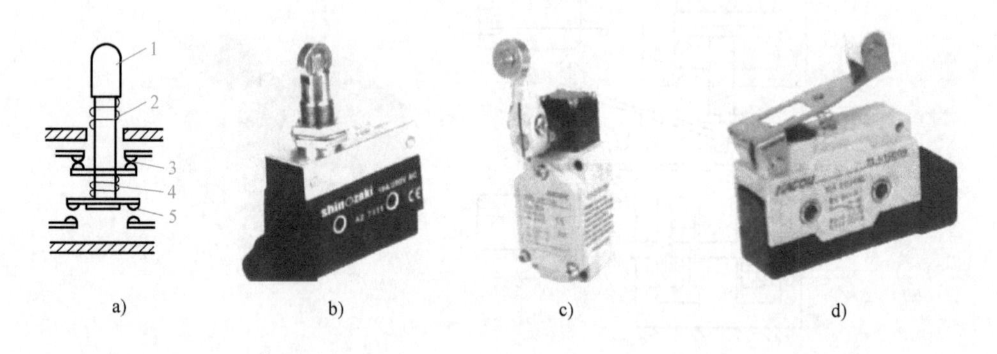

图 9-7 行程开关

a）结构原理 b）滚轮式 c）双向滚轮式 d）单向滚轮式

1—推杆 2—复位弹簧 3—常闭触头 4—触头弹簧 5—常开触头

2. 磁性开关

磁性开关是用来检测气缸活塞位置的，即检测活塞的运动行程。它可分成有触点和无触点两种，这里只介绍有触点的舌簧式磁性开关。

（1）舌簧式磁性开关的工作原理 如图 9-8 所示，舌簧式磁性开关被成形于合成树脂块内，有的还将动作指示灯和过电压保护电路也塑封在内。带有磁环的气缸活塞移动到一定位置，舌簧开关进入磁场内，两簧片被磁化而相互吸引，触点闭合，发出电信号；活塞移开，舌簧开关离开磁场，簧片失磁，触点自动脱开。

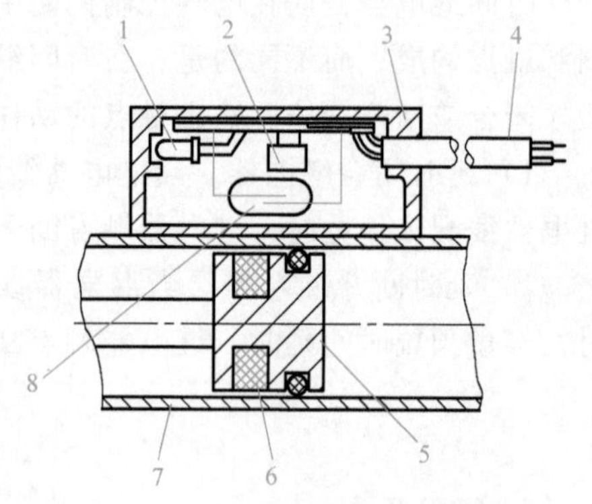

图 9-8 舌簧式磁性开关的工作原理

1—动作指示灯 2—保护电路 3—开关外壳 4—导线 5—活塞 6—磁环 7—缸筒 8—舌簧开关

（2）舌簧式磁性开关的工作特点

1）触点密闭在惰性气体中，减少开闭时火花引起的氧化，避免灰尘污染；触点镀贵金属，耐磨。

2）用舌簧式磁性开关来检测活塞的位置，在设计、加工、安装、调试等方面，都比使用其他限位

开关方式简单、省时。内部阻抗小，在无指示灯的情况下，一般为1Ω以下；若内置触点保护回路，在25Ω以下。吸合功率小，过载能力较差。

3）舌簧式磁性开关安装位置的改变很方便。有动作指示灯显示，安装、维护、检查都非常方便。寿命达$10^7 \sim 10^8$次，价廉，易冷焊黏结。

4）响应快，动作时间为1.2ms。耐冲击，冲击加速度可达300m/s。无漏电流存在。

（3）舌簧式磁性开关的内部电路　如图9-9所示，舌簧式磁性开关的内部电路有指示灯，但无触点保护电路，正向接线，当开关吸合时，指示灯（发光二极管）点亮；反向接线，开关仍可吸合，通过稳压二极管接通电路，但指示灯不亮。

（4）舌簧式磁性开关的安装　舌簧式磁性开关广泛应用于气缸的位置检测，大部分的气缸都留有舌簧式磁性开关的安装位置（如沟槽），且安装位置可以调整，如图9-10所示。

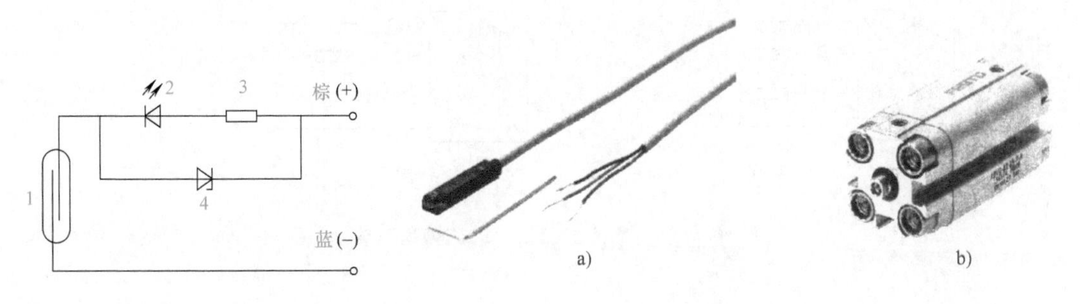

图9-9　舌簧式磁性开关的内部电路

1—舌簧开关　2—发光二极管

3—电阻　4—稳压二极管

图9-10　舌簧式磁性开关的安装

a）舌簧式磁性开关　b）带有安装槽的紧凑型气缸

3. 接近开关

接近开关是利用位移传感器对接近物体的敏感特性，来控制开关通断的装置。当有物体移向接近开关，并接近到一定距离时，位移传感器感知到物体，从而控制开关通断。接近开关一般为晶体管开关。

（1）电感式接近开关

1）电感式接近开关的工作原理。电感式接近开关是一种有开关量输出的位置传感器，它由LC高频振荡器和放大处理电路组成，如图9-11所示。当金属物体靠近接近开关时，探头产生电磁振荡，金属物体内部会产生涡流。金属物体产生的涡流反作用于接近开关，使接近开关振荡能力衰减，内部电路的参数发生变化，开关状态发生变化，从而识别出金属物体。电感式接近开关也常称为涡流式接近开关。

由电感式接近开关的工作原理可知，电感式接近开关是根据振荡电路衰减来判断有无物体接近的。被测物体要有能影响电磁场使接近开关的振荡电路产生涡流的能力，所以电感式

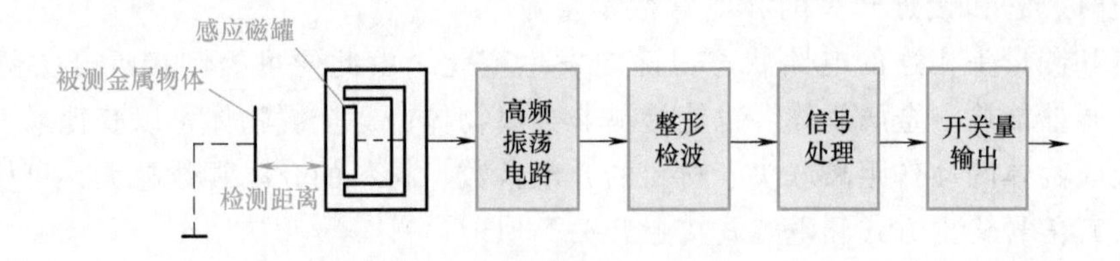

图9-11　电感式接近开关工作原理示意图

接近开关一般只能用来测量金属物体。

2）电感式接近开关的输出方式。图 9-12 所示为电感式接近开关的输出方式。其中，棕色和蓝色分别接 24V 电源的正负极，黑色和黄色（有时为白色）分别为常开（NO）和常闭（NC）的信号输出线，NPN 和 PNP 分别代表输出晶体管类型。

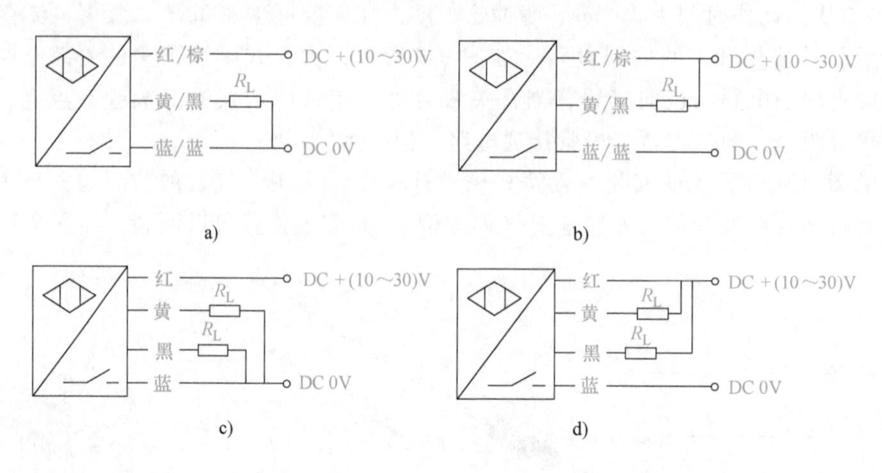

图 9-12 电感式接近开关的输出方式

a）PNP 型 b）PNP 型 c）PNP 一开一闭型 d）NPN 一开一闭型

对于四线制 PNP 型电感接近开关而言，当有信号触发时，信号输出线与电源连接，输出高电平。对于常开触头，在没有信号触发时，输出线是悬空的，即电源线和信号输出线断开；有信号时，发出和电源相同的电压，即电源线和信号输出线连接。对于常闭触头，在没有信号触发时，发出和电源相同的电压；有信号触发时，输出线被悬空。

对于四线制 NPN 型电感式接近开关而言，当有信号触发时，信号输出线和地线连接，相当于输出低电平。对于常开触头，在没有信号触发时，输出线是悬空的，即地线和信号输出线断开；有信号时，发出和地线相同的电压，即地线和信号输出线连接。对于常闭触头，在没有信号触发时，发出和地线相同的电压；有信号触发时，输出线被悬空。

图 9-13 所示为电感式接近开关的实物和符号。

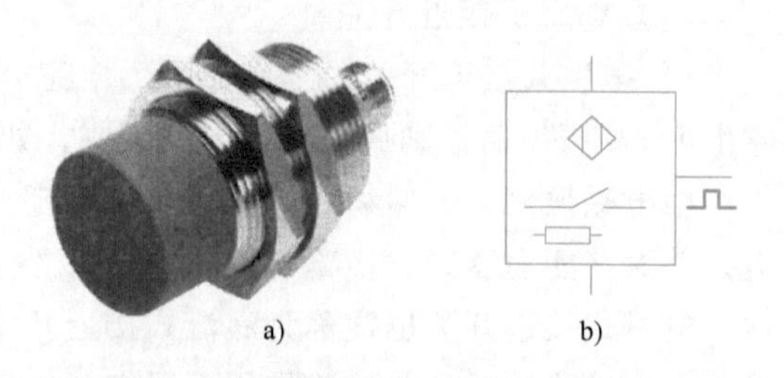

图 9-13 电感接近开关的实物和符号

a）实物 b）符号

（2）电容式接近开关　如图 9-14 所示，电容式接近开关也属于一种具有开关量输出的位置传感器，它的测量头通常是构成电容器的一个极板，而另一个极板是物体本身。当物体移向接近开关时，它和接近开关的介电常数发生变化，使得和测量头相连的电路状态也随之发生变化，由此便可控制接近开关的接通和关断。电容传感器能检测金属物体，也能检测非金属物体：对金属物体可以获得最大的动作距离；对非金属物体的动作距离取决于材料的介电常数，材料的介电常数越大，可检测的动作距离越大。其信号输出方式和电感式接近开关类似。

图 9-15 所示为电容式接近开关的实物和符号。

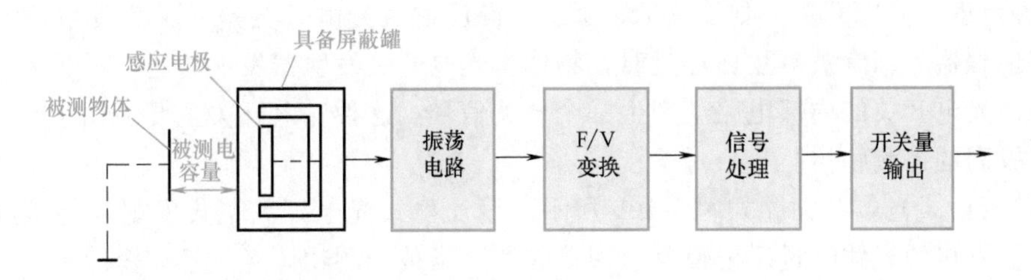

图 9-14 电容式接近开关工作原理示意图

图 9-15 所示为电容式接近开关的实物和符号。

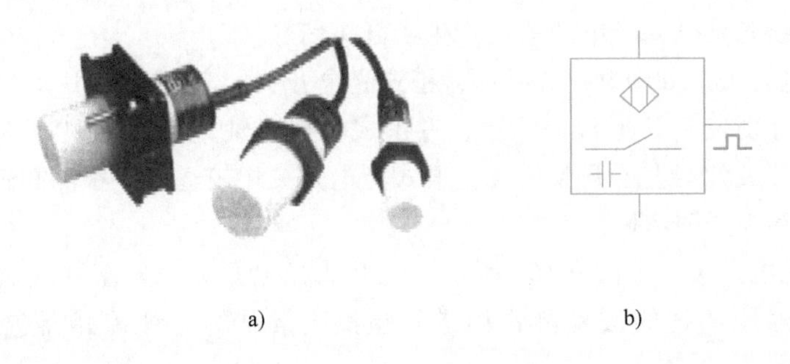

图 9-15 电容式接近开关的实物和符号

a）实物 b）符号

（3）光电式接近开关 光电式接近开关简称光电开关（光电传感器），它是利用被检测物对光束的遮挡或反射，加上内部检测电路，来检测物体有无的。物体不限于金属，所有能反射光线的物体均可被检测。光电开关将输入电流通过发射器转换为光信号射出，接收器再根据接收到的光线强弱或有无对目标物体进行探测。多数光电开关选用的是波长接近可见光的红外线光波型。根据工作原理的不同，光电开关大致可分为以下几种（图 9-16）：

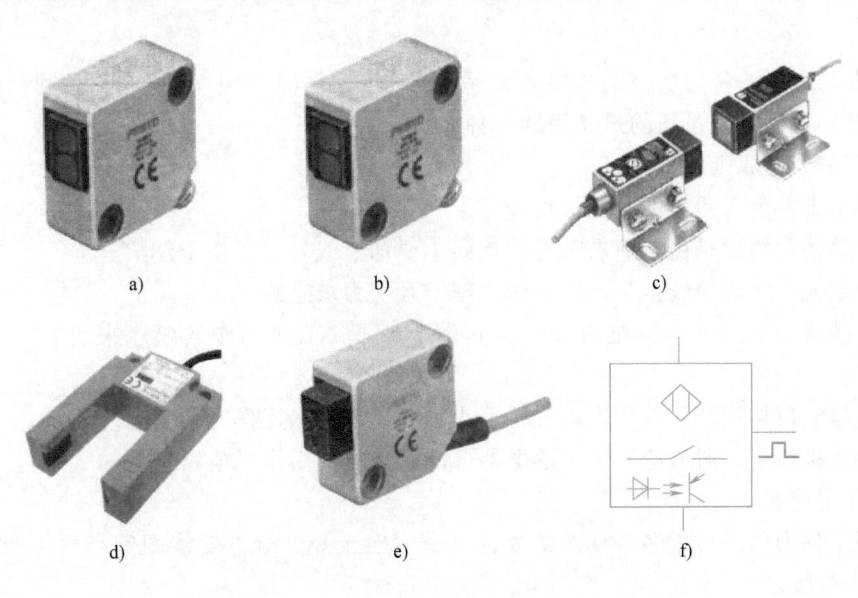

图 9-16 光电开关

a）漫反射式 b）镜反射式 c）对射式 d）槽式 e）光纤式 f）符号

1）漫反射式光电开关。如图 9-16a 所示，漫反射式光电开关是一种集发射器和接收器于一体的传感器。当有被测物体经过时，物体将光电开关发射器发射的足够量的光线漫反射到接收器，光电开关的内部电路就产生一个开关信号。这种光电开关主要适用于有光亮或表面反光率极高的被测物体。

2）镜反射式光电开关。如图 9-16b 所示，镜反射式光电开关也集发射器与接收器于一体，发射器发出的光线经过反射镜反射回接收器，当被检测物体经过且完全阻断光线时，光电开关就产生了开关信号。

3）对射式光电开关。如图 9-16c 所示，对射式光电开关的发射器和接收器在结构上相互分离，沿光轴相对放置，发射器发出的光线直接进入接收器，当被检测物体经过发射器和接收器之间且阻断光线时，光电开关就产生了开关信号。

4）槽式光电开关。如图 9-16d 所示，槽式光电开关因其有一个 U 形结构而得名，它的发射器和接收器分别位于 U 形槽的两边，并形成一根光轴，当被检测物体经过 U 形槽且阻断光轴时，光电开关就产生了开关信号。槽式光电开关比较适合于检测高速运行的物体，它还可以分辨透明和半透明物体。

5）光纤式光电开关。如图 9-16e 所示，光纤式光电开关采用塑料或玻璃光纤传感器来引导光线，可以对距离远的被检测物体进行检测。常见的光纤传感器包括对射式和漫反射式。

光电开关的接线方式和电感式接近开关类似，也分为 PNP 输出和 NPN 输出，常开和常闭，在电源信号输入端（棕色/蓝色）接入直流 24V 电压，通过检测黑色线上有无电压来判断开关的通断。光电开关符号如图 9-16f 所示。

9.2 电气图绘制原则

电气图通常以一种层次分明的梯形表示，也称为梯形图（图 9-17）。它是利用电气元件符号进行顺序控制系统设计的最常用的一种方法。

梯形图的绘图原则如下：

1）图形上端为火线，下端为接地线。

2）电路图的构成是由左而右进行，接线上要加上线号，以便于读图。

3）控制元件的连接线接于电源母线之间，且应力求直线。

4）连接线与元件的实际配置无关，其由上而下，依照动作的顺序来决定。

5）连接线所连接的元件均以电气符号表示，且均为未操作时的状态。

6）在连接线上，所有的开关、继电器等的触点位置由水平电路上侧的电源母线开始连接。

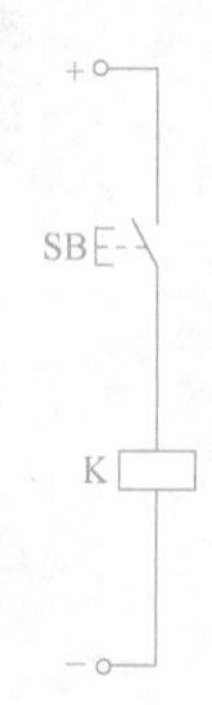

图 9-17　梯形图

7）一个梯形图网络由多个梯级组成，每个输出元素（继电器线圈等）可构成一个梯级。

8）在连接线上，各种负载，如继电器、电磁线圈、指示灯等的位置通常是输出元素，要放在水平电路的下侧。

9）在以上各元件的电气符号旁注上文字符号。

9.3 基本电气回路

9.3.1 是门电路

是门电路是一种简单的通断电路，能实现是门逻辑电路。图 9-18 所示为是门电路，按下按钮 PB，电路 1 导通，继电器线圈 K 励磁，其常开触点闭合，电路 2 导通，指示灯亮。若放开按钮，则指示灯熄灭。

9.3.2 或门电路

图 9-19 所示的或门电路也称为并联电路，只要按下三个手动按钮中的任何一个，就能使继电器线圈 K 通电。例如：可实现在一条自动生产线上的多个操作点作业。或门电路的逻辑方程为 S=a+b+c。

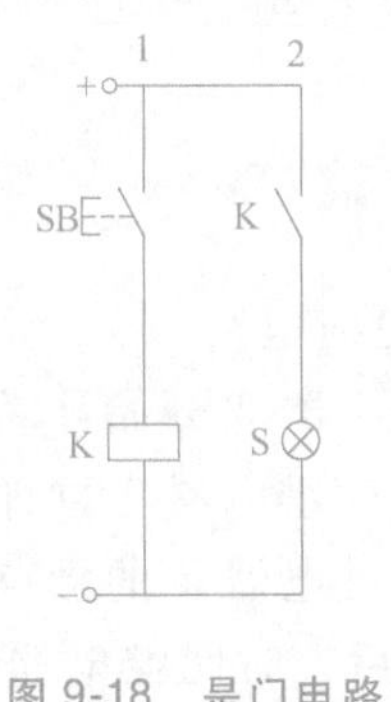

图 9-18 是门电路

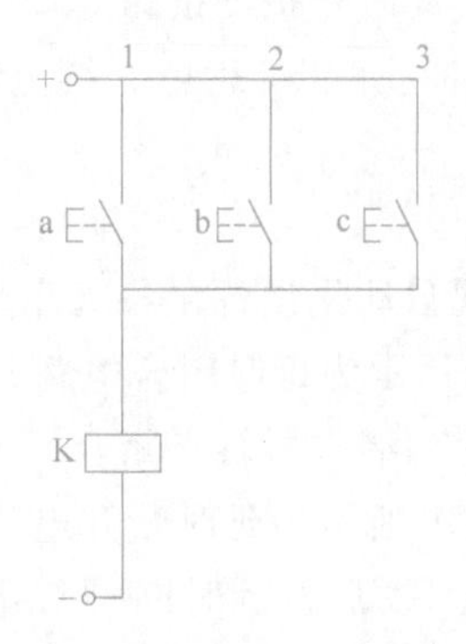

图 9-19 或门电路

9.3.3 与门电路

图 9-20 所示的与门电路也称为串联电路，只有将按钮 a、b、c 同时按下，电流才通过继电器线圈 K。例如：一台设备为防止误操作，保证安全生产，安装了两个起动按钮，只有操作者将两个起动按钮同时按下时，设备才能运行。与门电路的逻辑方程为 S= abc。

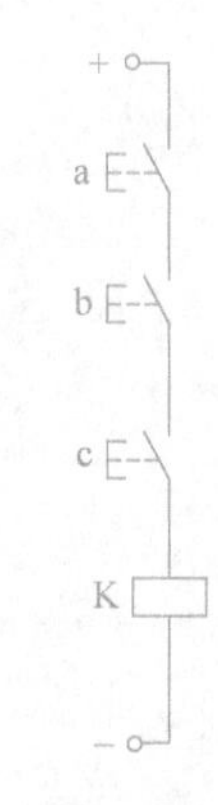

图 9-20 与门电路

9.3.4 自保持电路

自保持电路又称为记忆电路，在各种液压、气压装置的控制电路中很常用，尤其是使用单电控电磁换向阀控制液压缸、气缸的运动时，需要使用自保持电路。图 9-21 所示为两种自保持电路。

在图 9-21a 中，按钮 SB1 按一下即放开，是一个短信号，继电器线圈 K 得电，第 2 条线上的常开触点 K 闭合，即使松开按钮 SB1，继电器 K 也将通过常开触点 K 继续保持得电状态，使继电器 K 获得记忆。图 9-21a 中的 SB2 是用来解除自保持的按钮。当 SB1 和 SB2 被同时按下时，SB2 先切断电路，SB1 无效，因此这种电路也称为停止优先自保持电路。

图 9-21b 所示为另一种自保持电路，在这种电路中，当 SB1 和 SB2 被同时按下时，SB1 使继电器线圈 K 得电，SB2 无效，这种电路也称为起动优先自保持电路。

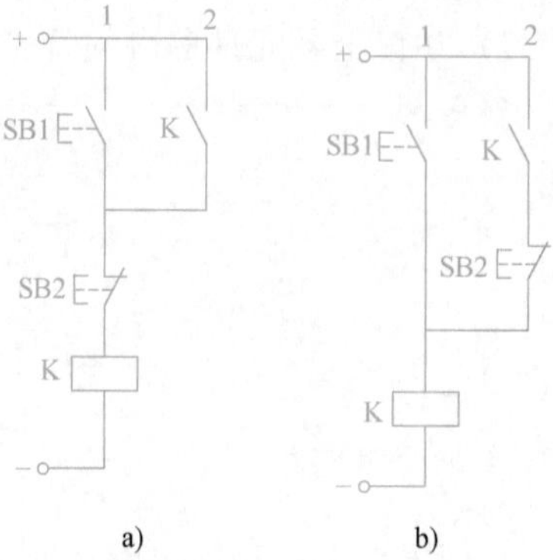

图 9-21 自保持电路

a）停止优先自保持电路

b）起动优先自保持电路

9.3.5 互锁电路

互锁电路用于禁止错误动作的发生，以保护设备、人员安全，如电动机的正转和反转，气缸的伸出和缩回。为防止同时输入相互矛盾的动作信号，使电路短路与烧坏线圈，控制电路应加互锁功能。如图 9-22 所示，按下按钮 SB1，继电器线圈 K1 得电，第 2 条线上的触点 K1 闭合，继电器 K1 形成自保，第 3 条线上 K1 的常闭触点断开，此时若按下按钮 SB2，则继电器线圈 K2 一定不会得电。同理，若先按下按钮 SB2，则继电器线圈 K2 得电，继电器线圈 K1 一定不会得电。

9.3.6 延时电路

为了实现自动化设备在各工序时间内自动工作，需要采用延时电路。

图 9-23a 所示为延时闭合电路，当按下开关 SB 后，延时继电器 T 开始计时，经过设定的时间后，时间继电器触点闭合，电灯点亮；当放开 SB 后，延时继电器 T 立即断开，电灯熄灭。图 9-23b 所示为延时断开电路，当按下开关 SB 后，时间继电器 T 的触点闭合，电灯点亮；当放开 SB 后，延时断开继电器开始计时，到规定时间后，时间继电器触点 T 才断开，电灯熄灭。

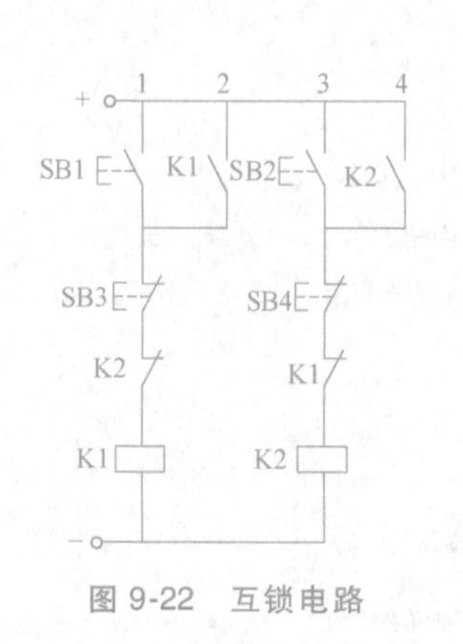

图 9-22 互锁电路

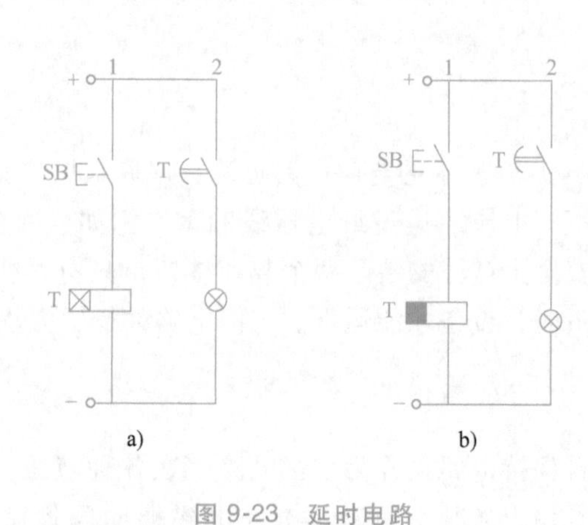

图 9-23 延时电路

a）延时闭合 b）延时断开

9.4 电气-气动程序控制回路设计

在设计电气-气动程序控制回路时，应将电气控制回路和气动动力回路分开画，两种图上的文字符号应一致，便于对照。电气控制回路的设计方法有多种，本书主要介绍经验法。

9.4.1 用经验法设计电气回路图

1. 用经验法设计电气回路图的优缺点

所谓经验法，是应用气动的基本控制方法和设计者的经验来设计电气回路。这种设计方法的优点是，设计者凭借自身的积累经验，能快速地设计出控制回路，常用于较简单的回路设计。但其缺点是，设计方法较主观，不宜用于较复杂的控制回路。

在设计电气图之前，首先设计好气动回路，确定与电气图有关的主要技术参数。在电气-气动系统中，常用的主控阀有单电控二位三通电磁换向阀、单电控二位五通电磁换向阀、双电控二位五通电磁换向阀及双电控三位五通电磁换向阀。

2. 用经验法设计电气图的注意事项

在用经验法设计电气图时，需注意以下几方面问题：

（1）分清电磁换向阀的结构差异　在控制电路的设计中，按电磁换向阀的结构不同，将其分为脉冲控制和保持控制。双电控二位五通电磁换向阀是利用脉冲控制的，而单电控二位三通电磁换向阀和单电控二位五通电磁换向阀是利用保持控制的。电流是否持续保持，是电磁换向阀换向的关键。利用脉冲控制的电磁换向阀，具有记忆功能，无须自保，所以此类电磁换向阀没有弹簧。为了避免因误动作造成电磁换向阀线圈同时通电而烧毁，设计控制电路时必须考虑互锁保护。利用保持电路控制的电磁换向阀，必须考虑使用继电器实现中间记忆，此类电磁换向阀通常具有弹簧复位或弹簧中位，这种电磁换向阀比较常用。

（2）注意动作模式　如果气缸的动作是单个循环，则用按钮开关操作前进，利用行程开关或按钮开关控制回程。若气缸动作为连续循环，则利用按钮开关控制电源的通、断电，在控制电路上比单个循环多加一个信号传送元件（如行程开关），使气缸完成一次循环后能再次动作。

（3）对行程开关（或按钮开关）是常开触点还是常闭触点的判别　用二位五通或二位三通单电控电磁换向阀控制气缸运动时，欲使气缸前进，则控制电路上的行程开关（或按钮开关）应以常开触点的形式接线，只有这样，当行程开关（或按钮开关）动作时，才能把信号传送给使气缸前进的电磁线圈。相反，欲使气缸后退，则控制电路上的行程开关（或按钮开关）应以常闭触点的形式接线，只有这样，当行程开关（或按钮开关）动作时，才能把信号传送给使气缸后退的电磁线圈。

9.4.2 用经验法设计典型的电气动回路图

1. 用单电控二位五通电磁换向阀控制双作用气缸运动

【例 1】　设计用单电控二位五通电磁换向阀控制双作用气缸的自动单往复回路，双作用气缸自动单往复动作流程图如图 9-24 所示。

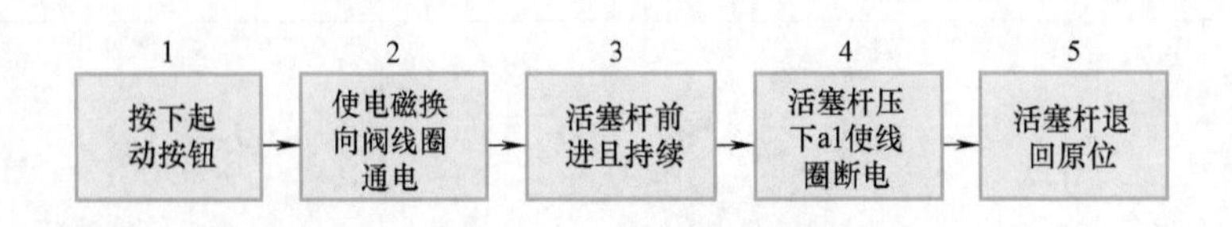

图 9-24　双作用气缸自动单往复动作流程图

利用手动按钮控制单电控二位五通电磁换向阀来操作双作用气缸实现单个循环，设计的气动回路图如图 9-25a 所示。结合图 9-24 所示的动作流程，依照设计步骤完成 9-25b 所示的电气图。

（1）设计步骤

1）将起动按钮 SB1 及继电器 K 置于 1 号线上，继电器的常开触点 K 及电磁换向阀线圈 YA 置于 3 号线上。当 SB1 被按下时，电磁换向阀线圈 YA 通电，电磁换向阀换向，活塞前进，完成方框 1、2（图 9-24）的要求，如图 9-25b 中的 1 号线和 3 号线所示。

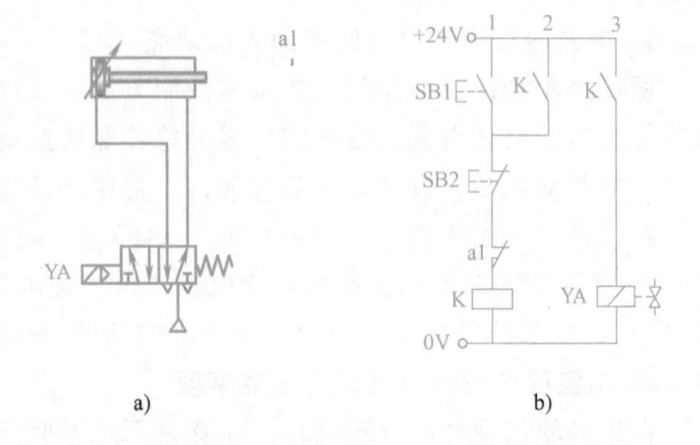

图 9-25　双作用气缸的自动单往复动作回路
a）气动回路图　b）电气图

2）由于 SB1 为一点动按钮，手一放开，电磁换向阀线圈 YA 就会断电，则活塞后退。为使活塞保持前进状态，必须将继电器 K 所控制的常开触点接于 2 号线上，形成一自保电路，完成方框 3（图 9-24）的要求，如图 9-25b 中的 2 号线所示。

3）将行程开关 a1 的常闭触点接于 1 号线上，当活塞杆压下 a1，切断自保电路时，电磁铁 YA 断电，电磁换向阀复位，活塞退回，完成方框 5（图 9-24）的要求。图 9-25b 中的 SB2 为停止按钮。

（2）动作说明

1）将起动按钮 SB1 按下，继电器线圈 K 通电，2 号线和 3 号线上的常开触点闭合，继电器 K 自保，同时 3 号线接通，电磁换向阀线圈 YA 通电，活塞前进。

2）活塞杆压下行程开关 a1，切断自保电路，1 号线和 2 号线断路，继电器线圈 K 断电，K 所控制的触点恢复原位。同时，3 号线断开，电磁换向阀线圈 YA 断电，活塞后退。

【例 2】　设计用单电控二位五通电磁换向阀控制的双作用气缸自动连续往复回路，双作用气缸自动连续往复的动作流程图如图 9-26 所示。

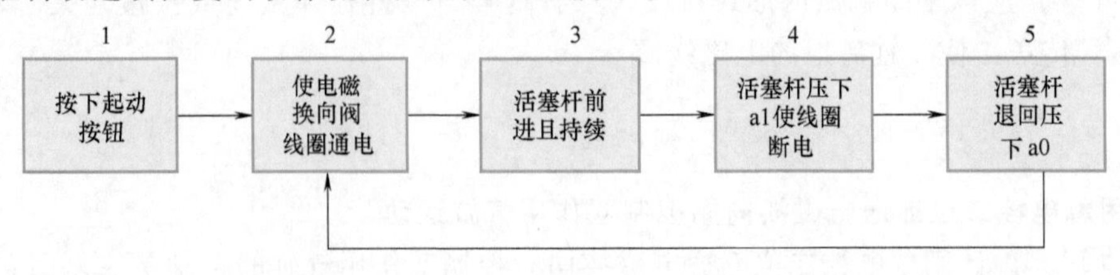

图 9-26　双作用气缸的自动连续往复动作流程图

利用单电控二位五通电磁换向阀控制的双作用气缸自动连续往复动作气动回路图如图9-27a所示。结合图9-26所示的双作用气缸的自动连续往复动作流程图，设计的电气图如图9-27b所示。

（1）设计步骤

1）将起动按钮SB1及继电器K1置于1号线上，继电器的常开触点K1置于2号线上，并与SB1并联，和1号线形成一自保电路。在火线上加一继电器K1的常开触点。当SB1被按下时，继电器K1线圈所控制的常开触点K1闭合，3、4和5号线上才接通电源。

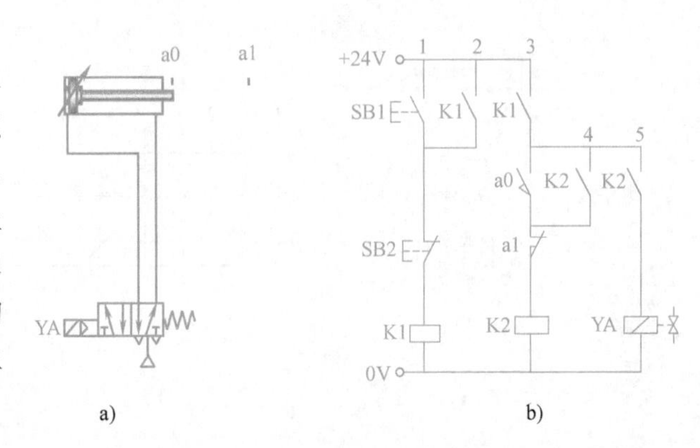

图9-27 双作用气缸自动连续往复动作回路

a）气动回路图 b）电气图

2）为得到下一次循环的开始，必须多加一个行程开关，使活塞杆退回压到a0再次使电磁换向阀通电。为完成这一功能，a0以常开触点的形式接于3号线上，系统在未起动之前活塞杆压在a0上，故a0的起始位置是接通的。

3）对图9-25b稍加修改，即可得到图9-27b所示的电气图。

（2）动作说明

1）按下起动按钮SB1，继电器线圈K1通电，2号线和火线上的K1所控制的常开触点闭合，继电器K1形成自保。

2）3号线接通，继电器K2通电，4、5号线上的继电器K2的常开触点闭合，继电器K2形成自保。

3）5号线接通，电磁换向阀线圈YA通电，活塞前进。

4）当活塞杆压下a1时，继电器线圈K2断电，K2所控制的常开触点恢复原位，继电器K2的自保电路断开，4、5号线断路，电磁换向阀线圈YA断电，活塞后退。

5）活塞退回压下a0时，继电器线圈K2又通电，电路动作由3号线开始。

6）如按下SB2，则继电器线圈K1和K2断电，活塞后退。SB2为急停或后退按钮。

【例3】 设计用单电控二位五通电磁换向阀控制的双作用气缸延时单往复动作回路。双作用气缸延时单往复动作流程图如图9-28表示。

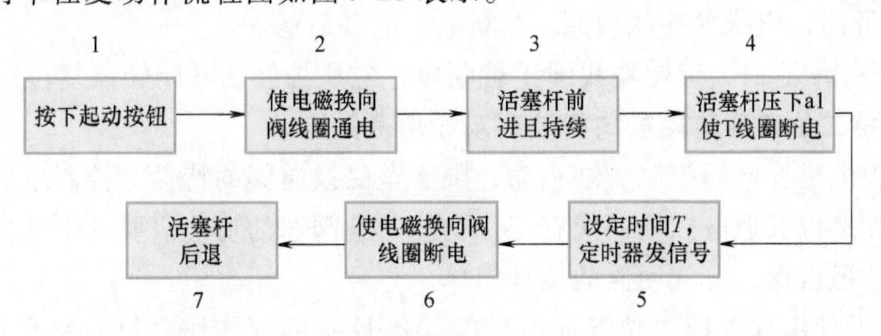

图9-28 双作用气缸延时单往复动作流程图

双作用气缸延时单往复动作气动回路图如图 9-29a 所示，位移-步骤图如图 9-29b 所示，依照设计步骤完成 9-29c 所示的电气图。

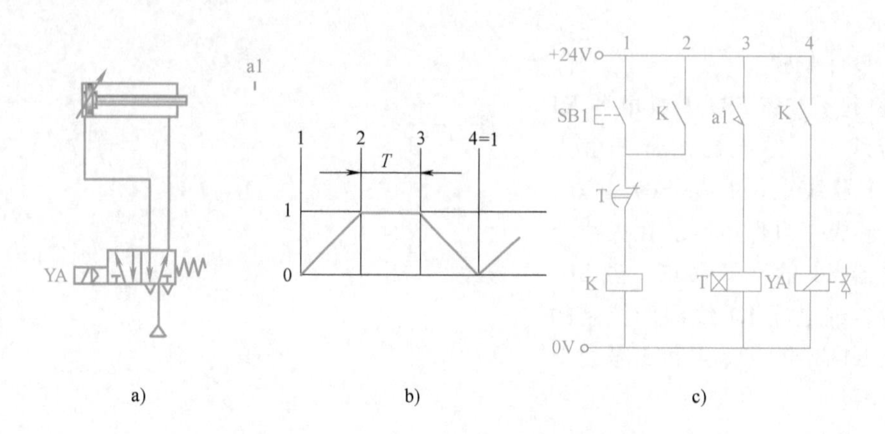

图 9-29 双作用气缸延时单往复动作回路

a）气动回路图 b）位移-步骤图 c）电气图

（1）设计步骤

1）将起动按钮 SB1 及继电器 K 置于 1 号线上，继电器的常开触点 K 及电磁换向阀线圈 YA 置于 4 号线上。当 SB1 被按下时，电磁换向阀线圈通电，完成方框 1 和 2（图 9-28）的要求。

2）当 SB1 松开时，电磁换向阀线圈 YA 断电，活塞后退。为使活塞保持前进，必须将继电器 K 的常开触点接于 2 号线上，且和 SB1 并联，和 1 号线构成一自保电路，从而完成方框 3（图 9-28）的要求。

3）将行程开关 a1 的常开触点和定时器线圈 T 连接于 3 号线上。当活塞杆前进压下 a1 时，定时器动作，计时开始，如此完成方框 4（图 9-28）的要求。

4）定时器 T 的常闭触点接于 1 号线上。当定时器动作时，计时终止，定时器的触点 T 断开，电磁换向阀线圈 YA 断电，活塞后退，从而完成方框 5~7（图 9-28）的要求。

（2）动作说明

1）按下按钮 SB1，继电器线圈 K 通电，2、4 号线上 K 所控制的常开触点闭合，继电器 K 形成自保，且 4 号线通路，电磁换向阀线圈 YA 通电，活塞前进。

2）活塞杆压下 a1，定时器动作，经过设定时间 T，定时器所控制的常闭触点断开，继电器 K 断电，继电器所控制的触点复位。

3）4 号线开路，电磁换向阀线圈 YA 断电，活塞后退。

4）活塞杆一离开 a1，定时器线圈 T 就断电，它所控制的常闭触点复位。

2. 用双电控二位五通电磁换向阀控制双作用气缸运动

使用单电控电磁换向阀控制气缸运动，限于电磁换向阀的特性，控制电路上必须有自保电路。而双电控二位五通电磁换向阀有记忆功能，且阀芯的切换只要一个脉冲信号即可，控制电路上不必考虑自保，电气回路的设计简单。

【例 4】 设计用双电控二位五通电磁换向阀控制的双作用气缸自动单往复动作回路。双作用气缸自动单往复动作流程图如图 9-30 所示。

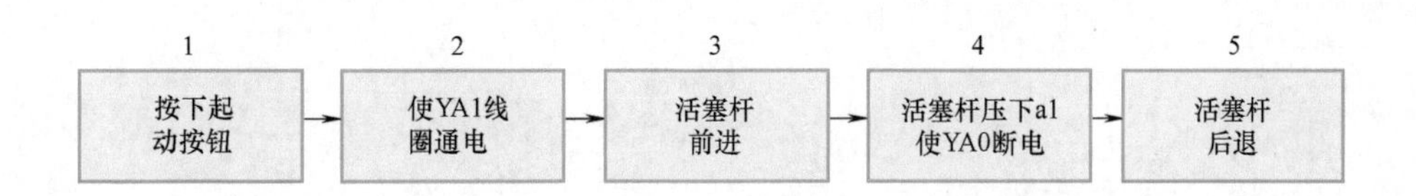

图 9-30 双作用气缸自动单往复动作流程图

利用手动按钮使气缸前进，直至到达预定位置，其自动后退。设计的气动回路图如图9-31a 所示，依照设计步骤完成 9-31b 所示的电气图。

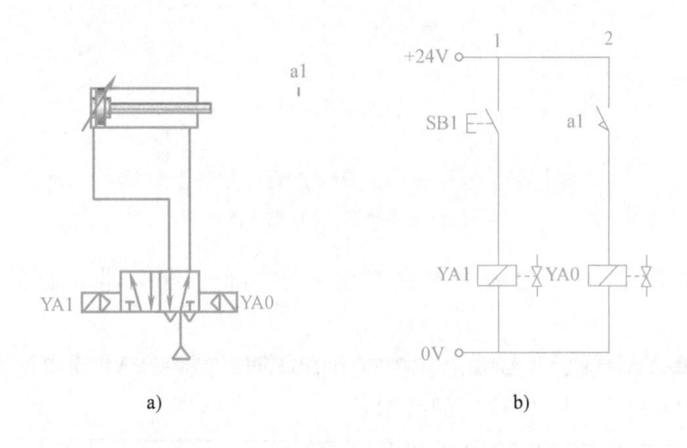

图 9-31 双作用气缸自动单往复动作回路

a）气动回路图 b）电气图

设计步骤如下：

1）将起动按钮 SB1 和电磁阀线圈 YA1 置于 1 号线上。按下 SB1 并立即放开，线圈 YA1 通电，电磁换向阀换向，活塞前进，达到方框 1～3（图 9-30）的要求。

2）将行程开关 a1 以常开触点的形式和线圈 YA0 置于 2 号线上。当活塞前进压下 a1 时，YA0 通电，电磁换向阀复位，活塞后退，完成方框 4 和 5（图 9-30）的要求。

【例 5】 设计用双电控二位五通电磁换向阀控制的双作用气缸自动连续往复动作回路。双作用气缸自动连续往复动作流程图如图 9-32 所示。

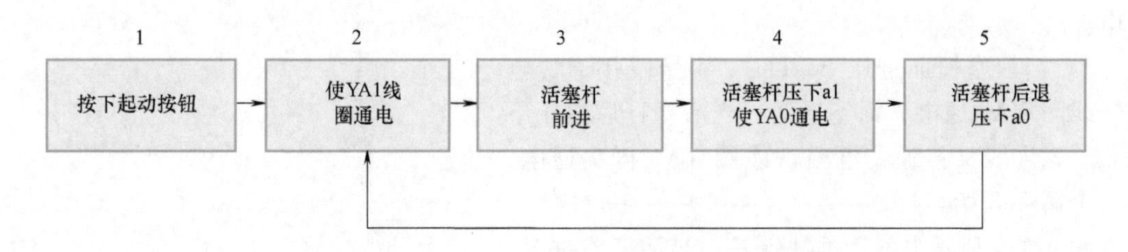

图 9-32 双作用气缸自动连续往复动作流程图

设计的气动回路图如图 9-33a 所示，依照设计步骤完成图 9-33b 所示的电气图。

（1）设计步骤

1）将起动按钮 SB1 和继电器线圈 K 置于 1 号线上，K 所控制的常开触点接在 2 号线

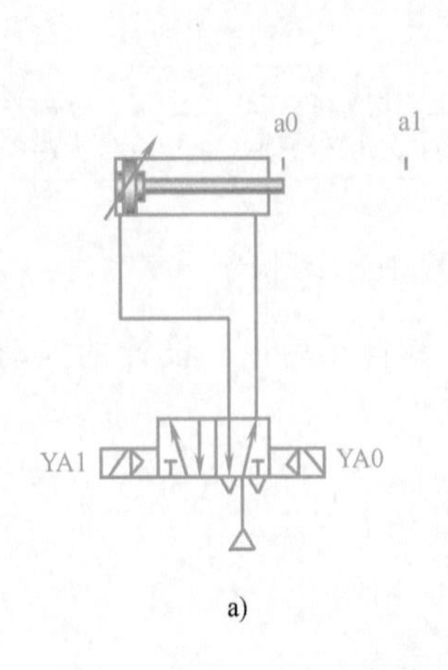

a)

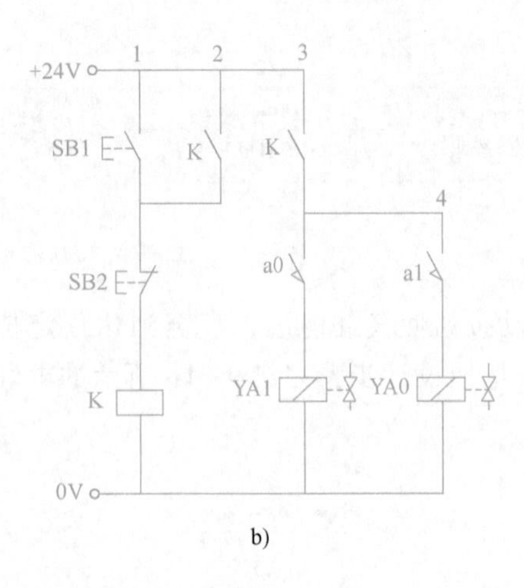

b)

图 9-33　双作用气缸自动连续往复动作回路

a）气动回路图　b）电气图

上。按下 SB1 并立即放开，2 号线上 K 的常开触点闭合，继电器 K 自保，则 3 和 4 号线有电。

2）电磁铁线圈 YA1 置于 3 号线上。当按下 SB1 时，线圈 YA1 通电，电磁换向阀换向，活塞前进，完成方框 1~3（图 9-32）的要求。

3）行程开关 a1 以常开触点的形式和电磁铁线圈 YA0 接于 4 号线上。当活塞杆前进压下 a1 时，线圈 YA0 通电，电磁阀复位，气缸活塞后退，完成方框 4（图 9-32）的要求。

4）为得到下一次循环，必须加一个起始行程开关 a0，使活塞杆后退，压下 a0 时，将信号传给线圈 YA1，使 YA1 再通电。为完成此项工作，a0 以常开触点的形式接于 3 号线上。系统在未起动之前，活塞在起始点位置，a0 被活塞杆压住，故其起始状态为接通状态。SB2 为停止按钮。

（2）动作说明

1）按下 SB1，继电器线圈 K 通电，2 号线上的继电器常开触点闭合，继电器 K 形成自保，且 3 号线接通，电磁铁线圈 YA1 通电，活塞前进。

2）当活塞杆离开 a0 时，电磁铁线圈 YA1 断电。

3）当活塞杆前进压下 a1 时，4 号线接通，电磁铁线圈 YA0 通电，活塞退回。当活塞杆后退压下 a0 时，3 号线又接通，电磁铁线圈 YA1 再次通电，第二个循环开始。

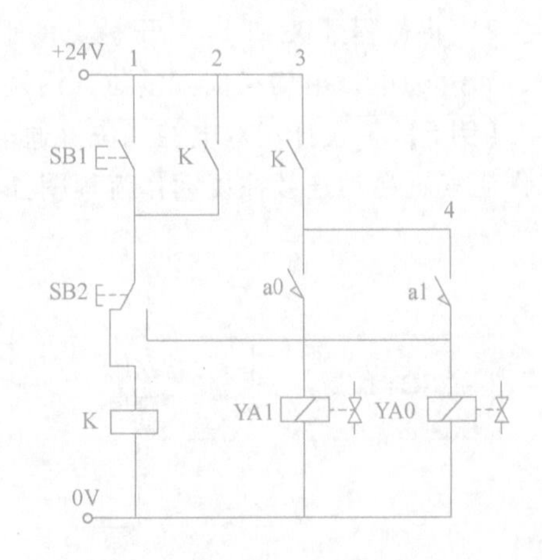

图 9-34　在任意位置可复位的双作用气缸自动连续往复动作电气图

图 9-33b 所示电气图的缺点是：当活塞前进时，按下停止按钮 SB2，活塞杆继续前进且压在行程开关 a1 上，活塞无法退回至起始位置。为了在按下停止按钮 SB2 后，无论活塞处于前进还是后退状态，均能使活塞马上退回起始位置，将按钮开关 SB2 换成按钮转换开关，其电气图如

图 9-34所示。

实训 9-1　电气-气控双缸顺序动作回路

1. 实训目的

1）掌握行程开关的工作原理和接线方法。

2）熟悉双电控三位五通电磁换向阀的接线方法。

3）掌握电磁换向阀对双作用气缸往复运动的控制。

2. 实训原理

利用双电控三位五通电磁换向阀控制双缸顺序动作的气动回路图和电气图如图 9-35 所示。当双电控二位五通电磁换向阀左位得电时，压缩空气控制左边的单气控阀动作，压缩空气进入左侧气缸的左腔，使活塞向右运动；此时右侧气缸因为没有气体进入左腔而不能动作。当左侧气缸活塞杆靠近接近开关时，右边二位五通电磁换向阀迅速换向，气体作用于右边的气控阀促使其左位接入，压缩空气经过右边气控阀的左位进入右缸的左腔，活塞在压力的作用下向右运动，当活塞杆靠近接近开关时，二位五通电磁换向阀又回到左位，进而实现双缸的下一个顺序动作。

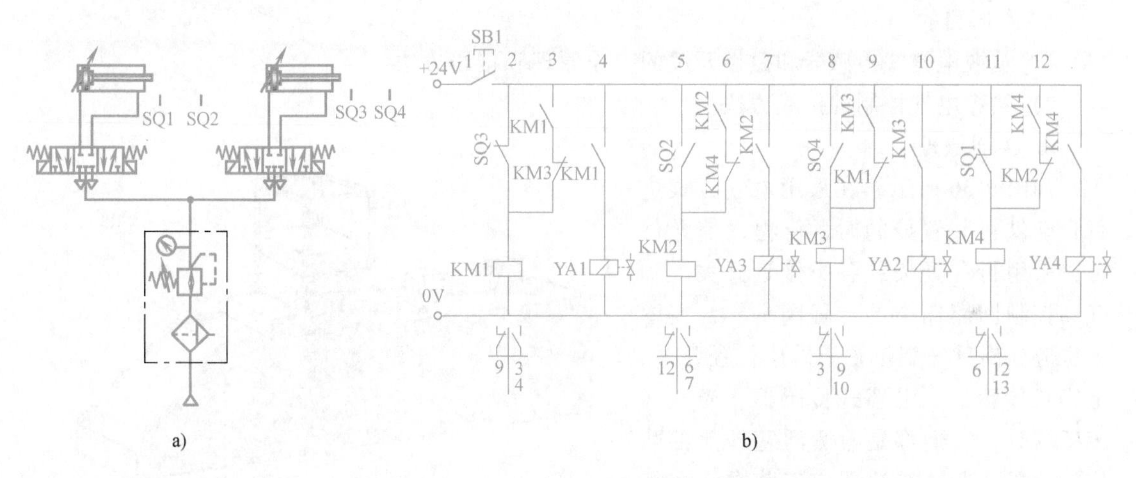

图 9-35　电气-气控双缸顺序动作回路

a）气动回路图　b）电气图

3. 主要设备及实训元件

电气-气控双缸顺序动作回路实训的主要设备和元件见表 9-1。

表 9-1　主要设备和元件

序号	主要设备和元件	序号	主要设备和元件
1	气源	5	接近开关 4 个
2	气动实训平台	6	双电控二位五通电磁换向阀 2 个
3	单杆双作用气缸 2 个	7	气管若干
4	单气控换向阀	8	气源处理装置 1 套

4. 实训步骤

1）根据实训需要选择元件，并检验元件的使用性能是否正常。

2）按图 9-35 搭建实训回路。

3）将双电控二位五通电磁换向阀和接近开关的电源输入口插入相应的控制板输出口。

4）确认连接安装正确、稳妥，把气源处理装置的调压旋钮放松，通电开启空压机。待气源工作正常后，再次调节气源处理装置的调压旋钮，使回路中的压力在系统工作压力以内。

5）按照上述的实训原理，对电气-气控双缸顺序动作回路进行具体操作。

6）实训完毕后，关闭气源，切断电源，待回路压力为零时，拆卸回路，清理元件并放回规定位置。

5. 操作技能测评

学生应能够按照实训步骤和技能测试记录表中的测评要求，进行独立思考和实训。电气气控双缸顺序动作回路实训测试记录表可参照表 1-3 设计。

6. 实训报告与思考题

分析、总结图 9-35 所示的回路是如何实现两个双作用气缸协调往复运动的。

实训 9-2　自动装料装置控制

1. 实训目的

1）掌握电容式传感器和磁性开关的工作原理和接线方法。

2）熟悉电气控制的接线方法。

2. 实训原理

如图 9-36 所示，在采用电气方式进行自动供料装置控制时，行程发信元件可以采用行程开关或各类接近开关。和气动控制回路图中的行程阀一样，在图中也应标出其安装位置。采用行程开关、电容式传感器、电感式传感器、光电式传感器时，它们都是检测活塞杆前部凸块的位置，所以传感器应安装在活塞杆的前方；采用磁感应式传感器时，它检测的是活塞上磁环的位置，所以其应安装在气缸缸体上。本实训分别采用电容式传感器和磁性开关，控制气缸 1A1 的极限位置，两种控制方法的气动回路和电气图如图 9-37、图 9-38 所示。

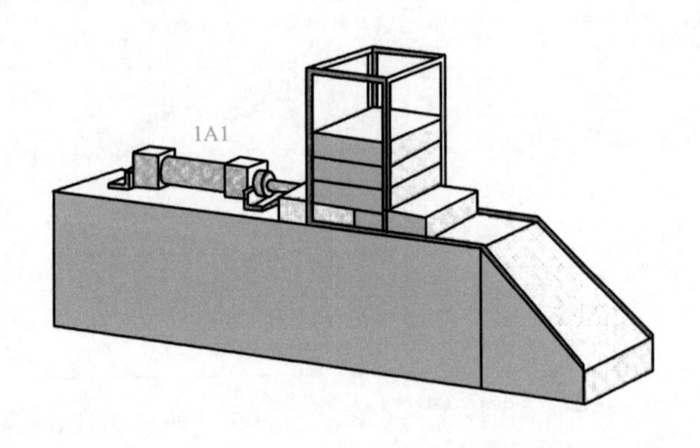

图 9-36　自动送料装置

3. 主要设备及实训元件

自动装料装置实训的主要设备和元件见表 9-2。

4. 实训步骤

1）按照图 9-37、图 9-38 所示回路进行连接并检查。

2）固定气动元件时，要注意安装布局合理、美观。安装时，需要考虑气动元件的操作方便性、安全性和可靠性。

3）连接无误后，打开气源和电源，观察气缸运行情况。

4）根据实训现象，对电容式传感器和磁性开关的接线方法进行总结。

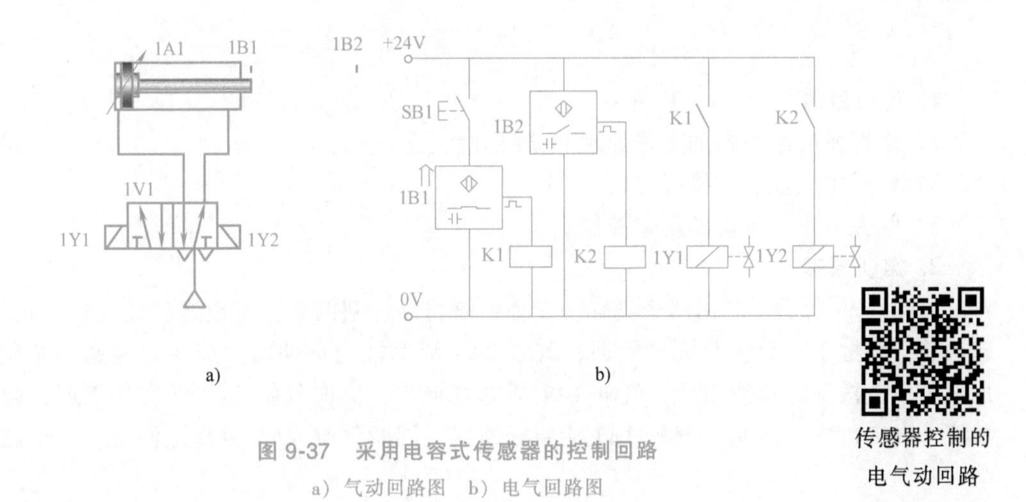

图 9-37 采用电容式传感器的控制回路

a）气动回路图 b）电气回路图

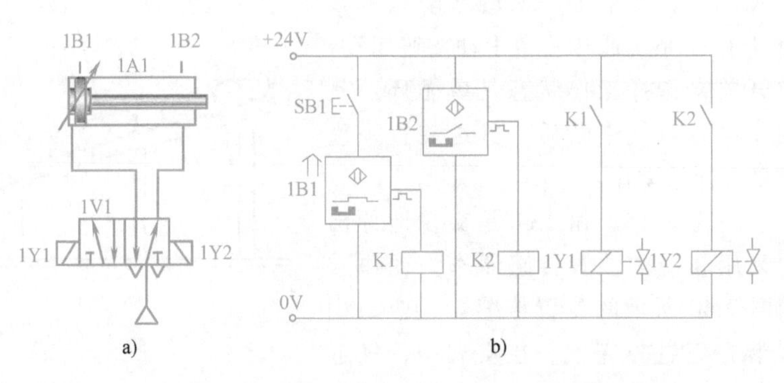

图 9-38 采用磁性开关的控制回路

a）气动回路图 b）电气回路图

表 9-2 主要设备和元件

序号	主要设备和元件	序号	主要设备和元件
1	气源	5	双电控二位五通电磁换向阀 1 个
2	气动实训平台	6	电容式传感器 2 个
3	自动供料装置机械结构件 1 套	7	气管若干
4	双作用气缸 1 个	8	气源处理装置 1 套

5）对实训中出现的问题进行分析和解决。

6）实训完成后，整理各元件并放回原位。

5. 操作技能测评

学生应能够按照实训步骤和技能测试记录表中的测评要求，进行独立思考和实训。自动装料装置实训测试记录表可参照表 1-3 设计。

6. 实训报告与思考题

分析、总结图 9-37 所示的回路是如何利用两个电容式传感器和一个双作用气缸实现自动供料的。

实训 9-3　圆柱塞分送装置控制

1. 实训目的

1）掌握延时继电器的工作原理和接线方法。

2）熟悉电气控制的接线方法。

3）掌握双作用气缸的协调控制。

2. 实训原理

如图 9-39 所示，利用两个气缸的交替伸缩将圆柱塞两个一组地送到加工机上进行加工。起动前，气缸 1A1 活塞杆完全缩回，气缸 2A1 活塞杆完全伸出，挡住圆柱塞，避免其滑入加工机中。按下起动按钮后，气缸 1A1 活塞杆伸出，同时气缸 2A1 活塞杆缩回，两个圆柱塞滚入加工机中。2s 后，气缸 1A1 活塞杆缩回，同时气缸 2A1 活塞杆伸出，一个工作循环结束。

为了保证后两个圆柱塞只有在前两个加工完毕后才能滑入加工机，要求下一次的起动只有在间隔 5s 后才能开始。系统通过一个手动按钮起动，并用一个定位开关来选择工作状态是单循环还是连续循环。在供电或供气中断后，分送装置须重新启动，不得自行开始动作。

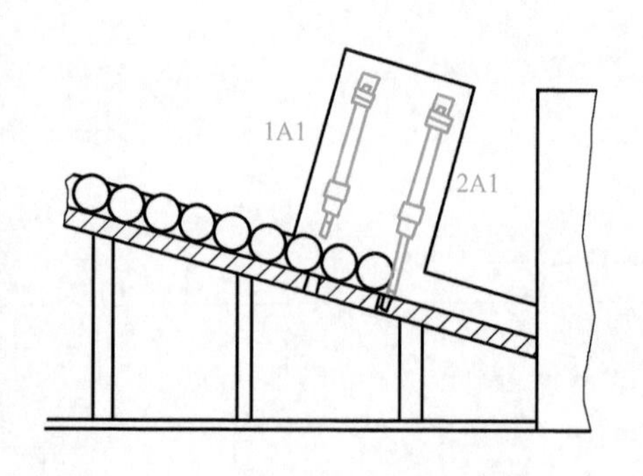

图 9-39　圆柱塞分送装置示意图

在本任务中，气缸 1A1 和 2A1 是交替地伸出和缩回。需要采用相应的位置传感器作为动作效果的判断。如图 9-40 所示的位置传感器适合采用磁性传感器安装在气缸外壳上。在实训中，气缸 1A1 伸出 2s，每次工作循环需要 5s 间隔，这些都说明需要采用具有延时功能的器件，如时间继电器和延时阀等。

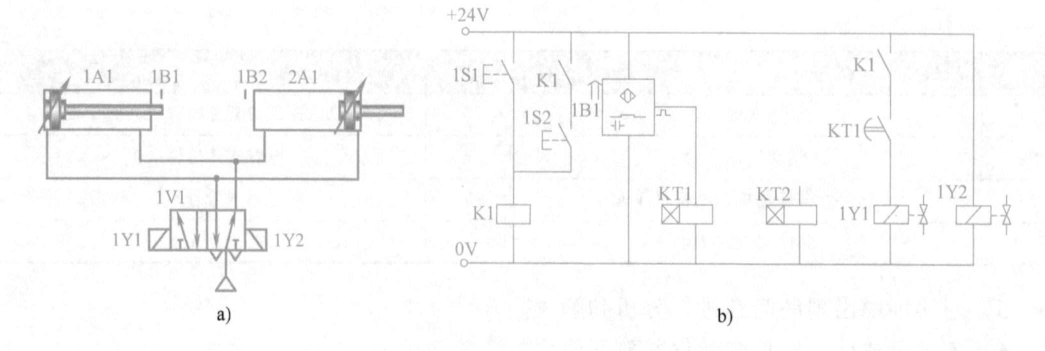

图 9-40　电气控制回路图

a）气动回路图　b）电气图

圆柱塞分送装置电气控制回路设计要求两个气缸的状态始终是相反的。其实现方法是，只要把气缸 1A1 的气路连接方式和 2A1 的气路连接方式相反即可。如图 9-40 所示，就是两个气缸状态相反。由于线路比较简单，这种连接的方式也只能用于要求不高的场合。

（1）电气控制回路　该装置只能通过一个手动按钮起动，定位开关只有选择工作状态的作用，而不具有起动作用。停电后，装置应自动停止；恢复供电后，装置要重新起动才能开始工作。上述功能可采用电气控制中常用的自锁回路实现。手动按钮1S1用于装置的起动，定位开关1S2控制是否建立自锁。如建立自锁，则装置进入自动连续循环工作状态。电气图如图9-40b所示。

（2）气动控制回路　在某些工业场合，需要考虑到安全状况，不能采用带电设备。在这种情况下，可以采用纯气控方式完成上述功能。气动回路的主要组成模块如图9-41所示。

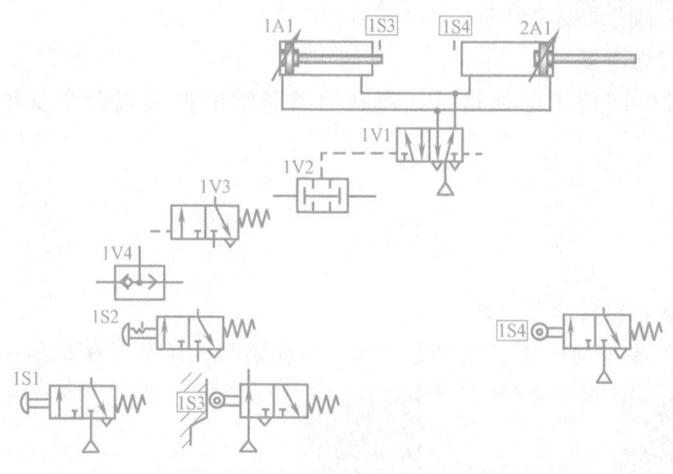

图9-41　气动回路的主要组成模块

如果采用气动控制，可以通过将电气自锁回路转换为气动自锁回路来实现。图9-40b中的24V电源用气源代替；按钮1S1用手动按钮式换向阀1S1来代替；定位开关1S2用定位式手动换向阀1S2代替。中间继电器K1的功能为：线圈得电后，常开触点闭合；线圈断电后，触点断开。在气动回路中，单侧气控弹簧复位换向阀1V3也具有相同的功能，其输入口与输出口在有控制信号时导通；控制信号消失时，输入口与输出口断开。应当注意的是，电气图中的并联连接在气动回路中必须通过梭阀来实现，不能直接并联。

3. 主要设备及实训元件

圆柱塞分送装置实训的主要设备和元件见表9-3。

表9-3　主要设备和元件

序号	主要设备和元件	序号	主要设备和元件
1	气源	7	梭阀1个
2	气动实训平台	8	双电控二位五通电磁换向阀1个
3	双圆柱塞分送装置结构件1套	9	二位三通单气控换向阀1个
4	双作用气缸2个	10	二位五通双气控换向阀1个
5	二位三通按钮阀2个	11	气管若干
6	双压阀1个	12	气源处理装置1套

4. 实训步骤

1）完成电气图和气动回路图的设计。

2）按照电气图和气动回路图进行连接并检查。

3）检查无误后，打开气源，观察气缸运行情况是否符合控制要求。

4）针对实训中出现的问题进行分析和解决。

5）实训完成后，整理各元件并放回原位。

6）分析电气自锁回路和气动自锁回路，找出它们的相同点和不同点。

5. 操作技能测评

学生应能够按照实训步骤和技能测试记录表中的测评要求，进行独立思考和实训。圆柱塞分送装置实训测试记录表可参照表 1-3 设计。

6. 实训报告与思考题

分析、总结图 9-41 所示的回路是如何利用延时继电器实现两个双作用气缸的协调控制的。

思考与练习

1. 简述中间继电器的工作原理。
2. 设计电气-气动回路，以实现单电控电磁换向阀控制单作用气缸单一循环动作。

PLC 控制单电控电磁阀的推料气缸运动

PLC 控制双电控电磁阀双料仓气缸往复运动

气压传动系统应用实例

工业机器人是集机械、电子、控制、计算机、传感器、人工智能等多学科先进技术于一体的现代智能制造领域的重要装备，广泛用于柔性制造系统、自动化工厂及计算机集成制造系统。按动力源分类，工业机器人可分为气动式、电气式、液压式三类。同电气式和液压式相比，气动式工业机器人具有速度快、结构简单、重量轻、维修方便、价格低等优点，特别适合于在中、小负荷场合使用。本章重点介绍气压传动在工业机器人的本体、末端抱夹装置及系统集成中的应用实例。

10.1 直角坐标型气动搬运机械手

10.1.1 基本组成及控制要求

机械手抓取物料控制系统设计
亚德客

直角坐标型气动搬运机械手是自动化生产线中的重要组成辅助设备，它可以根据具体作业任务的需要，按照设定的控制程序动作。因此，在机械制造、汽车组装、电子装联、绿色包装等生产过程中，这种机械手广泛用于工件搬运（如取料、上料、卸料等），可降低工人的劳动强度，提高自动化生产线的工作效率。

如图 10-1 所示，直角坐标型气动搬运机械手是由固定支架 1、水平伸缩臂 2、垂直升降臂 3、气式末端抱夹装置 4 等组成的，用于将工件从自动流水线 5 搬至自动流水线 6。该机械手有三个运动自由度：水平伸缩臂 2 的伸缩、垂直升降臂 3 的升降、气式末端抱夹装置 4 的夹紧和松开，其所有动作都采用气缸驱动。气缸的动作采用电磁换向阀控制，具体动作过程如图 10-2 所示。

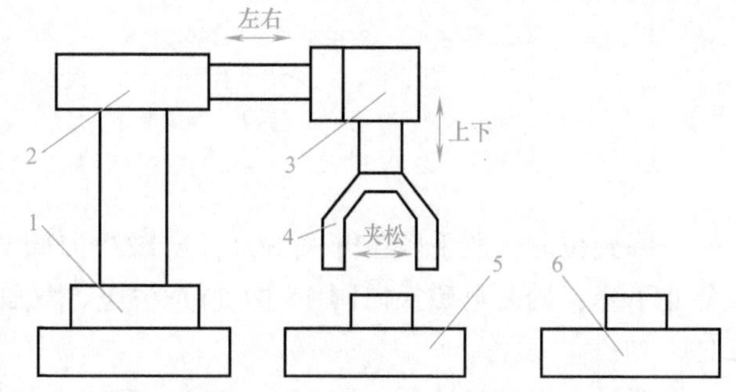

图 10-1 直角坐标型气动搬运机械手结构示意图
1—固定支架 2—水平伸缩臂 3—垂直升降臂
4—气式末端抱夹装置 5、6—自动流水线

从原点开始，经过下降、夹紧、上升、右移、下降、放松、上升、左移八个动作，完成一个循环并返回原点。

10.1.2 气动控制回路及工况分析

直角坐标型气动搬运机械手的气压传动原理图如图 10-3 所示。其中，水平伸缩臂、垂直升降臂、气式末端抱夹装置分别采用气缸 11、气缸 5 和气缸 17 进行驱动。

开始时，直角坐标型气动搬运机械手停在原位，此时电磁换向阀 15 的 5YA 得电，气动搬运机械手松开，按下起动按钮 SB2 时，电磁换向阀 2 的 2YA 得电，气缸 5 的活塞带动气式末端抱夹装置下降。

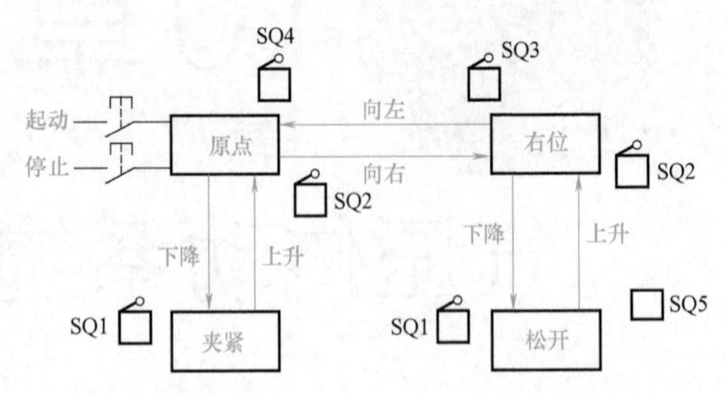

图 10-2　直角坐标型气动搬运机械手动作示意图

SQ1、SQ2、SQ3、SQ4—限位开关　SQ5—光电开关

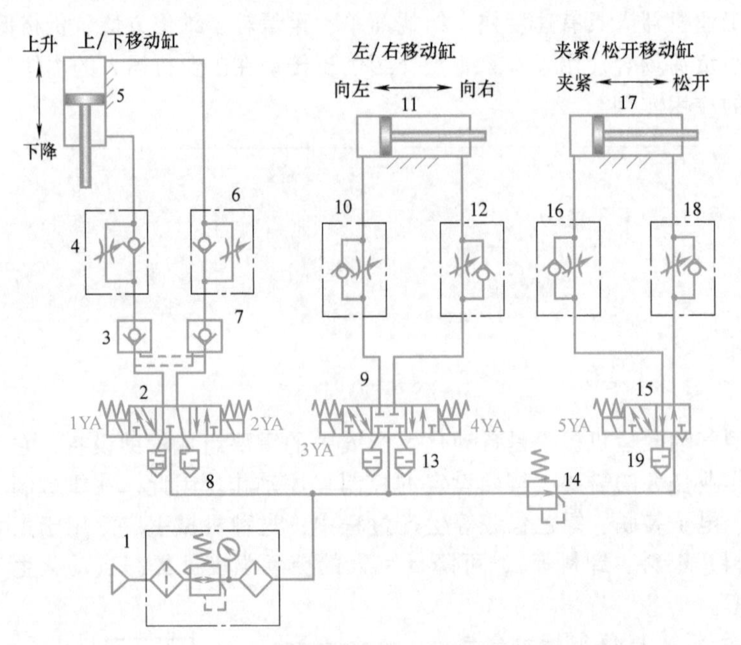

图 10-3　直角坐标型气动搬运机械手的气压传动原理图

1—气源处理装置　2、9、15—电磁换向阀　3、7—联动控制单向阀　5、11、17—气缸

4、6、10、12、16、18—单向节流阀　8、13、19—快速排气阀　14—减压阀

下降到位时，压下限位开关 SQ1，电磁换向阀 2 的 2YA 失电，气缸使气式末端抱夹装置停止下降；同时电磁换向阀 15 的 5YA 失电，气缸 17 的活塞带动气式末端抱夹装置夹紧工件。

夹紧后，电磁换向阀 2 的 1YA 得电，气缸 5 的活塞带动气式末端抱夹装置上升。上升到位时，压下限位开关 SQ2，使电磁换向阀 2 的 1YA 失电，上升停止；同时使电磁换向阀 9 的 3YA 得电，气缸 11 的活塞带动气式末端抱夹装置右移。

右移到位时，压下限位开关 SQ3，使电磁换向阀 9 的 3YA 失电，气式末端抱夹装置右移停止。若此时在工作台上没有工件，则光电开关 SQ5 接通，使电磁换向阀 2 的 2YA 得电，气缸 5 的活塞带动气式末端抱夹装置下降。

下移到位时，压下限位开关 SQ1，使电磁换向阀 2 的 2YA 失电，气式末端抱夹装置停止下降；同时电磁换向阀 15 的 5YA 得电，气缸 17 的活塞带动气式末端抱夹装置松开。

放松后，电磁换向阀 2 的 1YA 得电，气缸 5 的活塞带动气式末端抱夹装置上升，上升到位时，压下限位开关 SQ2，使电磁换向阀 2 的 1YA 失电，气式末端抱夹装置停止上升，同时使电磁换向阀 9 的 4YA 得电，气缸 11 的活塞带动气式末端抱夹装置左移。

移动到原点时，压下限位开关 SQ4，使电磁换向阀 9 的 4YA 失电，气式末端抱夹装置左移停止，一个周期的工作循环停止。

各气缸动作及触发条件见表 10-1。

表 10-1　各气缸动作及触发条件

执行元件	触发条件	气流路径	结果
气缸 17 伸出	5YA 得电	气源—电磁换向阀 15-单向节流阀 16-气缸 17	
气缸 5 伸出	2YA 得电	气源—电磁换向阀 2-单向节流阀 4-气缸 5	压下 SQ1
气缸 17 缩回	5YA 失电	气源—电磁换向阀 15-快速排气阀 18-气缸 17	
气缸 5 缩回	1YA 得电	气源—电磁换向阀 2-单向节流阀 6-气缸 5	压下 SQ2
气缸 11 伸出	3YA 得电	气源—电磁换向阀 9-单向节流阀 10-气缸 11	压下 SQ3
气缸 5 伸出	SQ5 接通、2YA 得电	气源—电磁换向阀 2-单向节流阀 4-气缸 5	压下 SQ1
气缸 17 伸出	5YA 得电	气源—电磁换向阀 15-单向节流阀 16-气缸 17	
气缸 5 缩回	1YA 得电	气源—电磁换向阀 2-单向节流阀 6-气缸 5	压下 SQ2
气缸 11 缩回	4YA 得电	气源—电磁换向阀 9-单向节流阀 12-气缸 11	压下 SQ4

10.2　关节型气动搬运机械手

10.2.1　基本组成及控制要求

真空吸盘搬运物料控制系统设计亚德客

自由度数是工业机器人的一个重要技术指标。自由度数越多，工业机器人的灵活度越大，通用性越广，但其机型会变得更加复杂。为了能够抓取作业空间中任意位置和方位的物体，关节型气动搬运机械手需有 6 个自由度。一般关节型气动搬运机械手通常会采用 2~3 个自由度。

如图 10-4a 所示，关节型气动搬运机械手是由底座、立柱、俯仰气缸、手臂、手腕和手爪等组成的，其运动机构图如图 10-4b 所示。该机械手机型有 5 个自由度（手指运动不计入自由度数）。其中，臂部有 3 个自由度，即手臂的水平回转 1、俯仰 2 和伸缩 3，用于调整手爪的空间位置；腕部有 2 个自由度，即腕摆动 4 和腕回转 5，用于调整手爪的空间姿态。除上述 5 个动作外，在关节型气动搬运机械手的基本动作中，还有手爪的夹紧 6。

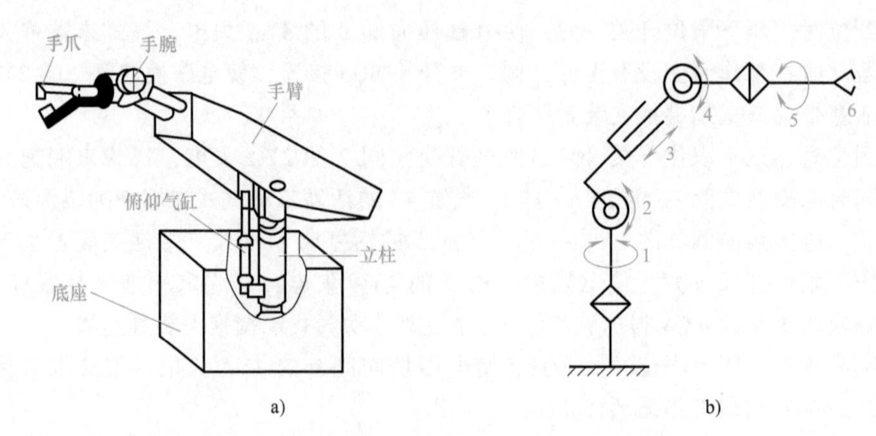

图 10-4　关节型气动搬运机械手结构示意图

a）外形图　b）运动机构图

1—水平回转　2—俯仰　3—伸缩　4—腕摆动　5—腕回转　6—夹紧

为实现预定程序和轨迹等要求的自动抓取、搬运及操作，关节型气动搬运机械手的动作循环如下：底座顺时针方向旋转（90°）→俯仰气缸上升→手臂伸出→手腕俯下→手腕回转→手爪张开→手爪夹紧→底座逆时针方向旋转（90°）→手爪张开→手腕仰起→手腕回转→手臂缩回→俯仰缸下降。气动搬运机械手所有动作都采用气缸驱动，气缸的动作由电磁换向阀控制。

10.2.2　气动控制回路及工况分析

关节型气动搬运机械手的气压传动原理图如图 10-5 所示。手臂的回转、俯仰和伸缩分

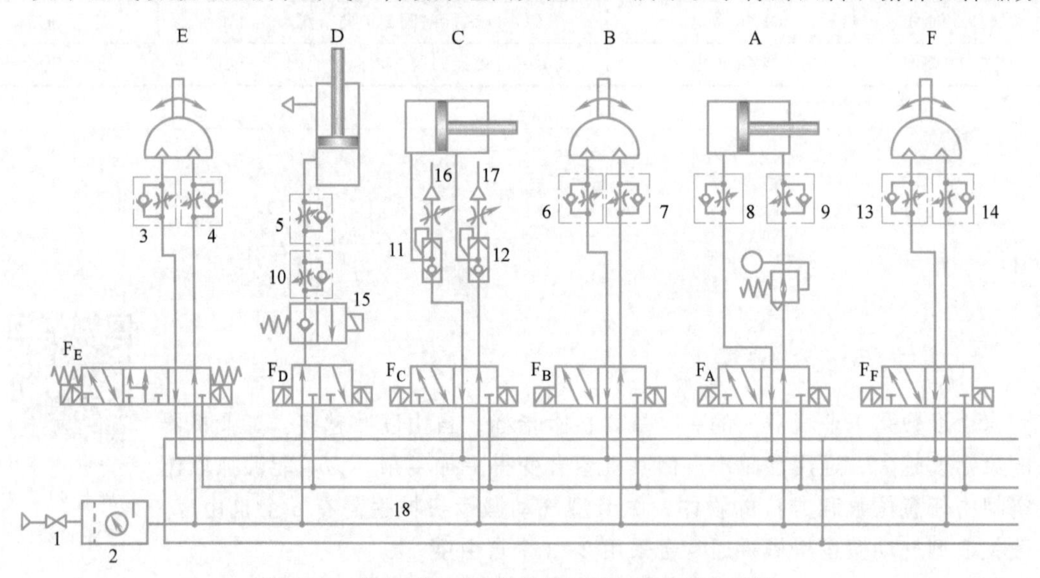

图 10-5　关节型气动搬运机械手的气压传动原理图

1—截止阀　2—气源处理装置　3~10、13、14—单向节流阀　11、12—快速排气阀

15—二通电磁换向阀　16、17—排气节流阀　18—气路板

A—手指开合气缸　B—手腕摆动气马达　C—手臂伸缩气缸　D—手臂俯仰气缸

E—手臂摆动气马达　F—手腕回转气马达

F_E、F_D、F_C、F_B、F_A、F_F—电磁换向阀

别采用气马达 E、气缸 D 和气缸 C 驱动。手腕的摆动和回转分别采用气马达 B 和气马达 F 驱动。手爪的开闭采用气缸 A 驱动。

各气缸动作及触发条件见表 10-2。

表 10-2 各气缸动作及触发条件

执行元件	触发条件	气流路径
手臂摆动气马达 E 顺时针方向摆动	电磁换向阀 F_E 左边电磁线圈得电	气源—电磁换向阀 F_E-单向节流阀 3-手臂摆动气马达 E
手臂俯仰气缸 D 伸出	电磁换向阀 F_D 左边电磁线圈得电	气源—电磁换向阀 F_D-单向节流阀 10、单向节流阀 5-手臂俯仰气缸 D
手臂伸缩气缸 C 伸出	电磁换向阀 F_C 左边电磁线圈得电	气源—电磁换向阀 F_C-梭阀 11-手臂伸缩气缸 C
手腕摆动气马达 B 顺时针方向摆动	电磁换向阀 F_B 左边电磁线圈得电	气源—电磁换向阀 F_B-单向节流阀 6-手腕摆动气马达 B
手腕回转气马达 F 逆时针方向摆动	电磁换向阀 F_F 左边电磁线圈得电	气源—电磁换向阀 F_F-单向节流阀 13-手腕回转气马达 F
手指开合气缸 A 伸出	电磁换向阀 F_A 左边电磁线圈得电	气源—电磁换向阀 F_A-单向节流阀 8-手指开合气缸 A
手指开合气缸 A 缩回	电磁换向阀 F_A 右边电磁线圈得电	气源—电磁换向阀 F_A-单向节流阀 9-手指开合气缸 A
手臂摆动气马达 E 逆时针方向摆动	电磁换向阀 F_E 右边电磁线圈得电	气源—电磁换向阀 F_E-单向节流阀 4-手臂摆动气马达 E
手指开合气缸 A 伸出	电磁换向阀 F_A 左边电磁线圈得电	气源—电磁换向阀 F_A-单向节流阀 8-手指开合气缸 A
手臂俯仰气缸 D 缩回	电磁换向阀 F_D 右边电磁线圈得电	气源—电磁换向阀 F_D-二通电磁换向阀 15-单向节流阀 10、5—手臂俯仰气缸 D
手腕摆动气马达 B 逆时针方向摆动	电磁换向阀 F_B 右边电磁线圈得电	气源—电磁换向阀 F_B-单向节流阀 7-手腕摆动气马达 B
手腕回转气马达 F 顺时针方向摆动	电磁换向阀 F_F 右边电磁线圈得电	气源—电磁换向阀 F_F-单向节流阀 14-手腕回转气马达 F
手臂伸缩气缸 C 缩回	电磁换向阀 F_C 右边电磁线圈得电	气源—电磁换向阀 F_C-梭阀 12-手臂伸缩气缸 C
手臂俯仰气缸 D 缩回	电磁换向阀 F_D 右边电磁线圈得电	手臂俯仰气缸 D-单向节流阀 5-单向节流阀 10-二位阀 16-电磁换向阀 F_D-排向大气

10.3 工业机器人末端抱夹装置

10.3.1 末端抱夹装置的组成及工作原理

自动抱夹装置是一种典型的直角坐标型工业机器人，通常由固定支架和直角坐标型机械臂、末端抱夹执行器等模块化部件组成，如图 10-6 所示。自动抱夹横移机集机械系统、控制系统、感知系统于一身，能够将一定的工件或工具按空间位姿的时变要求进行移动，从而完成某一特定的作业任务。在不同的应用场所，可通过选用专用末端抱夹装置来完成物体的搬运、上下料、包装、装配、贴标等一系列工作。随着工程技术的不断发展，自动抱夹横移机产品的性能也将不断完善。

图 10-6 所示的自动抱夹横移机末端抱夹执行器主要由两个吸盘支架、四根直线导轨、一个滑动板组件、两个夹紧气缸、两组真空吸盘组、一个升降气缸等部件组成。其中，升降气缸活塞杆与滑动板组件固连，两侧吸盘支架均通过滑轨和滑块的连接方式分别吊挂在滑动板的下方，两个夹紧气缸固定在滑动板组件上，其活塞杆分别与吸盘支架固连，两组真空吸盘组安装在吸盘支架上。工作时，末端抱夹执行器首先运动到工件的正上方，接着下行至抱夹工件时的位置，然后通过夹紧气缸带动吸盘支架和真空吸盘组一块移动，最后由两个真空吸盘组吸住或释放工件。

图 10-6　末端抱夹装置的基本组成

1—滑动板组件　2—吸盘支架　3—直线导轨　4—真空吸盘组　5—导柱

10.3.2　气动控制回路及工况分析

末端抱夹装置的气压传动原理图如图 10-7 所示。其中，末端抱夹装置的升降由升降气缸驱动，两个吸盘支架的夹紧或松开是由抱夹气缸 A 和抱夹气缸 B 同时驱动的，吸住或释放工件是由两个真空吸盘组完成的。末端抱夹执行器的工作过程如下：

（1）抱夹工件　抱夹工件时，末端抱夹装置从初始位置首先运行至工件的正上方，然后通过升降气缸带动末端抱夹装置下行。当下行至设定位置时，起动两个抱夹气缸；当吸盘支架上的压力传感器达到设定值时，即气缸吸盘组完全接触工作表面到达吸附状态时，接通与真空吸盘组对应的电磁换向阀 5 和 6，与之相连的真空发生器 13、14 工作产生真空，吸盘吸附在被抱夹工件的侧面上。至此，完成了工件的抱夹操作。

（2）释放工件　释放工件时，末端抱夹装置抱夹工件运行至指定的释放位置，首先关闭真空发生器 13、14，使真空吸盘组的吸附力逐渐降到零，然后起动两个抱夹气缸，进行末端抱夹装置的松开动作，便可完成工件释放。

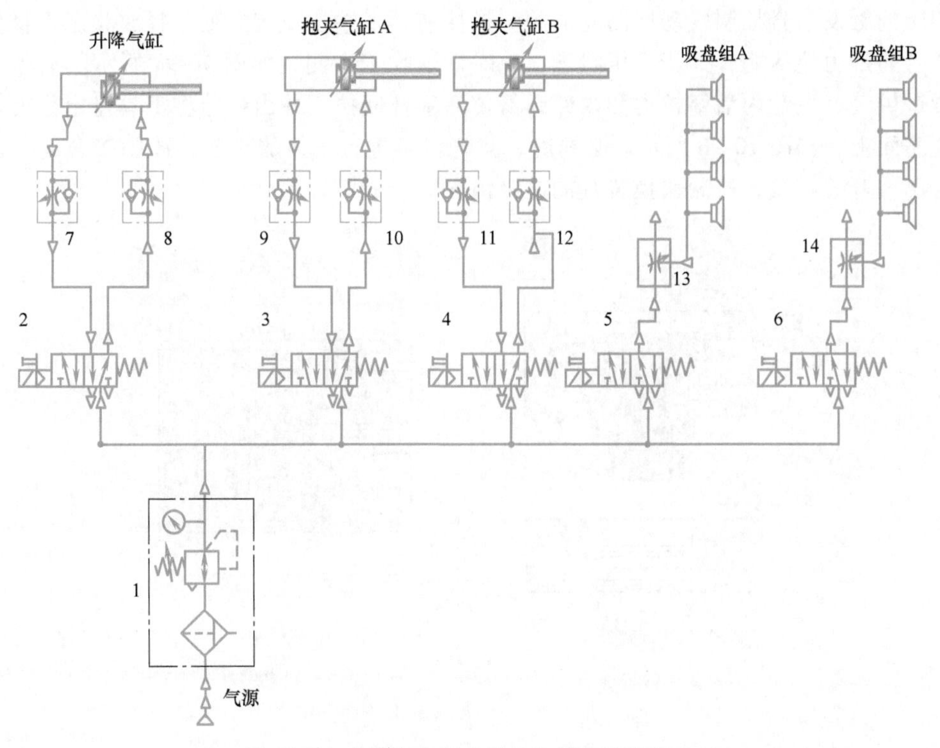

图 10-7 末端抱夹执行器的气压传动原理图

1—气源处理装置 2~6—电磁换向阀 7~12—单向节流阀 13、14—真空发生器

10.4 工业机器人末端快换装置

10.4.1 装置组成及工作原理

工业机器人的末端快换装置用于将不同的末端操作器快速换接到同一种工业机器人本体上，可显著提高机器人的作业功能和工作效率。如图 10-8 所示，末端快换装置是由主盘 1 和工具盘 2 组成。主盘 1 安装在工业机器人本体的末端，工具盘 2 与末端执行器相连。主盘 1 上设有不同用途的控制气口，如释放口、吸紧口和检测口。向不同的控制气口供气，通过供气管路能实现主盘 1 与工具盘 2 相互自动的连接与分离。同时，主盘 1 和工具盘 2 上还设有给气控或电控的末端执行器提供气压的气路口以及电气连接的端口。

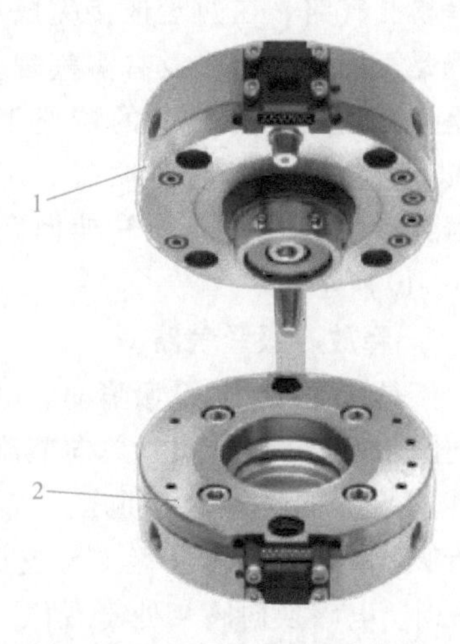

图 10-8 末端快换装置的基本组成

1—主盘 2—工具盘

换接时，主盘所需的工作位姿是由工业机器人本体完成的，夹持和释放工具盘的动作则是由机器人控制器

提供相应的触发信号控制气动回路完成的。换接前，末端快换装置处于释放状态，释放口供气，产生的推力使活塞杆处于下压状态，此时钢球收于内侧，如图 10-9a 所示。夹紧时，需向夹紧口供气，主盘内活塞拉力和内部弹簧使活塞杆回拉，并由钢球将工具盘定位夹紧套按压在着座面上，如图 10-9b 所示。必要时，排气口可进行气体的排放，冲刷接合面。而检测口则与压力开关相接，检测快换装置的连接情况。

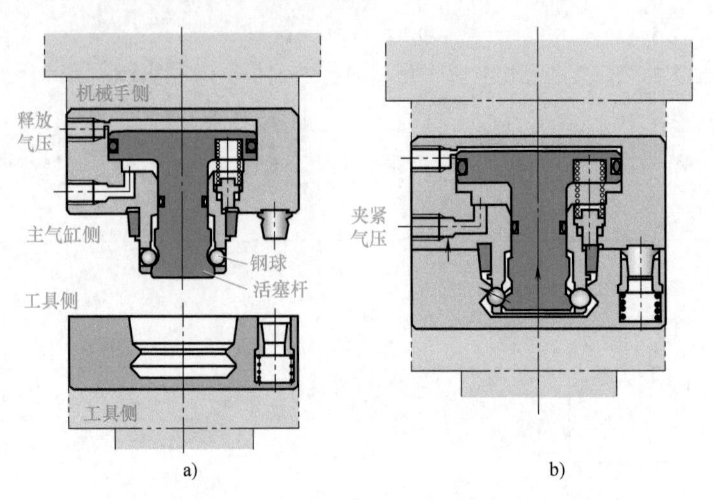

图 10-9　末端快换装置的工作状态

a）换接前　b）换接后

10.4.2　气动控制回路及工况分析

根据上述的基本组成和工作原理，工业机器人末端快换装置具有四种气路：一是快换器释放、吸紧气路，工具盘可靠地与主盘接合、分离；二是工具盘的供气气路，实现工具气动执行动作；三是检测气路，在两盘连接完成后，检测是否接合完整，没有漏气现象；四是清洁气路，在必要的情况下向工具盘与主盘的接合处吹气。工业机器人末端快换装置的气动回路如图 10-10 所示。

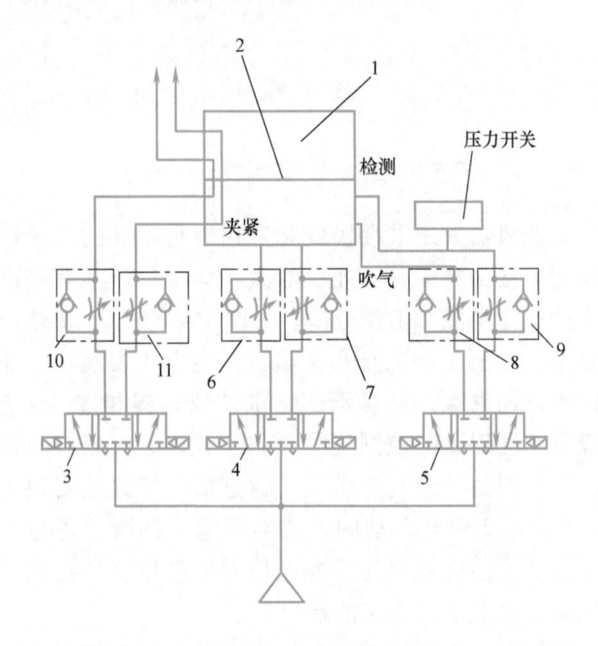

图 10-10　工业机器人末端快换装置的气动回路

1—工具盘　2—主盘　3～5—电磁换向阀　6～11—单向节流阀

1. 释放、吸紧气路

工具盘 1 与主盘 2 吸紧时，电磁换向阀 4 处于左位，通过单向节流阀 6，向主盘 2 的吸紧口提供压力气体，进行吸紧操作。当工具盘 1 与主盘 2 释放时，电磁换向阀 4 处于右位，通过单向节流阀 7，向主盘 2 的释放口提供压力气体，进行释放操作。

2. 连接气路

当工具盘1与主盘2吸紧时，通过电磁换向阀3的换向，可以实现向机器人末端执行器提供不同气路的压力气体，驱动末端执行器完成相应的操作。

3. 检测气路

为了确保工具盘1与主盘2可靠吸紧，使电磁换向阀5处于右位，进给单向节流阀9，利用压力开关检查检测口的气压压力，判别工具盘1与主盘2是否可靠吸紧。

4. 清洁气路

为了保持活塞杆与钢球之间的整洁，使电磁换向阀5处于左位，进给单向节流阀8，向主盘2吹气口提供压力气体，可吹除锁紧部位的灰尘等杂质。有时利用清洁气路也有助于工具盘1与主盘2的分离。

10.5 工业机器人自动生产线的工件自动装夹

10.5.1 工件自动装夹的控制要求

如图10-11所示，典型的工业机器人自动生产线以工业机器人技术为核心，应用物联网RFID无线数据传输和工业视觉检测系统，其主要组件包括智能仓储系统、自动化传输线及AGV运载机器人单元、RFID读写与无线数据传输单元、工业4.0系列软件及其自动化软件、机器人智能视觉拼装单元、装配机器人及其移动滑轨机构、立体装配单元、辅助工位等。工业机器人自动生产线已经成为当前智能制造发展的重要方向。

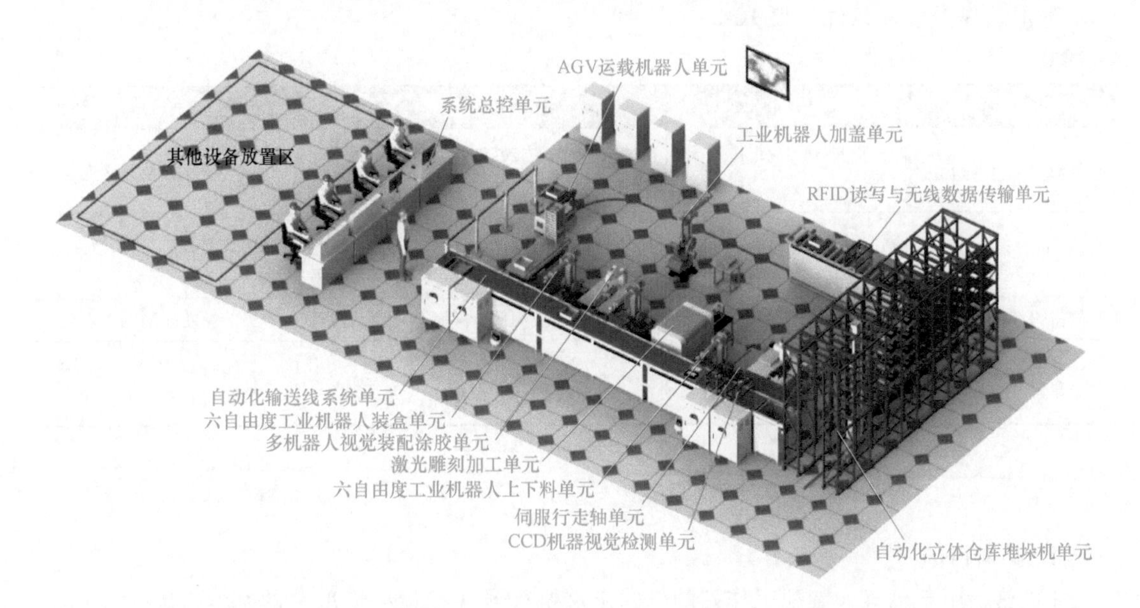

图10-11 机器人自动生产线

工件的自动装夹是机器人自动生产线的一个重要工序环节。对自动线上的工件进行加工、装配或包装等操作时，通常需要将工件定位并保持位置不变。工件在定位的基础上由于加工时受外力较大，定位一般会被破坏，这时还需要对工件施加一定的夹紧力，以防止工件移动。如图 10-12 所示，对工件进行自动装夹时，首先由气缸 A 的活塞伸出，将到位的工件进行定位锁紧，然后两侧的气缸 B、C 的活塞杆同时伸出，从侧面压紧工件。

10.5.2 系统的气动控制回路及工况分析

用脚踏下脚踏阀 1，压缩空气进入气缸 A 的上腔，使气缸 A 活塞下降定位工件；当压下行程阀 2 时，压缩空气经单向节流阀 5 使气控换向阀 6 换向（调节节流阀开口可以控制气控换向阀 6 的延时接通时间），压缩空气通过气控换向阀 4 进入两侧气缸 B 和 C 的无杆腔，使活塞杆前进而夹紧工件。同时流过气控换向阀 4 的一部分压缩空气经过单向节流阀 3 进入气控换向阀 4 右端，经过一段时间（由节流阀控制）后气控换向阀 4 右位接通，两侧气缸后退到原来位置。同时，一部分压缩空气作为信号进入脚踏阀 1 的右端，使脚踏阀 1 右位接通，压缩空气进入气缸 A 的下腔，使活塞杆退回原位。活塞杆上升的同时使行程阀 2 复位，气控换向阀 6 也复位（此时气控换向阀 4 右位接通），由于气缸 B、C 的无杆腔通过气控换向阀 6、气控换向阀 4 排气，气控换向阀 6 自动复位到左位，完成一个工作循环。该回路只有在再次踏下脚踏阀 1 后才能开始下一个工作循环。

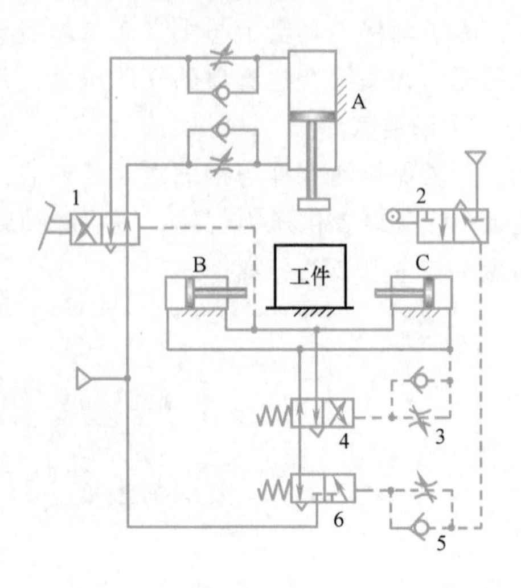

图 10-12 工件自动装夹气压传动原理图
1—脚踏阀 2—行程阀 3、5—单向节流阀 4、6—气控换向阀

气缸动作及触发条件见表 10-3。

表 10-3 气缸动作及触发条件

执行元件	触发条件	气流路径	结果
气缸 A 伸出	踩下脚踏阀 1 使其左位工作	气源—脚踏阀-单向节流阀-气缸 A 无杆腔	触发行程阀 2 左位
气缸 B、C 伸出	行程阀 2 触发，气控换向阀 6 右位工作	气源—行程阀 2 气源—气控换向阀 6、4-气缸 B、C 无杆腔	触发气控换向阀 4 右位
气缸 B、C 缩回	气控换向阀 4 右位工作	气源—气控换向阀 6、4-气缸 B、C 有杆腔	触发脚踏阀 1 右位
气缸 A 缩回	脚踏阀 1 右位工作	气源—气缸 A 有杆腔	行程阀 2 左位、换向阀 6 左位工作

实训 机器人装配工作站的气式末端执行器控制

1. 实训目的

1）熟悉用于机器人装配工作站的气式末端执行器（三指型气爪）的基本组成。

2）熟悉电磁换向阀对三指型气爪的开闭控制。

3）熟悉三指型气爪与装配机器人本体的协调控制。

4）熟悉三指型气爪气压传动回路图，能顺利搭建本实训回路，并完成规定的运动。

2. 实训原理和方法

本实训是建立一个用于机器人装配工作站的气式末端执行器控制系统。本实训回路如图 10-13 所示。三指型气爪和电磁换向阀的初始位置可根据回路图来确定，气爪处于张开状态时，气爪中的空气通过电磁换向阀排出。

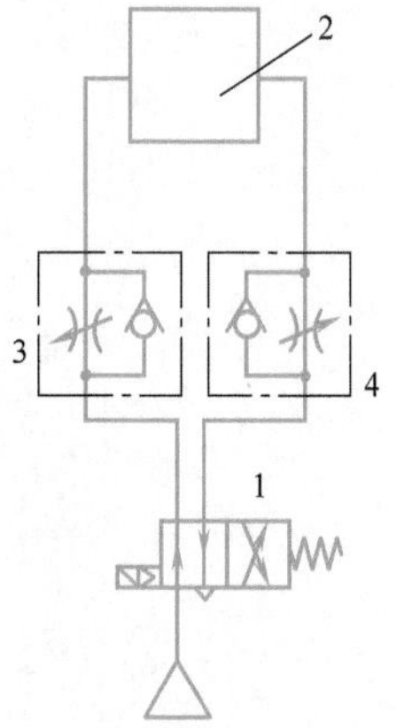

步骤 1：控制装配机器人本体，带动三指型气爪进入销轴的夹持位姿。

步骤 2：利用装配机器人控制器，控制电磁换向阀 1 换向，通过单向节流阀 3 控制三指型气爪夹紧工件。

步骤 3：控制装配机器人本体，带动三指型气爪，将被夹持的销轴送至对应的安装孔中。

步骤 4：利用装配机器人控制器，控制电磁换向阀 1 换向，通过单向节流阀 4，控制三指型气爪释放工件，然后装配机器人带动三指型气爪返回初始位置。

图 10-13 末端执行器的气动控制回路

1—电磁换向阀 2—三指型气爪 3、4—单向节流阀

3. 主要设备和元件

机器人装配工作站的气式末端执行器控制实训的主要设备和元件见表 10-4。

表 10-4 主要设备和元件

序号	主要设备和元件	序号	主要设备和元件
1	气源	5	两个单向节流阀
2	工业机器人	6	气源处理装置
3	三指型气爪	7	销轴
4	单电控二位四通电磁换向阀	8	带有安装孔的圆盘

4. 实训内容及操作步骤

1）按照图 10-13 选择所需的气动元件，并摆放在实训台上。

2）关闭气源开关，在装配机器人上连接气动控制回路。

3）打开气源开关，调控电磁换向阀，观察气爪的夹紧和张开动作。

4）关闭气源开关，拆卸所搭接的气动回路，并将气动元件、管路等归位。

5. 操作技能测评

学生应能够按照实训步骤和技能测试记录表中的测评要求，进行独立思考和实训。机器人装配工作站的气式末端执行器控制实训测试记录表可参照表 1-3 设计。

6. 实训报告与思考题

1）分析实训中所用气动元件的功能特点。

2）如何确定销轴被可靠夹持的位置？

思考与练习

自动换刀功能是数控加工中心的基本功能之一。换刀时，加工中心必须首先将用过的刀

具送回刀库，然后从刀库中取出新刀具。在换刀过程中实现定位、松刀、拔刀、向锥孔吹气和插刀等动作，如图 10-14 所示。试分析气动换刀系统的工作过程及工况特点。

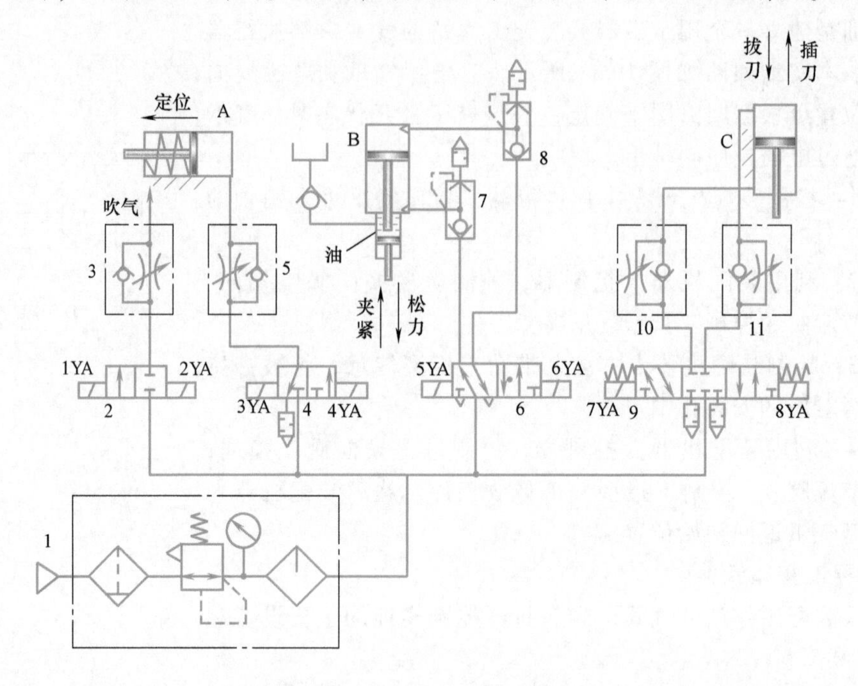

图 10-14　气动换刀系统原理图

1—气源处理装置　2—二位二通换向阀　4—二位三通换向阀　6—二位五通换向阀
9—三位五通换向阀　7、8—快速排气阀　3、5、10、11—单向节流阀

第11章 CHAPTER 11 液压传动基础

11.1 液压动力元件

液压泵作为液压系统的动力元件，它是通过将原动机输出的机械能转换为工作液体的压力能，向系统提供一定的流量和压力。

11.1.1 液压泵概述

1. 液压泵的工作原理和特点

（1）液压泵的工作原理　图 11-1 所示为单柱塞液压泵。柱塞 2 装在缸体 3 中，形成一个密封容积 a，柱塞在弹簧 4 的作用下始终压紧在偏心轮 1 上。原动机驱动偏心轮 1 旋转，使柱塞 2 做往复运动，使密封容积 a 的大小发生周期性的交替变化。当密封容积 a 由小变大时就形成部分真空，使油箱中油液在大气压作用下，经吸油管顶开单向阀 6 进入密封容积 a，实现吸油；反之，当密封容积 a 由大变小时，密封容积 a 中吸满的油液将顶开单向阀 5 流入系统，实现压油。可见，液压泵将原动机输入的机械能转换成液体的压力能，原动机驱动偏心轮不断旋转，液压泵就不断地吸油和压油。

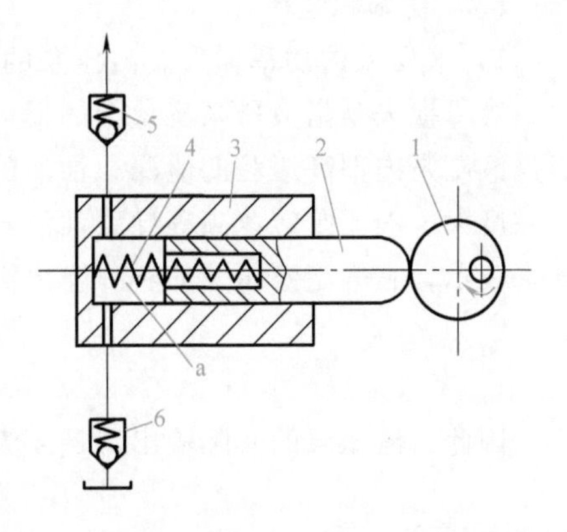

图 11-1　单柱塞液压泵的工作原理

1—偏心轮　2—柱塞　3—缸体
4—弹簧　5、6—单向阀　a—容积

（2）液压泵的特点

1）具有若干个密封且又可以周期性变化的空间。液压泵输出流量与此空间的容积变化量和单位时间内的变化次数成正比，与其他因素无关。这是容积式液压泵的一个重要特性。

2）油箱内液体的绝对压力必须恒等于或大于大气压力。这是容积式液压泵能吸入油液的外部条件。

因此，为了保证液压泵正常吸油，油箱必须与大气相通，或采用密闭的充压油箱。

3）具有相应的配流机构，将吸油腔和排油腔隔开，保证液压泵有规律、连续地吸油、排油。液压泵的结构原理不同，其配油机构也不相同。图 11-1 中的单向阀 5、6 就是配油机构。

2. 液压泵的分类

液压泵的种类很多，按其在单位时间内所能输出的油液体积是否可调节，可分为定量泵和变量泵；按结构形式，可分为齿轮式、叶片式和柱塞式；按其工作压力的不同，可分为低压泵、中压泵和高压泵。

3. 液压泵的主要性能参数

（1）压力

1）工作压力。液压泵实际工作时的输出压力称为工作压力。它取决于负载的大小和排油管路上的压力损失，而与液压泵的流量无关。

2）额定压力。液压泵在正常工作条件下，按标准规定连续运转的最高压力称为额定压力。

3）最高允许压力。在超过额定压力的条件下，根据标准规定液压泵短暂运行的最高压力称为最高允许压力。

（2）排量和流量

1）排量 V。液压泵每转一周，由其密封容积几何尺寸变化计算而得的排出液体的体积称为液压泵的排量。排量可调节的液压泵称为变量泵，排量为常数的液压泵则称为定量泵。

2）理论流量 q_t。理论流量是指不考虑液压泵流量泄漏的情况下，单位时间内所排出的液体体积的平均值。显然，如果液压泵的排量为 V，主轴转速为 n，则理论流量 q_t 为

$$q_t = Vn \tag{11-1}$$

3）实际流量 q。液压泵在某一具体工况下，单位时间内所排出的液体体积称为实际流量，它等于理论流量 q_t 减去泄漏流量 Δq，即

$$q = q_t - \Delta q \tag{11-2}$$

4）额定流量 q_n。液压泵在正常工作条件下，按标准规定必须保证的流量。

（3）功率和效率

1）液压泵的功率损失。液压泵的功率损失有容积损失和机械损失两个部分。

容积损失是指液压泵流量上的损失，液压泵的实际输出流量总小于理论流量，其主要原因是液压泵内部高压腔的泄漏、油液的可压缩性，以及在吸油过程中由于吸油阻力太大、油液黏度大、液压泵转速高等导致油液不能全部充满密封工作腔。液压泵的容积损失用容积效率来表示，它等于液压泵的实际输出流量 q 与理论流量 q_t 之比，即

$$\eta_V = \frac{q}{q_t} = \frac{q_t - \Delta q}{q_t} = 1 - \frac{\Delta q}{q_t} \tag{11-3}$$

因此，液压泵的实际输出流量 q 为

$$q = q_t \eta_V = Vn\eta_V \tag{11-4}$$

式中，V 为液压泵的排量（m^3/r）；n 为液压泵的转速（r/s）。

机械损失是指液压泵转矩的损失。由于液压泵泵体内相对运动部件之间因机械摩擦而引起的摩擦转矩损失以及因液体的黏性而引起的摩擦损失，液压泵的实际输入转矩 T_0 总是大

于所需要的理论转矩 T_t。液压泵的机械损失用机械效率表示，它等于液压泵的理论转矩 T_t 与实际输入转矩 T_0 之比，设转矩损失为 ΔT，则液压泵的机械效率为

$$\eta_m=\frac{T_t}{T_0}=\frac{1}{1+\frac{\Delta T}{T_t}} \tag{11-5}$$

2）液压泵的功率。

① 输入功率 P_i。液压泵的输入功率 P_i 是指作用在液压泵主轴上的机械功率。当输入转矩为 T_0、角速度为 ω 时，有

$$P_i=T_0\omega \tag{11-6}$$

② 输出功率 P_o。液压泵的输出功率 P_o 是指液压泵在工作过程中的实际吸、压油口间的压差 Δp 和输出流量 q 的乘积，即

$$P_o=\Delta pq \tag{11-7}$$

式中，Δp 为液压泵吸油口与压油口的压差（N/m^2）；q 为液压泵的实际输出流量（m^3/s）；P_o 为液压泵的输出功率（N · m/s）。

3）液压泵的总效率。液压泵的总效率是指液压泵的实际输出功率与输入功率的比值，即

$$\eta=\frac{P_o}{P_i}=\frac{\Delta pq}{T_0\omega}=\frac{\Delta pq_t\eta_V}{\frac{T_t\omega}{\eta_m}}=\eta_V\eta_m \tag{11-8}$$

由式（11-8）可知，液压泵的总效率等于其容积效率与机械效率的乘积，故液压泵的输入功率也可写成

$$P_i=\frac{\Delta pq}{\eta} \tag{11-9}$$

11.1.2 典型的液压泵

1. 齿轮泵

根据啮合方式不同，齿轮泵分为外啮合齿轮泵和内啮合齿轮泵，而以外啮合齿轮泵应用最广。

（1）外啮合齿轮泵的工作原理和结构

1）外啮合齿轮泵的工作原理。图 11-2 所示为 CB-B 型齿轮泵。当泵的主动齿轮按图示箭头方向旋转时，齿轮泵右侧（吸油腔）齿轮脱开啮合，齿轮的轮齿退出齿间，使密封容积增大，形成局部真空，油箱中的油液在外界大气压的作用下，经吸油管路、吸油腔进入齿间。随着齿轮的旋转，吸入齿间的油液被带到另一侧，进入压油腔。这时轮齿进入啮合，使密封容积逐渐减小，齿轮间的部分油液被挤出，形成了齿轮泵的压油过程。齿轮啮合时，齿向接触线把吸油腔和压油腔分开，起配油作用。当齿轮泵的主动齿轮由电动机带动不断旋转时，轮齿脱开啮合的一侧，由于密封容积变大则不断从油箱中吸油，轮齿进入啮合的一侧，由于密封容积减小则不断地排油，这就是齿轮泵的工作原理。

2）外啮合齿轮泵结构上存在的问题

① 困油问题。齿轮泵要能连续地供油，就要求齿轮啮合的重叠系数 ε 大于 1，也就是当

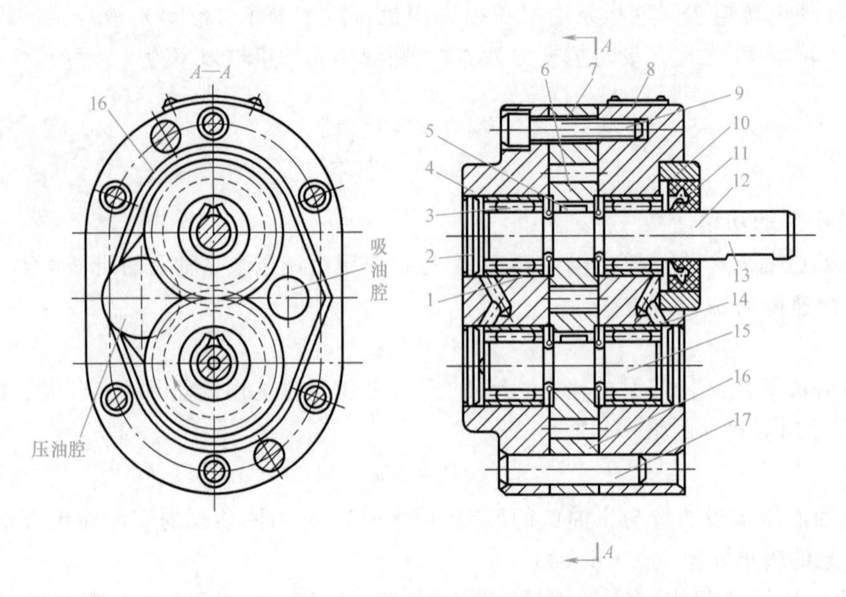

图 11-2 CB-B 型齿轮泵的结构

1—轴承外环 2—堵头 3—滚子 4—后泵盖 5—键 6—齿轮 7—泵体 8—前泵盖 9—螺钉 10—压环 11—密封环 12—主动轴 13—键 14—泄油孔 15—从动轴 16—泄油槽 17—定位销

一对齿轮尚未脱开啮合时，另一对齿轮已进入啮合，就出现同时有两对齿轮啮合的瞬间，在两对齿轮的齿向啮合线之间形成了一个密封容积，一部分油液被困在这一密封容积中（图 11-3a）。齿轮连续旋转时，这一密封容积便逐渐减小，到两啮合点处于节点两侧的对称位置时（图 11-3b），密封容积为最小。齿轮再继续转动时，密封容积又逐渐增大，直到图 11-3c 所示位置时，密封容积又变为最大。在密封容积减小时，被困油液受到挤压，压力急剧上升，使轴承上突然受到很大的冲击载荷，使泵剧烈振动，这时高压油从一切可能泄漏的缝隙中挤出，造成功率损失，使油液发热等。当封闭容积增大时，由于没有油液补充，因此形成局部真空，使原来溶解于油液中的空气分离出来，形成了气泡，从而引起噪声、气蚀等。以上就是齿轮泵的困油现象，其极为严重地影响着齿轮泵的工作平稳性和使用寿命。

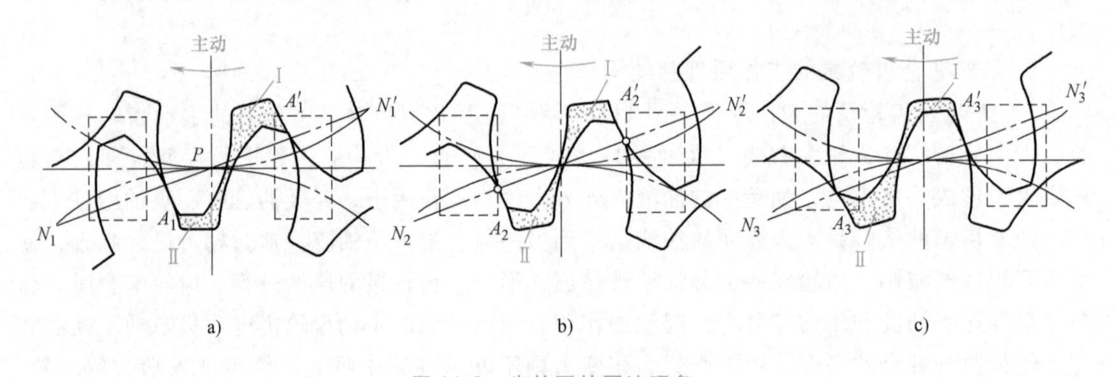

图 11-3 齿轮泵的困油现象

为了消除困油现象，在 CB-B 型齿轮泵的泵盖上铣出两个困油卸荷槽，如图 11-4 所示。卸荷槽的位置应该使困油腔由大变小时，能通过卸荷槽与压油腔相通，而当困油腔由小变大时，能通过另一卸荷槽与吸油腔相通。两卸荷槽之间的距离为 a，必须保证在任何时候都不能使压油腔和吸油腔互通。

按上述方法对称开卸荷槽的齿轮泵，当困油封闭腔由大变至最小时（图 11-4），由于油液不易从即将关闭的缝隙中挤出，封闭油压仍将高于压油腔压力；齿轮继续转动，在封闭腔和吸油腔相通的瞬间，高压油又突然和吸油腔的低压油相接触，会引起冲击和噪声。于是 CB-B 型齿轮泵将卸荷槽的位置整个向吸油腔侧平移了一个距离。这时封闭腔只有在由小变至最大时才和压油腔断开，油压没有突变，封闭腔和吸油腔接通时，封闭腔不会出现真空，也没有压力冲击。这样改进后，齿轮泵的振动和噪声问题得到了进一步改善。

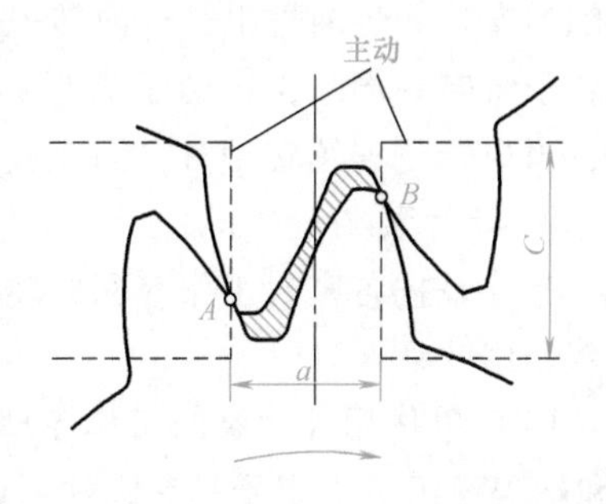

图 11-4　齿轮泵的困油卸荷槽

② 径向不平衡力。齿轮泵工作时，齿轮和轴承承受径向液压力的作用。如图 11-5 所示，泵的右侧为吸油腔，左侧为压油腔。在压油腔内有液压力作用于齿轮上，沿着齿顶的泄漏油，具有大小不等的压力，即齿轮和轴承受到的径向不平衡力。液压力越高，这个不平衡力就越大，其结果不仅加速了轴承的磨损，降低了轴承的寿命，甚至使轴变形，造成齿顶和泵体内壁的摩擦等。为了解决径向力不平衡问题，在有些齿轮泵上，采用了开压力平衡槽的办法，但这将使泄漏增大、容积效率降低等。CB-B 型齿轮泵则采用缩小压油腔的办法，以减少液压力对齿顶部分的作用面积来减小径向不平衡力，所以其压油口孔径比吸油口孔径要小。

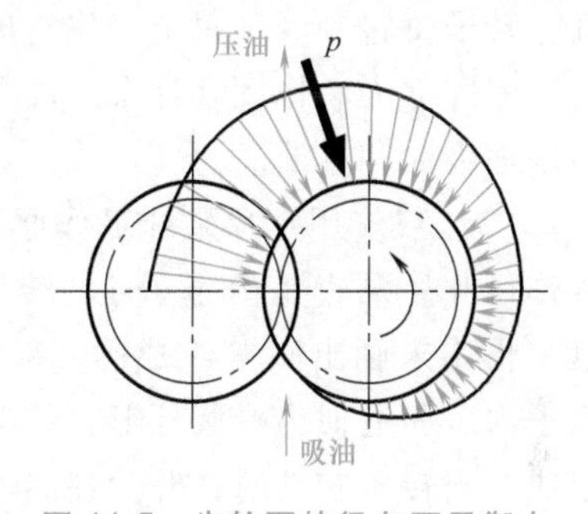

图 11-5　齿轮泵的径向不平衡力

③ 泄漏。在液压泵中，运动件间是靠微小间隙密封的，这些微小间隙从运动学上形成摩擦副，而高压腔的油液通过间隙向低压腔泄漏是不可避免的。齿轮泵压油腔的压力油可通过三条途径泄漏到吸油腔去：一是通过齿轮啮合线处的间隙（齿侧间隙），二是通过泵体内孔和齿顶间的径向间隙（齿顶间隙），三是通过齿轮两端面和侧板间的间隙（端面间隙）。在这三类间隙中，端面间隙的泄漏量最大，压力越高，由间隙泄漏的液压油液就越多。因此，为了实现齿轮泵的高压化，提高齿轮泵的压力和容积效率，需要从结构上来采取措施，对端面间隙进行自动补偿。

（2）内啮合齿轮泵的工作原理和结构　如图 11-6 所示，内啮合齿轮泵也是利用齿间密封容积的变化来实现吸油、压油的。它由配油盘（前、后盖）、外转子（从动轮）和偏心安装在泵体内的内转子（主动轮）等组成。内、外转子相差一齿，图中内转子为六齿，外转子为七齿，由于内外转子是多齿啮合，这就形成了若干密封容积。当内转子围绕中心 O_1 旋转时，带动外转子绕外转子中心 O_2 做同向旋转。这时，由内转子齿顶 A_1 和外转子齿谷 A_2 间形成的密封容积 c 随着转子的转动而逐渐扩大，于是

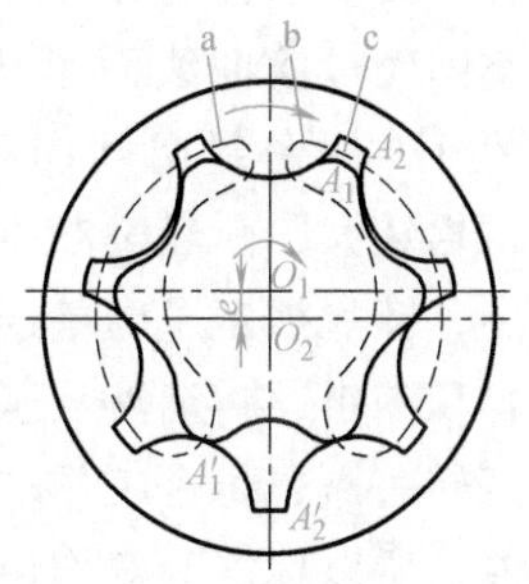

图 11-6　内啮合齿轮泵的工作原理

形成局部真空，油液从配油窗口 b 被吸入密封腔，至 A'_1、A'_2 位置时密封容积最大，这时吸油完毕。当转子继续旋转时，充满油液的密封容积便逐渐减小，油液受挤压，于是通过另一配油窗口 a 将油排出，至内转子的另一齿全部和外转子的齿谷 A_2 全部啮合时，压油完毕。内转子每转一周，由内转子齿顶和外转子齿谷所构成的每个密封容积，完成吸、压油各一次，当内转子连续转动时，即完成了液压泵的吸、排油工作。

2. 叶片泵

叶片泵按各密封工作容积在转子旋转一周吸、排油液次数的不同，可分为单作用叶片泵和双作用叶片泵。

(1) 单作用叶片泵的工作原理　如图 11-7 所示，单作用叶片泵由转子 1、定子 2、叶片 3 和端盖等组成。定子具有圆柱形内表面，定子和转子间有偏心距。叶片装在转子槽中，并可在槽内滑动，当转子回转时，由于离心力的作用，使叶片紧靠在定子内壁，在定子、转子、叶片和两侧配油盘间就形成若干个密封的工作空间。当转子按图示的方向回转时，在图 11-7 的右部，叶片逐渐伸出，叶片间的工作空间逐渐增大，从吸油口吸油，这是吸油腔；在图 11-7 的左部，叶片被定子内壁逐渐压进槽内，工作空间逐渐缩小，将油液从压油口压出，这是压油腔。在吸油腔和压油腔之间，有一段封油区，把吸油腔和压油腔隔开。转子每转一周，每个工作空间完成一次吸油和压油，因此称为单作用叶片泵。转子不停地旋转，泵就不断地吸油和排油。

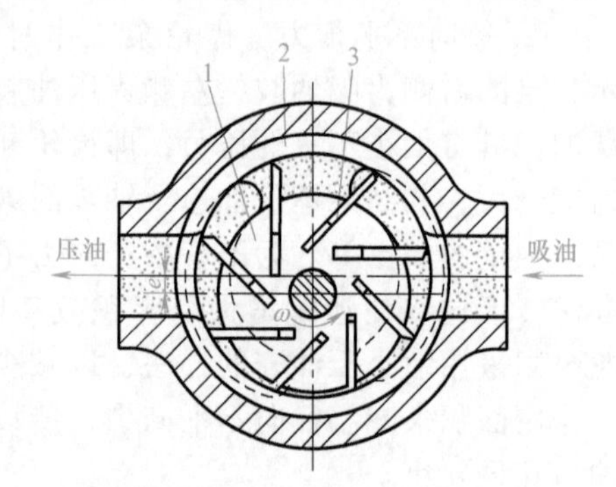

图 11-7　单作用叶片泵的工作原理

1—转子　2—定子　3—叶片

(2) 双作用叶片泵的工作原理　如图 11-8 所示，双作用叶片泵也是由定子 1、转子 2、叶片 3 和配油盘（图中未画出）等组成的。转子和定子中心重合，定子内表面近似为椭圆柱形，该椭圆柱形由两段长半径 R、两段短半径 r 和四段过渡曲线所组成。当转子转动时，叶片在离心力和根部压力油的作用下，在转子槽内做径向移动而压向定子内表面，由叶片、定子的内表面、转子的外表面和两侧配油盘间形成若干个密封空间，当转子按图示方向旋转时，处在小圆弧上的密封空间经过渡曲线而运动到大圆弧的过程中，叶片外伸，密封空间的容积增大，要吸入油液；再从大圆弧经过渡曲线运动到小圆弧的过程中，叶片被定子内壁逐渐压进槽内，密封空间容积变小，将油液从压油口压出，因而，转子每转一周，每个工作空间要完成两次吸油和压油，所以称之为双作用叶片泵。这种叶片泵由于有两个吸油腔和两个压油腔，并且各自的中心夹角是对称的，所以作用在转子上的油液压力相互平衡，因此双作用叶片泵又称为卸荷式叶片泵。为了使径向力完全平衡，密封空间数（即叶片数）应当是双数。

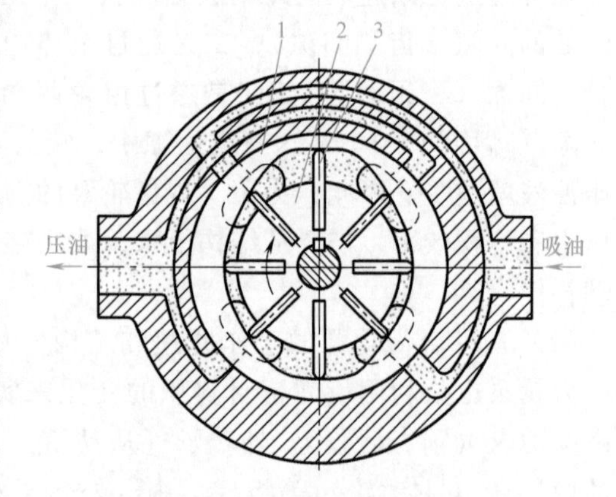

图 11-8　双作用叶片泵的工作原理

1—定子　2—转子　3—叶片

3. 柱塞泵

柱塞泵是一种靠柱塞在缸体中做往复运动形成密封容积的变化来实现吸油与压油的液压泵。柱塞泵按柱塞的排列和运动方向不同，可分为径向柱塞泵和轴向柱塞泵。

（1）径向柱塞泵的工作原理　如图 11-9 所示，柱塞 1 径向排列装在缸体 2 中，缸体由原动机带动连同柱塞 1 一起旋转，所以缸体 2 一般称为转子。柱塞 1 在离心力（或低压油）的作用下抵紧定子 4 的内壁。当转子按图示方向回转时，由于定子和转子之间有偏心距 e，柱塞绕经上半周时向外伸出，柱塞底部的容积逐渐增大，形成部分真空，因此便经过衬套 3（衬套 3 压紧在转子内，并和转子一起回转）上的油孔从配油轴 5 和吸油口 b 吸油；当柱塞转到下半周时，定子内壁将柱塞向里推，柱塞底部的容积逐渐减小，向配油轴的压油口 c 压油；当转子回转一周时，每个柱塞底部的密封容积完成一次吸压油。转子连续运转，即完成吸压油工作。配油轴固定不动，油液从配油轴上半部的两个孔 a 流入，从下半部两个油孔 d 压出，为了进行配油，在配油轴和衬套 3 接触的一段上加工出上、下两个缺口，形成吸油口 b 和压油口 c，留下的部分形成封油区。封油区的宽度应能封住衬套上的吸压油孔，以防吸油口和压油口相连通，但尺寸也不能大得太多，以免产生困油现象。

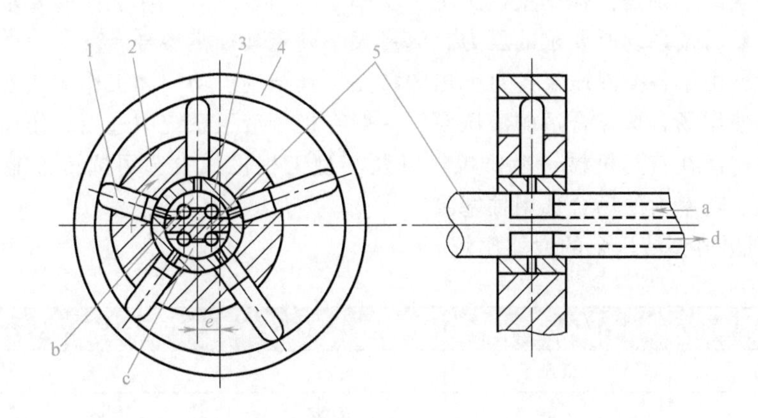

图 11-9　径向柱塞泵的工作原理

1—柱塞　2—缸体　3—衬套　4—定子　5—配油轴

（2）轴向柱塞泵的工作原理　如图 11-10 所示，这种泵的主体由缸体 1、配油盘 2、柱塞 3 和斜盘 4 组成。柱塞沿圆周均匀分布在缸体内。斜盘轴线与缸体轴线倾斜一角度，柱塞靠机械装置或在低压油的作用下压紧在斜盘上（图中为弹簧），配油盘 2 和斜盘 4 固定不转，当原动机通过传动轴使缸体转动时，由于斜盘的作用，迫使柱塞在缸体内做往复运动，并通过配油盘的配油窗口进行吸油和压油。按图中标注的回转方向，当缸体转角在 $\pi \sim 2\pi$ 范围的内时，柱塞向外伸出，柱塞底部缸孔的密封工作容积增大，通过配油盘的吸油窗口吸油；在 $0 \sim \pi$ 范围内时，柱塞被斜盘推入缸体，使缸孔容积减小，通过配油盘的压油窗口压油。缸体每转一周，每个柱塞各完成吸、压油一次，改变斜盘倾角，就能改变柱塞行程的长度，即改变液压泵的排量，改变斜盘倾角方向，就能改变吸油和压油的方向，即成为双向变量泵。配油盘上吸油窗口和压油窗口之间的密封区宽度应稍大于柱塞底部通油孔宽度 l_1，但不能相差太大，否则会产生困油现象。一般在两配油窗口的两端部开有小三角槽，以减小冲击和噪声。

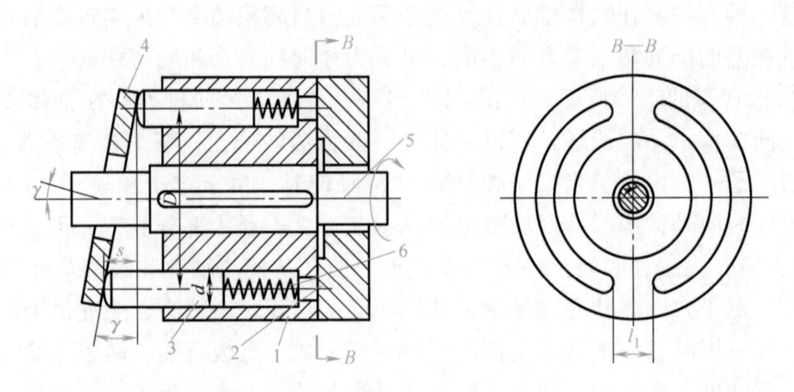

图 11-10 轴向柱塞泵的工作原理

1—缸体 2—配油盘 3—柱塞 4—斜盘 5—传动轴 6—弹簧

11.1.3 液压泵的选用

选择液压泵的原则是：根据主机工况、功率大小和系统对工作性能的要求，首先确定液压泵的类型，然后按系统所要求的压力、流量大小确定其规格型号。

一般来说，由于各类液压泵各自突出的特点，其结构、功用和工作方式各不相同，因此应根据不同的使用场合选择合适的液压泵。一般在机床液压系统中选用双作用叶片泵和限压式变量叶片泵；而在筑路机械、港口机械以及小型工程机械中选用抗污染能力较强的齿轮泵；在负载大、功率大的场合选用柱塞泵。

表 11-1 列出典型液压泵的性能比较。

表 11-1 典型液压泵的性能比较

性　能	外啮合齿轮泵	双作用叶片泵	径向柱塞泵	轴向柱塞泵
输出压力	低压	中压	高压	高压
流量调节	不能	不能	能	能
效率	低	较高	高	高
输出流量脉动	很大	很小	一般	一般
自吸特性	好	较差	差	差
对油的污染敏感性	不敏感	较敏感	很敏感	很敏感
噪声	大	小	大	大

11.2 液压执行元件

11.2.1 液压缸

液压缸是液压系统中的一种执行元件，其功能就是将油液的压力能转变成直线往复式的机械运动。

1. 液压缸的类型和特点

液压缸的种类很多，常见液压缸的种类及特点见表 11-2。

表 11-2 常见液压缸的种类及特点

分类	名称	用途
单作用液压缸	柱塞缸	柱塞仅单向运动，返回行程是利用自重或负载将柱塞推回
	单杆活塞缸	活塞仅单向运动，返回行程是利用自重或负载将柱塞推回
	双杆活塞缸	活塞的两侧都装有活塞杆，只能向活塞一侧提供液压油，返回行程是利用弹簧力等
	伸缩液压缸	它以短缸获得长行程。用液压油由大到小逐节推出，靠外力由小到大逐节缩回
双作用液压缸	单杆活塞缸	单边有杆，两向液压驱动，两向推力和速度不等
	双杆活塞缸	双边有杆，双向液压驱动，可实现等速往复运动
	伸缩缸	双向液压驱动，由大到小逐步伸出，由小到大逐节缩回
组合液压缸	弹簧复位缸	单向液压驱动，由弹簧力复位
	串联缸	用于缸的直径受限制，而长度不受限制的场合，可获得大的推力
	增压缸	由低压液压油获得高压液压油
	齿条缸	活塞往复运动，经装在一起的齿条驱动齿轮获得往复回转运动

（1）活塞式液压缸

1）双杆活塞缸。活塞两端都有一根直径相等的活塞杆伸出的液压缸称为双杆活塞缸，它一般由缸体、缸盖、活塞、活塞杆和密封件等零件构成。根据安装方式不同可分为缸筒固定式和活塞杆固定式两种。

图 11-11a 所示为缸筒固定式双杆活塞缸。它的进、出口布置在缸筒两端，活塞通过活塞杆带动工作台移动，当活塞的有效行程为 l 时，整个工作台的运动范围为 $3l$，所以机床占地面积大。当工作台行程要求较长时，可采用图 11-11b 所示的活塞杆固定形式，这时，缸体与工作台相连，活塞杆固定在支架上，动力由缸体传出。这种安装形式的工作台移动范围只等于液压缸有效行程 l 的两倍，因此占地面积小。进、出油口可设置在固定不动的空心活塞杆的两端，但必须使用软管连接。

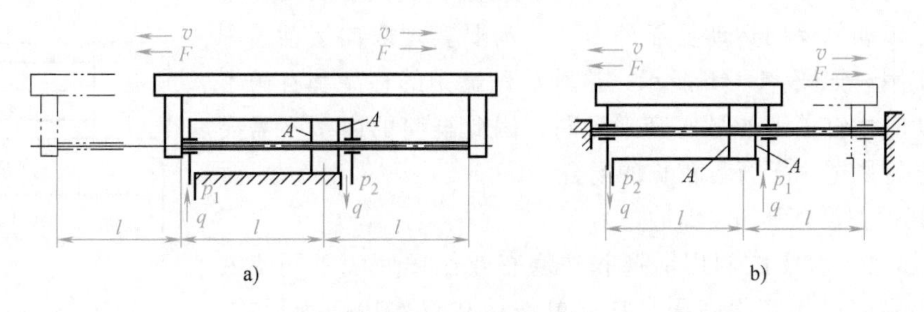

图 11-11 双杆活塞缸

由于双杆活塞缸两端的活塞杆直径通常是相等的，因此它左、右两腔的有效作用面积也相等。当分别向左、右腔输入相同压力和相同流量的油液时，液压缸左、右两个方向的推力和速度也相等。当活塞的直径为 D，活塞杆的直径为 d，液压缸进、出油口的压力分别为 p_1

和 p_2，输入流量为 q 时，双杆活塞缸的推力 F 和速度 v 分别为

$$F=A(p_1-p_2)=\pi(D^2-d^2)(p_1-p_2)/4 \tag{11-10}$$

$$v=q/A=4q/[\pi(D^2-d^2)] \tag{11-11}$$

式中，A 为活塞的有效作用面积。

2）单杆活塞缸。如图 11-12 所示，活塞只有一端带活塞杆，单杆活塞缸也有缸体固定和活塞杆固定两种形式，但它们的工作台移动范围都是活塞有效行程的两倍。

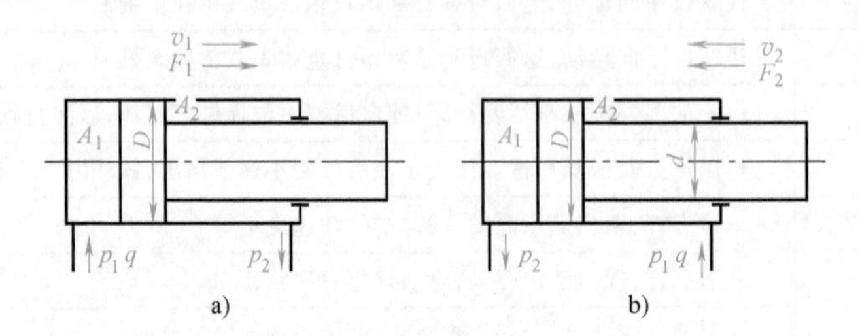

图 11-12 单杆活塞缸

由于液压缸两腔的有效作用面积不等，因此它在两个方向上的输出推力和速度也不等，其值分别为

$$F_1=(p_1A_1-p_2A_2)=\pi[(p_1-p_2)D^2-p_2d^2]/4 \tag{11-12}$$

$$F_2=(p_1A_2-p_2A_1)=\pi[(p_1-p_2)D^2-p_1d^2]/4 \tag{11-13}$$

$$v_1=q/A_1=4q/(\pi D^2) \tag{11-14}$$

$$v_2=q/A_2=4q/[\pi(D^2-d^2)] \tag{11-15}$$

由式（11-12）~式（11-15）可知，由于 $A_1>A_2$，所以 $F_1>F_2$，$v_1<v_2$。

3）差动缸。如图 11-13 所示，单杆活塞缸在其左、右两腔都接通高压油时称为差动缸。差动缸左、右两腔的油液压力相同，但由于左腔（无杆腔）的有效作用面积大于右腔（有杆腔）的有效作用面积，故活塞向右运动，同时使右腔中排出的油液也进入左腔，加大了流入左腔的流量，从而也加快了活塞移动的速度。实际上活塞在运动时，差动连接的两腔间的管路中有压力损失，所以右腔中油液的压力稍大于左腔中油液的压力，而这个差值一般都较小，可以忽略不计。

（2）柱塞缸　图 11-14a 所示为单个柱塞缸，它只能实现一个方向的液压传动，反向运动要靠外力。若需要实现双向运动，则必须成对使用。如图 11-14b 所示，这种液压缸中的柱塞和缸筒不接触，运动时由缸盖上的导向套来导向，因此缸筒的内壁不需要精加工，它特别适用于行程较长的场合。

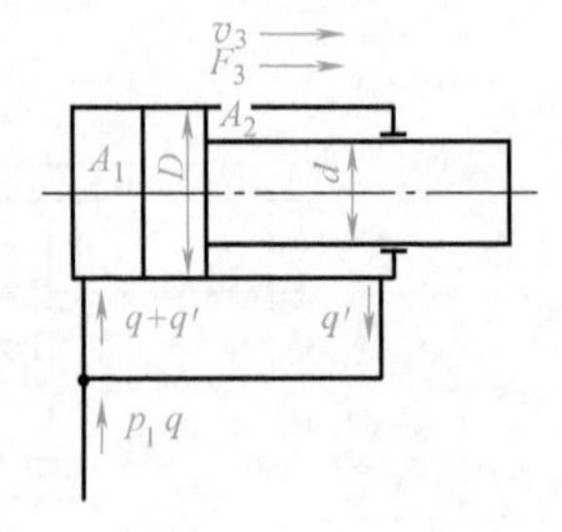

图 11-13 差动缸

（3）其他类型液压缸

1）增压缸。增压缸利用活塞和柱塞有效作用面积不同使液压系统中的局部区域获得高压。它有单作用和双作用两种形式，单作用增压缸如图 11-15a 所示。单作用增压缸在柱塞运动到终点时，不能再输出高压液体，需要将活塞退回到左端位置，再向右行时才又输出高压液体，为了克服这一缺点，可采用双作用增压缸，如图 11-15b 所示，由两个高压端连续向系统供油。

2）伸缩缸。伸缩缸由两个或多个活塞缸套装而成，前一级活塞缸的活塞杆内孔是后一

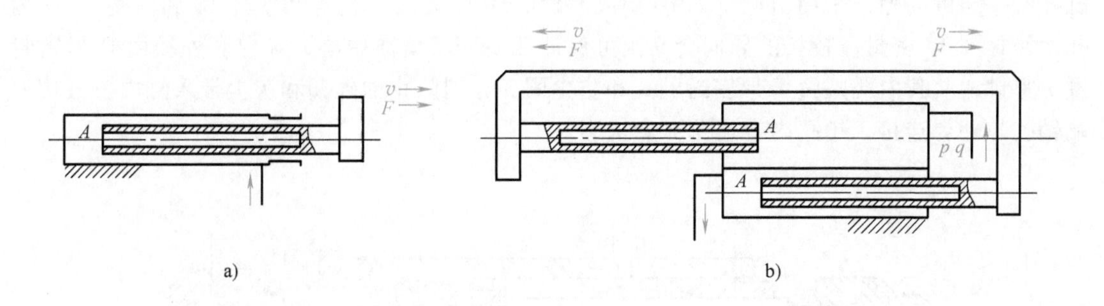

图 11-14 柱塞缸

a）单个柱塞缸 b）成对使用

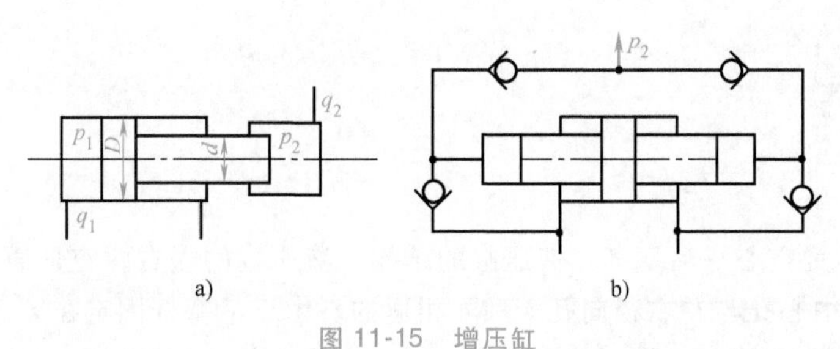

图 11-15 增压缸

a）单作用增压缸 b）双作用增压缸

级活塞缸的缸筒，伸出时可获得很长的工作行程，缩回时可保持很小的结构尺寸，如图 11-16所示。伸缩缸可以是图 11-16a 所示的单作用式，也可是图 11-16b 所示的双作用式，前者靠外力回程，后者靠液压回程。

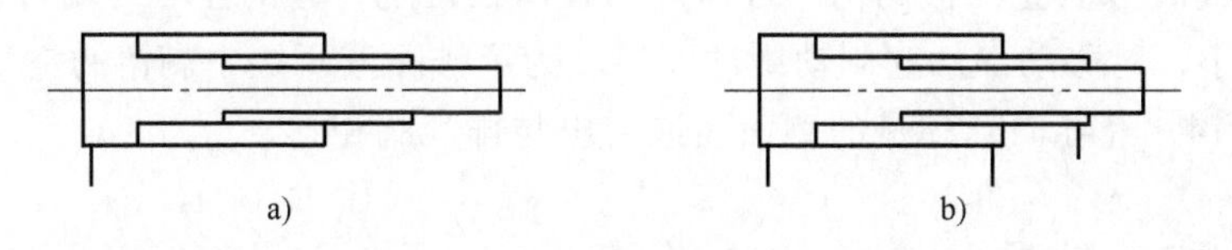

图 11-16 伸缩缸

a）单作用式 b）双作用式

3）齿轮缸。它由两个柱塞缸和一套齿条传动装置组成，如图 11-17 所示。柱塞的移动经齿轮齿条传动装置变成齿轮的传动，用于实现工作部件的往复摆动或间歇进给运动。

2. 液压缸的典型结构和组成

（1）液压缸的典型结构　图 11-18 所示为双作用单杆活塞缸的结构。它由缸底 20、缸筒 10、缸盖（兼导向套）9、活塞 11 和活塞杆 18 组成。缸筒 10 一端与缸底 20 焊接，另一端缸盖（导向套）与缸筒用卡键 6、套 5 和弹簧挡圈 4 固定，以便拆装检修，两端设有油口 A 和 B。活塞 11 与活塞杆 18 利用卡键 15、卡键帽 16 和弹簧挡圈 17 连在一起。活塞与缸孔的密封采用的是一对 Y 形密封圈 12，由于活塞与

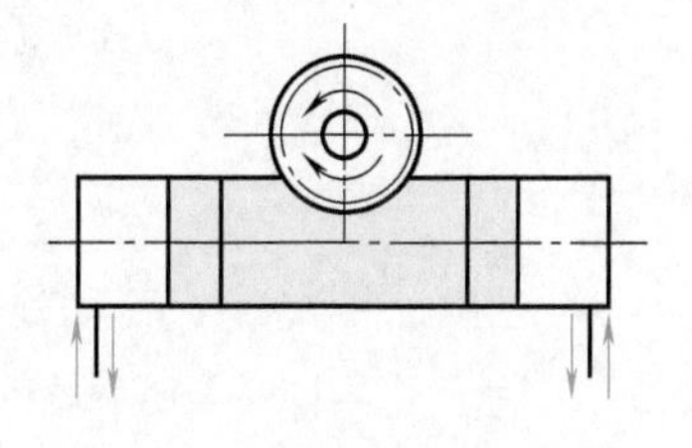

图 11-17 齿轮缸

缸孔有一定的间隙，采用由尼龙1010制成的耐磨环13定心导向。活塞杆18和活塞11的内孔由密封圈14密封。较长的导向套9则可保证活塞杆不偏离中心，导向套外径由O形密封圈7密封，而其内孔则由Y形密封圈8和防尘圈3分别防止油外漏和灰尘带入缸内。缸用杆端销孔与外界连接，销孔内有尼龙衬套抗磨。

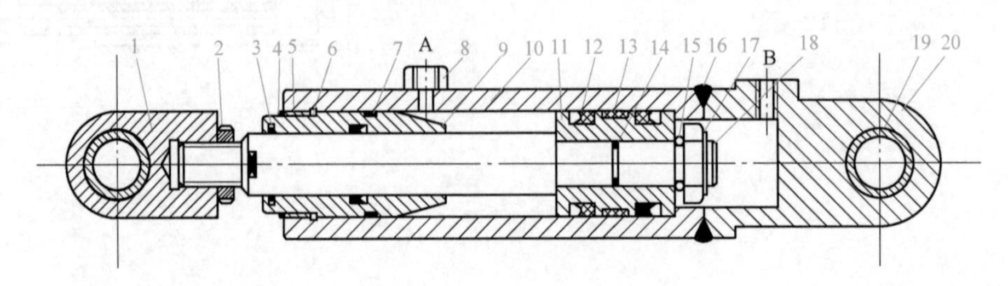

图 11-18　双作用单杆活塞缸的结构

1—耳环　2—螺母　3—防尘圈　4、17—弹簧挡圈　5—套　6、15—卡键　7、14—O形密封圈　8、12—Y形密封圈　9—缸盖（兼导向套）　10—缸筒　11—活塞　13—耐磨环　16—卡键帽　18—活塞杆　19—衬套　20—缸底

图11-19所示为空心双活塞杆式液压缸的结构。液压缸的左右两腔是通过油口b和d经活塞杆1和15的中心孔与左右径向孔a和c相通的。由于活塞杆固定在床身上，缸体10固定在工作台上，工作台在径向孔c接通压力油，径向孔a接通回油时向右移动；反之则向左移动。缸盖18和24通过螺钉（未画出）与压板11和20相连，并经钢丝环12相连，左边缸盖24空套在托架3孔内，可以自由伸缩。空心活塞杆的一端用堵头2堵死，并通过锥销9和22与活塞8相连。缸筒相对于活塞运动由左右两个导向套6和19导向。活塞与缸筒之间、缸盖与活塞杆之间以及缸盖与缸筒之间分别用O形密封圈7、V形密封圈4、17和纸垫13、23进行密封，以防止油液的内、外泄漏。缸筒在接近行程的左右终端时，径向孔a和c的开口逐渐减小，对移动部件起制动缓冲作用。为了排除液压缸中剩留的空气，缸盖上设置有排气孔5和14，经导向套环槽的侧面孔道引出与排气阀相连。

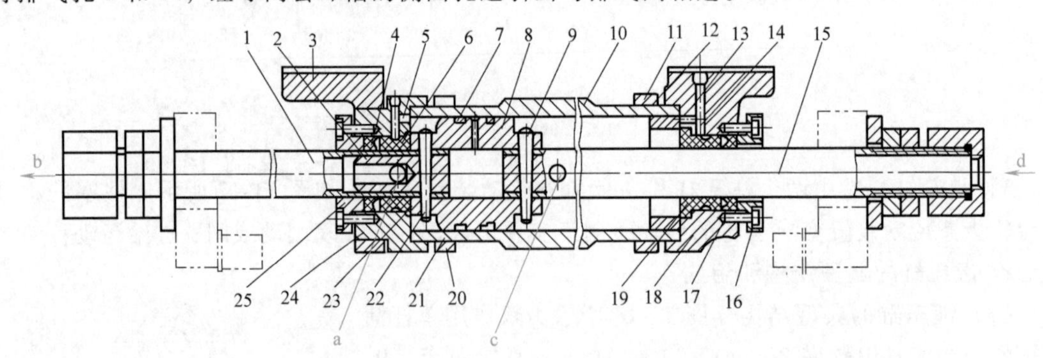

图 11-19　空心双活塞杆式液压缸的结构

1、15—活塞杆　2—堵头　3—托架　4、17—V形密封圈　5、14—排气孔　6、19—导向套　7—O形密封圈　8—活塞　9、22—锥销　10—缸体　11、20—压板　12、21—钢丝环　13、23—纸垫　15—活塞杆　16、25—压盖　18、24—缸盖

（2）液压缸的组成

1）缸筒和缸盖。图 11-20 所示为缸筒和缸盖的常见结构形式。图 11-20a 所示为法兰连接式，结构简单，容易加工，也容易装拆，但外形尺寸和质量都较大，常用于铸铁缸筒上。图 11-20b 所示为半环连接式，容易加工和装拆，质量较小，常用于无缝钢管或锻钢缸筒上。图 11-20c 所示为螺纹连接式，加工复杂，装拆需要专用工具，它的外形尺寸和质量都较小，常用于无缝钢管或铸钢缸筒上。图 11-20d 所示为拉杆连接式，容易加工和装拆，但外形尺寸较大，且较重。图 11-20e 所示为焊接连接式，结构简单，尺寸小，但缸底处内径不易加工，且可能引起变形。

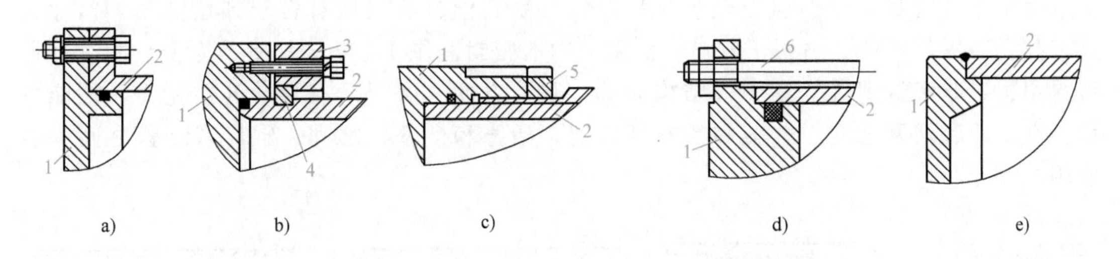

图 11-20　缸筒和缸盖的常见结构形式

a）法兰连接式　b）半环连接式　c）螺纹连接式　d）拉杆连接式　e）焊接连接式

1—缸盖　2—缸筒　3—压板　4—半环　5—防松螺帽　6—拉杆

2）活塞与活塞杆。图 11-21 所示为活塞与活塞杆的常见结构形式。图 11-21a 所示为活塞与活塞杆之间采用螺母连接，它适用负载较小、受力无冲击的液压缸中。螺纹连接虽然结构简单，安装方便可靠，但在活塞杆上车螺纹将削弱其强度。图 11-21b 和 c 所示为卡环式连接方式。图 11-21b 中活塞杆 5 上开有一个环形槽，槽内装有两个半环 3 以夹紧活塞 4，半

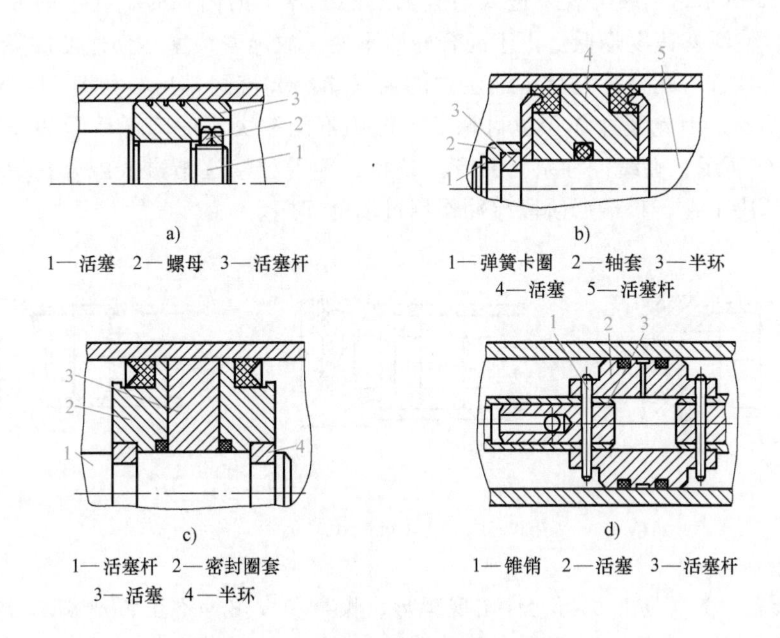

a) 1—活塞　2—螺母　3—活塞杆

b) 1—弹簧卡圈　2—轴套　3—半环　4—活塞　5—活塞杆

c) 1—活塞杆　2—密封圈套　3—活塞　4—半环

d) 1—锥销　2—活塞　3—活塞杆

图 11-21　活塞与活塞杆的常见结构形式

a）螺母连接　b）卡环式连接　c）卡环式连接　d）径向销式连接

环3由轴套2套住，而轴套2的轴向位置用弹簧卡圈1来固定。图11-21c中的活塞杆使用了两个半环4，它们分别由两个密封圈座2套住，半圆形的活塞3安放在密封圈座的中间。图11-21d所示是一种径向销式连接结构，用锥销1把活塞2固连在活塞杆3上。这种连接方式特别适用于双出杆式活塞。

3）密封装置。液压缸中常见的密封装置如图11-22所示。图11-22a所示为间隙密封，结构简单，摩擦阻力小，可耐高温，但泄漏大，加工要求高，磨损后无法恢复原有能力，只有在尺寸较小、压力较低、相对运动速度较高的缸筒和活塞间使用。图11-22b所示为摩擦环密封，摩擦阻力较小且稳定，可耐高温，磨损后有自动补偿能力，但加工要求高，装拆较不便，适用于缸筒和活塞之间的密封。图11-22c、d所示为密封圈（O形密封圈、V形密封圈等）密封，结构简单，制造方便，磨损后有自动补偿能力，性能可靠，在缸筒和活塞之间、缸盖和活塞杆之间、活塞和活塞杆之间、缸筒和缸盖之间都能使用。

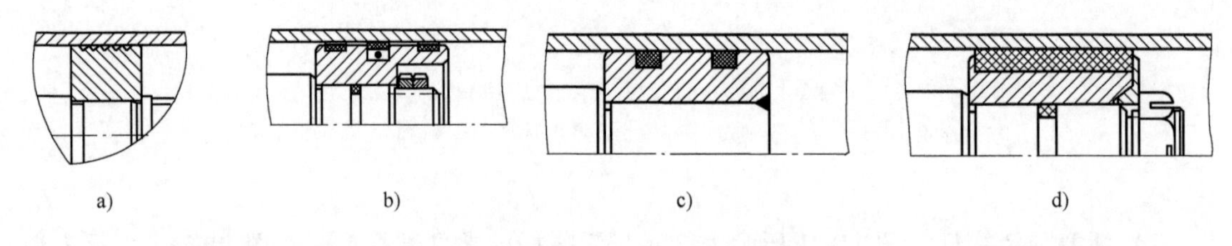

图11-22　液压缸中常见的密封装置

a）间隙密封　b）摩擦环密封　c）O形密封圈密封　d）V形密封圈密封

4）缓冲装置。为了防止活塞在行程终点时和缸盖相互撞击，液压缸一般都设置缓冲装置。如图11-23a所示，当缓冲柱塞进入与其相配的缸盖上的内孔时，孔中的液压油只能通过间隙δ排出，使活塞速度降低。由于配合间隙不变，故随着活塞运动速度的降低，起缓冲作用。当缓冲柱塞进入配合孔之后，油腔中的油只能经节流阀排出，如图11-23b所示。由于节流阀是可调的，因此缓冲作用也可调节，但仍不能解决速度降低后缓冲作用减弱的缺点。如图11-23c所示，在缓冲柱塞上开有三角槽，随着柱塞逐渐进入配合孔中，其节流面积越来越小，解决了在行程最后阶段缓冲作用过弱的问题。

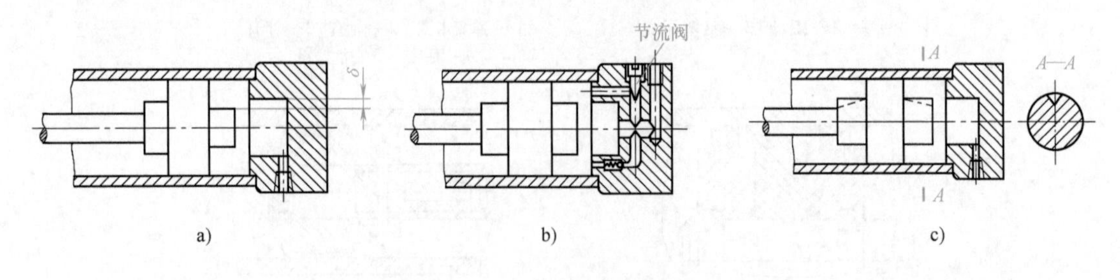

图11-23　液压缸的缓冲装置

5）排气装置。为了防止执行元件出现爬行、噪声和发热等不正常现象，需把液压缸和系统中的空气排出。一般可在液压缸的最高处设置进出油口把空气带走，也可在最高处设置图11-24a所示的放气孔或专门的放气阀（图11-24b、c）。

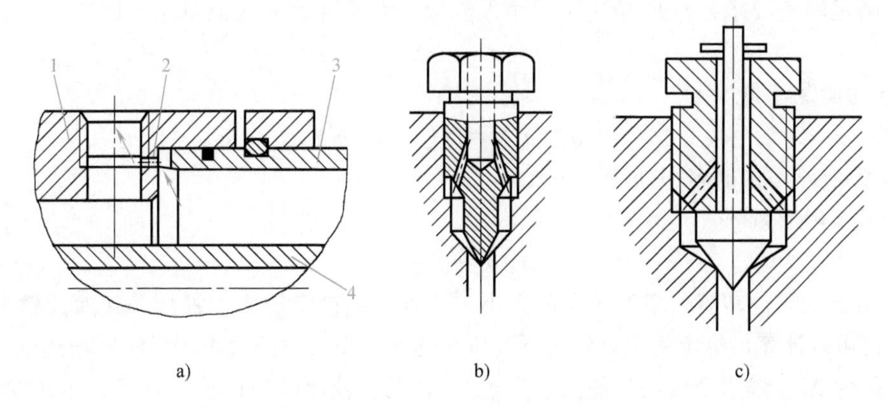

图 11-24 放气装置

1—缸盖 2—放气小孔 3—缸体 4—活塞杆

11.2.2 液压马达

1. 液压马达的特点及分类

(1) 液压马达的特点 从原理上讲，液压泵可以作液压马达用，液压马达也可作液压泵用。但由于两者的工作情况不同，使得两者在结构上也有些差异。

1) 液压马达一般需要正反转，所以在内部结构上应具有对称性，而液压泵一般是单方向旋转的，没有这一要求。

2) 为了减小吸油阻力和径向力，一般液压泵的吸油口比出油口的尺寸大。而液压马达低压腔的压力稍高于大气压力，所以没有上述要求。

3) 液压马达要求能在很宽的转速范围内正常工作，因此，应采用液动轴承或静压轴承。因为当马达速度很低时，如果采用动压轴承，就不易形成润滑油膜。

4) 叶片泵依靠叶片跟转子一起高速旋转而产生的离心力使叶片始终贴紧定子的内表面，起封油作用，形成工作容积。若将其当马达用，必须在液压马达的叶片根部装上弹簧，以保证叶片始终贴紧定子内表面，以便马达能正常起动。

5) 液压泵在结构上需保证具有自吸能力，而液压马达没有这一要求。

6) 液压马达必须具有较大的起动转矩，而且脉动小。

(2) 液压马达的分类 液压马达按其额定转速分为高速和低速两大类，额定转速高于500r/min 的属于高速液压马达，额定转速低于 500r/min 的属于低速液压马达。

液压马达按其结构类型可以分为齿轮式、叶片式、柱塞式和其他形式。

2. 液压马达的性能参数

(1) 排量、流量和容积效率 习惯上将液压马达的轴每转一周，按几何尺寸计算所进入的液体容积，称为液压马达的排量 V，有时也称为几何排量、理论排量，即不考虑泄漏损失时的排量。液压马达的排量表示出其工作容腔的大小，它是一个重要的参数。

根据液压动力元件的工作原理可知，液压马达转速 n、理论流量 q_t与排量 V 之间具有下列关系：

$$q_t = nV \tag{11-16}$$

式中，q_t为理论流量 (m^3/s)；n 为转速 (r/min)；V 为排量 (m^3/s)。

为了满足转速要求，液压马达实际输入流量 q 大于理论输入流量 q_t，则有

$$q=q_t+\Delta q \tag{11-17}$$

式中，Δq 为泄漏流量。

$$\eta_V=q_t/q=1/(1+\Delta q/q_t) \tag{11-18}$$

式中，η_V 为液压马达的容积效率（%）。

所以得实际流量 q:

$$q=q_t/\eta_V \tag{11-19}$$

（2）输出的理论转矩　根据排量的大小，可以算出给定压力下液压马达所能输出的转矩的大小，也可以计算出给定的负载转矩下液压马达的工作压力的大小。当液压马达进、出油口之间的压差为 Δp，输入液压马达的流量为 q，液压马达输出的理论转矩为 T_t，角速度为 ω 时，如果不计损失，输入液压马达的液压功率应当全部转化为液压马达输出的机械功率，即

$$\Delta pq=T_t\omega \tag{11-20}$$

又因为 $\omega=2\pi n$，所以液压马达的理论转矩为

$$T_t=\Delta pV/(2\pi) \tag{11-21}$$

（3）机械效率　由于液压马达内部不可避免地存在各种摩擦，实际输出的转矩 T 总要比理论转矩 T_t小些，即

$$T=T_t\eta_m \tag{11-22}$$

式中，η_m为液压马达的机械效率（%）。

（4）起动机械效率 η_{m0}　液压马达的起动机械效率是指液压马达由静止状态起动时，其实际输出的转矩 T_0与它在同一工作压差时的理论转矩 T_t之比，即

$$\eta_{m0}=T_0/T_t \tag{11-23}$$

（5）转速　液压马达的转速取决于供油的流量和液压马达本身的排量 V，可用下式计算:

$$n_t=q_t/V \tag{11-24}$$

式中，n_t为理论转速（r/min）。

由于液压马达内部有泄漏，并不是所有进入液压马达的液体都推动液压马达做功，一小部分因泄漏损失掉了。所以液压马达的实际转速要比理论转速低一些。

$$n=n_t\eta_V \tag{11-25}$$

式中，n 为液压马达的实际转速（r/min）。

（6）最低稳定转速　最低稳定转速是指液压马达在额定负载下，不出现爬行现象的最低转速。所谓爬行现象，就是当液压马达工作转速过低时，往往无法保持均匀的速度，进入时动时停的不稳定状态。

（7）最高使用转速　液压马达的最高使用转速主要受使用寿命和机械效率的限制，转速提高后，各运动副的磨损加剧，使用寿命降低，转速高则液压马达需要输入的流量大，因此各过流部分的流速相应增大，压力损失也随之增加，从而使机械效率降低。

（8）调速范围　液压马达的调速范围用最高使用转速和最低稳定转速之比表示，即

$$i=n_{max}/n_{min} \tag{11-26}$$

3. 典型液压马达的工作原理

（1）叶片马达　图 11-25 所示为叶片马达的工作原理图。

当压力为 p 的油液从进油口进入叶片 1 和 3 之间时，叶片 2 因两面均受液压油的作用而不产生转矩。在叶片 1、3 上，一面作用有压力油，另一面为低压油。由于叶片 3 伸出的面积大于叶片 1 伸出的面积，因此作用于叶片 3 上的总液压力大于作用于叶片 1 上的总液压力，压差使转子产生顺时针方向的转矩。同样的道理，压力油进入叶片 5 和 7 之间时，叶片 7 伸出的面积大于叶片 5 伸出的面积，也产生顺时针方向的转矩，就把油液的压力能转变成了机械能，这就是叶片马达的工作原理。当输油方向改变时，液压马达就反转。当定子的长短径差值越大，转子的直径越大，以及输入的压力越高时，叶片马达输出的转矩也越大。

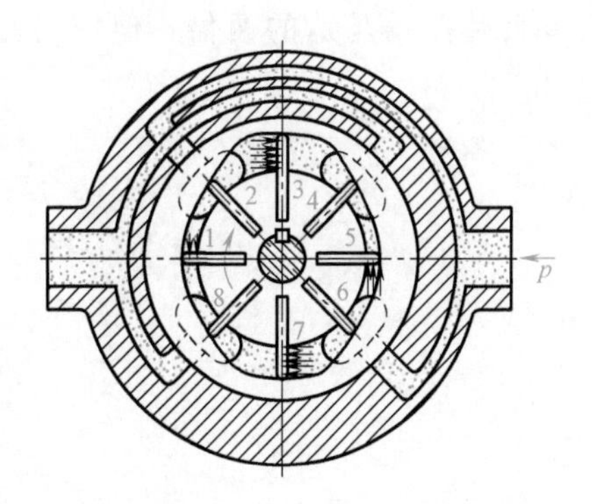

图 11-25　叶片马达的工作原理图

(2) 轴向柱塞马达　图 11-26 所示为斜盘式轴向柱塞马达。

当压力油进入液压马达的高压腔之后，工作柱塞便受到油压作用力为 pA(p 为油压力，A 为柱塞面积)，通过滑靴压向斜盘，其反作用力为 N。N 力分解成两个分力，沿柱塞轴向分力 p，与柱塞所受液压力平衡；另一分力 F 与柱塞轴线垂直向上，它与缸体中心线的距离为 r，这个力便产生驱动马达旋转的力矩。这个力 F 使缸体产生转矩的大小由柱塞在压油区所处的位置决定。随着角度 φ 的变化，柱塞产生的转矩也跟着变化。整个液压马达能产生的总转矩是所有处于压力油区的柱塞产生的转矩之和。因此，总转矩也是脉动的，当柱塞的数目较多且为单数时，脉动较小。

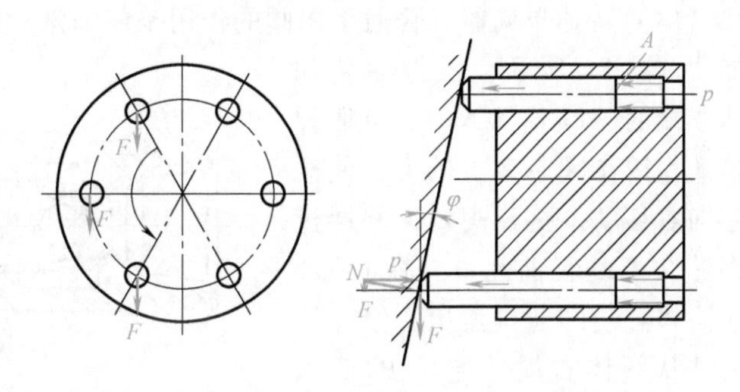

图 11-26　斜盘式轴向柱塞马达的工作原理图

(3) 摆动马达　摆动马达的工作原理如图 11-27 所示。

图 11-27a 所示为单叶片摆动马达。若从油口 Ⅰ 通入高压油，则叶片做逆时针摆动，低压力油从油口 Ⅱ 排出。因叶片与输出轴连在一起，输出轴摆动的同时输出转矩、克服负载。此类摆动马达的工作压力小于 10MPa，摆动角度小于 280°。由于径向力不平衡，叶片和壳体、叶片和挡块之间密封困难，限制了其工作压力的进一步提高，从而也限制了输出转矩的进一步提高。

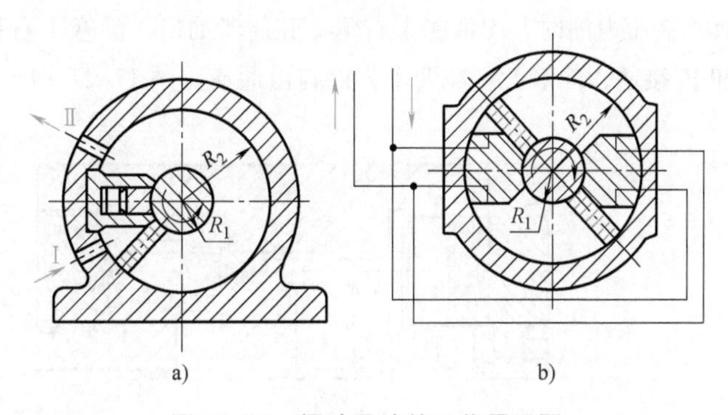

图 11-27　摆动马达的工作原理图

图 11-27b 所示为双叶片摆动马达。在径向尺寸和工作压力相同的条件下，其输出转矩

是单叶片摆动马达的两倍，但回转角度要相应减小，双叶片摆动马达的回转角度一般小于 120°。

11.3 液压控制元件

11.3.1 方向控制阀

方向控制阀是用来改变液压系统中各油路之间液流通断关系的阀，如单向阀、换向阀等。

1. 单向阀

（1）普通单向阀　普通单向阀的作用是使油液只能沿一个方向流动，不许它反向倒流。如图 11-28a 所示，压力油从阀体左端的通口 P_1 流入时，克服弹簧 3 作用在阀芯 2 上的力，使阀芯向右移动，打开阀口，并通过阀芯 2 上的径向孔 a、轴向孔 b 从阀体右端的通口流出。但是压力油从阀体右端的通口 P_2 流入时，它和弹簧力一起使阀芯锥面压紧在阀座上，使阀口关闭，油液无法通过。图 11-28b 所示为单向阀的图形符号。

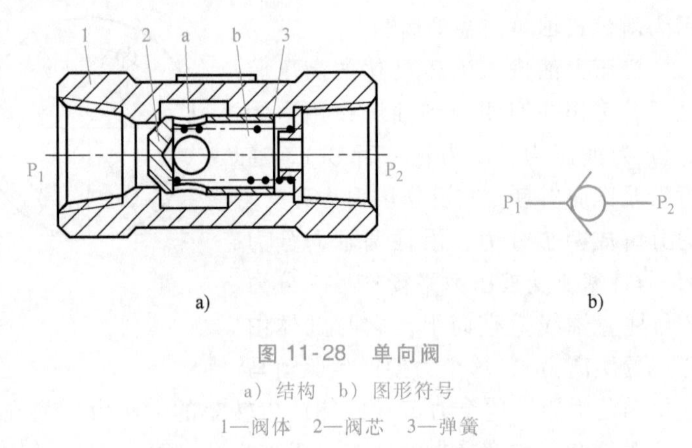

图 11-28　单向阀

a）结构　b）图形符号

1—阀体　2—阀芯　3—弹簧

（2）液控单向阀　图 11-29a 所示为液控单向阀的结构。当控制口 K 处无压力油通入时，它的工作机制和普通单向阀一样；压力油只能从通口 P_1 流向通口 P_2，不能反向倒流；当控制口 K 有控制压力油时，因活塞 1 右侧 a 腔通泄油口，活塞 1 右移，推动顶杆 2 顶开阀芯 3，使通口 P_1 和 P_2 接通，油液就可在两个方向自由通流。图 11-29b 所示为液控单向阀的图形符号。

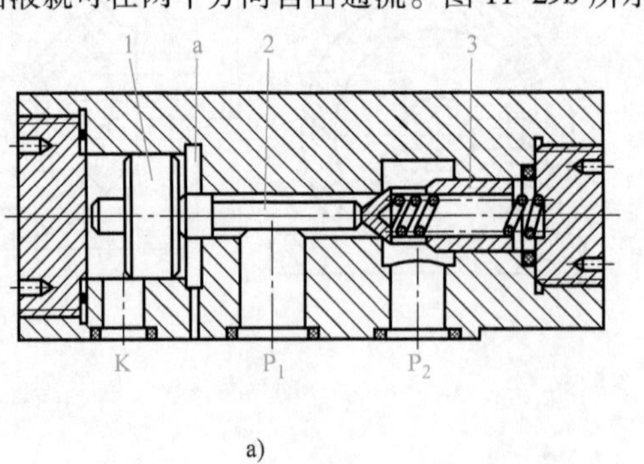

图 11-29　液控单向阀

a）结构　b）图形符号

1—活塞　2—顶杆　3—阀芯

2. 换向阀

换向阀利用阀芯相对于阀体的相对运动，使油路接通、关断，或变换油流的方向，从而使液压执行元件起动、停止或变换运动方向。

（1）转阀　图 11-30a 所示为转阀的工作原理图。该阀由阀体 1、阀芯 2 和使阀芯转动的操作手柄 3 组成。在图示位置，通口 P 和 A 相通、B 和 T 相通；当操作手柄转换到“止”位置时，通口 P、A、B 和 T 均不相通，当操作手柄转换到另一位置时，则通口 P 和 B 相通，A 和 T 相通。图 11-30b 所示为转阀的图形符号。

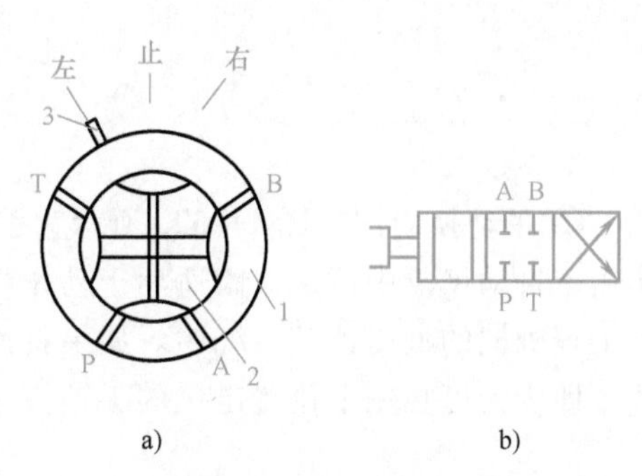

图 11-30　转阀

a）工作原理图　b）图形符号

1—阀体　2—阀芯　3—操作手柄

（2）滑阀式换向阀

1）结构主体。阀体和滑动阀芯是滑阀式换向阀的结构主体。表 11-3 所列为其最常见的主体结构形式。

表 11-3　滑阀式换向阀最常见的主体结构形式

<table>
<tr><th>名称</th><th>结构原理图</th><th>图形符号</th><th colspan="3">使用场合</th></tr>
<tr><td>二位二通阀</td><td>A P</td><td>A P</td><td colspan="3">控制油路的接通与切断(相当于一个开关)</td></tr>
<tr><td>二位三通阀</td><td>A P B</td><td>A B P</td><td colspan="3">控制液流方向(从一个方向改变成另一个方向)</td></tr>
<tr><td>二位四通阀</td><td>A P B T</td><td>A B P T</td><td rowspan="4">控制执行元件换向</td><td>不能使执行元件在任意位置上停止运动</td><td rowspan="2">执行元件正反向运动时回油方式相同</td></tr>
<tr><td>三位四通阀</td><td>A P B T</td><td>A B P T</td><td>能使执行元件在任意位置上停止运动</td></tr>
<tr><td>二位五通阀</td><td>T_1 A P B T_2</td><td>A B T_1PT_2</td><td>不能使执行元件在任意位置上停止运动</td><td rowspan="2">执行元件正反向运动时得到不同的回油方式</td></tr>
<tr><td>三位五通阀</td><td>T_1 A P B T_2</td><td>A B T_2PT_1</td><td>能使执行元件在任意位置上停止运动</td></tr>
</table>

2）滑阀的操纵方式。滑阀常见的操纵方式如图 11-31 所示。

3）典型结构。滑阀式换向阀广泛用于液压传动系统。这里主要介绍这种换向阀的几种典型结构。

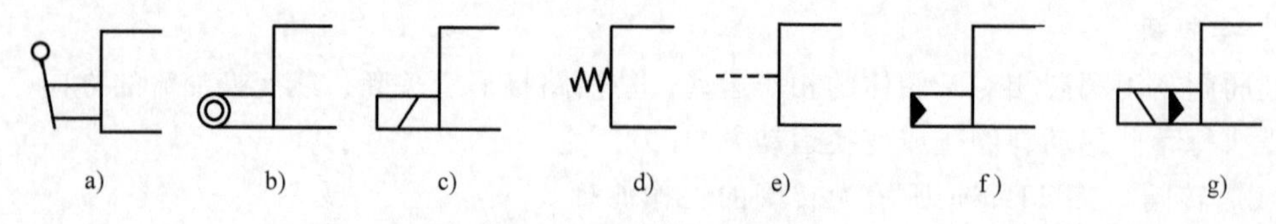

图 11-31 滑阀常见的操纵方式

a）手动式 b）机动式 c）电磁动 d）弹簧控制 e）液动 f）液压先导控制 g）电液控制

① 手动换向阀。图 11-32a 所示为手动换向阀的结构，放开手柄 1、阀芯 2 在弹簧 3 的作用下自动恢复中位，该阀适用于动作频繁、工作持续时间短的场合，操作比较完全，常用于工程机械的液压传动系统中。如果将该阀阀芯右端弹簧 3 的部位改为可自动定位的结构形式，即成为可在三个位置定位的手动换向阀。图 11-32b 所示为其图形符号。

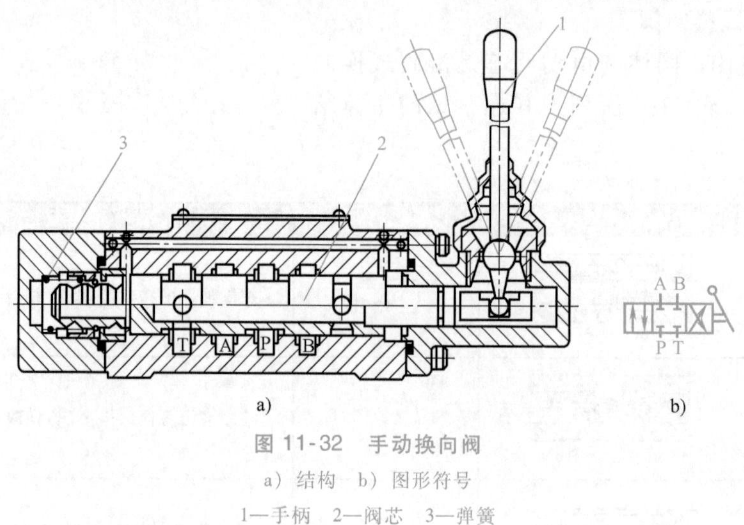

图 11-32 手动换向阀

a）结构 b）图形符号

1—手柄 2—阀芯 3—弹簧

② 机动换向阀。机动换向阀又称行程阀，它主要用来控制机械运动部件的行程。机动换向阀借助于安装在工作台上的挡铁或凸轮来迫使阀芯移动，从而控制油液的流动方向，其通常是二位阀，有二通、三通、四通和五通几种，其中二位二通机动换向阀又分常闭和常开两种。图 11-33a 所示为滚轮式二位三通常闭机动换向阀，在图示位置，阀芯 2 被弹簧 1 压向上端，油腔 P 和 A 通，B 口关闭。当挡铁或凸轮压住滚轮 4，使阀芯 2 移动到下端时，油腔 P 和 A 断开，P 和 B 接通，A 口关闭。图 11-33b 所示为其图形符号。

③ 电磁换向阀。图 11-34a 所示为二位三通交流电磁换向阀的结构，在图示位置，油口 P 和 A 相通，油口 B 断开；当电磁铁通电吸合时，推杆 1 将阀芯 2 推向右端，这时油口 P 和 A 断开，而与 B 相通；当电磁铁断电释放时，弹簧 3 推动阀芯复位。图11-34b 所示为其图形符号。

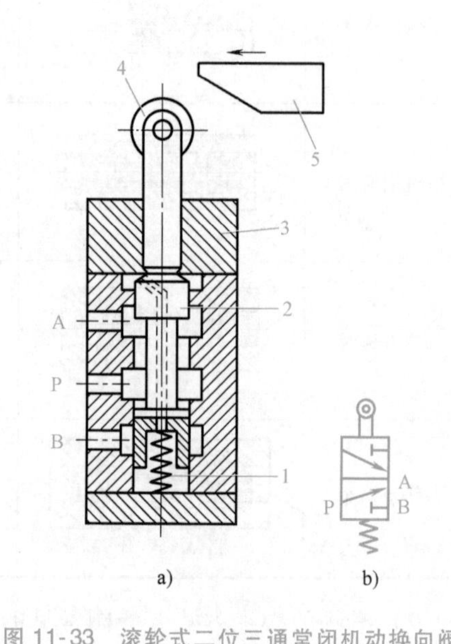

图 11-33 滚轮式二位三通常闭机动换向阀

a）结构 b）图形符号

1—弹簧 2—阀芯 3—阀体 4—滚轮 5—挡铁

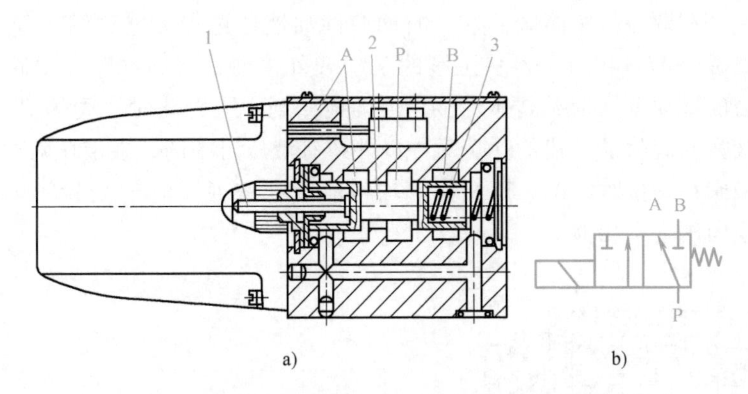

图 11-34 二位三通交流电磁换向阀

a）结构图 b）图形符号

1—推杆 2—阀芯 3—弹簧

④ 液动换向阀。液动换向阀是一种利用控制油路的压力油来改变阀芯位置的换向阀。图 11-35 所示为三位四通液动换向阀的结构和图形符号。阀芯是通过其两端密封腔中油液的压差来移动的，当控制油路的压力油从阀右边的控制油口 K_2进入滑阀右腔时，K_1接通回油，阀芯向左移动，使压力油口 P 与 B 相通，A 与 T 相通；当 K_1接通压力油，K_2接通回油时，阀芯向右移动，使得 P 与 A 相通，B 与 T 相通；当 K_1、K_2都通回油时，阀芯在两端弹簧和定位套作用下回到中间位置。

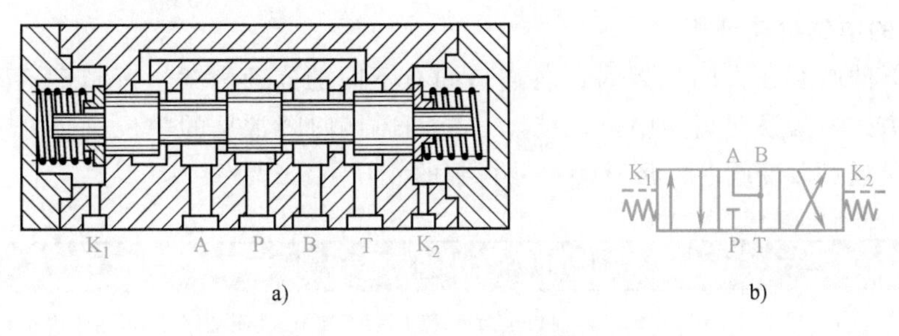

图 11-35 三位四通液动换向阀

a）结构 b）图形符号

⑤ 电液换向阀。电液换向阀是由电磁滑阀和液动滑阀组合而成的。电磁滑阀起先导作用，它可以改变控制液流的方向，从而改变液动滑阀阀芯的位置。由于操纵液动滑阀的液压推力可以很大，所以主阀阀芯的尺寸可以做得很大，允许有较大的油液流量通过，用较小的电磁铁就能控制较大的液流。

图 11-36 所示为弹簧对中型三位四通电液换向阀的结构和图形符号。当先导电磁阀左边的电磁铁通电后，其阀芯向右边位置移动，来自主阀 P 口或外接油口的控制压力油可经先导电磁阀的 A′口和左单向阀进入主阀左端容腔，并推动主阀阀芯向右移动，这时主阀阀芯右端容腔中的控制油液可通过右边的节流阀经先导电磁阀的 B′口和 T′口，再从主阀的 T 口或外接油口流回油箱，使主阀 P 与 A、B 和 T 的油路相通；反之，先导电磁阀右边的电磁铁通电，可使 P 与 B、A 与 T 的油路相通；当先导电磁阀的两个电磁铁均不带电时，先导电磁阀阀芯在其对中弹簧作用下回到中位，此时来自主阀 P 口或外接油口的控制压力油不再进

入主阀阀芯的左、右两腔，主阀阀芯左、右两腔的油液通过先导电磁阀中间位置的 A′、B′两油口与先导电磁阀 T′口相通，再从主阀的 T 口或外接油口流回油箱。主阀阀芯在两端对中弹簧的预压力的推动下，依靠阀体定位，准确地回到中位，此时主阀的 P、A、B 和 T 油口均不通。电液换向阀除了上述的弹簧对中以外还有液压对中的，在液压对中的电液换向阀中，先导式电磁阀在中位时，A′、B′两油口均与油口 P 连通，而 T′则封闭，其他方面与弹簧对中的电液换向阀基本相似。

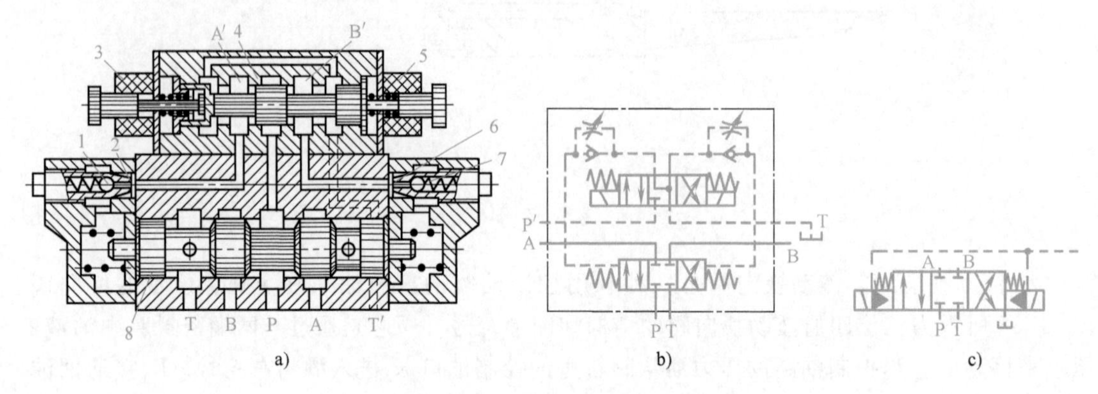

图 11-36　弹簧对中型电液换向阀

a）结构　b）图形符号　c）简化图形符号

1、6—节流阀　2、7—单向阀　3、5—电磁铁　4—电磁阀阀芯　8—主阀阀芯

3. 换向阀的中位机能分析

三位换向阀的阀芯在中间位置时，各通口间有不同的连通方式，可满足不同的使用要求。这种连通方式称为换向阀的中位机能。三位四通换向阀常见的中位机能见表 11-4。不同的中位机能是通过改变阀芯的形状和尺寸得到的。

表 11-4　三位四通换向阀常见的中位机能

中位机能	符号	中位油口状况、特点及应用
O 型		P、A、B、T 四油口全封闭；液压泵不卸荷，液压缸闭锁；可用于多个换向阀的并联工作
H 型		四油口全串通；活塞处于浮动状态，在外力作用下可移动；泵卸荷
Y 型		P 口封闭，A、B、T 三个油口相通；活塞浮动，在外力作用下可移动；泵不卸荷
K 型		P、A、T 三个油口相通，B 口封闭；活塞处于闭锁状态，泵卸荷
M 型		P、T 口相通，A 与 B 口均封闭；活塞不动；泵卸荷，也可用多个 M 型换向阀并联工作
X 型		四个油口处于半开启状态；泵基本上卸荷，但仍保持一定压力
P 型		P、A、B 三个油口相通，T 口封闭；泵与缸两腔相通，可组成差动回路

（续）

中位机能	符号	中位油口状况、特点及应用
J 型		P 与 A 口封闭,B 与 T 口相通;活塞停止,在外力作用下可向一边移动;泵不卸荷
C 型		P 与 A 口相通,B 与 T 口都封闭;活塞处于停止状态
N 型		P 与 B 口都相通,A 与 T 口相通;与 J 型换向阀机能相似,只是 A 与 B 口互换了,功能也相似
U 型		P 与 T 口都封闭,A 与 B 口相通;活塞浮动,在外力作用下移动;泵不卸荷

在分析和选择阀的中位机能时，通常考虑以下几点：

1）系统保压。当 P 口被堵塞时，系统保压，液压泵能用于多缸系统。当 P 口不太通畅地与 T 口接通时（如 X 型中位机能），系统能保持一定的压力供控制油路使用。

2）系统卸荷。P 口通畅地与 T 口接通时，系统卸荷。

3）起动平稳性。阀在中位时，液压缸某腔如果接通油箱，则起动时该腔内因无足够的油液起缓冲作用，起动不平稳。

4）液压缸“浮动”和在任意位置上的停止。阀在中位，当 A、B 两口互通时，卧式液压缸呈“浮动”状态，可利用其他机构移动工作台，调整其位置。在非差动情况下，若 A、B 两口堵塞或与 P 口连接，则可使液压缸在任意位置处停下来。

11.3.2 压力控制阀

在液压传动系统中，控制油液压力高低的液压阀称之为压力控制阀，简称压力阀。根据工作需要的不同，压力控制阀可分为减压阀、溢流阀、顺序阀及压力继电器等。

1. 减压阀

减压阀是使出口压力低于进口压力的一种压力控制阀。根据减压阀所控制的压力不同，它可分为定值输出减压阀、定差减压阀和定比减压阀。

（1）定值输出减压阀　图 11-37a 所示为直动式减压阀的结构。P_1 口是进油口，P_2 口是出油口，阀不工作时，阀芯在弹簧作用下处于最下端位置，阀的进、出油口是相通的，亦即阀是常开的。当出口压力增大，使作用在阀芯下端的压力大于弹簧力时，阀芯上移，关小阀口，这时阀处于工作状态。若忽略其他阻力，仅考虑作用在阀芯上的液压力和弹簧力相平衡的条件，则可以认为出口压力基本上维持在某一调定值上。这时如出口压力减小，阀芯就下移，开大阀口，阀口处阻力减小，压降减小，使出口压力回升到调定值；反之，若出口压力增大，

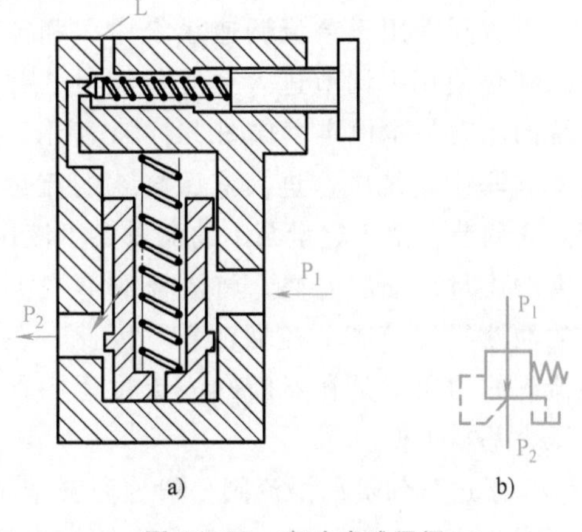

图 11-37　直动式减压阀

a）结构　b）图形符号

则阀芯上移，关小阀口，阀口处阻力增大，压降增大，使出口压力下降到调定值。图11-37b所示为直动式减压阀的图形符号。

（2）定差减压阀　定差减压阀是使进、出油口之间的压差等于或近似于不变的减压阀，其结构如图 11-38a 所示。高压油从 P_1 口经节流口 x_R 减压后以低压从 P_2 口流出，同时，低压油经阀芯中心孔将压力传至阀芯上腔，则其进、出油液压力在阀芯有效作用面积上的压差与弹簧力相平衡。只要尽量减小弹簧刚度和阀口开度 x_R，就可使压差 Δp 近似地保持为定值。图 11-38b 所示为定差减压阀的图形符号。

（3）定比减压阀　定比减压阀能使进、出油口压力的比值维持恒定。图 11-39a 所示为其工作原理图，阀芯在稳态时忽略稳态液动力、阀芯的自重、摩擦力、弹簧力（刚度较小），通过合理选择阀芯的作用面积 A_1 和 A_2，便可得到所要求的压力比（A_1/A_2），且比值近似恒定。图 11-39b 所示为定比减压阀的图形符号。

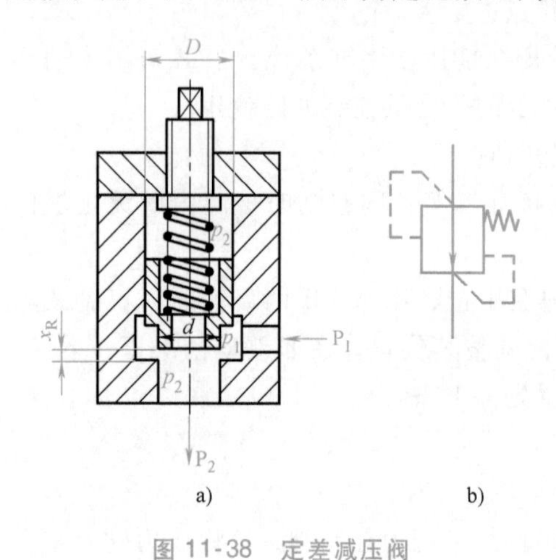

图 11-38　定差减压阀

a）结构　b）图形符号

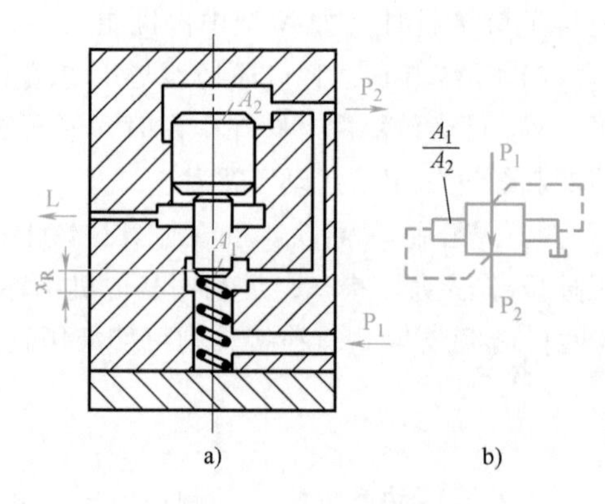

图 11-39　定比减压阀

a）工作原理图　b）图形符号

2. 溢流阀

（1）溢流阀的作用　如图 11-40 所示，溢流阀的主要作用是对液压系统进行定压或安全保护。

溢流阀常用于节流调速系统中，和流量控制阀配合使用，调节进入系统的流量，并保持系统的压力基本恒定。如图 11-40a 所示，溢流阀 2 并联于系统中，进入液压缸 4 的流量由节流阀 3 调节。由于定量泵 1 的流量大于液压缸 4 所需的流量，油压升高，将溢流阀 2 打开，多余的油液经溢流阀 2 流回油箱。因此，在这里溢流阀的功用就是在不断的溢流过程中保持系统压力基本不变。

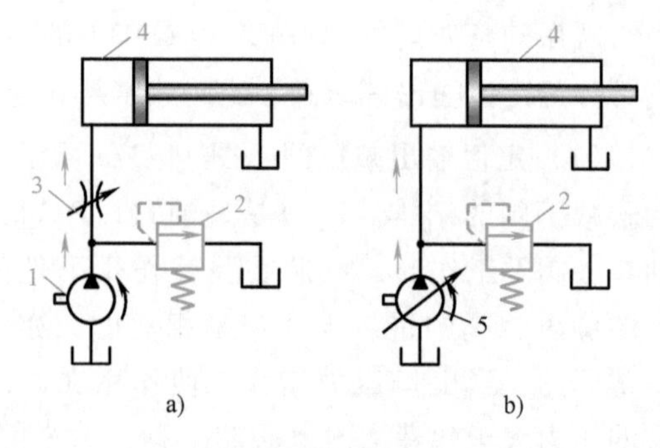

图 11-40　溢流阀的作用

1—定量泵　2—溢流阀　3—节流阀

4—液压缸　5—变量泵

用于过载保护的溢流阀一般称为安全阀。图 11-40b 所示的变量泵调速系统正常工作时，溢流阀 2 关闭，不溢流，只有在系统发生故障，压力升至溢流阀的调定值时，阀口才打开，使变量泵排出的油液经溢流阀 2 流回油箱，以保证液压系统的安全。

(2) 溢流阀的结构和工作原理

1) 直动式溢流阀。直动式溢流阀是依靠系统中的压力油直接作用在阀芯上与弹簧力等相平衡，以控制阀芯的启闭动作。图 11-41a 所示为一种低压直动式溢流阀的结构原理图，P 是进油口，T 是回油口，进油口压力油经阀芯 4 中间的阻尼孔 g 作用在阀芯的底部端面上，当进油压力较小时，阀芯在弹簧 2 的作用下处于下端位置，将 P 和 T 两油口隔开。当油液压力升高至在阀芯下端所产生的作用力超过弹簧的压紧力时，阀芯上升，阀口被打开，将多余的油液排回油箱，阀芯上的阻尼孔 g 用来对阀芯的动作产生阻尼，以提高阀的工作平衡性，调整螺母 1 可以改变弹簧的压紧力，也就调整了溢流阀进口处的油液压力。

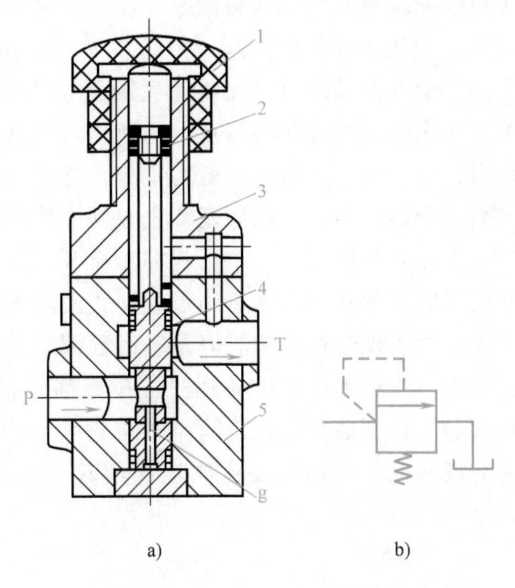

图 11-41 低压直动式溢流阀
a) 结构原理图 b) 图形符号
1—螺母 2—弹簧 3—上盖 4—阀芯 5—阀体

溢流阀是利用被控压力作为信号来改变弹簧的压缩量，从而改变阀口的通流面积和系统的溢流量来达到定压目的的。当系统压力升高时，阀芯上升，阀口通流面积增加，溢流量增大，进而使系统压力下降。溢流阀内部通过阀芯的平衡和运动构成的这种负反馈作用是其定压作用的基本原理，也是所有定压阀的基本工作原理。由此可知，弹簧力的大小与控制压力成正比，因此如果提高被控压力，一方面可通过减小阀芯的面积来达到，另一方面则需增大弹簧力，因受结构限制，需采用大刚度的弹簧。在阀芯相同位移的情况下，弹簧力变化较大，因而该阀的定压精度就低。所以，这种低压直动式溢流阀一般用于压力小于 2.5MPa 的小流量场合。图 11-41b 所示为直动式溢流阀的图形符号。

2) 先导式溢流阀。图 11-42a 所示为先导式溢流阀的结构原理图。压力油从 P 口进入，通过阻尼孔 3 后作用在先导阀阀芯 4 上，当进油口压力较低，先导阀阀芯上的液压作用力不足以克服先导阀阀芯右边的先导阀弹簧 5 的作用力时，先导阀关闭，没有油液流过阻尼孔，所以主阀阀芯 2 两端压力相等，在较软的主阀弹簧 1 作用下，主阀阀芯 2 处于最下端位置，溢流阀阀口 P 和 T 隔断，没有溢流。当进油口压力升高到作用在先导阀阀芯上的液压力大于先导阀弹簧的作用力时，先导阀打开，压力油就可通过阻尼孔经先导阀流回油箱，由于阻尼孔的作用，使主阀阀芯上端的液压力小于下端压力，当这个压差作用在主阀阀芯上的力等于

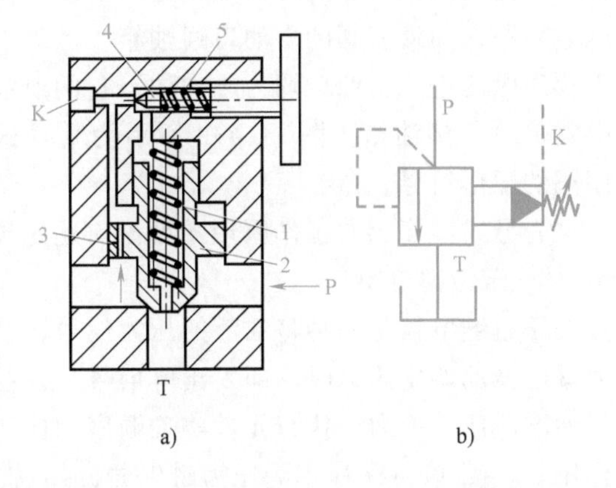

图 11-42 先导式溢流阀
a) 结构原理图 b) 图形符号
1—主阀弹簧 2—主阀阀芯 3—阻尼孔
4—先导阀阀芯 5—先导阀弹簧

或超过主阀弹簧力、轴向稳态液动力、摩擦力和主阀阀芯自重的合力时，主阀阀芯开启，油液从 P 口流入，经主阀阀口由 T 口流回油箱，实现溢流。

由于油液通过阻尼孔而产生的压差不太大，所以主阀阀芯只需一个小刚度的软弹簧即可；而作用在先导阀阀芯 4 上的液压力与其导阀阀芯面积的乘积即为先导阀弹簧 5 的调压弹簧力，由于先导阀阀芯一般为锥阀，受压面积较小，所以用一个刚度不太大的弹簧即可调整较高的开启压力，用螺钉调节先导阀弹簧的预紧力，就可调节溢流阀的溢流压力。

先导式溢流阀有一个远程控制口 K，如果将 K 口用油管接到另一个远程调压阀，调节远程调压阀的弹簧力，即可调节先导式溢流阀主阀阀芯上端的液压力，从而对先导式溢流阀的溢流压力实现远程调节。但是，远程调节的最高压力不得超过先导式溢流阀本身先导阀的调整压力。当远程控制口 K 通过二位二通阀接通油箱时，主阀阀芯上端的压力接近于零，主阀阀芯上移到最高位置，阀口开得很大。由于主阀弹簧较软，这时 P 口处压力很低，系统的油液在低压下通过溢流阀流回油箱，实现卸荷。图 11-42b 所示为先导式溢流阀的图形符号。

3. 顺序阀

顺序阀用来控制液压系统中各执行元件动作的先后顺序。依控制压力的不同，顺序阀又可分为内控式和外控式两种。前者用阀的进口压力控制阀芯的启闭，后者用外来的控制压力油控制阀芯的启闭。顺序阀也有直动式和先导式两种，前者一般用于低压系统，后者用于中高压系统。

图 11-43a 所示为直动式顺序阀的结构原理图。当进油口 P_1 压力较低时，阀芯在弹簧作用下处于下端位置，进油口和出油口不相通。当作用在阀芯下端的油液的压力大于弹簧的预紧力时，阀芯向上移动，阀口打开，油液便经阀口从出油口流出，从而操纵另一执行元件或其他元件动作。由图可见，顺序阀和溢流阀的结构基本相似，不同的只是顺序阀的出油口通向系统的另一压力油路，而溢流阀的出油口通油箱。此外，由于顺序阀的进、出油口均为压力油，它的泄油口必须单独外接油箱。图 11-43b 所示为直动式顺序阀的图形符号。

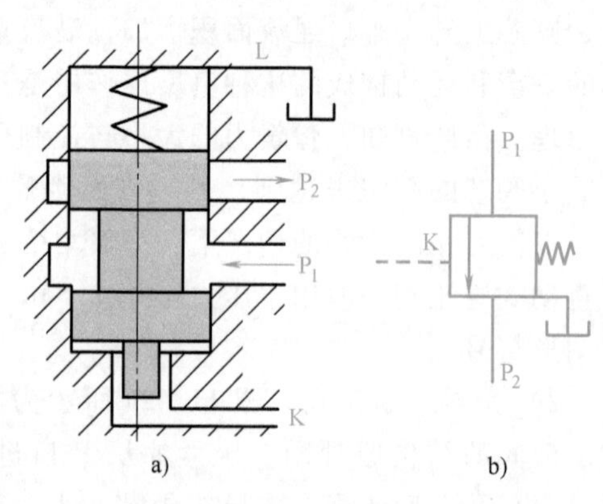

图 11-43　直动式顺序阀

a）结构原理图　b）图形符号

先导式顺序阀的工作原理图可仿前述先导式溢流阀推演，在此不再重复。

4. 压力继电器

压力继电器是一种将油液的压力信号转换成电信号的电液控制元件，当油液压力达到压力继电器的调定压力时，即发出电信号，以控制电磁铁、电磁离合器、继电器等元件动作，使油路泄压、换向，执行元件实现顺序动作，或关闭电动机，使系统停止工作，起安全保护作用等。图 11-44a 所示为压力继电器的结构示意图。当从压力继电器下端进油口通入的油液压力达到调定压力值时，推动柱塞 1 上移，此位移通过杠杆 2 放大后推动开关 4 动作。改变弹簧 3 的压缩量即可调节压力继电器的动作压力。图 11-44b 所示为压力继电器的图形符号。

11.3.3 流量控制阀

流量控制阀就是依靠改变阀口通流面积的大小或通流通道的长短来控制流量的液压阀。常用的流量控制阀有普通节流阀、调速阀、温度补偿调速阀和溢流节流阀等。

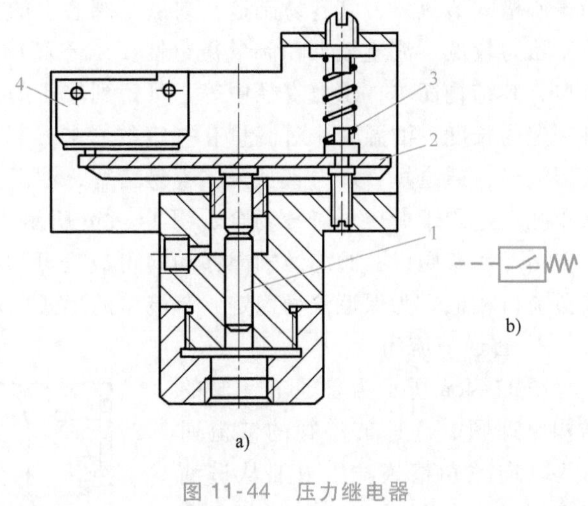

图 11-44　压力继电器

a）结构原理图　b）图形符号

1—柱塞　2—杠杆　3—弹簧　4—开关

1. 流量控制原理及节流口形式

通过节流口的流量与其结构有关，实际应用的节流口都介于薄壁小孔和细长小孔之间。影响节流小孔流量稳定性的因素很多，如节流口几何形状、尺寸大小、负载变化和温度变化等。其中，节流口的几何形状和尺寸大小对调节特性影响很大。

图 11-45 所示为几种常用的节流口形式。图 11-45a 所示为针阀式节流口，其通道长，湿周大，易堵塞，流量受油温影响较大，一般用于对性能要求不高的场合。图 11-45b 所示

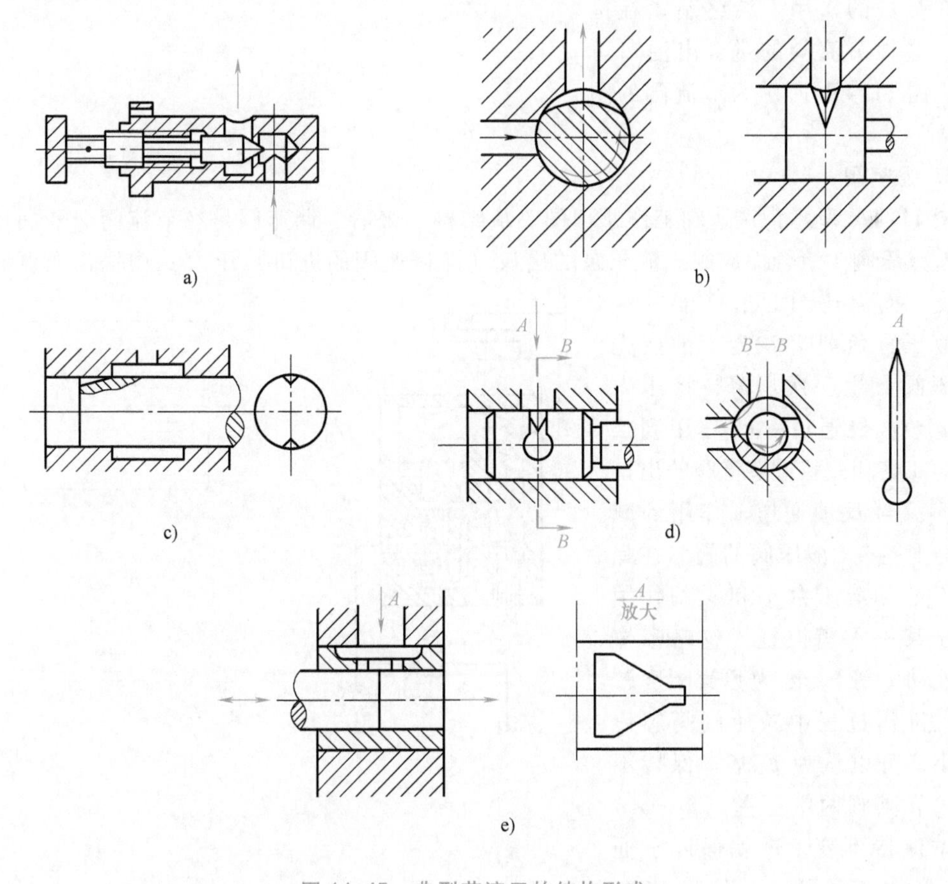

图 11-45　典型节流口的结构形式

为偏心槽式节流口，其容易制造，缺点是阀芯上的径向力不平衡，旋转阀芯时较费力，一般用于压力较低、流量较大和流量稳定性要求不高的场合。图 11-45c 所示为轴向三角槽式节流口，其结构简单，水力直径中等，可得到较小的稳定流量，且调节范围较大，但节流通道有一定的长度，油温变化对流量有一定的影响，目前应用广泛。图 11-45d 所示为周向缝隙式节流口，通道短，水力直径大，不易堵塞，油温变化对流量影响小，因此其性能接近于薄壁小孔，适用于低压小流量场合。图 11-45e 所示为轴向缝隙式节流口，在阀孔的衬套上加工出图示薄壁阀口，阀芯做轴向移动即可改变开口大小，其性能与图 11-45d 所示周向缝隙式节流口相似。为保证流量稳定，节流口的形式以薄壁小孔较为理想。

2. 普通节流阀

图 11-46a 所示为普通节流阀的结构原理图。这种节流阀的节流通道为轴向三角槽式。压力油从进油口 P_1流入，经过孔道 a 和阀芯 1 左端的三角槽进入孔道 b，再从出油口 P_2流出。调节手柄 3，可通过推杆 2 使阀芯做轴向移动，以通过改变节流口的通流截面面积来调节流量。阀芯在弹簧的作用下始终贴紧在推杆上，这种节流阀的进、出油口可互换。图 11-46b 所示为节流阀的图形符号。

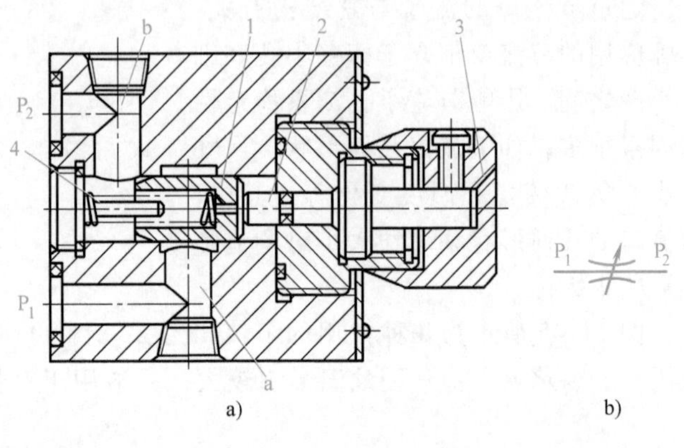

图 11-46 普通节流阀

a）结构原理图 b）图形符号

1—阀芯 2—推杆 3—手柄 4—弹簧

3. 调速阀

图 11-47a 所示为调速阀工作原理图。从结构上来看，调速阀是在节流阀 2 前面串接一个定差减压阀 1 组合而成的。液压泵的出口（即调速阀的进口）压力 p_1由溢流阀调整至基本不变，而调速阀的出口压力 p_3则由液压缸负载 F 决定。油液先经减压阀产生一次压降，将压力降到 p_2，p_2经通道 e、f 作用到减压阀的 d 腔和 c 腔；节流阀的出口压力 p_3又经反馈通道 a 作用到减压阀的上腔 b，减压阀的阀芯在弹簧力 F_s、油液压力 p_2和 p_3的作用下处于某一平衡位置（忽略摩擦力和液动力等）。因为弹簧刚度较低，且工作过程中减压阀阀芯位移很小，可以认为 F_s基本保持不变。故节流阀两端压差（p_2-p_3）也基本保持不变，这就保证了通过节流阀的流量稳定。图 11-47b、

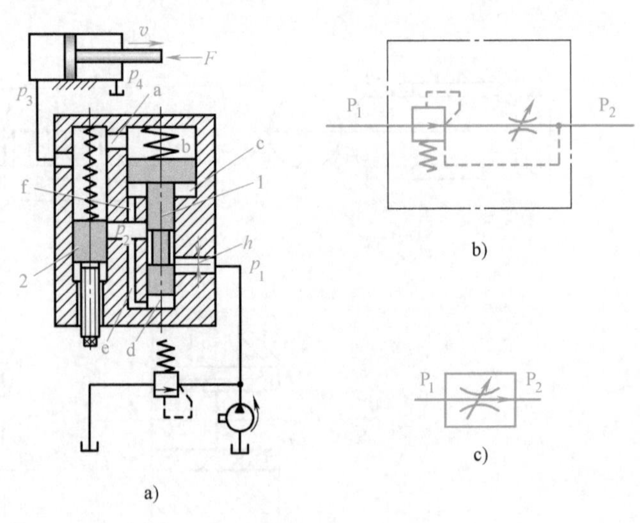

图 11-47 调速阀

a）工作原理图 b）详细图形符号 c）简化图形符号

1—定差减压阀 2—节流阀

c 所示为其图形符号。

4. 温度补偿调速阀

当液压油温度升高后油的黏度变小时，流量会增大，为了减小温度对通过节流阀流量的影响，可以采用温度补偿调速阀。图 11-48a 所示为其结构原理图，在节流阀阀芯和调节螺钉之间放置一个温度膨胀系数较大的聚氯乙烯推杆，当油温升高时，本来流量增加，这时温度补偿杆伸长使节流口变小，从而补偿了油温对流量的影响。在 20～60℃ 的温度范围内，流量的变化率超过 10%，最小稳定流量可达 20mL/min。图 11-48b 所示为其图形符号。

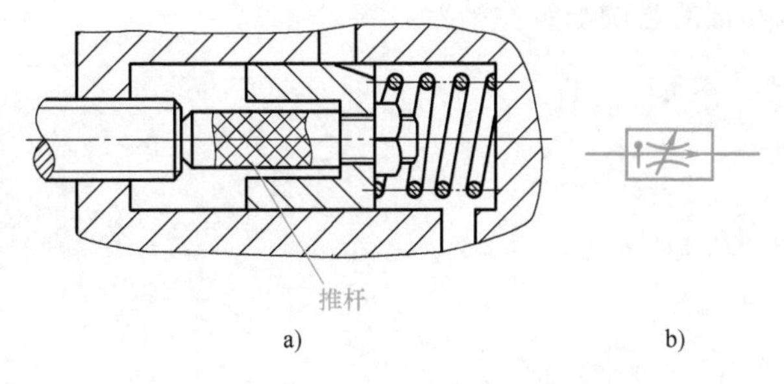

图 11-48 温度补偿调速阀

a）结构原理图 b）图形符号

5. 溢流节流阀

溢流节流阀也是一种压力补偿型节流阀，图 11-49a 所示为其工作原理图。从液压泵输出的油液一部分从节流阀 4 进入液压缸左腔推动活塞向右运动，另一部分经溢流阀的溢流口流回油箱，溢流阀阀芯 3 的上端 a 腔同节流阀 4 上腔相通，其压力为 p_2；b 腔和下端 c 腔同溢流阀阀芯 3 前的油液相通，关小溢流口，使液压泵的供油压力 p_1 增大，从而使节流阀 4 的前后压差（p_1-p_2）基本保持不变。这种溢流阀一般附带一个安全阀 2，以防止系统过载。图 11-49b、c 所示为溢流节流阀的图形符号。

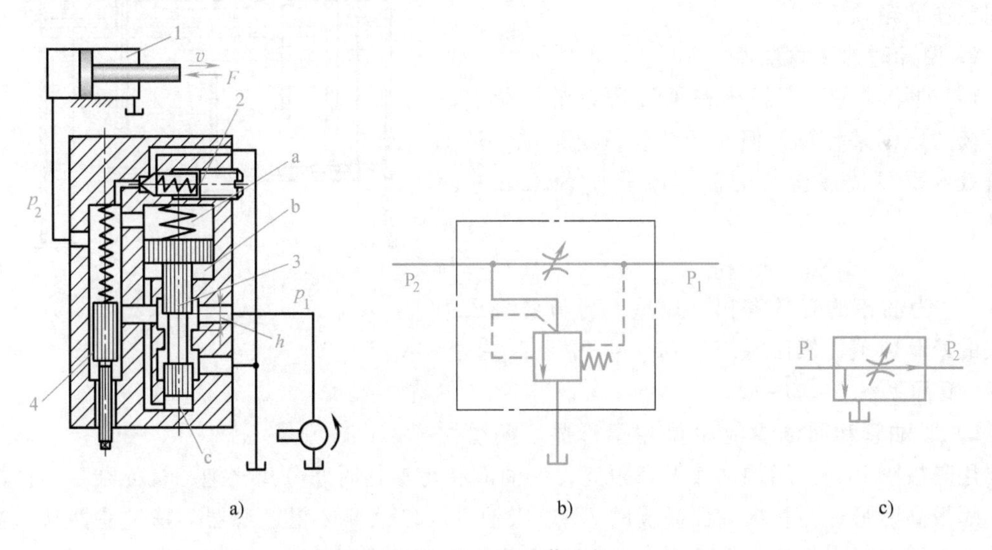

图 11-49 溢流节流阀

a）工作原理图 b）详细图形符号 c）简化图形符号

1—液压缸 2—安全阀 3—溢流阀阀芯 4—节流阀

溢流节流阀是通过 p_1 随 p_2 的变化来使流量基本上保持恒定的，它与调速阀虽都具有压力补偿的作用，但其组成调速系统时是有区别的，调速阀无论在执行元件的进油路还是回油路上，执行元件上负载变化时，泵出口处压力都由溢流阀保持恒定。但是，溢流节流阀中流过的流量比调速阀大，阀芯运动时阻力较大，弹簧较硬，其结果使节流阀前后压差 Δp 加大，因此它的稳定性稍差。

11.4 液压辅助元件

11.4.1 油箱

1. 油箱的功用和结构

油箱的功用主要是储存油液，此外还起着散发油液中的热量、释放出混在油液中的气体、沉淀油液中的污物等作用。

液压系统中的油箱有整体式和分离式两种。整体式油箱利用主机的内腔作为油箱，这种油箱结构紧凑，各处漏油易于回收，但增加了设计和制造的复杂性，维修不便，散热条件不好，且会使主机产生热变形。分离式油箱单独设置，与主机分开，减小了油箱发热和液压源振动对主机工作精度的影响，因此得到了广泛的应用，特别是在精密机械上。

油箱的典型结构如图 11-50 所示。油箱内部用隔板 7、9 将吸油管 1 与回油管 4 隔开。顶部、侧部和底部分别装有过滤网 2、油位计 6 和排放污油的放油阀 8。安装液压泵及其驱动电动机的安装板 5 则固定在油箱顶面上。

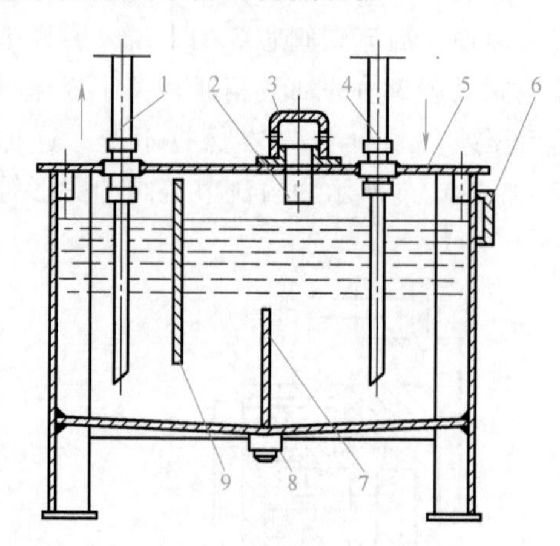

图 11-50 油箱的典型结构

1—吸油管 2—过滤网 3—盖
4—回油管 5—安装板 6—油位计
7、9—隔板 8—放油阀

2. 设计时的注意事项

1）油箱的有效容积应根据液压系统发热、散热平衡的原则来计算，但对于一般情况来说，油箱的有效容积可按液压泵的额定流量 q_p(L/min) 来估计：

$$V=\xi q_p \tag{11-27}$$

式中，V 为油箱的有效容积（L）；ξ 为与系统压力有关的经验数值，低压系统 $\xi=2\sim4$，中压系统 $\xi=5\sim7$，高压系统 $\xi=10\sim12$。

2）吸油管和回油管应尽量相距远些，两管之间要用隔板隔开，以增加油液循环距离，使油液有足够的时间分离气泡，沉淀杂质，消散热量。隔板高度最好为箱内油面高度的 3/4。吸油管入口处要装粗过滤器。精过滤器与回油管管端在油面最低时仍应没在油中，防止吸油时卷吸空气或回油冲入油箱时搅动油面而混入气泡。回油管管端宜斜切 45°，以增大出油口截面面积，减慢出口处油流速度。此外，还应使回油管斜切口面对箱壁，以利于油液散热。当回油管排回的油量很大时，宜使其出口处高出油面，向一个带孔或不带孔的斜槽（倾角为 5°~15°）排油，使油流散开，一方面减慢流速，另一方面排走油液中的空气。减慢回油流速、减轻它的冲击搅拌作用，也可以采取让它通过扩散室的办法来达到。泄油管管端也可斜切并面对箱壁，但不可埋入油中。管端与箱底、箱壁间的距离均不宜小于管径的三倍。粗过滤器距箱底不应小于 20mm。

3）为了防止油液污染，油箱上各盖板、管口处都要妥善密封。注油器上要加过滤网。防止油箱出现负压而设置的通气孔上须装空气过滤器。空气过滤器的容量至少应为液压泵额定流量的两倍。油箱内回油集中部分及清污口附近宜装设一些磁性块，以去除油液中的铁屑和带磁性颗粒。

4）为了易于散热和便于对油箱进行搬移及维护保养，箱底离地至少应在150mm以上。箱底应适当倾斜，在最低部位处设置堵塞或放油阀，以便排放污油。箱体上注油口近旁必须设置液位计。过滤器的安装位置应便于装拆。箱内各处应便于清洗。

5）油箱中如要安装热交换器，必须考虑好它的安装位置以及测量、控制温度的措施。

6）分离式油箱一般用厚2.5~4mm的钢板焊成。箱壁越薄，散热越快。大尺寸油箱要加焊角板、筋条，以增加刚性。当液压泵及其驱动电动机和其他液压件都要装在油箱上时，油箱顶盖要相应地加厚。

7）油箱内壁应涂上耐油防锈涂料。外壁如涂上一层极薄的黑漆（厚度不超过0.025mm），会有很好的辐射冷却效果。油箱内壁一般只进行喷砂处理。

11.4.2 油管及管接头

1. 油管

液压系统中使用的油管种类很多，有钢管、铜管、尼龙管、塑料管和橡胶管等，须按照安装位置、工作环境和工作压力来正确选用。

油管的内径和壁厚可由式（11-28）和式（11-29）算出后，查阅有关的标准选定。

$$d=2\sqrt{\frac{q}{\pi v}} \tag{11-28}$$

$$\delta=\frac{pdn}{2R_m} \tag{11-29}$$

式中，d为油管内径（mm）；q为管内流量（mL/s）；v为管中油液的流速（mm）（一般吸油管取0.5~1.5m/s，回油管取1.5~2.5m/s，高压管取2.5~5m/s）；δ为油管壁厚（mm）；p为管内油液的工作压力（MPa）；n为安全系数（对钢管来说，$p\leqslant 7$MPa时，取$n=8$；7MPa$<p<$17.5MPa时，取$n=6$；$p\geqslant 17.5$MPa时，取$n=4$）；R_m为管道材料的抗拉强度（MPa）。

油管的管径不宜选得过大，以免使液压装置的结构庞大；但也不宜过小，以免使管内液体流速加大，导致系统压力损失增加或产生振动和噪声。在保证强度的情况下，管壁可尽量选得薄些。薄壁易于弯曲，规格较多，装接较容易，可减少管系接头数目，也有助于解决系统泄漏问题。

2. 管接头

管接头是油管与油管、油管与液压件之间的可拆式连接件。管接头的种类很多，液压系统中常用的管接头见表11-5。管路旋入端用的连接螺纹采用国家标准米制锥螺纹和普通细牙螺纹。

锥螺纹依靠自身的锥体旋紧，采用聚四氟乙烯等进行密封，广泛用于中、低压液压系统；细牙螺纹密封性好，常用于高压系统，但要采用组合垫圈或O形密封圈进行端面密封，有时也可用纯铜垫圈。

表 11-5　液压系统中常用的管接头

名称	结构简图	特点和说明
焊接式管接头	球形头	1)连接牢固,利用球面进行封闭,简单可靠 2)焊接工艺必须保证质量,必须采用厚壁钢管,装拆不便
卡套式管接头	油管　卡套	1)用卡套卡住油管进行密封,轴向尺寸要求不严,装拆简便 2)对油管径向尺寸精度要求较高,为此要采用冷拔无缝钢管
扩口式管接头	油管　管套	1)用油管管端的扩口在管套的压紧下进行密封,结构简单 2)适用于铜管、薄壁钢管、尼龙管和塑料管等低压管道的连接
扣压式管接头		1)用来连接高压软管 2)在中、低压系统中应用
固定铰接式管接头	螺钉　组合垫圈　接头体　组合垫圈	1)是直角接头,优点是可以随意调整布管方向,安装方便,占空间小 2)中间有通油孔的固定螺钉把两个组合垫圈压紧在接头体上进行密封

液压系统中的泄漏问题大部分都出现在管系中的接头上，为此对管材的选用、接头形式的确定、管系的设计以及管道的安装都要认真、仔细，以免影响整个液压系统的使用质量。

11.4.3　蓄能器

1. 功用

在液压系统中，蓄能器的主要功用如下：

1）在短时间内供应大量压力油液。实现周期性动作的液压系统，在系统不需要大量油液时，可以把液压泵输出的多余压力油液储存在蓄能器内，到需要时再由蓄能器快速释放给系统。因此，可以选用输出流量等于循环周期内平均流量的液压泵，以减小电动机功率消耗，降低系统温升。

2）维持系统压力。在液压泵停止向系统提供油液的情况下，蓄能器能把储存的压力油液供给系统，补偿系统泄漏或充当应急能源，使系统在一段时间内维持系统压力，避免停电或系统发生故障时油源突然中断所造成的机件损坏。

3）减小液压冲击和压力脉动。蓄能器能吸收液压冲击和压力脉动，大大减小其幅值。

2. 分类

蓄能器主要有弹簧式和充气式两大类，它们的特点见表 11-6。

表 11-6 蓄能器的种类和特点

<table>
<tr><th colspan="2">名称</th><th>特点和说明</th></tr>
<tr><td colspan="2">弹簧式</td><td>1)利用弹簧的压缩和伸长来储存、释放压力能
2)结构简单、反应灵敏,但容量小
3)供小容量、低压回程缓冲之用,不适用于高压或高频的工作场合</td></tr>
<tr><td rowspan="3">充气式</td><td>气瓶式</td><td>1)利用气体的压缩和膨胀来储存、释放压力能
2)容量大、惯性小、反应灵敏、轮廓尺寸小,但气体容易混入油内
3)只适用于大流量的中、低压回路</td></tr>
<tr><td>活塞式</td><td>1)利用气体的压缩和膨胀来储存、释放压力能
2)结构简单、工作可靠、安装容易、维护方便,但活塞惯性大、活塞和缸壁之间有摩擦、反应不够灵敏、密封要求高
3)用来储存能量,或供中、高压系统吸收压力脉动之用</td></tr>
<tr><td>囊式</td><td>1)利用气体的压缩和膨胀来储存、释放压力能
2)带弹簧的菌状进油阀使油液能进入蓄能器但防止皮囊自油口被挤出,充气阀只在蓄能器工作前皮囊充气时打开,蓄能器工作时则关闭
3)结构尺寸小、重量轻、安装方便、维护容易、皮囊惯性小、反应灵敏,但皮囊和壳体制造都较难
4)折合型皮囊容量较大,可用来储存能量;波纹型皮囊适用于吸收冲击</td></tr>
</table>

3. 使用和安装

1）充气式蓄能器中应使用惰性气体（一般为氮气），允许工作压力视蓄能器结构形式而定。

2）不同的蓄能器各有其适用的工作范围，如囊式蓄能器的皮囊强度不高，不能承受很大的压力波动，且只能在-20~70℃的温度范围内工作。

3）囊式蓄能器原则上应垂直安装，只有在空间位置受限制时才允许倾斜或水平安装。

4）装在管路上的蓄能器须用支板或支架固定。

5）蓄能器与管路系统之间应安装截止阀，供充气、检修时使用。蓄能器与液压泵之间应安装单向阀，防止液压泵停车时蓄能器内储存的压力油液倒流。

思考与练习

1. 液压泵完成吸油和压油需要具备哪些条件？
2. 何谓液压泵的工作压力、最大压力和额定压力？
3. 齿轮泵为什么会产生困油现象？其危害是什么？应当怎样消除？
4. 液压马达与液压泵有何区别？
5. 蓄能器有何功用？

液压传动回路

12.1 液压基本回路

液压基本回路是指利用一些液压元件完成特定功能的典型回路。按其功能的不同可分为方向控制回路、压力控制回路、速度控制回路和多缸工作控制回路等。

12.1.1 方向控制回路

在液压系统中，用于控制执行元件的起动、停止及换向作用的回路，称方向控制回路。常用的方向控制回路有换向回路和锁紧回路。

1. 换向回路

设备运动部件的换向一般可采用各种换向阀来实现。其中，采用电磁换向阀的换向回路应用最为广泛。如图 12-1 所示，依靠重力或弹簧返回的单作用液压缸可以采用二位三通电磁换向阀进行换向。但电磁换向阀不能适应流量较大和换向平稳性要求较高的场合，因此往往采用手动换向阀或机动换向阀作先导阀。

图 12-2 所示为先导阀控制液动换向阀的换向回路。回路中用辅助泵 2 提供低压控制油，

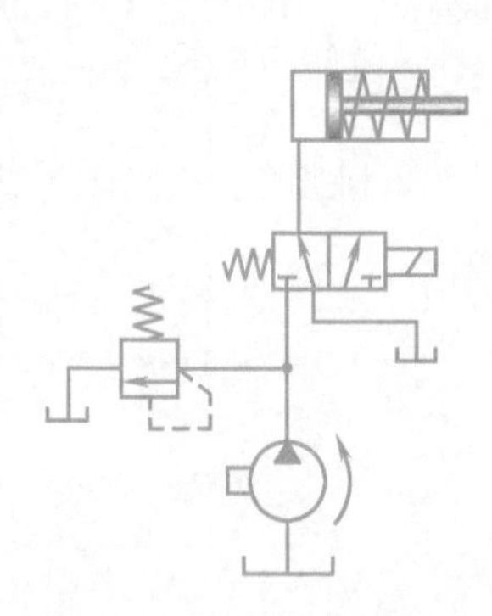

图 12-1 采用二位三通电磁换向阀的换向回路

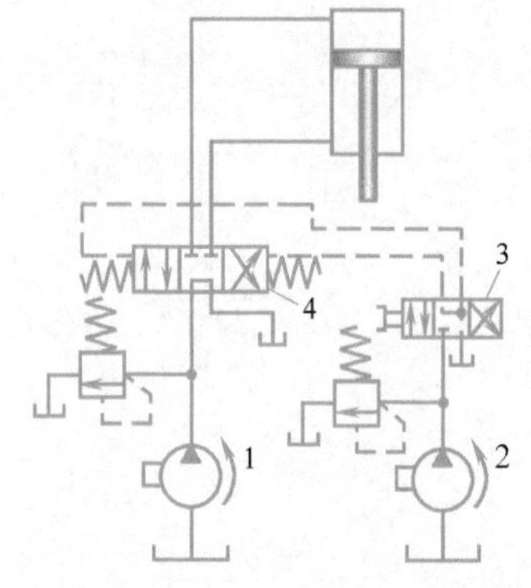

图 12-2 先导阀控制液动换向阀的换向回路

1—主泵 2—辅助泵 3—手动转阀 4—液动换向阀

通过手动转阀3来控制液动换向阀4的阀芯移动，实现主油路的换向，当手动转阀3在右位时，控制油进入液动换向阀4的左端，右端的油液经转阀回油箱，使液动换向阀4左位接入工件，活塞下移。当手动转阀3切换至左位时，即控制油使液动换向阀4换向，活塞向上退回。当手动转阀3切换至中位时，液动换向阀4两端的控制油通油箱，在弹簧力的作用下，其阀芯恢复到中位，主泵1卸荷。

2. 锁紧回路

锁紧回路用于控制工作部件能在任意位置上停留，以及在停止工作时，防止在受力的情况下发生移动。

图12-3所示为采用液控单向阀的锁紧回路。在液压缸的进、回油路中都串接液控单向阀（又称液压锁），活塞可以在行程的任何位置锁紧。其锁紧精度只受液压缸内少量的内泄漏影响，因此锁紧精度较高。采用液控单向阀的锁紧回路，换向阀的中位机能应使液控单向阀的控制油液泄压（换向阀采用H型或Y型），此时，液控单向阀便立即关闭，活塞停止运动。假如采用O型中位机能，在换向阀中位时，由于液控单向阀的控制腔压力油被封闭而不能使其立即关闭，直至由换向阀的内泄漏使控制腔泄压后，液控单向阀才能关闭，影响其锁紧精度。

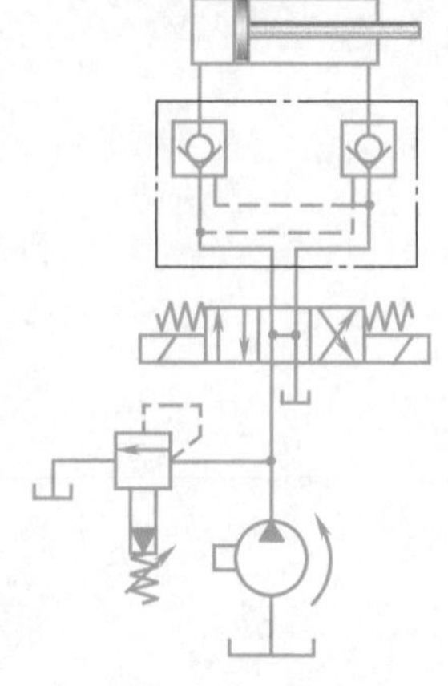

图12-3 采用液控单向阀的锁紧回路

12.1.2 压力控制回路

压力控制回路是用压力阀来控制和调节液压系统主油路或某一支路的压力，以满足执行元件速度换接回路所需的力或力矩的要求。利用压力控制回路可实现对系统进行调压（稳压）、减压、增压、卸荷、保压与平衡等各种控制。

1. 调压及稳压回路

当液压泵一直工作在系统的调定压力时，就要通过溢流阀调节并稳定液压泵的工作压力。在变量泵系统或旁路节流调速系统中，用溢流阀（当安全阀用）限制系统的最高安全压力。当系统在不同的工作时间内需要不同的工作压力时，可采用二级或多级调压回路，如图12-4所示。

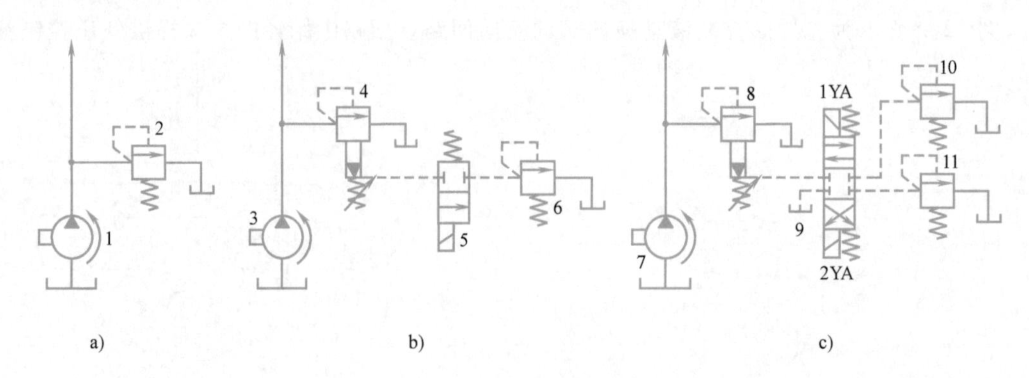

图12-4 调压回路

a）单级调压回路 b）二级调压回路 c）三级调压回路

1、3、7—液压泵 2—溢流阀 4、8—先导式溢流阀 5、9—电磁换向阀 6、10、11—直动式溢流阀

（1）单级调压回路 如图 12-4a 所示，通过液压泵 1 和溢流阀 2 的并联连接，即可组成单级调压回路。通过调节溢流阀的压力，可以改变泵的输出压力。当溢流阀的调定压力确定后，液压泵就在溢流阀的调定压力下工作，从而实现对液压系统进行调压和稳压控制。如果将液压泵 1 改换为变量泵，这时溢流阀将作为安全阀来使用，液压泵的工作压力低于溢流阀的调定压力，这时溢流阀不工作，当系统出现故障，液压泵的工作压力上升时，一旦压力达到溢流阀的调定压力，溢流阀将开启，并将液压泵的工作压力限制在溢流阀的调定压力下，使液压系统不至于因压力过载而受到破坏，从而保护了液压系统。

（2）二级调压回路 图 12-4b 所示为二级调压回路，该回路可实现两种不同的系统压力控制，由先导式溢流阀 4 和直动式溢流阀 6 各调一级。当电磁换向阀 5 处于图示位置时，系统压力由先导式溢流阀 4 调定，当电磁换向阀 5 得电后处于右位时，系统压力由直动式溢流阀 6 调定，但要注意：直动式溢流阀 6 的调定压力一定要小于先导式溢流阀 4 的调定压力，否则不能实现；当系统压力由直动式溢流阀 6 调定时，先导式溢流阀 4 的先导阀口关闭，但主阀开启，液压泵的溢流流量经主阀回油箱，这时直动式溢流阀 6 也处于工作状态，并有油液通过。应当指出：若将电磁换向阀 5 与直动式溢流阀 6 对换位置，则仍可进行二级调压，并且在二级压力转换点上获得比图 12-4b 所示回路更为稳定的压力转换。

（3）多级调压回路 图 12-4c 所示为三级调压回路，三级压力分别由先导式溢流阀 8 和直动式溢流阀 10、11 调定，当电磁铁 1YA、2YA 失电时，系统压力由主溢流阀（先导式溢流阀 8）调定。当 1YA 得电时，系统压力由直动式溢流阀 10 调定。当 2YA 得电时，系统压力由直动式溢流阀 11 调定。在这种调压回路中，直动式溢流阀 10 和直动式溢流阀 11 的调定压力要低于主溢流阀的调定压力，而直动式溢流阀 10 和 11 的调定压力之间没有确定的关系。当直动式溢流阀 10 或 11 工作时，直动式溢流阀 10 或 11 相当于先导式溢流阀 8 上的另一个先导阀。

2. 减压回路

当泵的输出压力是高压而局部回路或支路要求低压时，可以采用减压回路。最常见的减压回路为通过定值减压阀与主油路相连，如图 12-5a 所示。回路中的单向阀在主油路压力降低时防止油液倒流，起短时保压作用，减压回路中也可以采用类似二级或多级调压的方法获得二级或多级减压。图 12-5b 所示为利用先导式减压阀 1 的远控口接一远控溢流阀 2，则可由先导式减压阀 1、远控溢流阀 2 各调得一种低压。但要注意，远控溢流阀 2 的调定压力值一定要低于先导式减压阀 1 的调定减压值。

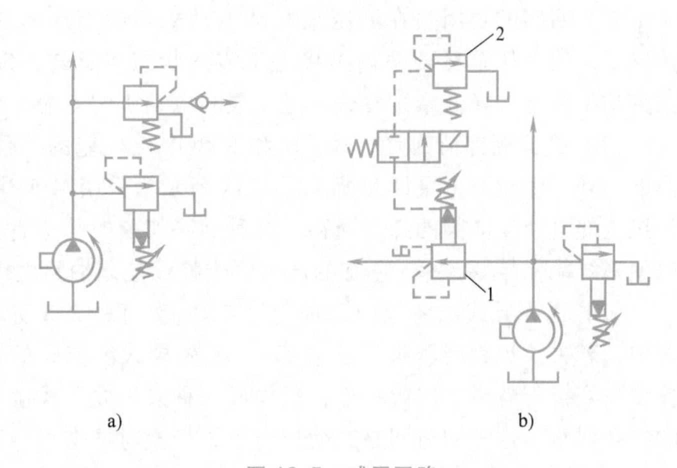

图 12-5 减压回路

a）采用定值减压阀 b）采用先导式减压阀

1—先导式减压阀 2—远控溢流阀

3. 增压回路

当系统或系统中的某一支油路需要压力较高但流量又不大的压力油时，常采用增压回路，如图 12-6 所示。

(1) 单作用增压缸的增压回路　图 12-6a所示为采用单作用增压缸的增压回路，当系统在图示位置工作时，系统的供油压力 p_1进入增压缸的大活塞无杆腔，此时在小活塞无杆腔即可得到所需的较高压力 p_2；当电磁换向阀右位接入系统时，增压缸返回，辅助油箱中的油液经单向阀补入小活塞无杆腔。因而该回路只能间歇增压，所以也称之为单作用增压回路。

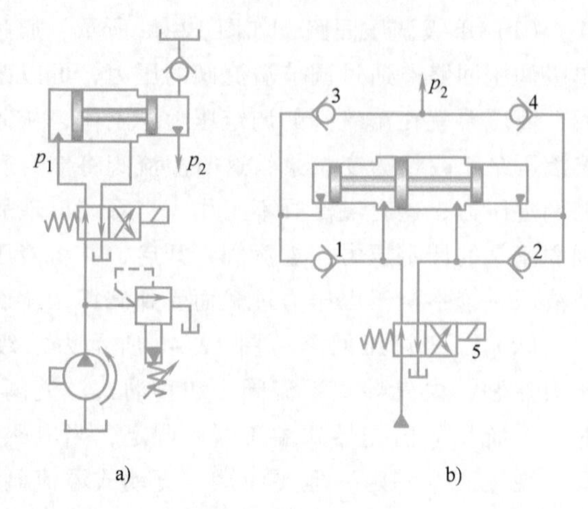

图 12-6　增压回路

a）采用增压缸　b）采用双作用增压缸

1~4—单向阀　5—电磁换向阀

(2) 双作用增压缸的增压回路　图 12-6b所示的采用双作用增压缸的增压回路能连续输出高压油。在图示位置，液压泵输出的压力油经电磁换向阀 5 和单向阀 1 进入增压缸左端大、小活塞腔，右端大活塞腔的回油通油箱，右端小活塞腔增压后的高压油经单向阀 4 输出，此时单向阀 2、3 被关闭。当增压缸活塞移到右端时，电磁换向阀得电换向，增压缸活塞向左移动。同理，左端小活塞腔输出的高压油经单向阀 3 输出。增压缸的活塞如此不断往复运动，两端便交替输出高压油，从而实现了连续增压。

4. 卸荷回路

卸荷回路的功用是在液压泵驱动电动机不频繁启闭的情况下，使液压泵在功率输出接近于零的状态下运转，以减少功率损耗，降低系统发热，延长泵和电动机的寿命。

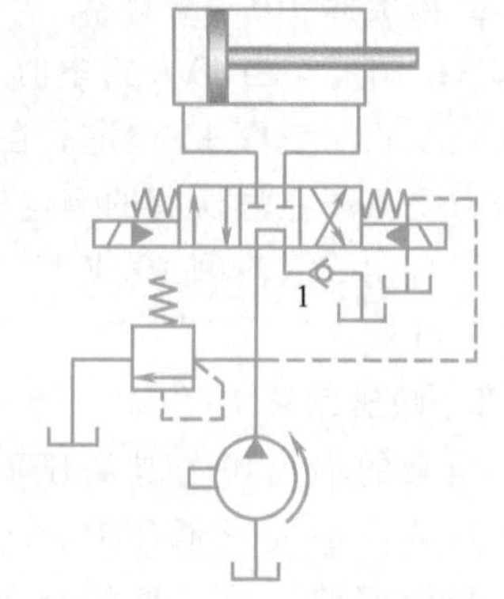

图 12-7　M 型中位机能卸荷回路

(1) 换向阀卸荷回路　M、H 和 K 型中位机能的三位换向阀处于中位时，泵即卸荷。图 12-7 所示为采用 M 型中位机能的电液换向阀的卸荷回路。这种回路切换时压力冲击小，但回路中必须设置单向阀，以使系统能保持 0.3MPa 左右的压力，供操纵控制油路之用。

(2) 用先导式溢流阀的远程控制口卸荷　图 12-8 所示回路中，若去掉远程调压阀（已去掉），使先导式溢流阀的远程控制口直接与电磁换向阀相连，便构成一种采用先导式溢流阀的卸荷回路，这种卸荷回路卸荷压力小，切换时冲击小。

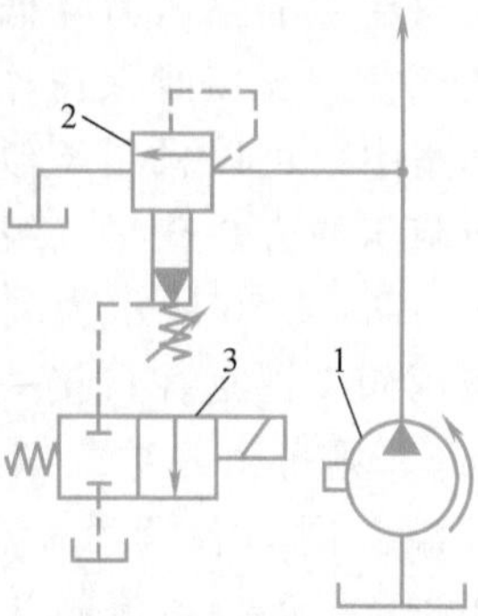

图 12-8　溢流阀远程控制口卸荷

5. 保压回路

在液压系统中，常要求液压执行机构在一定的行程位置上停止运动或在有微小的位移下稳定地维持住一定的压力，这就要采用保压回路。常用的保压回路有以下几种。

(1) 利用液压泵的保压回路　在保压过程中，液压泵仍以较高的压力工作，此时，若采用定量泵，则压力油几乎全经溢流阀流回油箱，系统功率损失大，易发热，故只在小功率的系统且保压时间较短的场合下才使用；若采用变量泵，在保压时泵的压力较高，但输出流量几乎等于零，因此液压系统的功率损失小，这种保压方法能随泄漏量的变化而自动调整输出流量，因而其效率也较高。

（2）利用蓄能器的保压回路　如图 12-9a 所示的回路，当主换向阀在左位工作时，液压缸向前运动且压紧工件，进油路压力升高至调定值，压力继电器动作使二通阀通电，泵即卸荷，单向阀自动关闭，液压缸则由蓄能器的保压。缸压不足时，压力继电器复位使泵重新工作。保压时间的长短取决于蓄能器的容量，调节压力继电器的工作区间即可调节缸中压力的最大值和最小值。图 12-9b 所示为多缸系统中的保压回路，当主油路压力降低时，单向阀关闭，支路由蓄能器保压补偿泄漏，压力继电器的作用是当支路压力达到预定值时发出信号，使主油路开始动作。

（3）自动补油保压回路　图 12-10 所示为采用液控单向阀和电接触式压力表的自动补油式保压回路。当 1YA 得电时，电磁换向阀右位接入回路，液压缸上腔压力上升至电接触式压力表的上限值时，上触点接电，使电磁铁 1YA 失电，电磁换向阀处于中位，液压泵卸荷，液压缸由液控单向阀保压。当液压缸上腔压力下降到预定下限值时，电接触式压力表又发出信号，使 1YA 得电，液压泵再次向系统供油，使压力上升。当压力达到上限值时，上触点又发出信号，使 1YA 失电。因此，这一回路能自动地使液压缸补充压力油，使其压力能长期保持在一定范围内。

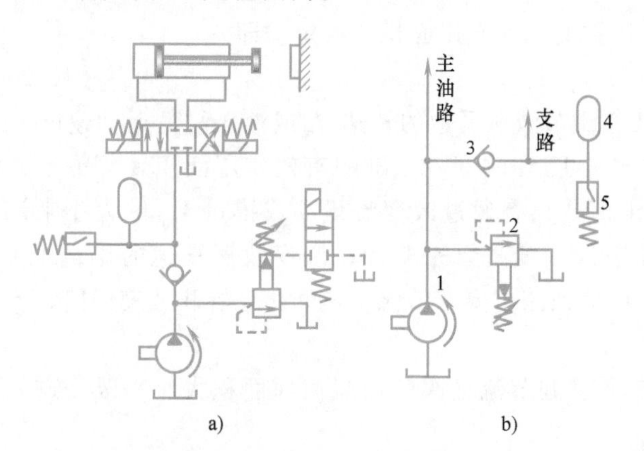

图 12-9　利用蓄能器的保压回路

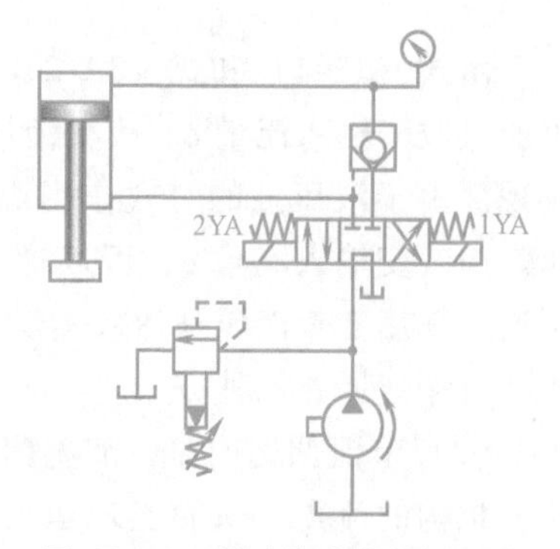

图 12-10　自动补油式保压回路

6. 平衡回路

平衡回路用于防止垂直或倾斜放置的液压缸和与之相连的工作部件因自重而自行下落。

图 12-11a 所示为采用单向顺序阀的平衡回路，当 1YA 得电后活塞下行时，回油路上就存在着一定的背压；只要将这个背压调得能支承住活塞和与之相连的工作部件自重，活塞就可以平稳地下落。当换向阀处于中位时，活塞就停止运动，不再继续下移。这种回路当活塞向下快速运动时功率损失大，锁住时活塞和与之相连的工作部件会因单向顺序阀和换向阀的泄漏而缓慢下落，因此它只适用于工作部件自重不大、活塞锁住时定位要求不高的场合。

图 12-11b 所示为采用液控顺序阀的平衡回路。当活塞下行时，控制压力油打开液控顺序阀，背压消失，因而回路效率较高；当停止工作时，液控顺序阀关闭，以防止活塞和工作部件因自重而下降。这种平衡回路的优点是：只有上腔进油时活塞才下行，比较安全可靠；

缺点是：活塞下行时平稳性较差。这是因为活塞下行时，液压缸上腔油压降低，将使液控顺序阀关闭。当液控顺序阀关闭时，因活塞停止下行，液压缸上腔油压升高，又打开液控顺序阀。因此液控顺序阀始终工作于启闭的过渡状态，这会影响工作的平稳性。这种回路适用于运动部件自重不是很大、停留时间较短的液压系统中。

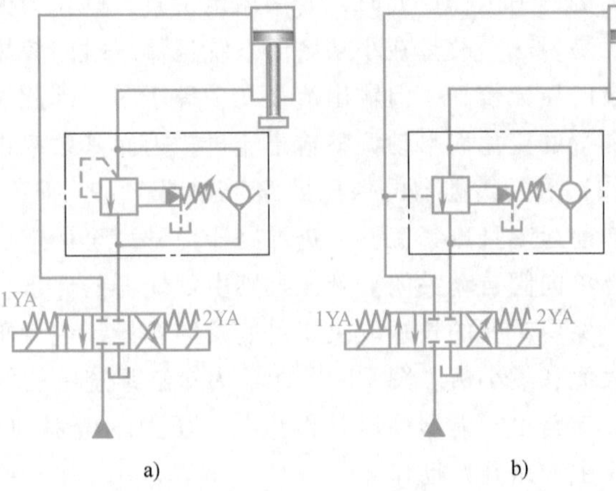

图 12-11 平衡回路

a）采用单向顺序阀 b）采用液控顺序阀

12.1.3 速度控制回路

常用的速度控制回路有调速回路、快速回路和速度换接回路三种。

1. 调速回路

（1）调速原理及分类 调速回路用于调节执行元件的运动速度。根据执行元件速度表达式可知：液压马达的转速 n_m 由输入流量和液压马达的排量 V_m 决定，即

$$n_m = q/V_m \tag{12-1}$$

液压缸的运动速度 v 由输入流量和液压缸的有效作用面积 A 决定，即

$$v = q/A \tag{12-2}$$

由式（12-1）和式（12-2）可知，要想调节液压马达的转速 n_m 或液压缸的运动速度 v，可通过改变输入流量 q、改变液压马达的排量 V_m 和改变液压缸的有效作用面积 A 等方法来实现。由于液压缸的有效作用面积 A 是定值，只有通过改变流量 q 或排量 V_m 的大小来调速。而改变输入流量 q，可以通过采用流量阀或变量泵来实现；改变液压马达的排量 V_m，可通过采用变量液压马达来实现。因此，调速回路主要有节流调速回路、容积调速回路、容积节流调速回路三种方式。

（2）节流调速回路 节流调速回路是通过调节流量阀的通流截面面积大小来改变进入执行机构的流量，从而实现运动速度的调节。

1）进油节流调速回路。将节流阀装在液压缸的进油路上，即串联在定量泵和液压缸之间，与进油路并联一溢流支路，如图 12-12a 所示。液压泵的输出流量 q_p 一定，调节节流阀阀口的大小，改变并联支路的油流分配，也就改变了进入液压缸的流量，实现活塞运边速度的调节。在这种调速回路中，液压缸的速度易于调节和控制。但是回

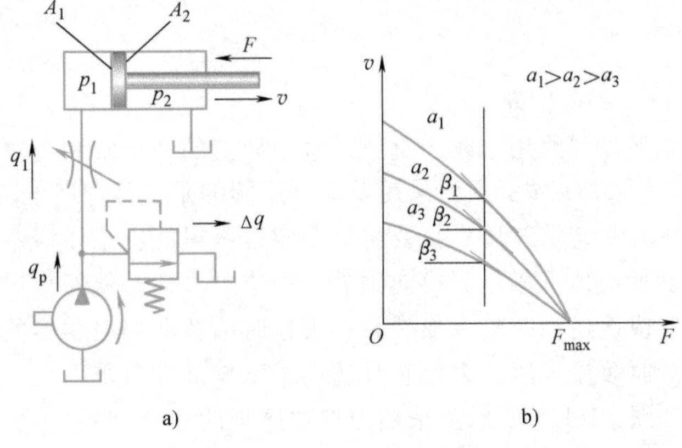

图 12-12 进油节流调速回路

a）工作原理图 b）速度-负载特性曲线

油路上的压力 $p_2=0$，运动平稳性差。

图 12-12b 所示为进油节流调速回路的速度-负载特性曲线。它反映了节流阀通流面积一定的情况下，活塞运动速度 v 随负载 F 的变化关系。该回路适用于轻载、低速、负载变化不大和对速度稳定性要求不高的小功率液压系统。

2）回油节流调速回路。如图 12-13 所示，回油节流调速回路是将节流阀装在液压缸的回油路上，与进油路并联一溢流支路。它与进油节流调速回路的调速原理相似。回油节流调速回路的速度-负载特性曲线与进油节流调速回路也相似，但两者之间仍有一些不同之处：

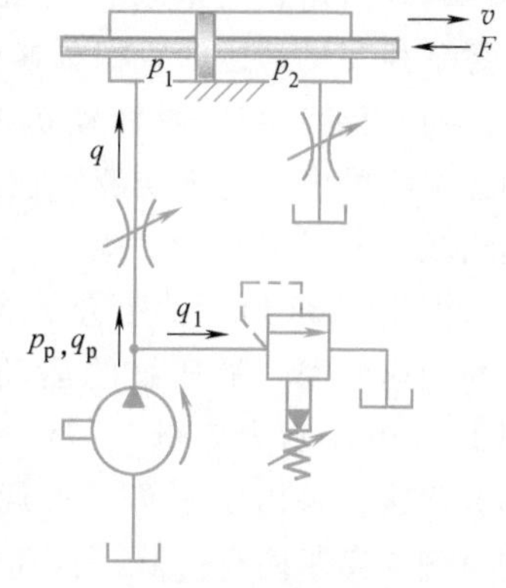

图 12-13 回油节流调速回路

① 回油节流调速回路中，由于液压缸的回油腔存在背压，具有承受一定超越负载的能力；而进油节流调速回路则不能承受超越负载。

② 回油节流调速回路在停止工作以后，液压缸回油腔中的油液有一部分可能会流回油箱，这样，在重新起动时，液压泵输出的流量会全部进入液压缸，造成起动时的“前冲”现象。而在进油节流调速回路中，进入液压缸的流量总是受到节流阀的限制，避免了起动时的“前冲”现象。

3）旁路节流调速回路。这种回路由定量泵、安全阀、液压缸和节流阀组成，节流阀安装在与液压缸并联的旁油路上，其调速原理如图 12-14 所示。定量液压泵输出的流量 q_p，一部分（q_1）进入液压缸，另一部分通过节流阀流回油箱。溢流阀起安全作用。回路正常工作时，溢流阀不打开；当供油压力超过正常工作压力时，溢流阀才打开，以防过载。溢流阀的调节压力应大于回路正常工作压力，在这种回路中，缸的进油压力等于泵的供油压力，溢流阀的调节压力一般为缸克服最大负载所需工作压力的 1.1~1.3 倍。

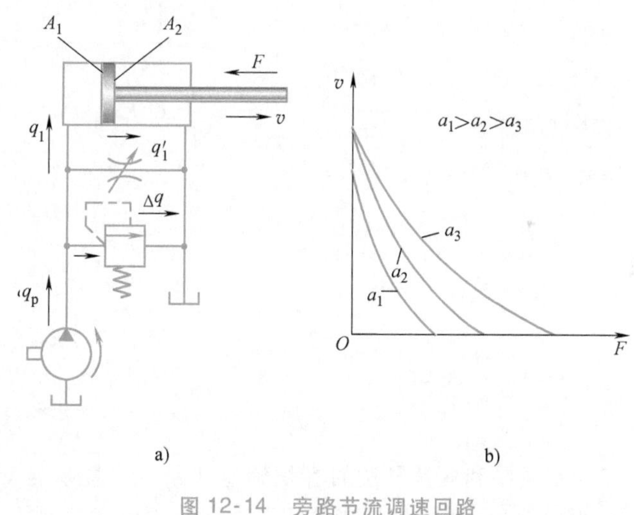

图 12-14 旁路节流调速回路

a）回路简图 b）速度-负载特性

4）采用调速阀的节流调速回路。采用调速阀的节流调速回路也可按其安装位置不同，分为进油节流、回油节流、旁路节流三种基本调速回路。图 12-15 所示为调速阀进油节流调速回路。其工作原理与采用节流阀的进油节流阀调速回路相似。在这里，当负载 F 变化而使 p_1 变化时，由于调速阀中的定差输出减压阀的调节作用，使调速阀中的节流阀的前后压差 Δq 保持不变，从而使流经调速阀的流量 q_1 不变，所以活塞的运动速度 v 也不变。由于泄漏的影响，实际上随着负载 F 的增加，速度 v 有所减小。

（3）容积调速回路　容积调速回路是通过改变回路中液压泵或液压马达的排量来实现调速的。容积调速回路通常有三种基本形式：变量泵和定量液动机的容积调速回路、定量泵和变量马达的容积调速回路、变量泵和变量马达的容积调速回路。

1）变量泵和定量液动机的容积调速回路。这种调速回路可由变量泵与液压缸或变量泵与定量液压马达组成。

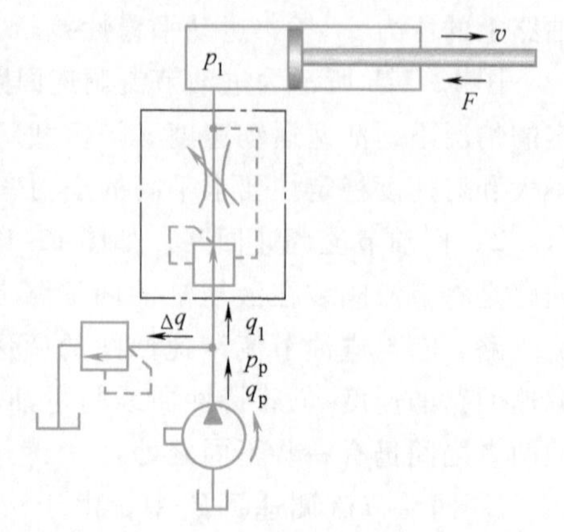

图 12-15　调速阀进油节流调速回路

图 12-16a 所示为变量泵与液压缸所组成的开式容积调速回路，液压缸的运动速度 v 由变量泵调节。图 12-16b 所示为变量泵与液压马达组成的闭式容积调速回路，采用变量泵 3 来调节液压马达 5 的转速，安全阀 4 用于防止过载，低压辅助泵 1 用于补油，其补油压力由低压溢流阀 6 来调节。图 12-16c所示为闭式容积调速回路的特性曲线。

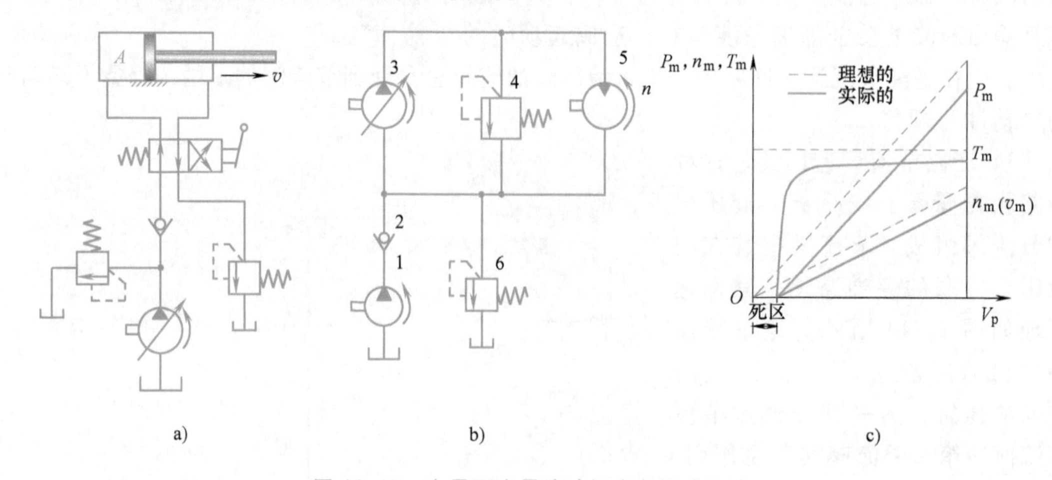

图 12-16　变量泵定量液动机容积调速回路

a）开式容积调速回路　b）闭式容积调速回路　c）闭式容积调速回路的特性曲线

1—低压辅助泵　2—单向阀　3—变量泵　4—安全阀　5—液压马达　6—低压溢流阀

2）定量泵和变量马达的容积调速回路。定量泵与变量马达的容积调速回路如图 12-17 所示。图 12-17a 所示为开式容积调速回路，由定量泵 1、变量马达 2、安全阀 3 和换向阀 4 组成。图 12-17b 所示为闭式容积调速回路，此回路是通过调节变量马达的排量来实现调速的。图 12-17c 所示为定量泵与变量马达的容积调速回路的特性曲线。

3）变量泵和变量马达的容积调速回路。这种调速回路是上述两种调速回路的组合，其调速特性也具有两者的特点。图 12-18a 所示为由双向变量泵和双向变量马达等组成的闭式容积调速回路。

工作时，调节双向变量泵 1 的排量 V_B 和变量马达 9 的排量 V_m，都可调节马达的转速 n_m；补油泵 3 通过单向阀 4 和 5 向低压腔补油，其补油压力由溢流阀 9 来调节；单向阀 6 和 7 使安全阀 8 在双向变量马达 2 的正反向运动时都能起到过载保护的作用。为合理地利用变量泵和变量马达进行调速，在实际应用时，一般采用分段调速的方法。分段调速的特性曲线

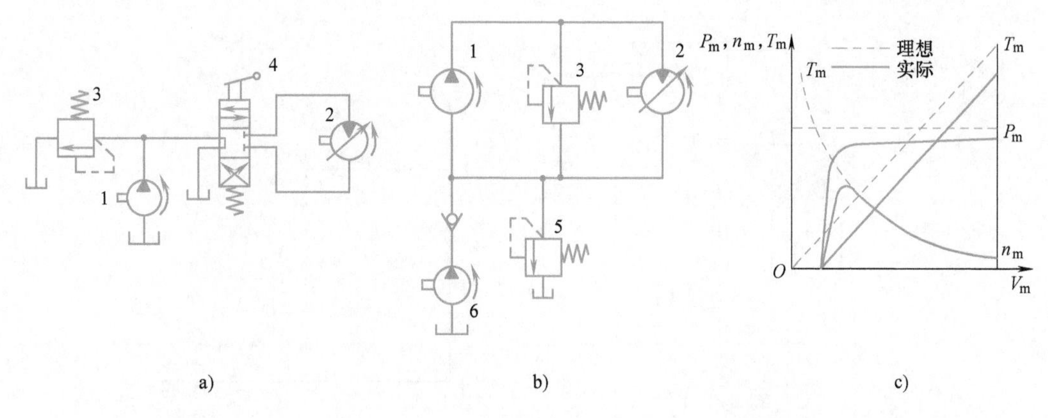

图 12-17　定量泵与变量马达的容积调速回路

a）开式容积调速回路　b）闭式容积调速回路　c）工作特性

1—定量泵　2—变量马达　3—安全阀　4—换向阀　5—低压溢流阀　6—补油泵

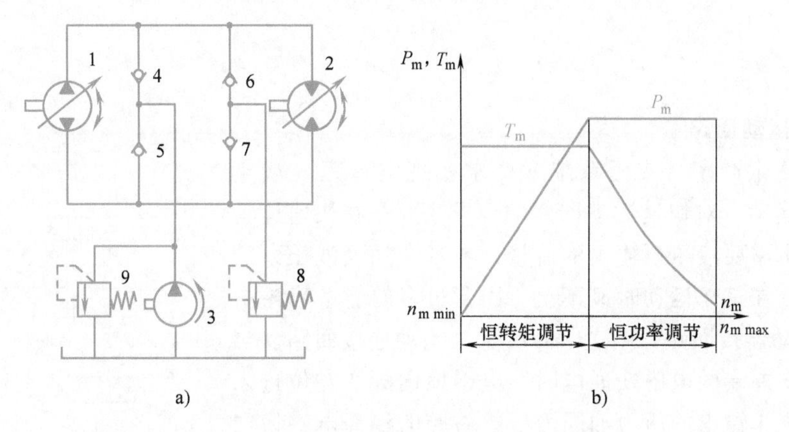

图 12-18　变量泵和变量马达的容积调速回路

a）回路　b）调速特性

1—双向变量泵　2—双向变量马达　3—补油泵　4~7—单向阀　8—安全阀　9—溢流阀

如图 12-18b 所示。

（4）容积节流调速回路　容积节流调速回路的基本工作原理是采用压力补偿式变量泵供油，调速阀调节进入液压缸的流量，并使泵的输出流量自动与液压缸所需流量相适应。常用的容积节流调速回路有：限压式变量泵和调速阀等组成的容积节流调速回路、变压式变量泵与节流阀等组成的容积调速回路。

图 12-19a 所示为限压式变量泵和调速阀的容积节流调速回路。在图示位置，液压缸 4 的活塞杆快速向右运动，限压式变量泵 1 按快速运动要求调节其输出流量 q_{max}，同时调节限压式变量泵的压力调节螺钉，使泵的限定压力 p_c 大于快速运动所需的压力（图 12-19b 中 $A'B$ 段）。当电磁换向阀 3 通电时，限压式变量泵输出的压力油经调速阀 2 进入液压缸 4，其回油经背压阀 5 回油箱。调节调速阀 2 的流量 q_1 就可调节活塞的运动速度 v，由于 $q_1<q_p$，压力油迫使限压式变量泵的出口与调速阀进口之间的油压升高，即限压式变量泵的供油压力升高，限压式变量泵的流量便自动减小到 $q_p \approx q_1$ 为止。

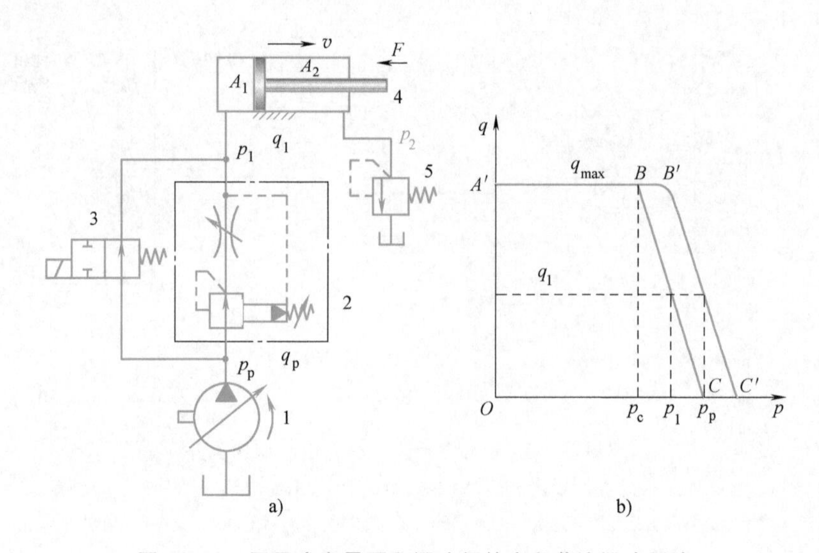

图 12-19　限压式变量泵和调速阀的容积节流调速回路

a）回路　b）调速特性

1—限压式变量泵　2—调速阀　3—电磁换向阀　4—液压缸　5—背压阀

2. 快速运动回路

为了提高生产率，液压系统常要求实现空行程（或空载）的快速运动。对快速运动回路的要求主要是在快速运动时，尽量减小需要液压泵输出的流量，或者在加大液压泵的输出流量后，在工作运动时又不至于引起过多的能量消耗。

（1）差动连接回路　图 12-20 所示为差动连接回路。当电磁换向阀 3 左端的电磁铁通电时，电磁换向阀 3 左位进入系统，液压泵 1 输出的压力油同液压缸右腔的油经电磁换向阀 3 左位、机控阀 5 下位，进入液压缸 4 的左腔，实现了差动连接，使活塞快速向右运动。当快速运动结束，工作部件上的挡铁压下机控阀 5 时，液压泵的压力升高，顺序阀 7 打开，液压缸 4 右腔的回油只能经调速阀 6 流回油箱，这时是工作进给。当电磁换向阀 3 右端的电磁铁通电时，活塞向左快速退回。采用差动连接的快速回路方法简单、经济，但快慢速度的换接不够平稳。

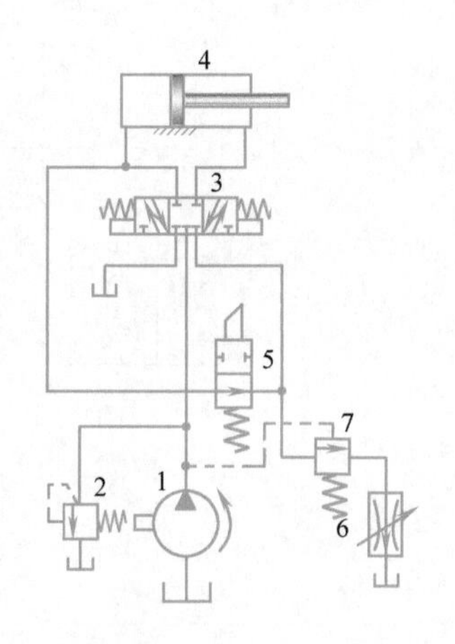

图 12-20　差动连接回路

1—液压泵　2—溢流阀

3—电磁换向阀　4—液压缸

5—机控阀　6—调速阀　7—顺序阀

（2）双泵供油的快速运动回路　图 12-21 所示为双泵供油的快速运动回路。高压小流量泵 1 用于实现工作进给运动；低压大流量泵 2 用于实现快速运动。在快速运动时，低压大流量泵 2 输出的油经单向阀 4 和高压小流量泵 1 输出的油共同向系统供油。在工作进给时，系统压力升高，打开卸荷阀 3 使低压大流量泵 2 卸荷，此时单向阀 4 关闭，由高压小流量泵 1 单独向系统供油。溢流阀 5 控制高压小流量泵 1 的供油压力是根据系统所需最大工作压力来调节的，而卸荷阀 3 使低压大流量泵 2 在快速运动时供油，在工作进给时则卸荷，因此它的调整压力应比快速运动时系统所需的压力要高，但比溢流阀 5 的调整压力低。这种回路功率利用合理、效率高、速度换接较平稳，缺点是要用一个双联泵。

3. 速度换接回路

速度换接回路用来实现运动速度的变换，对这种回路的要求是速度换接要平稳。

（1）快速运动和工作进给运动的换接回路　图 12-22 所示为用单向行程节流阀换接快速运动和工作进给运动的速度换接回路。在图示位置，液压缸 3 右腔的回油可经行程阀 4 和换向阀 2 流回油箱，使活塞快速向右运动。当快速运动到达所需位置时，活塞上的挡块压下行程阀 4，将其通路关闭，这时液压缸 3 右腔的回油就必须经过调速阀 6 流回油箱，活塞的运动转换为工作进给运动（简称工进）。当操纵换向阀 2 使活塞换向后，压力油可经换向阀 2 和单向阀 5 进入液压缸 3 右腔，使活塞快速向左退回。在这种速度换接回路中，因为行程阀的通油路是由液压缸活塞的行程控制阀芯移动而逐渐关闭的，所以换接时的位置精度高，冲出量小，运动速度的变换也比较平稳。它的缺点是行程阀的安装位置受一定限制。

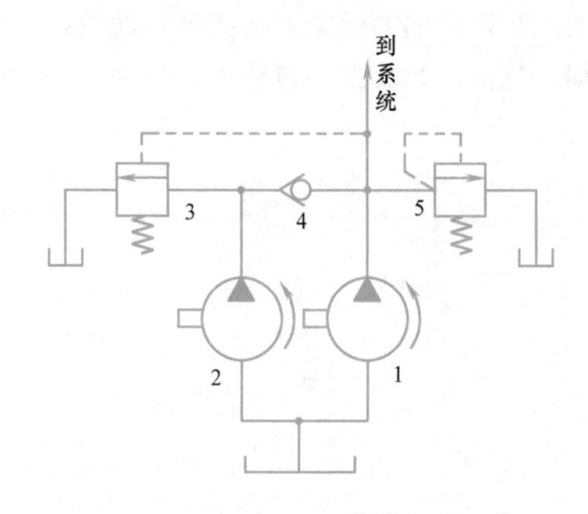

图 12-21　双泵供油的快速运动回路

1—高压小流量泵　2—低压大流量泵

3—卸荷阀　4—单向阀　5—溢流阀

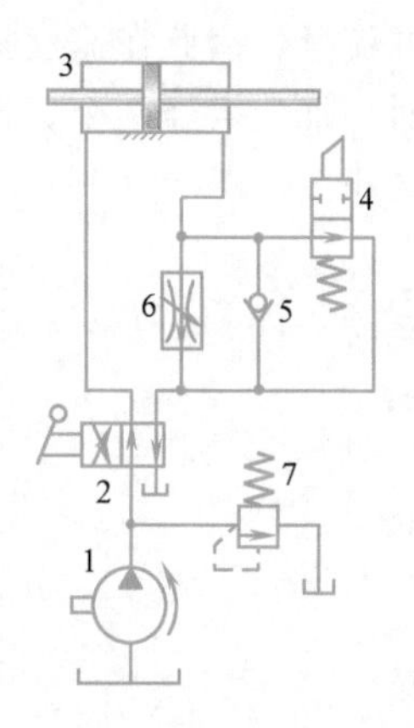

图 12-22　用单向行程节流阀换接快速运动和工作进给运动的速度换接回路

1—液压泵　2—换向阀　3—液压缸　4—行程阀

5—单向阀　6—调速阀　7—溢流阀

图 12-23 所示为利用液压缸自身结构的速度换接回路。在图示位置时，活塞快速向右移动，液压缸右腔的回油经换向阀流回油箱。当活塞运动到将液压缸油口左腔封闭后，液压缸右腔的回油须经节流阀 3 流回油箱，活塞则由快速运动变换为工作进给运动。这种速度换接回路方法简单，换接较可靠，但速度换接的位置不能调整，工作行程也不能过长，以免活塞过宽，所以仅适用于工作情况固定的场合。这种回路也常用作活塞运动到达端部时的缓冲制动回路。

（2）两种工作进给速度的换接回路　图 12-24 所示为采用两个调速阀并联的速度换接回路。在图 12-24a 中，液压泵输出的压力油经调速阀 3 和电磁换向阀 5 进入液压缸。当需要第二种工作进给速度时，电磁换向阀 5 通电，其右位接入回路，液压泵输出的压力油经调速阀 4 和电磁换向阀 5 进入液压缸。

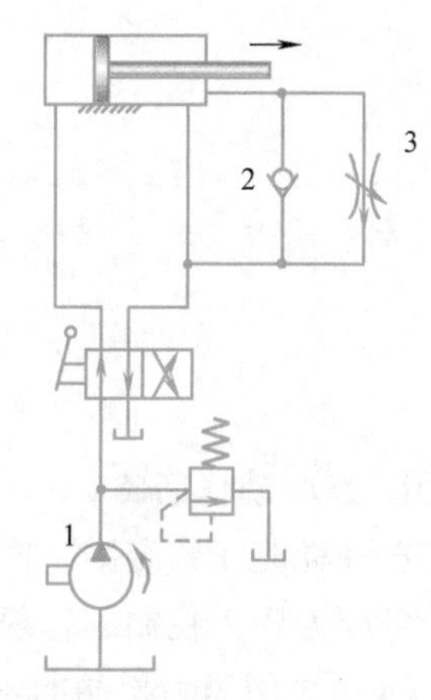

图 12-23　利用液压缸自身结构的速度换接回路

1—液压泵　2—单向阀　3—节流阀

这种回路中两个调速阀的节流口可以单独调节，互不影响，即第一种工作进给速度和第二种工作进给速度互相没有什么限制。但一个调速阀工作时，另一个调速阀中没有油液通过，它的减压阀则处于完全打开的位置，在速度换接开始的瞬间不能起减压作用，容易出现部件突然前冲的现象。图 12-24b 所示为另一种调速阀并联的速度换接回路。在这个回路中，两个调速阀始终处于工作状态，在由一种工作进给速度转换为另一种工作进给速度时，不会出现工作部件突然前冲现象，因而工作可靠。但是液压系统在工作中总有一定量的油液通过不起调速作用的那个调速阀流回油箱，造成能量损失，使系统发热。

图 12-25 所示为采用两个调速阀串联的速度换接回路。图中液压泵输出的压力油经调速阀 3 和电磁换向阀 5 进入液压缸，这时的流量由调速阀 3 控制。当需要第二种工作进给速度时，电磁换向阀 5 通电，其右位接入回路，则液压泵输出的压力油先经调速阀 3，再经调速阀 4 进入液压缸，这时的流量应由调速阀 4 控制，所以调速阀 4 的节流口应调得比调速阀 3 小，否则调速阀 4 将不起作用。这种回路在工作时调速阀 3 一直工作，它限制着进入液压缸或调速阀 4 的流量，因此在速度换接时不会使液压缸产生前冲现象，换接平稳性较好。在调速阀 4 工作时，油液需经两个调速阀，故能量损失较大。系统发热也较大，但却比图12-24b 所示的回路要小。

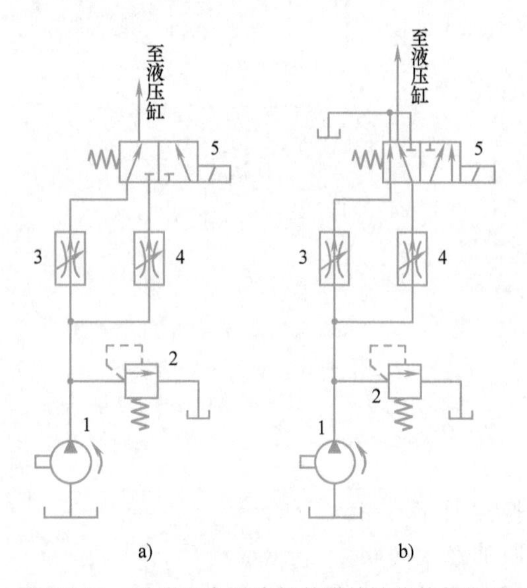

图 12-24　采用两个调速阀并联的速度换接回路

1—液压泵　2—溢流阀　3、4—调速阀　5—电磁换向阀

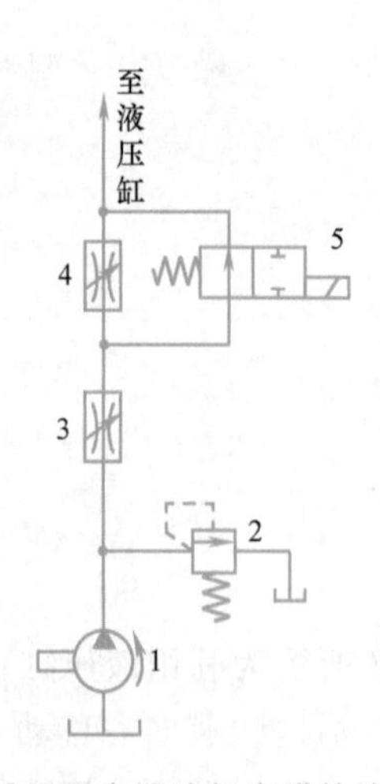

图 12-25　采用两个调速阀串联的速度换接回路

1—液压泵　2—溢流阀　3、4—调速阀　5—电磁换向阀

12.1.4　多缸控制回路

1. 顺序动作回路

在多缸液压系统中，往往需要按照一定的要求顺序动作。顺序动作回路按其控制方式不同，可分为压力控制、行程控制和时间控制三类。

（1）采用压力控制的顺序动作回路　压力控制就是利用油路本身的压力变化来控制液压缸的先后动作顺序，它主要利用压力继电器和顺序阀来控制顺序动作。

1）采用压力继电器控制的顺序回路。图 12-26 所示为压力继电器控制的顺序回路，用于机床的夹紧、进给系统，要求的动作顺序是：先将工件夹紧，然后动力滑台带动工件进行切削加工，动作循环开始时，电磁换向阀处于图示位置，液压泵输出的压力油进入夹紧缸的右腔，左腔回油，活塞向左移动，将工件夹紧。夹紧后，液压缸右腔的压力升高，当油压超过压力继电器的调定值时，压力继电器发出信号，指令电磁换向阀的电磁铁2YA、4YA通电，进给液压缸动作。油路中要求先夹紧后进给，工件没有夹紧则不能进给，这一严格的顺序是由压力继电器保证的。

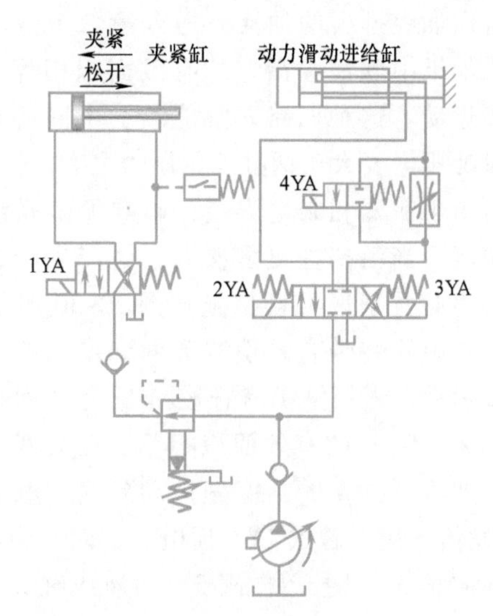

图12-26　压力继电器控制的顺序回路

2）采用顺序阀控制的顺序动作回路。图12-27所示为采用两个单向顺序阀的压力控制顺序动作回路。其中单向顺序阀4控制两个液压缸前进时的先后顺序，单向顺序阀3控制两个液压缸后退时的先后顺序。当电磁换向阀通电时，压力油进入液压缸1的左腔，右腔经单向顺序阀3中的单向阀回油，此时由于压力较低，单向顺序阀4关闭，液压缸1的活塞先动。当液压缸1的活塞运动至终点时，油压升高，达到单向顺序阀4的调定压力时，顺序阀开启，压力油进入液压缸2的左腔，右腔直接回油，液压缸2的活塞向右移动。当液压缸2的活塞右移达到终点后，电磁换向顺序阀断电复位，此时压力油进入液压缸2的右腔，左腔经单向顺序阀4中的单向阀回油，使液压缸2的活塞向左返回，到达终点时，压力油升高打开单向顺序阀3再使液压缸1的活塞返回。这种顺序动作回路的可靠性在很大程度上取决于顺序阀的性能及其压力调整值。

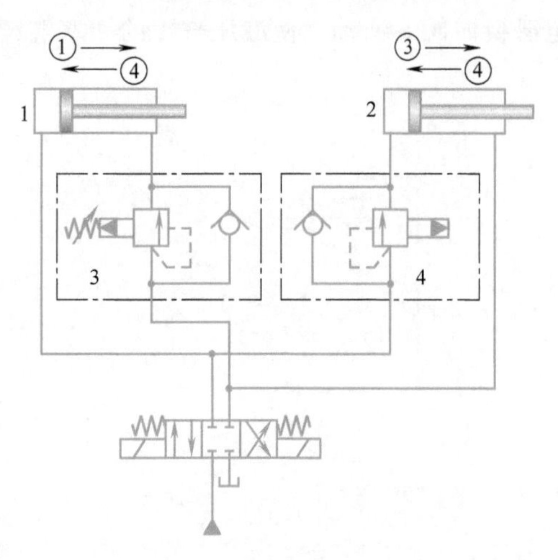

图12-27　采用两个单向顺序阀控制的压力控制顺序动作回路

1、2—液压缸　3、4—单向顺序阀

（2）采用行程控制的顺序动作回路　图12-28所示为利用电气行程开关控制的顺序动作回路。按起动按钮，电磁铁1YA通电，液压缸1活塞右行；当挡铁触动行程开关2st，使2YA通电时，液压缸2活塞右行；液压缸2活塞右行至行程终点，触动3st，使1YA断电，液压缸1活塞左行；而后触动1st，使2YA断电，液压缸2活塞左行。至此完成了液压缸1、2的全部顺序动作的自动循环。采用电气行程开关控制的顺序回路，调整行程大小和改变动作顺序均很方便，且可利用电气互锁使动作顺序可靠。

2. 同步回路

使两个或两个以上的液压缸在运动中保持相同位移或相同速度的回路称为同步回路。

（1）串联液压缸的同步回路　图12-29所示为串联液压缸的同步回路。图中第一个液压缸回油腔排出的油液被送入第二个液压缸的进油腔。如果串联油腔活塞的有效面积相等，便可实现同步运动。这种回路两缸能承受不同的负载，但泵的供油压力要大于两缸工作压力之和。

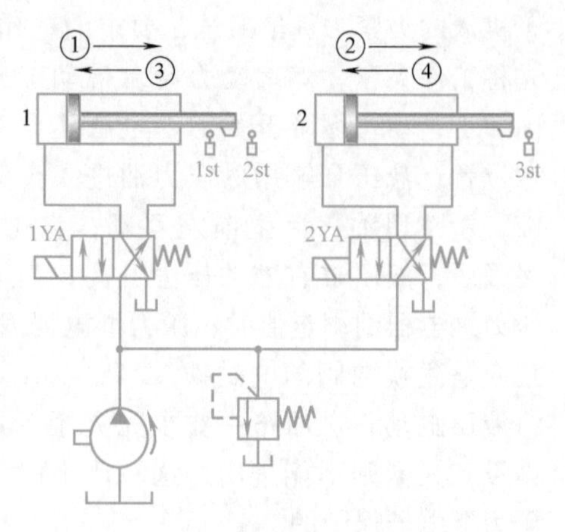

图 12-28 利用电气行程开关控制的顺序动作回路

1、2—液压缸

由于泄漏和制造误差，影响了串联液压缸的同步精度，当活塞往复多次后，会产生严重的失调现象，为此要采取补偿措施。图 12-30 所示为两个单作用缸串联并带有补偿装置的同步回路。为了达到同步运动，液压缸 1 有杆腔 A 的有效面积应与液压缸 2 无杆腔 B 的有效面积相等。在活塞下行的过程中，如液压缸 1 的活塞先运动到底，触动行程开关 1st 发信，使电磁铁 1YA 通电，此时压力油便经过电磁换向阀 3、液控单向阀 5，向液压缸 2 的无杆腔 B 补油，使液压缸 2 的活塞继续运动到底。如果液压缸 2 的活塞先运动到底，触动行程开关 2st，使电磁铁 2YA 通电，此时压力油便经电磁换向阀 4 进入液控单向阀的控制油口，液控单向阀 5 反向导通，使液压缸 1 能通过液控单向阀 5 和电磁换向阀 3 回油，使液压缸 1 的活塞继续运动到底，对失调现象进行补偿。

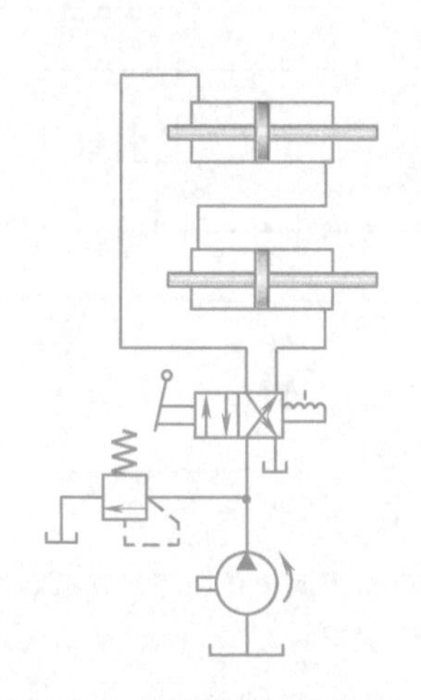

图 12-29 串联液压缸的同步回路

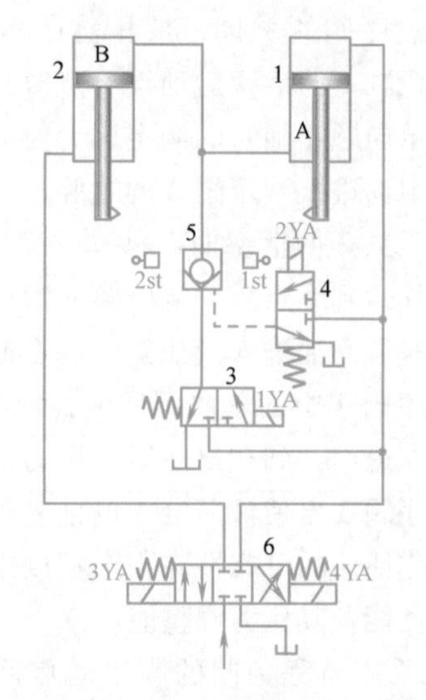

图 12-30 两个单作用缸串联并带有补偿装置的同步回路

1、2—液压缸 3、4、6—电磁换向阀 5—液控单向阀

（2）流量控制式同步回路

1）采用调速阀控制的同步回路。图 12-31 所示为采用调速阀控制的同步回路。两个调速阀分别调节两缸活塞的运动速度，若两缸有效面积相等，则流量也调整得相同；若两缸面积不等，则改变调速阀的流量也能达到同步的运动。用调速阀控制的同步回路简单，但同步精度较低。

2）采用电液比例调速阀控制的同步回路。图 12-32 所示为采用电液比例调整阀的同步回路。回路中使用了一个普通调速阀 1 和一个比例调速阀 2，它们装在由多个单向阀组成的桥式回路中，并分别控制着液压缸 3、4 的运动。当两个活塞出现位置误差时，检测装置就会发出信号，调节比例调速阀的开度，使液压缸 4 的活塞跟上液压缸 3 活塞的运动而实现同步。这种回路的同步精度较高，位置精度可达 0.5mm，已能满足大多数工作部件所要求的同步精度。

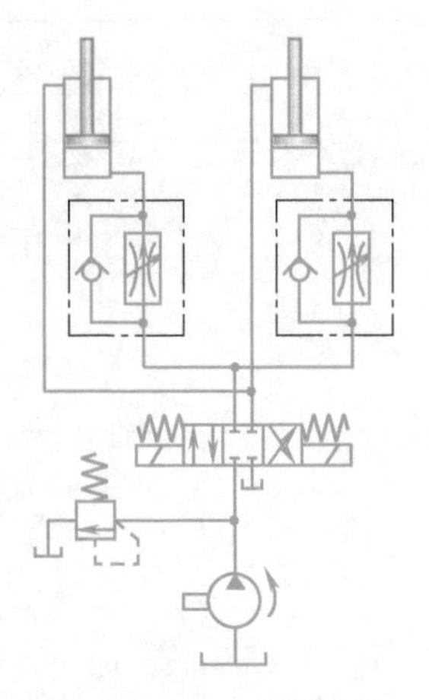

图 12-31　采用调速阀控制的同步回路

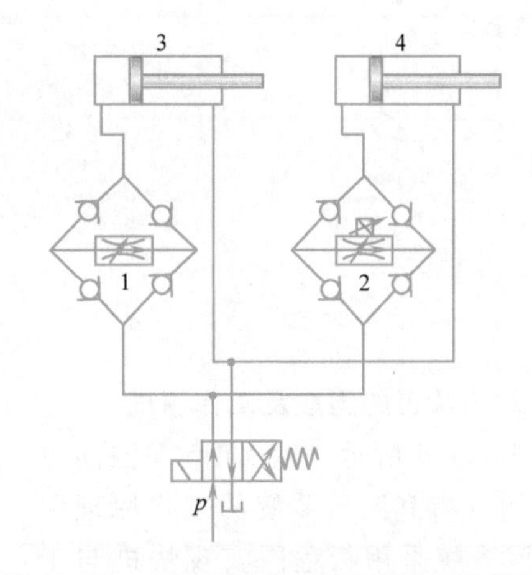

图 12-32　采用电液比例调整阀的同步回路

1—普通调速阀　2—比例调速阀　3、4—液压缸

3. 多缸快慢速互不干扰回路

在一泵多缸的液压系统中，为了满足工作进给比较稳定的要求，必须采用快慢速互不干扰回路。在图 12-33 所示的回路中，各液压缸分别要完成快速前进、工作进给和快速退回的自动循环。回路采用双泵的供油系统，液压泵 1 为高压小流量泵，供给各缸工作进给所需的压力油；液压泵 2 为低压大流量泵，为各缸快进或快退时输送低压油，它们的压力分别由溢流阀 3、4 调定。

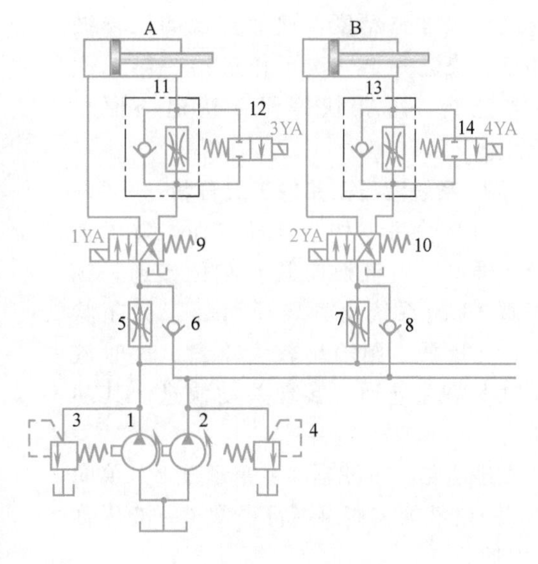

图 12-33　防干扰回路

1、2—液压泵　3、4—溢流阀　5、7—调速阀

6、8—单向阀　9、10、12、14—电磁换向阀

11、13—单向调速阀

当开始工作时，电磁阀 1YA、2YA、3YA、4YA 同时通电，液压泵 2 输出的压力油经单向阀 6 和 8 进入液压缸的左腔，此时两泵供油使各活塞快速前进。当电磁铁 3YA、4YA 断电后，由快速前进转换成工作进给，单向阀 6、8 关闭，工进所需压力油由液压泵 1 供给。如果其中某一液压缸（如液压缸 A）先转换成快速退回，即电磁换向阀 9 失电换向，液压泵 2 输出的油液经单向阀 6、电磁换向阀 9 和单向调速阀 11 中的单向阀进入液压缸 A 的右腔，左腔经换向阀回油，使活塞快速退回。

而其他液压缸仍由液压泵1供油，继续进行工作进给。这时，调速阀5（或7）使液压泵1仍然保持溢流阀3的调整压力，不受快速退回的影响，防止了相互干扰。在回路中调速阀5、7的调整流量应适当大于单向调速阀11、13的调整流量，则工作进给的速度由单向调速阀11和13来决定。这种回路可以用在具有多个工作部件各自分别运动的机床液压系统中。电磁换向阀10用来控制液压缸B换向，电磁换向阀12、14分别控制液压缸A、B快速进给。

12.2 液压传动系统应用实例

12.2.1 动力滑台液压系统

1. 动力滑台的组成及工作原理

如图12-34所示，以YT4543型动力滑台为例分析其液压系统的工作原理和特点。该系统采用行程阀实现快进与工进转换，用电磁换向阀进行两个工进速度之间的转换，用止挡块停留来限位保证进给尺寸的精度。通常实现的工作循环是：快进→第一次工作进给→第二次工作进给→止挡块停留→快退→原位停止。

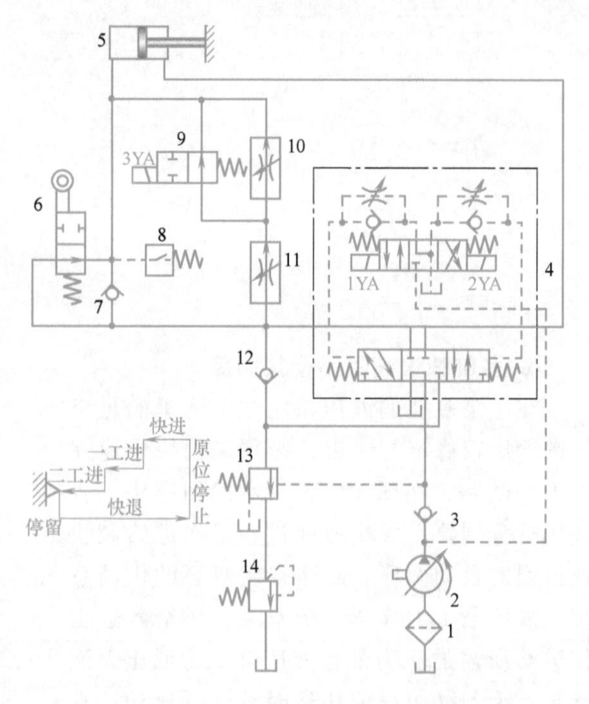

图12-34 YT4543型动力滑台的液压系统回路

1—过滤器 2—变量泵 3—单向阀 4—电液换向阀 5—液压缸 6—行程阀 7、12—单向阀 8—压力继电器 9—电磁换向阀 10、11—调速阀 13—顺序阀 14—背压阀

2. 系统液压回路的工况分析

（1）快进 按下起动按钮，电磁铁1YA通电，电液换向阀4左位接通，顺序阀13因系统压力较低而处于关闭状态，变量泵2则输出较大流量，这时液压缸5两腔连通，实现差动快进。其油路为：

进油路：过滤器1→变量泵2→单向阀3→电液换向阀4→行程阀6→液压缸5左腔。

回油路：液压缸5右腔→电液换向阀4→单向阀12→行程阀6→液压缸5左腔。

（2）第一次工作进给 当滑台快进终了时，挡块压下行程阀6的阀芯，切断快速运动进油路，电磁铁1YA继续通电，电液换向阀4仍以左位接入系统。这时液压油只能经调速阀11和电磁换向阀9进入液压缸5左腔。由于工进时系统压力升高，变量泵2便自动减小其输出流量，顺序阀13此时打开，单向阀12关闭，液压缸5右腔的回油最终经背压阀14流回油箱，使滑台转为第一次工作进给运动。进给量的大小由调速阀11调节，其油路是：

进油路：过滤器 1→变量泵 2→单向阀 3→电液换向阀 4→调速阀 11→电磁换向阀 9→液压缸 5 左腔。

回油路：液压缸 5 右腔→电液换向阀 4→顺序阀 13→背压阀 14→油箱。

(3) 第二次工作进给　第二次工作进给油路和第一次工作进给油路基本上是相同的，不同之处是当第一次工作进给终了时，滑台上挡块压下行程开关，发出电信号使电磁换向阀 9 的电磁铁 3YA 通电，使其油路关闭，这时液压油须通过调速阀 11 和 10 进入液压缸左腔。回油路和第一次工作进给完全相同。因调速阀 10 的通流面积比调速阀 11 通流面积小，故第二次工作进给的进给量由调速阀 10 来决定。

(4) 止挡块停留　滑台完成第二次工作进给后，碰上止挡块即停留下来。这时液压缸 5 左腔的压力升高，使压力继电器 8 动作，发出电信号给时间继电器。停留时间由时间继电器调定。设置止挡块可以提高滑台加工进给的位置精度。

(5) 快退　滑台停留时间结束后，时间继电器发出信号，使电磁铁 1YA 、3YA 断电，2YA 通电，这时电液换向阀 4 右位接入系统。因滑台返回时负载小，系统压力低，变量泵 2 输出流量又自动恢复到最大，滑台快速退回，其油路是：

进油路：过滤器 1→变量泵 2→单向阀 3→电液换向阀 4→液压缸 5 右腔。

回油路：液压缸 5 左腔→单向阀 7→电液换向阀 4→油箱。

(6) 原位停止　滑台快速退回到原位，挡块压下原位行程开关，发出信号，使电磁铁 2YA 断电，至此全部电磁铁均断电，换向阀 4 处于中位，液压缸两腔油路均被切断，滑台原位停止。这时变量泵 2 出口压力升高，输出流量减到最小，其输出功率接近于零。

YT4543 型动力滑台液压系统中各电磁铁和行程阀的动作顺序见表 12-1。

表 12-1　电磁铁和行程阀动作顺序表

电磁铁/动作	电磁铁			行程阀
	1YA	2YA	3YA	
快进	+	−	−	−
一次工作进给	+	−	−	+
二次工作进给	+	−	+	+
止挡块停留	+	−	+	+
快退	−	+	−	+
原位停止	−	−	−	−

12.2.2　码垛机械手液压传动系统

1. 码垛机械手的组成及工作原理

码垛机械手是智能仓储系统的一种重要组成设备，利用它可以把装卸工人从传统的繁重劳动中解放出来。码垛机械手主要包括手臂和手部抱夹装置，其液压系统如图 12-35 所示。

图中，元件 1 为过滤器，过滤油液，去除杂质；元件 2 为单向定量泵，为系统供油；元件 3 为单向阀，防止油液倒流，保护液压泵；元件 4 、5 为二位四通电磁换向阀，控制执行元件进退或正反转两个运动方向；元件 6 为先导式溢流阀，溢流稳压；元件 7 为二位二通电

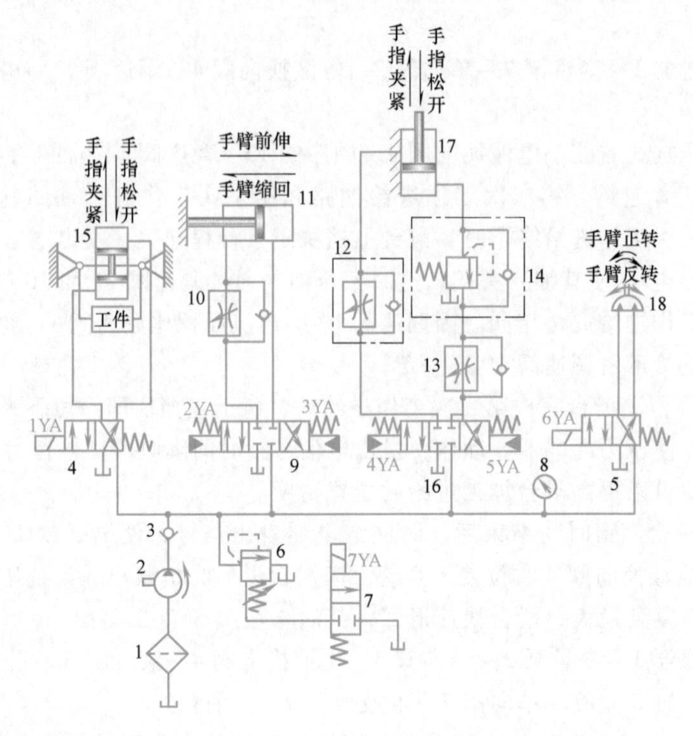

图 12-35 码垛机械手液压系统

1—过滤器 2—单向定量泵 3—单向阀 4、5—二位四通电磁换向阀 6—先导式溢流阀 7—二位二通电磁换向阀 8—压力表 9、16—三位四通电磁换向阀 10、12、13—单向节流阀 11—伸缩缸 14—单向顺序阀 15—夹紧缸 17—升降缸 18—摆动缸

磁换向阀，控制液压泵卸荷；元件 8 为压力表，观察系统压力；元件 9、16 为三位四通电磁换向阀，控制执行元件进退两个运动方向且可在任意位置停留；元件 10、12、13 为单向节流阀，调节执行元件的运动速度。

码跺机械手的工作循环为：手臂上升→手臂前伸→手指夹紧→手臂回转→手臂下降→手指松开→手臂缩回→手臂反转→原位停止。

2. 系统液压回路的工况分析

（1）手臂上升　按下起动按钮，三位四通电磁换向阀 16 的 5YA 通电，工作在右位，升降缸 17 上升。

进油路：油箱→过滤器 1→单向定量泵 2→单向阀 3→三位四通电磁换向阀 16（右位）→单向节流调速阀 13→单向顺序阀 14→升降缸 17 下腔。

回油路：升降缸 17 上腔→单向节流阀 12→电磁换向阀 16→油箱。

（2）手臂前伸　上升完成之后，5YA 断电，三位四通电磁换向阀 9 的 3YA 通电；伸缩缸 11 右移，并保证手指松开，二位四通电磁换向阀 4 的 1YA 通电。

进油路 1：油箱→过滤器 1→定量泵 2→单向阀 3→三位四通电磁换向阀 9 的右位→伸缩缸 11 的右腔。

进油路 2：油箱→过滤器 1→单向定量泵 2→单向阀 3→二位四通电磁换向阀 4 的右位→夹紧缸 15 的上腔。

回油路 1：伸缩缸 11 的左腔→单向节流阀 10→三位四通电磁换向阀 9 的右位→油箱。

回油路2：夹紧缸15的下腔→二位四通电磁换向阀4的右位→油箱。

（3）手指夹紧　手臂前伸完成之后，完成夹紧物体，这时二位四通电磁换向阀4的1YA断电，工作在左位，夹紧缸15活塞上移。

（4）手臂回转　手指夹紧动作完成之后，手臂回转，二位四通电磁换向阀5的6YA·通电，工作在右位，摆动缸18逆时针方向旋转。

进油路：油箱→过滤器1→定量泵2→单向阀3→二位四通电磁换向阀5的右位→摆动缸18右位。

回油路：摆动缸18左位→二位四通电磁换向阀5的右位→油箱。

（5）手臂下降　保持6YA通电，三位四通电磁换向阀16的4YA通电，工作在左位，升降缸17活塞下降。进油路：油箱→过滤器1→单向定量泵2→单向阀3→三位四通电磁换向阀16的左位→单向节流阀12→升降缸17上腔。回油路，升降缸17下腔→单向顺序阀14→单向节流阀13→三位四通电磁换向阀16左位→油箱。

（6）手指松开　4YA断电，继续保持6YA通电，再次使二位四通电磁换向阀4的1YA通电，工作在右位，夹紧缸15活塞下移，完成动作。

（7）手臂缩回　1YA断电，保持6YA通电，三位四通电磁换向阀9的2YA通电，工作在左位，伸缩缸11左移。

（8）手臂反转　2YA和6YA断电，三位四通电磁换向阀9工作在中位，二位四通电磁换向阀5工作在左位，摆动缸18顺时针方向转动。

（9）原位停止　接通二位二通电磁换向阀7的7YA，单向定量泵2卸荷。

码跺机械手液压系统的电磁铁和行程阀的动作顺序见表12-2。

表12-2　电磁铁和行程阀的动作顺序表

动作顺序	1YA	2YA	3YA	4YA	5YA	6YA	7YA
手臂上升	-	-	-	-	+	-	-
手臂前伸	+	-	+	-	-	-	-
手指夹紧	-	-	-	-	-	-	-
手臂回转	-	-	-	-	-	+	-
手臂下降	-	-	-	+	-	+	-
手指松开	+	-	-	-	-	+	-
手臂缩回	-	+	-	-	-	+	-
手臂反转	-	-	-	-	-	-	-
原位停止	-	-	-	-	-	-	+

思考与练习

1. 什么是液压基本回路？常见的液压基本回路有哪几类？各起什么作用？
2. 容积节流调速回路的优点是什么？试对节流调速回路、容积调速回路进行比较说明。
3. 液压系统为什么要设置快速运动回路？实现执行元件快速运动的方法有哪些？
4. 动力滑台液压系统是由哪些基本回路组成的？如何采用行程阀实现快速和慢速转换？

气液系统的装调维护与故障诊断

13.1 气动系统的装调维护与故障诊断

13.1.1 气动系统的安装与调试

1. 气动系统的安装

(1) 供气管道的安装

1) 安装前，要彻底清理供气管道内的粉尘和杂物。

2) 供气管道的固定支架要稳固，工作过程中不得产生振动。

3) 供气管道相互连接时，要充分注意密封性，以防漏气，尤其注意接头处和焊接处的密封情况。

4) 供气管道尽量平行布置，避免交叉，力求最短，转弯最少，并且要兼顾方便拆装。

5) 供气软管安装时要留有一定的弯曲半径，不允许有拧扭现象，而且要远离热源或加装隔热板。

(2) 气动元件的安装

1) 应注意气动元件的推荐安装位置和标明的安装方向。

2) 气动逻辑元件应按照控制回路的需要，组装在底板上，并在底板上开设气道，用软管接出。

3) 移动缸的中心线与负载的中心线要同重合，否则会引起侧向力，加速密封件磨损和活塞杆弯曲。

4) 安装前，要对各种自动控制仪表、自动控制器、压力继电器等元件进行校验。

2. 气动系统的调试

(1) 调试准备

1) 要准备好说明书、设计图样等相关技术资料，分析、熟悉气动系统的原理、结构、性能和操作方法。

2）熟悉气动元件在整机设备中的安装位置，以及气动元件的调整操作方法。

3）准备好相关的调试工具等。

（2）空载运行　空载运行时，要密切观察气动系统的压力、流量、温度的变化。如果发现异常，应立即停车检查，待故障排除后才能继续运行。一般空载试运行至少2h。

（3）负载试运转　负载试运转时，应分段加载，并检测、记录系统各阶段的有关数据。一般负载试运转至少4h。

13.1.2　气动系统的使用与维护

1. 气动系统使用的注意事项

1）开车前后，要放掉气动系统中的冷凝水。

2）定期向气动系统中的油雾器注油，确保压缩气体的润滑效果。

3）开车前检查各调节手柄是否处于正确位置，机控阀、行程开关、挡块的位置是否正确、牢固，对导轨、活塞杆等外露部分的配合表面进行擦拭。

4）随时注意压缩空气的清洁度，对空气过滤器的滤芯要定期清洗。

5）设备长期不用时，应将各手柄放松，防止弹簧永久变形，从而影响气动元件的调节性能。

2. 压缩空气的污染及防止方法

气动系统中，压缩空气的污染主要来自水分、油分和粉尘三个方面。其污染原因及防止方法如下：

（1）水分　防止冷凝水混入压缩空气的方法是：及时排除系统各排水阀中积存的冷凝水，经常注意自动排水器、干燥器的工作是否正常，定期清洗空气过滤器、自动排水器的内部元件等。

（2）油分　清除压缩空气中油分的方法是：较大的油分颗粒，通过除油器和空气过滤器的分离作用，与空气分开，从设备底部排污阀排除；较小的油分颗粒，则可通过活性炭的吸附作用清除。

（3）粉尘　大气中的粉尘、管道内的铁粉及密封材料的碎屑等进入压缩空气中，将会使元件中的运动件卡死，引起动作失灵、喷嘴堵塞，加速元件磨损，降低使用寿命，导致系统故障发生，严重影响使用性能。防止粉尘进入空压机的主要方法包括：经常清洗空压机前的预过滤器，定期清洗过滤器的滤芯，及时更换过滤元件等。

3. 气动系统的日常维护

气动系统日常维护的主要内容是冷凝水的管理和系统润滑的管理。对冷凝水的管理方法在前面章节已讲述，在此仅介绍对系统润滑的管理。

在气动系统中，凡是具有相对运动表面的元件都需要润滑。如果润滑不当，会使摩擦阻力增大，导致元件动作不良，磨损的密封面也会带来系统泄漏等危害。

润滑油的性质直接影响润滑效果。通常，高温环境下选用高黏度润滑油，低温环境下选用低黏度润滑油。如果温度特别低，为了克服起雾困难，可在油杯内加装加热器。供油量可随润滑部位的形状、运动状态及负载大小而变化。供油量总是大于实际需要量。一般以每$10m^3$自由空气供给1mL的油量为基准。此外，还要注意油雾器的工作是否正常，若发现油量没有减少，须及时对其进行检修或更换。

4. 气动系统的定期检修

气动系统的定期检修周期一般为三个月，检修的主要内容如下：

1）查明系统的泄漏处，并设法予以解决。

2）通过对方向控制阀排气口的检查，判断润滑油是否适合，空气中是否混有冷凝水。如果润滑不良，可检查油雾器规格是否合适，安装位置是否恰当，滴油量是否正常等。如果有大量冷凝水排出，检查过滤器的安装位置是否恰当，排除冷凝水的装置是否合理，冷凝水的排除是否彻底。如果方向控制阀排气口关闭时，仍少量泄漏，往往是气动元件损伤的初期阶段，检查后，可更换已磨损的气动元件，以防止发生动作不良现象。

3）检查安全阀、紧急安全开关动作是否可靠。定期修检时，必须确认它们动作的可靠性，以确保设备和人身安全。

4）观察换向阀的动作是否可靠。根据换向时的声音是否异常，判定铁心和衔铁配合处是否有杂质。检查铁心是否有磨损，密封件是否老化。

5）反复开关换向阀，观察气缸动作，判断活塞上的密封是否良好；检查活塞杆外露部分，判定气缸前缸盖的配合处是否有泄漏。

13.1.3 气动系统的故障排除

1. 气动系统故障排除的常用方法

（1）经验法　经验法是一种依靠实际经验，并借助简单的仪表诊断故障发生的部位，并找出故障原因的方法。经验法可按中医诊断病人的“望、闻、问、切”法进行。经验法简单易行，但由于每个人的感觉、实践经验和判断能力的差异，诊断故障会存在一定的局限性。

（2）推理分析法　推理分析法是一种通过逻辑推理、步步逼近，寻找出故障的真实原因的方法。

1）推理步骤。从故障的症状推理出故障的真正原因，可按下面三步进行：

① 从故障的症状推理出故障的本质原因。

② 从故障的本质原因推理出故障可能存在的原因。

③ 从各种可能的原因中找出故障的真实原因。

2）推理方法。由简到繁、由易到难、由表及里逐一进行分析，排除掉不可能的和非主要的故障原因；先检查故障发生前曾调整或更换过的元件；优先检查故障概率高的常见原因。

2. 气动系统主要元件的典型故障及排除方法

（1）空气过滤器　空气过滤器的用途是消除空气中颗粒的部件。其寿命的长短是由环境空气中的含尘量决定的。通常以其工作小时数作为更换依据。当空气过滤器被沙尘堵塞以致不能满足空压机所需要空气的体积流量时，会表现出压力过大、漏气等现象。空气过滤器的典型故障及其排除方法见表 13-1。

（2）油雾器　油雾器的用途是将压缩空气中混入一定量的润滑油，对气动元件进行润滑、冷却。油雾器的典型故障及其排除方法见表 13-2。

（3）减压阀　减压阀发生故障的原因主要有内、外部两种原因。内部原因有自身混入异物、元件内部故障以及性能上的问题等。外部原因主要来自于压缩空气的质量。减压阀的典型故障及其排除方法见表 13-3。

表 13-1　空气过滤器的典型故障及其排除方法

故障现象	原因分析	排除方法
压力过大	使用过细的滤芯	更换适当的滤芯
	过滤器流量范围太小	更换流量范围大的过滤器
	流量超过过滤器的容量	更换大容量的过滤器
	过滤器滤芯网眼堵塞	用净化液清洗滤芯
从输出端溢出冷凝水	未及时排出冷凝水	定期排水或安装自动排水器
	自动排水器发生故障	修理或更换自动排水器
	超过过滤器的流量范围	在流量范围内使用或更换大容量的过滤器
漏气	密封不良	更换密封件
	塑料水杯因物理、化学反应而产生裂痕	参考"塑料水杯破损列"
	漏水阀、自动排水器失灵	修理漏水阀、自动排水器
塑料水杯破损	在有机溶剂环境中使用	使用不受有机溶剂侵蚀的材料
	空压机输出某种焦油	更换空压机的润滑油
	空压机从空气中吸入对塑料有害的物质	使用金属水杯

表 13-2　油雾器的典型故障及其排除方法

故障现象	原因分析	排除方法
油不能漏下	油杯未加压	拆下通往油杯的气道堵塞，修理
	油道堵塞	拆卸，进行修理
	油雾器装反	更改安装方向
	没有产生油滴下落所需的压差	换成小的油雾器
油杯未加压	通往油杯的空气通道堵塞	拆卸处理
	油杯大、油雾器使用频繁	加大通往油杯的空气通孔
空气向外泄漏	油杯破损	更换
	密封不良	检查密封
	观察玻璃破损	更换观察玻璃

表 13-3　减压阀的典型故障及其排除方法

故障现象	原因分析	排除方法
出口压力升高	弹簧损坏	更换弹簧
	阀座有伤痕或阀座密封圈剥离	更换阀体
	阀体中混入灰尘，阀芯导向部分黏附异物	清洗、检查过滤器
	阀芯导向部分和阀体的密封圈收缩、膨胀	更换密封圈
压降过大	阀口通径小	使用大通径的减压阀
	阀下部积存冷凝水，阀内混入异物	清洗、检查过滤器
溢流口总是漏气	溢流阀阀座有伤痕	更换溢流阀
	膜片破裂	更换膜片
	出口侧背压增高	检查出口侧的装置回路

（续）

故障现象	原因分析	排除方法
阀体漏气	密封件损伤	更换密封件
	弹簧松弛	张紧或更换弹簧
异常振动	弹簧错位或弹簧弹力减弱	把错位弹簧调整到正确位置或更换弹簧
	阀体的中心或阀杆的中心错位	检查并调整位置偏差
	空气消耗量周期变化，使不断启闭的阀与减压阀引起共振	改变阀的固有频率

（4）溢流阀　溢流阀的故障一般是阀内进入异物或密封件损伤，主要是由于回路和溢流阀不匹配以及元件本身的故障引起的。溢流阀的典型故障及其排除方法见表 13-4。

表 13-4　溢流阀的典型故障及其排除方法

故障现象	原因分析	排除方法
压力能升高，但不溢流	阀内部的孔堵塞	清洗
	阀芯的导向部分进入异物	清洗
压力未至设定值，溢流口处有空气溢出	阀内进入异物	清洗
	阀座损伤	更换阀座
	调压弹簧损坏	更换调压弹簧
	膜片破裂	更换膜片
溢流时发生振动	压力上升速度很慢，溢流阀放出流量大，引起阀振动	在出口处安装针阀，微调溢流量，使其与压力上升量匹配
	因从压力上升源到溢流阀之间被节流，阀前部压力上升慢而引起振动	增大压力上升源到溢流阀的管道直径
从阀体和溢流处向外漏气	膜片破裂	更换膜片
	密封件损伤	更换密封件

（5）方向控制阀　由于方向控制阀受压缩空气中的冷凝水、混入的灰尘和铁锈、润滑不良、密封圈质量差等因素的影响，使用过程中常会出现动作不良和泄漏等现象。方向控制阀的典型故障及其排除方法见表 13-5。

表 13-5　方向控制阀的典型故障及其排除方法

故障现象	原因分析	排除方法
不能换向	阀芯的滑动阻力大，润滑不良	进行润滑
	密封圈变形	更换密封圈
	粉尘卡住滑动部分	清除粉尘
	阀操纵力小	检查阀操纵部分
	膜片破裂	更换膜片
	弹簧损坏	更换弹簧
阀发生振动	空气压力低	提高操纵压力
	电源电压低	提高电源电压，使用低压线圈

（续）

故障现象	原因分析	排除方法
交流电磁铁有蜂鸣声	活动铁心密封不良	检查铁心接触和密封性，必要时更换铁心
	粉尘进入铁心的滑动部分，使活动铁心不能密切接触	清除粉尘
	活动铁心的铆钉脱落，铁心叠层分开不能吸合	更换活动铁心
	短路环损坏	更换固定铁心
	电源电压低	提高电源电压
	外部导线拉得过紧	导线应宽裕
电磁铁动作时间偏差大，或有时不动作	活动铁心锈蚀，不能移动	铁心锈蚀，更换密封件
	电源电压低	提高电压或使用符合电压的线圈
	粉尘进入活动铁心滑动部分	清除粉尘
线圈烧毁	环境温度高	在规定温度范围内使用
	快速、反复使用电磁阀时，线圈烧毁	使用高级电磁阀
	吸引时电流大	使用气动逻辑回路
	粉尘进入阀和铁心间	清除粉尘
	线圈上有残余电压	使用正常电压及线圈
切断电源，活动铁心不能退回	活动铁心滑动部分混入杂质	清除粉尘

（6）气缸　气缸作为气动系统的执行元件，由于安装和使用不当，特别是长期使用，也会发生故障。气缸的典型故障及其排除方法见表13-6。

表13-6　气缸的典型故障及其排除方法

故障现象	原因分析	排除方法
活塞杆与衬套之间漏气、缸筒与缸盖之间漏气、缓冲装置的调节螺钉处漏气	密封圈损坏	更换密封圈
	活塞杆与密封衬套的配合面间有杂质	除去杂质
	活塞杆有伤痕	更换活塞杆
	活塞杆偏心	重新安装，使活塞杆不受偏心载荷
	衬套密封圈磨损	更换衬套密封圈
活塞两端窜气	润滑不良、活塞被卡住	重新安装，使活塞杆不受偏心载荷
	活塞密封圈损坏	更换密封圈
	活塞配合面间混入杂质	拆卸后清洗
输出力不足，运动不平稳	进入了冷凝水、杂质	加强对空气过滤器和除油器的维护管理
	缸筒内壁有锈蚀或缺陷	根据具体情况采取措施
	活塞或活塞杆卡住	检查安装情况，消除偏心
	润滑不良	调节或更换油雾器
缓冲效果不良	气缸速度太快	分析缓冲机构设计是否合理
	调整螺钉损坏	更换调整螺钉
	缓冲机构密封圈密封性能变差	更换密封圈

13.2 液压系统的装调维护与故障诊断

13.2.1 液压系统的安装与调试

1. 液压系统的安装

(1) 液压元件的安装

1) 液压元件在安装前应用煤油进行清洗，并进行压力和密封性试验，合格后方可安装。

2) 各种自动控制仪表、自动控制器、压力继电器等在安装前应进行校验，这对以后的调整工作极为重要，以避免不准确而造成事故。

3) 液压泵及其传动部件要求有较高的同轴度，即使使用挠性联轴器，安装时也要尽量同轴。一般情况下，必须保证同轴度误差在 0.1mm 以下，倾斜角不得大于 1°。

4) 液压泵不得采用三角带传动，当不能直接传动时，应使用导向轴承架，以承受径向力。

5) 在安装联轴器时，不要用力敲打液压泵轴，以免损伤液压泵的转子。

6) 液压泵的入口、出口和旋转方向，一般在液压泵上均有标明，不得接反。

7) 油箱应仔细清洗，用压缩空气干燥后，再用煤油检测焊缝质量。

8) 液压系统内开闭器的手轮安装位置应以操作方便为准。

9) 液压泵、各种阀以及指示表等的安装位置应以方便使用与维护为准。

10) 安装各种阀时，应注意进油口与回油口的方向，某些阀若将进出油口装反，会造成事故。

11) 为了避免空气渗入阀内，连接处应保证密封良好。

12) 有些阀为了安装方便，往往开设有两个同作用的孔，安装后不用的一个要堵死。

13) 用法兰安装的阀件，螺钉不宜拧得过紧，因为有时过紧反而会造成密封不良。必须拧紧而又不能满足密封时，应更换密封件的形式或材料。

14) 一般调整阀件时，顺时针方向旋转为增大流量或压力，逆时针方向旋转则为减小流量或压力。

15) 安装方向控制阀时，一般应使其轴线在水平位置上。

16) 液压缸的安装应牢固可靠。在行程大或工作条件温度较高的场合下，为了防止热膨胀的影响，液压缸的一端必须保持浮动，配管连接不得松弛。

17) 液压缸的安装面和活塞杆的滑动面应保证足够的平行度和垂直度。

18) 液压缸的中心线与负载作用力的方向要重合，否则会产生侧向力，使密封件加速磨损及损坏活塞杆。活塞杆支承点的距离越大，其磨损越小。对于移动物体上的液压缸，安装时应使液压缸与移动物体保持平行，其平行度误差一般不大于 0.05mm/m。

19) 密封圈不宜装得过紧，特别是 U 形密封圈；若装得太紧，不但使液压元件不好装配，而且容易引起密封圈损坏。

(2) 油管的安装　油管的安装除了应遵循气管安装的注意事项外，还要注意以下事项：

1）安装前检查油管的内径、材质是否符合设计要求。

2）管子支架要牢固，特别在直角拐弯处，两端必须各增加一个支架，使其工作时不得产生振动。

3）全部管路安装后，必须对油路、油箱进行清洗，使之能进行正常的工作循环。

2. 液压系统的调试

（1）调试前的准备

1）要熟悉说明书等有关技术资料，力求全面了解系统的原理、结构、性能和操作方法。

2）了解液压元件在设备上的实际位置、需要调整的元件的操作方法以及调节旋钮的方向。

3）准备好调试工具和仪器、仪表等。

（2）空载调试

1）调试运行时间一般不少于2h，测定数据等，记入试运转记录。

2）调试运行时，应注意观察压力、流量和温度的变化情况。

3）调试运行中，应注意观察油管、管接头及液压元件等处有无泄漏情况。

4）调试运行中，若发现异常情况，应立即停止检查，待故障排除后才能继续运转。

（3）负载调试

1）负载试运转应分段加载，不要一次达到试验压力，每加载一次，须检查一次。运转时间一般不少于4h，分别测出有关数据并进行记录。

2）调试压力为常压的2倍或最大工作压力的1.5倍；在冲击大或压力变化剧烈的回路中，其调试压力应大于尖峰压力；对于橡胶软管，在2~3倍的常压下应无异常，在3~5倍的常压下应不破坏。

3）在向液压系统供液时，应将系统有关的放气阀打开，待空气排除干净后，即可关闭（当有油液从阀中喷出时，确定空气已排除干净），同时将节流阀打开。

4）若液压系统出现不正常响声，则应立即停止调试，彻底检查。待查出原因并排除响声后，再进行调试。

5）在调试过程中，应采取必要的安全措施。

13.2.2 液压系统的使用与维护

1. 液压系统使用与维护的内容

1）正确选择液压设备所用的液压油。由于不同的液压设备对液压油的要求不同，所以不能把不同牌号的液压油混合到一起使用。

2）经常根据油位指示器检查油箱的油量是否足够。尤其是当系统有多个执行元件同时工作或液压缸行程较大时，油箱油量显得不足，此时应及时补充液压油。

3）经常检查油管接头、法兰等部位有无松动和泄漏，油管有无破裂等。

4）经常检查液压油品质，查看有无气泡、变色等现象。液压油白浊是混入空气造成的，应查清原因并及时排除；液压油发黑或发臭是氧化变质的结果，必须更换。

5）要经常进行噪声和振动源的检查。噪声通常来自液压泵，当液压泵吸入空气或磨损时，都会出现较大的噪声。若有振动，则应检查有关管道、控制阀、液压缸或液压马达的状况，还应检查它们的固定螺栓和支承部位有无松动。

6）经常检查液压设备的油温情况。一般液压系统的油温在35~60℃内比较合适，应避

免油温过高。若油温异常过高，应进行检查。

7）液压泵的起动应采用点动方式。液压泵不允许突然起动连续旋转，应当用点动方式逐渐起动，先判断其转向是否正确。尤其在低温、油液黏度较高时要更加小心，因为液压泵如果在无输出的工况下工作，几分钟内就可烧坏。所以点动时必须判断有无油液输出，如果无油液输出，应立即停机检修。点动 2~3 次后，点动时间可逐渐延长，当未发现异常后，即可投入正式运行。

8）在使用液压设备时，若遇到液压泵排液量不足、噪声过大等情况，均应检查过滤器是否堵塞。

9）检查回路中各主要元件的工作状况。调节溢流阀手柄，使溢流回路通断数次；各换向阀往复动作数次，然后以不同压力使液压缸或液压马达动作数次；通过各换向阀压力表的波动情况、声音的大小或外部泄漏等现象来判断各元件是否工作正常。同时液压设备在起动前，应尽可能排尽液压系统内积存的空气。

2. 液压系统使用与维护的注意事项

1）油箱中的液压油应经常保持正常油面。配管和液压缸的容量很大时，最初应放入足够数量的油，起动后，由于油进入管道和液压缸，油面会下降，甚至使过滤器露出油面，因此必须再一次补油。在使用过程中，还会发生泄漏，应该在油箱上设置液面计，以便经常观察和补油。

2）液压油应经常保持清洁，检查油的清洁应与检查油面同时进行。油桶不要积聚雨水和尘土，也不要直接放在地上；在擦拭液压泵、阀或盛油的容器时，要防止布屑之类的物质落入油中；油箱要经常清洗，注油时应采用 120 目以上的过滤器过滤；洗涤配管时，一般应先用透平油清洗 4~5h，然后用与使用油相同的油清洗 4~5h；最好不使用铜管作为液压系统的配管，一定要使用时，可先在油中浸泡 24h 以上，使其表面生成不活性的油膜后再安装；液压油需要定期检查和更换，工作时液压油的情况应经常加以注意和检查，一般每年更换一次，但在连续运转、高温、潮湿和多尘的场合，需要缩短换油周期。

3）油温应适当。油箱的油温一定不能超过 60℃，一般液压机械在 35~60℃ 内工作比较合适。从维护的角度看，也应绝对避免油温过高。若液压油温度异常升高，则应进行检查。常见的原因有：液压油的黏度太高；受外界环境的影响；液压回路设计不好，效率太低，如采用的元件容量太小、流速过高等；油箱容量小、散热慢；阀的性能不好，如发生振动就可能引起异常发热；由于油质变差，阻力增大；冷却器的性能不好，如水量不足、管道内有水垢等。

4）回路中的空气应完全清除掉。空气进入回路后，因为气体的体积和压力成反比，所以随着负荷的波动，液压缸的运动也要受到影响。另外，空气又是造成油液变质和发热的重要原因，所以应特别注意下列事项：为了防止回油管回油时带入空气，回油管必须插入油面以下一定深度；入口处的过滤器堵塞后，吸入阻力会大大增加，溶解在油中的空气分离出来，产生气蚀现象；吸入管与液压泵轴密封部分等各个低于大气压的地方应注意不要漏入空气；油箱的油面要尽量大些，吸入侧和回油侧要用隔板隔开，以达到消除气泡的目的；管路与液压缸的最高部分均应有放气孔，在起动时应放掉空气。

5）装在室外的液压装置使用时应注意以下事项：室外的液压设备，由于受不同季节温差变化的影响较大，因此应根据季节的变化选择合适的液压油；由于气温的变化，油箱中的水蒸气会凝结成水滴，因此，在冬季应每周进行一次检查，发现后应立即除去；在室外由于赃物容易进入油中，因此要经常换油。

6）在初次起动液压泵时，应注意下列事项：向液压泵里灌满液压油；检查液压泵转动方向是否正确；检测液压泵的吸入口和排出口是否接反；用手试转液压泵，查看吸、排油是否正常以及吸入侧是否有漏气现象；在规定的转速内起动和运转。

7）在低温下起动液压泵时，应注意以下事项：在冬季起动液压泵时，应该开开停停，往复几次使油温上升、液压装置运转灵活后，再进入正常运转；在短时间内用加热器加热油箱，以提高油温是比较好的，但此时液压泵等装置还是凉的，而油是热的，很容易造成故障，应该注意这种情况。

8）使用阀类元件时，应该注意下列事项：在液压泵起动和停止时，应使溢流阀卸载；溢流阀的调定压力不得超过液压系统的最高压力；应尽量保持电磁阀的电压稳定，否则可能导致电磁阀线圈过热。

9）易损零件，如密封圈等，应有备件，以便及时更换。

10）在液压系统的使用、维护过程中，必须切实注意技术安全，否则会引起伤亡事故。具体应注意以下事项：原动机传动液压泵的安全装置，其保险功率一般不能超过液压泵公称压力的30%时的功率；凡是高速运动的元部件，均应加安全罩或围栏；所有连接螺钉必须拧紧；一切连锁或锁紧装置必须校准；检查用的压力计等仪表必须放在便于观察的地方；当系统发生故障或事故时，禁止在工作的条件下进行检查和调整；在进行系统试验时，不允许靠近高压管道；当打开放气阀时，眼睛不要对着喷射的方向去看；高压系统内，即使发生微小或局部的喷射现象，也应停机修理，不能直接用手去堵塞；蓄能器注入气体以后，各部分绝对不准拆开及松动螺钉，以免发生危险；拆开蓄能器封盖前，必须放尽其中气体，在确定无压力后方可进行。

13.2.3 液压系统故障分析与排除

1. 液压系统故障诊断方法

（1）感观诊断法

1）观察液压系统的工作状态。一般有六看：一看速度，查看执行机构运动速度有无变化；二看压力，查看液压系统各测压点压力有无波动现象；三看油液，观察油液是否清洁、变质，油量是否满足要求，油的黏度是否合乎要求以及表面有无泡沫等；四看泄漏，查看液压系统各接头处是否有泄漏、滴漏和出现油垢现象；五看振动，查看活塞杆或工作台等运动部件运行时，有无跳动、冲击等异常现象；六看产品，查看加工出来的产品，判断运动机构的工作状态，观察系统压力和流量的稳定性。

2）用听觉来判别液压系统的工作是否正常。一般有四听：一听噪声，即听液压泵和系统噪声是否过大，液压阀等元件是否有尖叫声；二听冲击声，即听执行部件换向时冲击声是否过大；三听泄漏声，即听油路板内部有无细微而连续不断的声音；四听敲打声，即听液压泵和管路中是否有敲打撞击声。

3）用手摸运动部件的温升和工作状况。一般有四模：一摸温升，即用手摸泵、油箱和阀体等温度是否过高；二模振动，即用手摸运动部件和管子有无振动；三摸爬行，即当工作台慢速运行时，用手摸其有无爬行现象；四摸松紧度，即用手拧一拧挡铁、微动开关等，判断其松紧程度。

4）闻一闻油液是否有变质异味。

5）查阅技术资料、有关故障分析与修理记录和维护保养记录等。

6）询问设备操作者，了解设备平时的工作状况。一般有六问：一问液压系统工作是否正常；二问液压油最近的更换日期及滤网的清洗或更换情况等；三问事故出现前调压阀或调速阀是否调节过，有无不正常现象；四问事故出现前液压件或密封件是否更换过；五问事故前后液压系统的工作差别；六问过去常出现哪类事故及其排除方法。

（2）逻辑分析法　根据故障的现象，常采用逻辑分析法分析复杂的液压系统故障。

采用逻辑分析法诊断液压系统故障通常有两个出发点：一是从主机出发，主机故障也就是指液压系统执行机构工作不正常；二是从系统本身故障出发，有时系统故障在短时间内并不影响主机，如油温变化、噪声增大等。逻辑分析法只是定量分析，若将逻辑分析法与专用检测仪器的测试相结合，可显著地提高故障诊断的效率和正确性。

（3）专用仪器检测法　即采用专门的液压系统故障检测仪器来诊断系统故障，该仪器能够对液压故障做定量的检测。国内外有许多便携式液压系统故障检测仪，用于测量流量、压力和温度，并能测量泵和马达的转速等。

（4）状态观测法　状态检测用的仪器种类很多，通常有压力传感器、流量传感器、温度传感器、位移传感器和油温监测仪等。把测试到的数据输入计算机系统，计算机根据输入的数据提供各种信息和技术参数，由此判别出某个液压元件和液压系统某个部位的工作情况，并可发出报警或自动停机等信号。所以，状态监测技术可用来进行仅靠人的感觉器官无法解决的疑难故障的诊断，并为维修提供了信息。

2. 液压系统常见故障的产生原因及排除方法

（1）液压系统无压力或压力低　液压系统压力在整个工作过程中应保持稳定不变。液压系统无压力或压力低的产生原因及排除方法见表13-7。

表13-7　液压系统无压力或压力低的产生原因及排除方法

产生原因		排除方法
液压泵	电动机转向不对	改变电动机转向
	零件磨损、间隙过大、泄漏严重	修复或更换零件
	吸油管密封不严，造成吸空	检查管路，拧紧接头，加强密封
	压油管密封不严，造成泄漏	检查管路，拧紧接头，加强密封
溢流阀	弹簧变形或折断	更换弹簧
	滑阀在开口位置卡住	修研滑阀，恢复运动
	锥阀或钢球与阀座密封不严	更换锥阀或钢球，研磨阀座
	阻尼孔堵塞	清洗阻尼孔
	远程控制口接回油箱	切断通油箱的油路
压力表损坏或失灵造成无压力现象		更换压力表
液压阀卸荷		切断通油箱的油路
液压缸高低腔相通		修配活塞，更换密封件
油液黏度太低		选用合适黏度的油液
温升过高，降低了油液黏度		查明发热原因，采取适当措施

（2）运动件换向有冲击或冲击大　在系统中液流改变方向或停止瞬间，会引起液流速度的急速改变，从而导致油液在流动液体和运动部件惯性的作用下瞬间被高度压缩，引起压力冲击。在一般情况下，运动件换向有冲击或冲击大的产生原因及排除方法见表13-8。

表13-8　运动件换向有冲击或冲击大的产生原因及排除方法

产生原因		排除方法
换向阀	换向阀的换向动作过快	控制换向速度
	液动阀的阻尼器调整不当	调整阻尼器的节流口
	液动阀的控制流量过大	减少控制流量
压力阀	工作压力调整过高	调整压力阀，适当降低工作压力
	溢流阀发生故障，压力突然升高	排除溢流阀故障
	背压过低或没有设置背压阀	设置背压阀，适当提高背压力
液压缸	运动速度过快，无缓冲装置	设置缓冲装置
	缓冲柱塞中的单向阀失灵	修理缓冲装置中的单向阀
	缓冲柱塞的间隙过小或过大	按修理要求配置缓冲装置
节流阀开口过大		调整节流阀
垂直运动的液压缸没有采取平衡措施		设置平衡阀
混入空气	系统密封不严，吸入空气	加强吸油管密封
	停机时油液流空	防止元件油液流空
	液压泵吸空	补足油液，减小吸油阻力

（3）运动部件的“爬行”　运动部件的“爬行”是液压系统中经常出现的不正常运动状态，也就是设备工作部分运动时出现时动时停、时快时慢的现象。“爬行”对设备极为有害，它是在液压系统的刚性不足，而驱动力与负载摩擦阻力波动变化的情况下形成的。运动部件“爬行”的产生原因及排除方法见表13-9。

表13-9　运动部件“爬行”的产生原因及排除方法

产生原因		排除方法
系统负载刚度太低		改进设计回路
节流阀或调速阀流量不稳		选用好的节流阀或调速阀
液压缸产生“爬行”	运动密封件装配过紧	调整密封圈，松紧适当
	活塞与活塞杆不同轴	校正，调整，修理，更换
	活塞杆弯曲	校直活塞杆
	液压缸安装不良，中心线与导轨不平行	重新安装
	缸筒内孔圆柱度超差	镗磨修复，重配活塞，增加密封件
	缸筒内孔锈蚀，有毛刺	除锈，除毛刺，重新镗磨
	活塞杆两端螺母拧得过紧，使其同轴度变差	调整螺母，使活塞处于自然状态
	活塞杆刚度差	加大活塞杆直径
	液压缸运动件之间间隙过大	减小配合间隙
	导轨润滑不良	保持润滑

（续）

产生原因		排除方法
混入空气	过滤器堵塞	清洗过滤器
	吸、回油管路相距太近	将吸、回油管路间距加大
	吸油管密封不严，造成吸空	加强密封
	机械停止运动时，系统油液流空	设背压单向阀，防止油液流空
油液污染	油污卡住液动机，摩擦力增大	清洗液压阀，更换油液，加强过滤
	油污堵塞节流孔，引起流量变化	清洗液压阀，更换油液，加强过滤
导轨	托板、楔板或压板过紧	重新调整
	导轨精度不高，接触不良	按规定刮研导轨，保持良好接触
	润滑油不足或选用不当	改善润滑条件

（4）液压系统发热、油温升高　液压油温度太高将对液压系统产生很多不良的影响。引起油温过高的原因是多方面的，液压系统发热、油温升高的产生原因及排除方法见表13-10。

表13-10　液压系统发热、油温升高的产生原因及排除方法

产生原因	排除方法	产生原因	排除方法
液压系统设计不合理，压力损失大，效率低	改进回路，采用变量泵或卸荷措施	相对运动零件间的摩擦力过大	提高零件装配精度，减小运动摩擦力
工作压力过大	降低工作压力	油液黏度过大	选用黏度适当的液压油
泄漏严重，容积效率低	加强密封	油箱容积小，散热条件差	增大油箱容积，改善散热条件，设置冷却器
管路太细、弯曲，压力损失大	加大管径，缩短管路，使油流通畅	由外界热源引起升温	隔绝热源

（5）液压系统的泄漏　在实际使用中，泄漏将造成机器失灵、运转异常、效率降低、寿命缩短、安全事故、油料浪费和环境污染等各种不同程度的危害，有时还会影响工作人员的身体健康。液压系统泄漏的原因是非常复杂的，给液压设备工作带来不利影响。液压系统泄漏的产生原因及排除方法见表13-11。

表13-11　液压系统泄漏的产生原因及排除方法

产生原因	排除方法	产生原因	排除方法
密封件损坏或装反	更换密封件，改正安装方向	某些铸件有气孔、砂眼等缺陷	更换铸件或维修缺陷
管接头松动	拧紧管接头		
单向阀阀芯磨损，阀座损坏	更换阀芯，配研阀座	压力调整过高	降低工作压力
相对运动零件磨损，间隙过大	更换磨损的零件，减小配合间隙	工作温度太高	降低工作温度或采取冷却措施

（6）液压系统的振动和噪声　液压系统中的振动和噪声往往同时出现，它们会影响系统的工作性能，降低液压元件的使用寿命；影响设备的工作质量，降低设备的生产率；振动会影响电气设备的正常工作，甚至造成电器、仪表的损坏，使管接头松脱甚至断裂。液压系统振动和噪声的产生原因及排除方法见表13-12。

表 13-12　液压系统振动和噪声的产生原因及排除方法

产生原因	排除方法
泵本身或进油管路密封不良或密封圈损坏、漏气	拧紧泵及各管路的连接螺栓、螺母，或更换密封元件
泵内零件卡死或损坏	修复或更换
泵与电动机联轴器不同心或松动	重新安装紧固
油箱油量不足或泵吸油管过滤器堵塞，使泵吸空引起噪声	将油量加至油标处或清洗过滤器
溢流阀阻尼孔被堵塞，阀座损坏或调压弹簧永久变形、损坏	可清洗、疏通阻尼孔，修复阀座或更换弹簧
电液换向阀动作失灵	修复阀体
液压缸缓冲装置失灵造成液压冲击	进行检修和调整

实训 13-1　气动系统故障诊断与排除

1. 实训目的

1）掌握气动系统故障诊断与排除的基本方法。

2）掌握气动元件的作用、结构、工作原理、图形符号及使用注意事项。

3）能读懂简单的气动原理图，正确分析力传递与信号传递的路线。

4）能够根据气动系统的故障现象判断可能的故障原因。

5）能够根据气动系统故障原因制订可行的解决方案。

2. 实训原理和方法

本实训项目是针对单气缸延时连续循环动作系统，分析、排除气缸活塞杆伸出后不能返回的故障现象。本实训回路如图 13-1 所示。该回路的正常动作顺序是：按下起动开关 S1，气缸活塞杆缓慢伸出，伸出到 B2 点，延时 5s 后气缸活塞杆返回。如果该回路出现了气缸活塞杆伸出到 B2 点后不能返回的故障，试判断故障点，并在试验台上搭建回路模拟故障现象，验证分析结果。

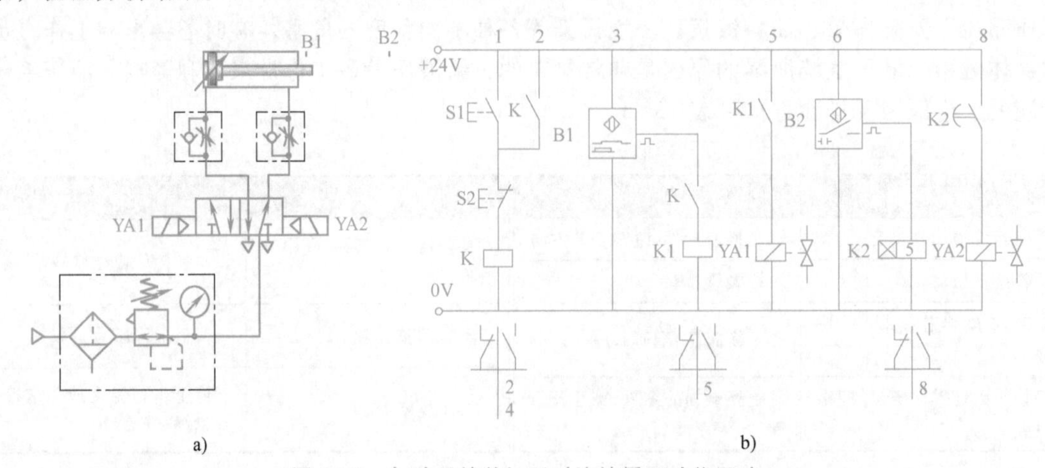

图 13-1　气动系统单缸延时连续循环动作回路

a）气动回路　b）电气回路

本实训故障诊断采用推理分析法，具体包括以下步骤：

（1）检查气缸活塞杆运动的动力　正常情况下，气缸无杆腔进气，活塞杆伸出；气缸有杆腔进气，活塞杆返回。既然气缸活塞杆能伸出，就表明气源压力没有问题，基本排除气源系统故障点。若气缸根本不伸出，则首先应检查气源压力。

（2）将气动系统和电气系统分开查找故障点

1）气动系统故障。用螺钉旋具操作电磁阀的手动应急按钮，如果操作手动应急按钮，气缸仍不动，由于气源压力没问题，则在本案例中可肯定是单向节流阀关死造成气缸活塞杆不返回。

2）电气系统故障。一是检查活塞杆端安装的撞块是否与传感器类型匹配，金属撞块和非金属撞块需采用不同类型的传感器；二是检查传感器安装位置是否在感应有效范围内。如果操作手动应急按钮气缸正常返回，基本判定是电气问题。首先检查电路连接是否有问题，如果没有问题，气缸还不能返回，应该检查电磁阀电磁铁2YA是否通电、继电器线圈K2是否得电、传感器B2是否有感应信号。可通过观察指示灯，用万用表测量电磁头线圈电压，一步一步推进查找故障点。

3. 主要设备和元件

气动系统故障诊断与排除实训的主要设备和元件见表13-13。

表13-13 主要设备和元件

序号	主要设备和元件	序号	主要设备和元件
1	实训台	5	2个单向节流阀
2	气源处理装置	6	时间继电器、中间继电器
3	缓冲气缸	7	压力传感器
4	二位五通双电控电磁换向阀	8	控制开关

4. 实训内容及操作步骤

1）将元件安装在实训台上。

2）参照图13-1用气管将元件可靠连接。

3）起动开关，观察系统运行并进行调整。

4）故障模拟设置，将单向节流阀关闭，与分析结果相对照。

5）将减压阀压力调整到0.2MPa，观察系统会出现什么故障。

6）总结实训过程，完成实训报告。

5. 操作技能测评

学生应能够按照实训步骤和技能测试记录表中的测评要求，进行独立思考和实训。气动系统故障诊断与排除实训测试记录表可参照表1-3设计。

6. 实训报告与思考题

1）试分析气缸活塞杆伸出到B2点后不能返回可能的故障原因和故障点。

2）如果图13-1中的气缸损坏，更换过程中有哪些注意事项？

实训13-2 液压系统故障诊断与排除

1. 实训目的

1）掌握液压系统故障诊断与排除的基本方法。

2）掌握液压元件的作用、结构、工作原理、图形符号及使用注意事项。

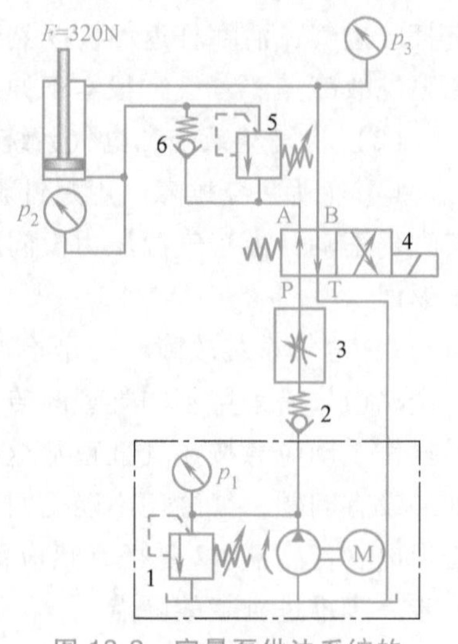

图 13-2　定量泵供油系统的液压锁紧回路

1—溢流阀　2、6—单向阀　3—调速阀　4—二位四通电磁换向阀　5—平衡阀

3）能读懂简单的液压原理图，正确分析力传递与信号传递的路线。

4）能够根据液压系统的故障现象判断可能的故障原因。

5）能够根据液压系统故障原因制订可行的解决方案。

2. 实训原理和方法

本实训项目分析由定量泵供油的液压锁紧系统的液压回路（图 13-2），诊断在停泵状态下负载下降故障现象。该回路中液压元件的作用为：溢流阀 1 调定系统压力；单向阀 2 装在泵出口，用于防止系统过载，保护泵；调速阀 3 调节液压缸活塞杆的伸出、返回速度；二位四通电磁换向阀 4 控制液压缸活塞杆运动方向，电磁铁断电，则活塞杆伸出，通电则返回；单向阀 6 与平衡阀 5 组成单向平衡阀，平衡阀 5 用于活塞杆下降时给液压缸无杆腔建立一个背压，以保证活塞杆在受向下的作用力时可以平稳运动；单向阀 6 用于当活塞杆向上运动时给液压缸无杆腔供油。液压锁紧的条件：液压锁紧压力应该是当活塞杆要缩回时的锁紧压力，要比负载保持在完全停止位置所需的压力大 0.5~1MPa。定量泵供油系统的停泵状态下负载下降故障诊断方法如下。

（1）阀导致负载下降　分析平衡阀 5 和单向阀 6 是否引起负载下降，将带金属芯棒的螺钉旋具分别放在两个阀的部位，监听液体流动声，有液体流动的阀是故障源。

（2）其他因素导致负载下降　液压缸活塞密封损坏会引起负载下降。可根据液压缸活塞杆伸出返回时压力 p_2、p_3 的变化，可以判断是否为液压缸活塞密封损坏引起负载下降。

3. 主要设备和元件

液压系统故障诊断与排除实训的主要设备和元件见表 13-14。

表 13-14　主要设备和元件

序号	主要设备和元件	序号	主要设备和元件
1	实训台	6	溢流阀
2	液压泵站	7	单向阀
3	双作用液压缸	8	压力表
4	调速阀	9	液压管
5	二位四通单电控电磁换向阀		

4. 实训内容及操作步骤

1）将元件安装在实训台上。

2）参照图 13-2，用液压管路将元件可靠连接。

3）起动泵开关，观察系统运行并进行调整。

4）将平衡阀 5 调节手轮放松，分析结果。

5）总结实训过程，完成实训报告。

5. 操作技能测评

学生应能够按照实训步骤和技能测试记录表中的测评要求，进行独立思考和实训。液压系统故障诊断与排除实训测试记录表可参照表1-3设计。

6. 实训报告与思考题

1）哪些阀会引起负载下降？如何判断是该阀引起在停泵状态下负载下降？

2）除阀类元件外，还有哪些因素会在停泵状态下引起负载下降？如何判断是该因素所致？

思考与练习

1. 简述压缩空气的污染来源及防止方法。
2. 简述气动系统日常维护和定期检修的内容。
3. 分析方向控制阀不能换向故障的产生原因及排除方法。
4. 分析气缸输出力不足、运动不平稳故障的产生原因及排除方法。
5. 分析气缸缓冲效果不良故障的产生原因及排除方法。
6. 液压系统常见的故障有哪些？

附录 A 气动控制元件图形符号（摘自 GB/T 786.1—2009）

名称		图形符号	描述
阀	控制机构	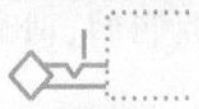	带有分离把手和定位销的控制机构
			具有可调行程限制装置的柱塞
		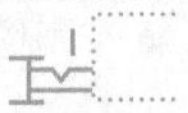	带有定位装置的推或拉控制机构
		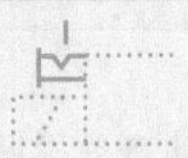	手动锁定控制机构
		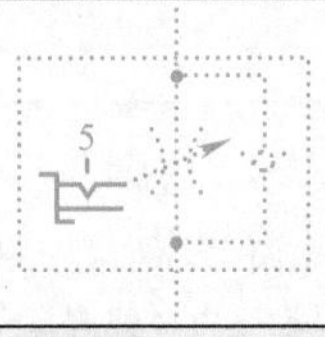	具有 5 个锁定位置的调节控制机构
		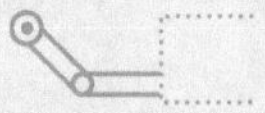	单方向行程操纵的滚轮手柄
		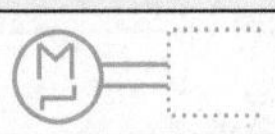	用步进电动机的控制机构
		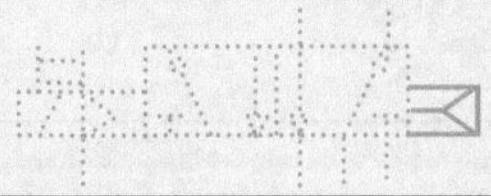	气压复位，从阀进气口提供内部压力
		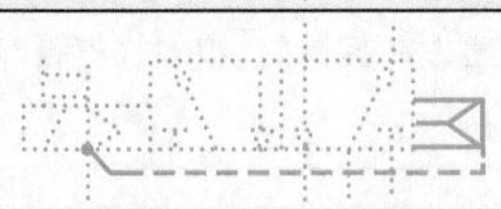	气压复位，从先导口提供内部压力(注：为了更易理解，图中标出外部先导线)
		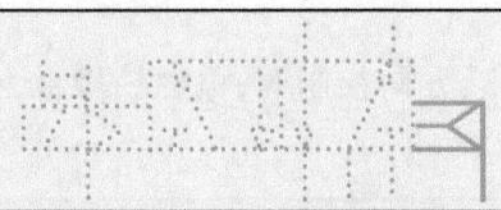	气压复位，外部压力源

（续）

名称		图形符号	描　述
	控制机构		单作用电磁铁，动作指向阀芯
			单作用电磁铁，动作背离阀芯
		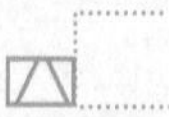	双作用电气控制机构，动作指向或背离阀芯
			单作用电磁铁，动作指向阀芯，连续控制
			单作用电磁铁，动作背离阀芯，连续控制
			双作用电气控制机构，动作指向或背离阀芯，连续控制
		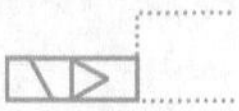	电气操纵的气动先导控制机构
阀	方向控制阀	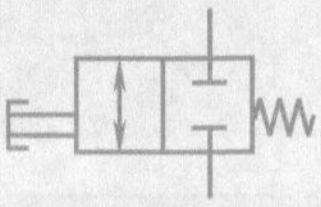	二位二通方向控制阀，两通，两位，推压控制机构，弹簧复位，常闭
		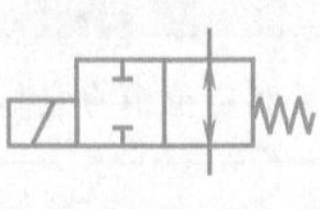	二位二通方向控制阀，两通，两位，电磁铁操纵，弹簧复位，常开
		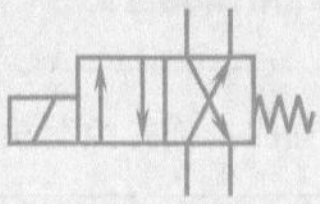	二位四通方向控制阀，电磁铁操作，弹簧复位
		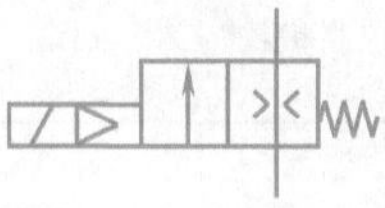	气动软起动阀，电磁铁操纵，内部先导控制
		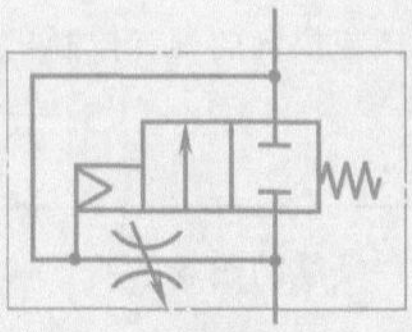	延时控制气动阀，其入口接入一个系统，使得气体低速流入，直至达到预设压力才使阀口全开
		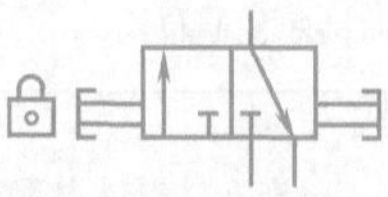	二位三通锁定阀
		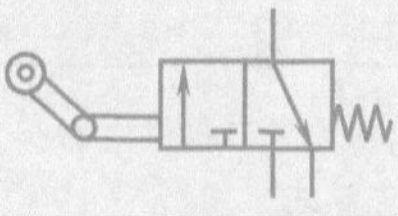	二位三通方向控制阀，滚轮杠杆控制，弹簧复位
		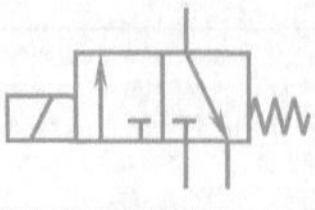	二位三通方向控制阀，电磁铁操纵，弹簧复位，常闭

（续）

名称		图形符号	描　　述
阀	方向控制阀	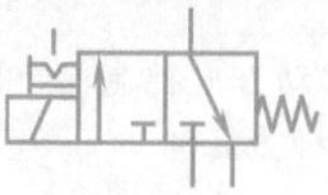	二位三通方向控制阀，单电磁铁操纵，弹簧复位，定位销式手动定位
			带气动输出信号的脉冲计数器
		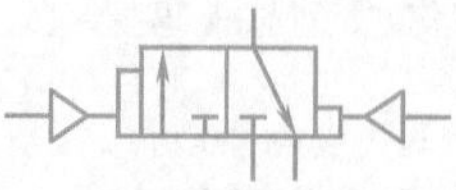	二位三通方向控制阀，差动先导控制
		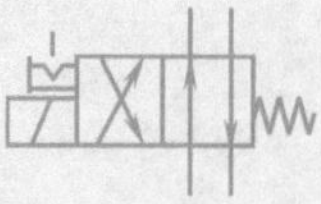	二位四通方向控制阀，单电磁铁操纵，弹簧复位，定位销式手动定位
		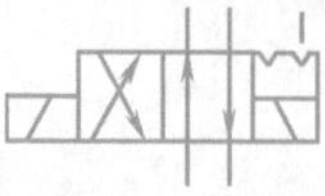	二位四通方向控制阀，双电磁铁操纵，定位销式（脉冲阀）
		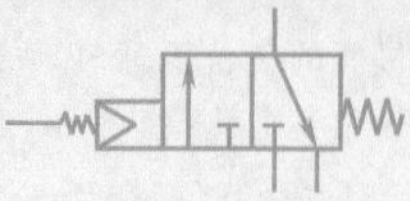	二位三通方向控制阀，气动先导式控制和扭力杆，弹簧复位
		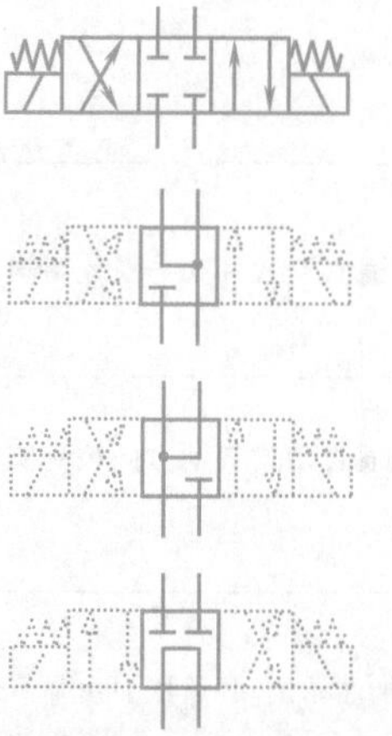	三位四通方向控制阀，弹簧对中，双电磁铁直接操纵，不同中位机能的类别
			二位五通方向控制阀，踏板控制
		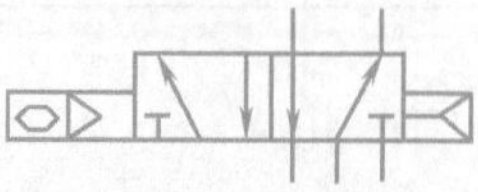	三位五通气动方向控制阀，先导式压电控制，气压复位
		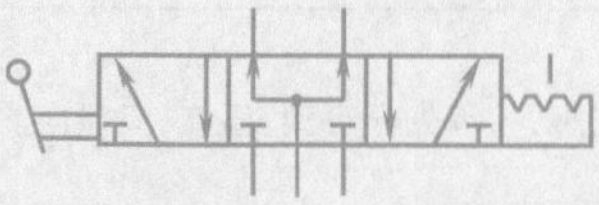	三位五通方向控制阀，手动拉杆控制，位置锁定

（续）

名称		图形符号	描　　述
阀	方向控制阀	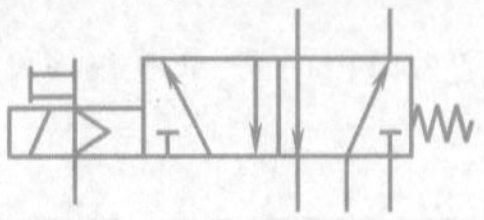	二位五通气动方向控制阀，单作用电磁铁，外部先导供气，手动操纵，弹簧复位
		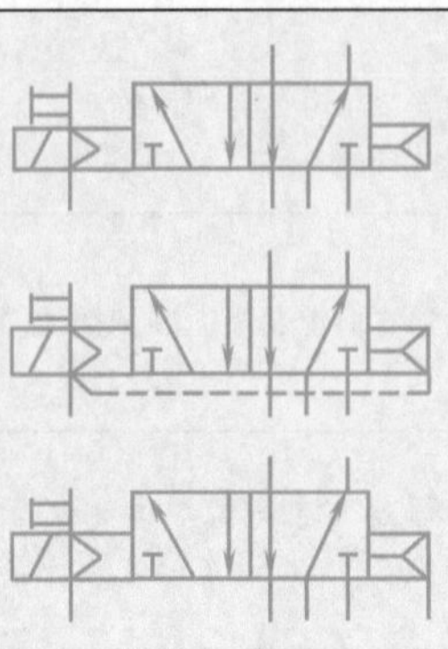	二位五通气动方向控制阀，电磁铁先导控制，外部先导供气，气压复位，手动辅助控制。气压复位供压具有如下可能： 从阀进气口提供内部压力； 从先导口提供内部压力； 外部压力源
		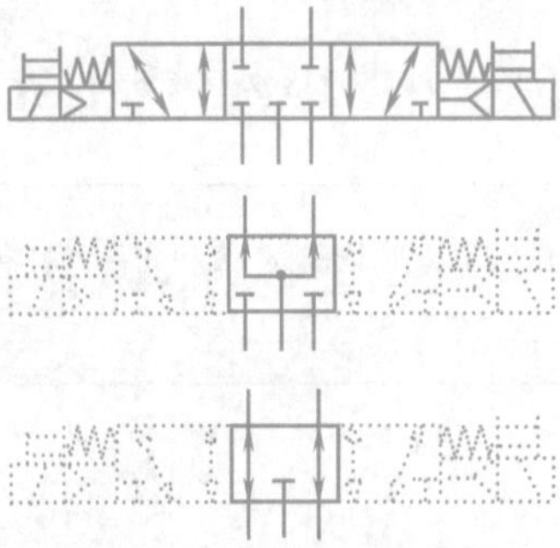	不同中位机能的三位五通气动方向控制阀，两侧电磁铁与内部先导控制和手动操纵控制，弹簧复位至中位
		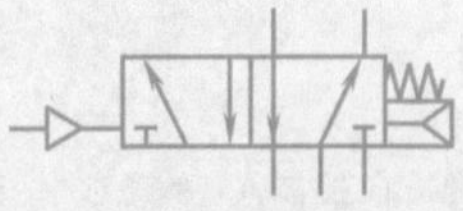	二位五通直动式气动方向控制阀，机械弹簧与气压复位
		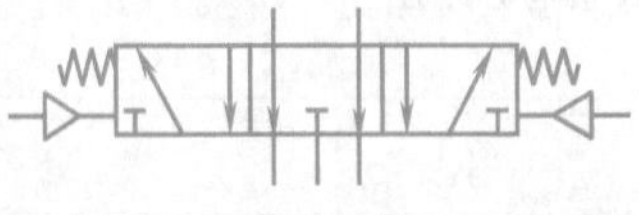	三位五通直动式气动方向控制阀，弹簧对中，中位时两出口都排气
	压力控制阀	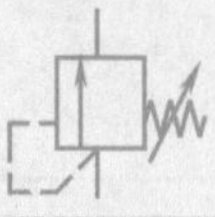	溢流阀，直动式，开启压力由弹簧调节
		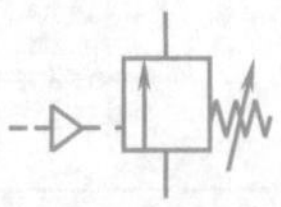	外部控制的顺序阀
		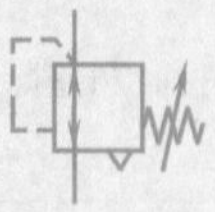	内部流向可逆调压阀
		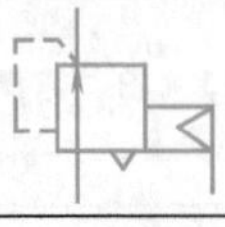	调压阀，远程先导可调，溢流，只能向前流动

（续）

名称		图形符号	描　述
阀	压力控制阀	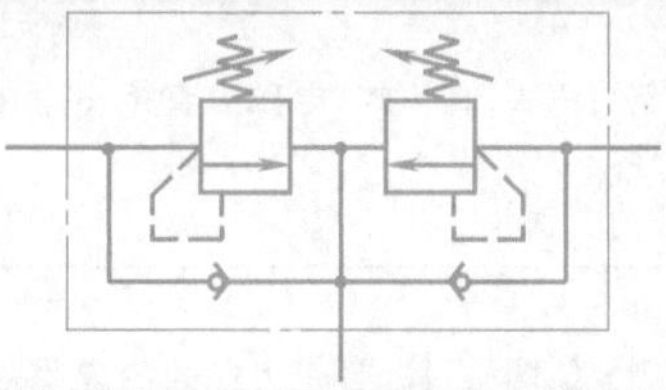	防气蚀溢流阀，用来保护两条供给管道
		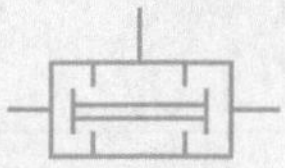	双压阀（“与”逻辑），仅当两进气口有压力时才会有信号输出，较弱的信号从出口输出
	流量控制阀		可调流量控制阀
			可调流量控制阀，单向自由流动
		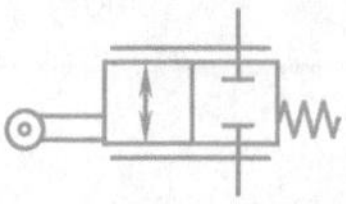	流量控制阀，滚轮杠杆操纵，弹簧复位
	单向阀和梭阀		单向阀，只能在一个方向自由流动
			单向阀，带有弹簧复位，只能在一个方向自由流动，常闭
			先导式液控单向阀，带有复位弹簧，先导压力允许在两个方向自由流动
		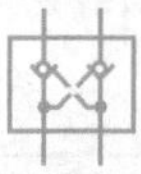	双单向阀，先导式
			梭阀（“或”逻辑），压力高的入口自动与出口接通
		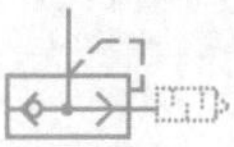	快速排气阀
	比例方向控制阀	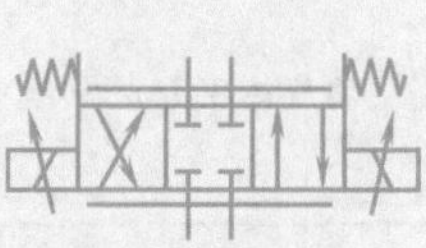	直动式比例方向控制阀
	比例压力控制阀	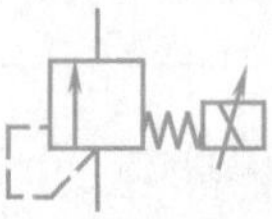	比例溢流阀，直控式，通过电磁铁控制弹簧工作长度来控制液压电磁换向座阀

（续）

名称		图形符号	描　　述
阀	比例压力控制阀	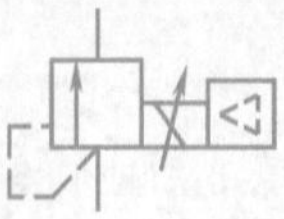	比例溢流阀，直控式，电磁力直接作用在阀芯上，集成电子器件
		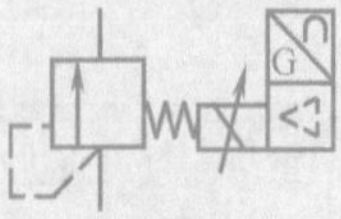	比例溢流阀，直控式，带电磁铁位置闭环控制，集成电子器件
		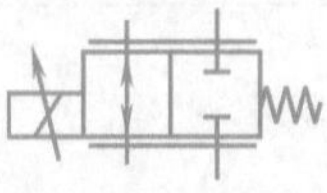	比例流量控制阀，直控式
		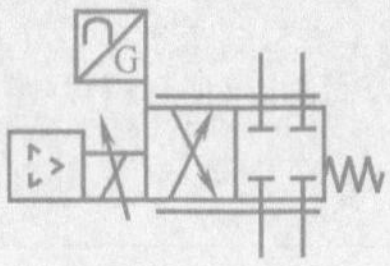	比例流量控制阀，直控式，带电磁铁位置闭环控制和集成式电子放大器
空气压缩机和马达		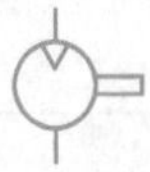	马达
		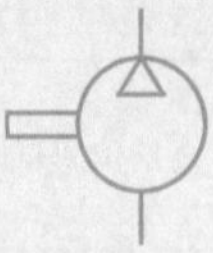	空气压缩机
		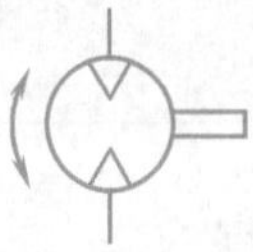	变方向定流量双向摆动马达
		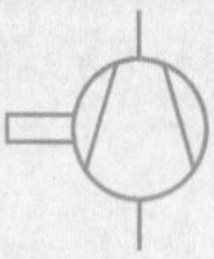	真空泵
		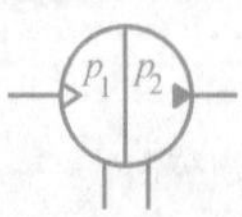	连续增压器，将气体压力 p_1 转换为较高的液体压力 p_2
		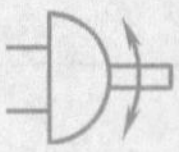	摆动气缸或摆动马达，限制摆动角度，双向摆动
			单作用的摆动马达

（续）

名称	图形符号	描　　述
缸		单作用单杆缸，靠弹簧力返回行程，弹簧腔带连接油口
		单作用单杆缸
		双作用双杆缸，活塞杆直径不同，双向缓冲，右侧带调节
		带行程限制器的双作用膜片缸
		活塞杆终端带缓冲的单作用膜片缸，排气口不连接
		双作用带状无杆缸，活塞两端带终点位置缓冲
		双作用缆索式无杆缸，活塞两端带可调节重点位置缓冲
	G	双作用磁性无杆缸，仅右边终端位置切换
		行程两端定位的双作用缸
	G G	双杆双作用缸，左终点带内部限位开关，内部机械控制，右终点有外部限位开关，由活塞杆触发
		单作用压力介质转换器，将气体压力转换为等值的液体压力，反之亦然
	p_1 p_2	单作用增压器，将气体压力 p_1 转换为更高的液体压力 p_2
		双作用缸，加压锁定与解锁活塞杆机构

（续）

名称	图形符号	描　　述
缸		波纹管缸
		软管缸
		永磁活塞双作用夹具
		永磁活塞双作用夹具
		永磁活塞单作用夹具
		永磁活塞单作用夹具
连接和管接头		软管总成
	1 2 3 1 2 3	三通旋转接头
		不带单向阀的快换接头，断开状态
		带单向阀的快换接头，断开状态
		带两个单向阀的快换接头，断开状态
		不带单向阀的快换接头，连接状态
		带一个单向阀的快换接头，连接状态
		带两个单向阀的快换接头，连接状态

（续）

名称	图形符号	描述
电气装置		可调节的机械电子压力继电器
		输出开关信号，可电子调节的压力转换器
	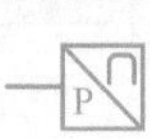	模拟信号输出压力传感器
		压电控制机构
测量仪和指示器		光学指示器
		数字式指示器
		声音指示器
		压力测量单元（压力表）
		压差计
	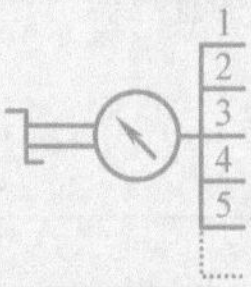	带选择功能的压力表
	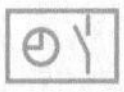	开关式压力表
		计数器
过滤器与分离器		过滤器
	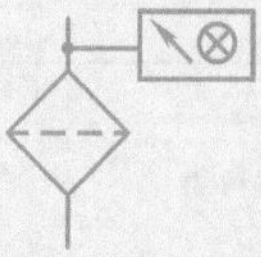	带光学阻塞指示器的过滤器
	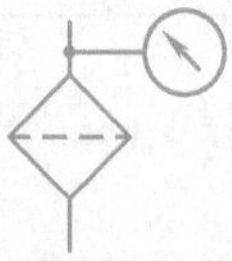	带压力表的过滤器

（续）

名称	图形符号	描　述
过滤器与分离器	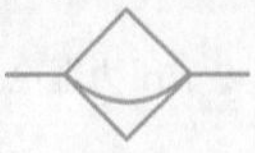	离心式分离器
	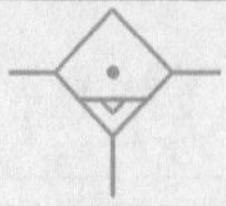	自动排水聚结式过滤器
	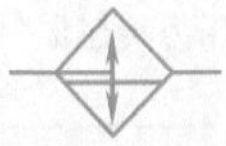	双相分离器
	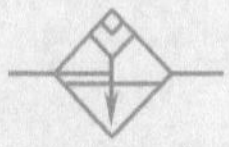	真空分离器
		静电分离器
	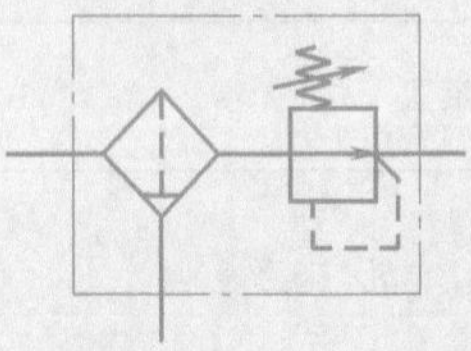	不带压力表的手动排水过滤器，手动调节，无溢流
	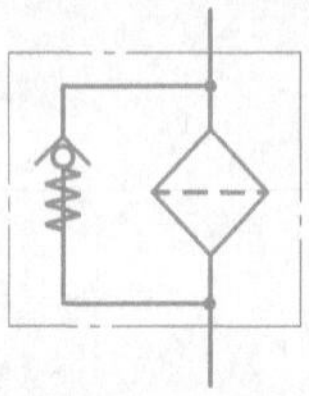	带旁路单向阀的过滤器
	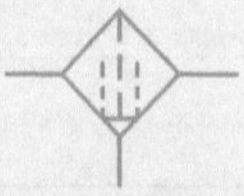	油雾分离器
	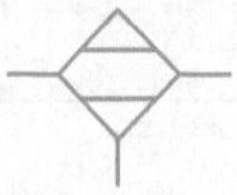	空气干燥器
	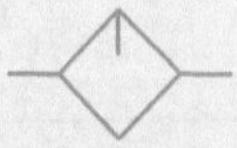	油雾器
	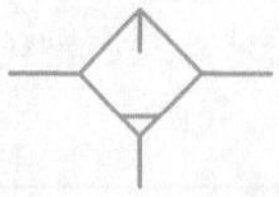	手动排水式油雾器
	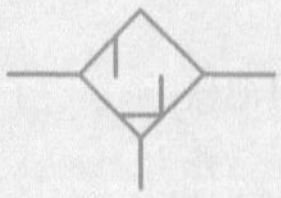	手动排水式重新分离器

（续）

名称	图形符号	描　述
蓄能器(压力容器、气瓶)		气罐
真空发生器		真空发生器
		带集成单向阀的单级真空发生器
吸盘		吸盘
		带弹簧压紧式推杆和单向阀的吸盘

附录B　液压控制元件图形符号（摘自GB/T 786.1—2009）

名称		图形符号	描　述
阀	控制机构		带有分离把手和定位销的控制机构
			具有可调行程限制装置的顶杆
			带有定位装置的推或拉控制机构
			手动锁定控制机构
		5	具有5个锁定位置的调节控制机构
			用作单方向行程操纵的滚轮杠杆

（续）

名称		图形符号	描　　述
阀	控制机构	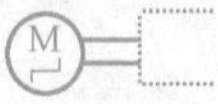	使用步进电动机的控制机构
			单作用电磁铁，动作指向阀芯
			单作用电磁铁，动作背离阀芯
		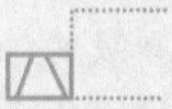	双作用电气控制机构，动作指向或背离阀芯
		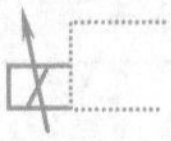	单作用电磁铁，动作指向阀芯，连续控制
		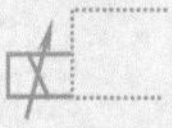	单作用电磁铁，动作背离阀芯，连续控制
			双作用电气控制机构，动作指向或背离阀芯，连续控制
		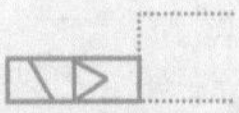	电气操纵的气动先导控制机构
		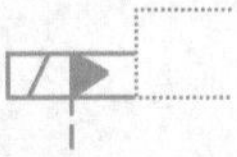	电气操纵的背有外部供油的液压先导控制机构
		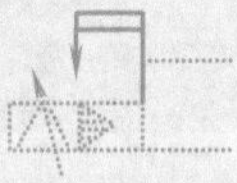	机械反馈
		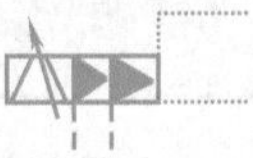	具有外部先导供油，双比例电磁铁，双向操作，集成在同一组件，连续工作的双先导装置的液压控制机构
	方向控制阀	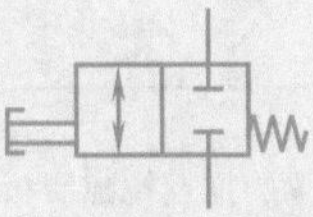	二位二通方向控制阀，两通，两位，推压控制机构，弹簧复位，常闭
		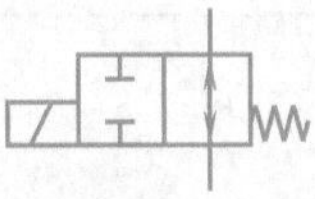	二位二通方向控制阀，两通，两位，电磁铁操纵，弹簧复位，常开
		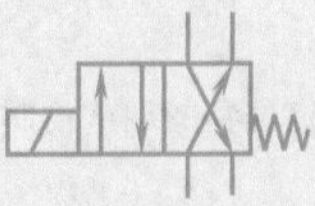	二位四通方向控制阀电磁铁操纵，弹簧复位
		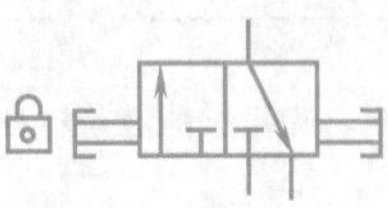	二位三通锁定阀

（续）

名称		图形符号	描　述
阀	方向控制阀		二位三通方向控制阀，滚轮杠杆控制，弹簧复位
			二位三通方向控制阀，电磁铁操纵，弹簧复位，常闭
			二位三通方向控制阀，单电磁铁操纵，弹簧复位，定位销式手动定位
			二位四通方向控制阀，单电磁铁操纵，弹簧复位，定位销式手动定位
			二位四通方向控制阀，双电磁铁操纵，定位销式（脉冲阀）
			二位四通方向控制阀，电磁铁操纵液压先导控制，弹簧复位
			三位四通方向控制阀，电磁铁操纵先导级和液压操作主阀，主阀及先导级弹簧对中，外部先导供油和先导回油
			三位四通方向控制阀，弹簧对中，双电磁铁直接操纵，不同中位机能的类别
			二位四通方向控制阀，液压控制，弹簧复位

（续）

名称		图形符号	描　述
阀	方向控制阀	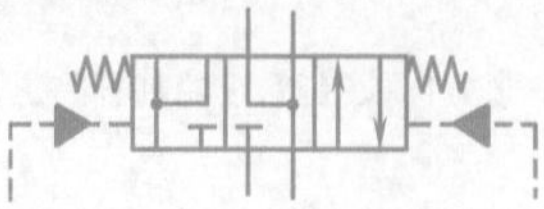	三位四通方向控制阀，液压控制，弹簧对中
		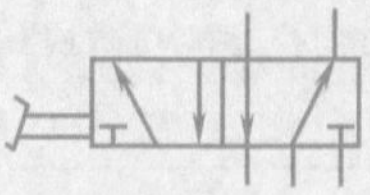	二位五通方向控制阀，踏板控制
		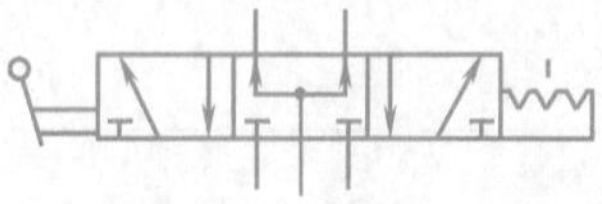	三位五通方向控制阀，定位销式，各位置杠杆控制
		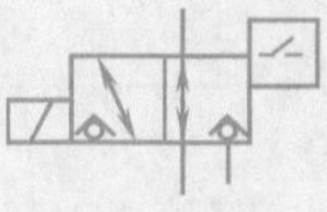	二位三通液压电磁换向座阀，带行程开关
		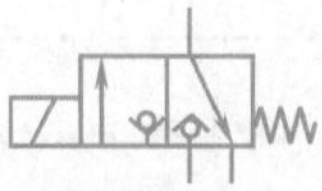	二位三通液压电磁换向座阀
	压力控制阀	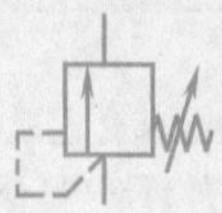	溢流阀，直动式，开启压力由弹簧调节
		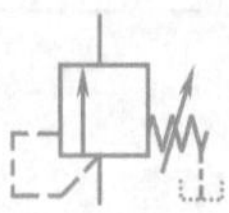	顺序阀，手动调节设定值
		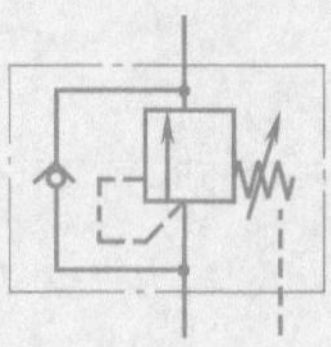	顺序阀，带有旁通阀
		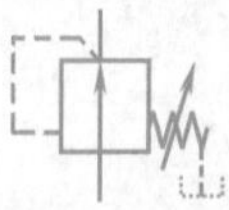	二通减压阀，直动式，外泄型
		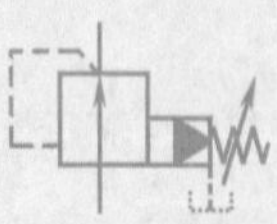	二通减压阀，先导式，外泄型

（续）

名称		图形符号	描　　述
阀	压力控制阀	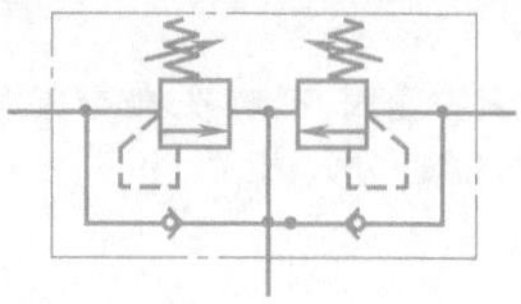	防气蚀溢流阀，用来保护两条供给管道
		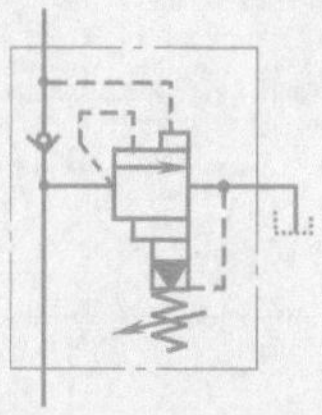	蓄能器充液阀，带有固定开关压差
		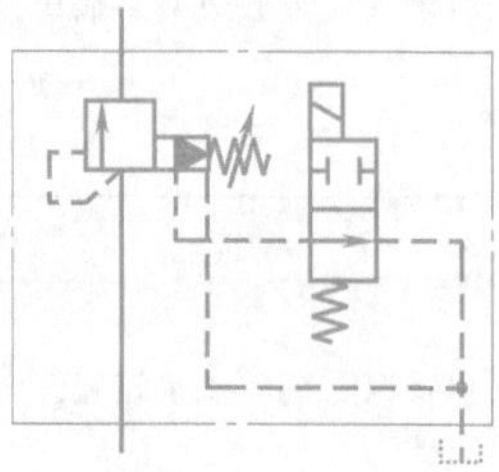	电磁溢流阀，先导式，电器操纵预设定压力
		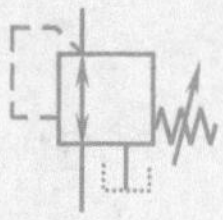	三通减压阀（液压）
	流量控制阀		可调节流量控制阀
			可调节流量控制阀，单向自由流动
		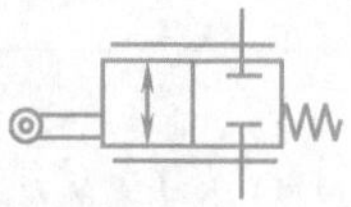	流量控制阀，滚轮杠杆操纵，弹簧复位

（续）

名称		图形符号	描述
阀	流量控制阀	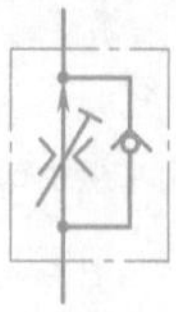	二通流量控制阀，可调节，带旁通阀，固定设置，单向流动，基本与黏度和压差无关
			三通流量控制阀，可调节，将输入流量分成固定流量和剩余流量
		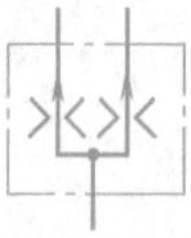	分流器，将输入流量分成两路输出
		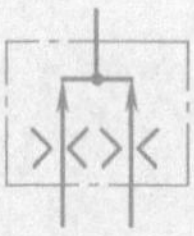	集流阀，保持两路输入流量相互恒定
	单向阀和梭阀		单向阀，只能在一个方向自由流动
			单向阀，带有弹簧复位，只能在一个方向自由流动，常闭
			先导式液控单向阀，带有复位弹簧，先导压力允许在两个方向自由流动
		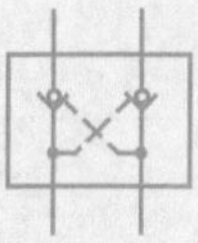	双单向阀，先导型
		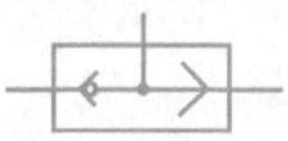	梭阀（“或”逻辑），压力高的入口自动与出口接通

（续）

名称		图形符号	描　述
阀	比例方向控制阀	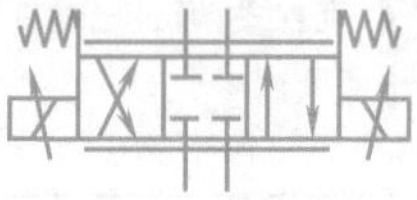	直动式比例方向控制阀
		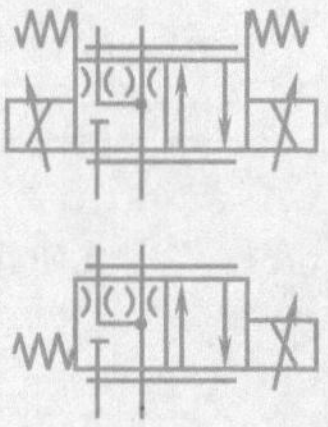	比例方向控制阀，直接控制
		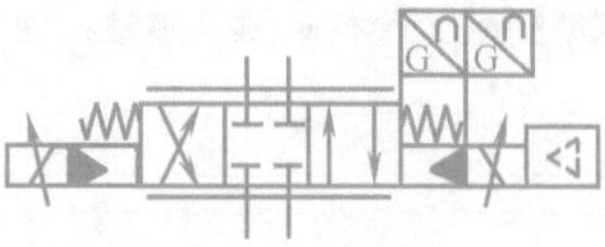	先导式比例方向控制阀，带主级和先导级的闭环位置控制，集成电子器件
		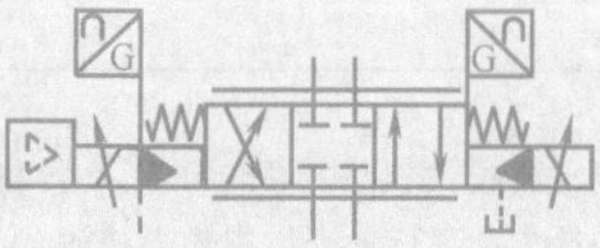	先导式伺服阀，带主级和先导级的闭环位置控制，集成电子器件，外部先导供油和回油
		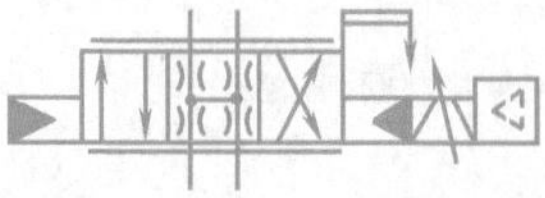	先导式伺服阀，先导级双线圈电气控制机构，双向连续控制，阀芯位置机械反馈到先导装置，集成电子器件
		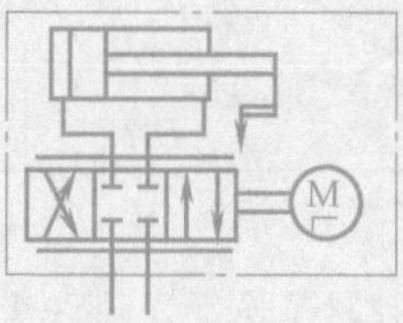	电液线性执行器，带由步进电动机驱动的伺服阀和液压缸位置机械反馈
		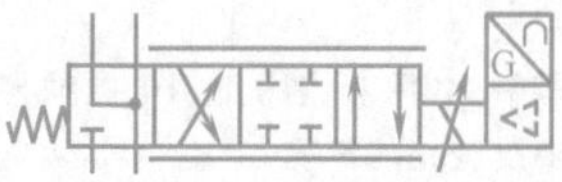	伺服阀，内置电反馈和集成电子器件，带预设动力故障位置

（续）

名称		图形符号	描述
阀	比例压力控制阀	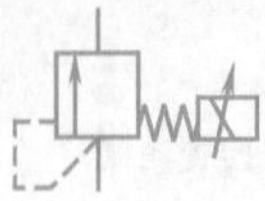	比例溢流阀，直控式，通过电磁铁控制弹簧工作长度来控制液压电磁换向座阀
		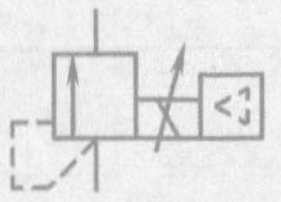	比例溢流阀，直控式，电磁力直接作用在阀芯上，集成电子器件
		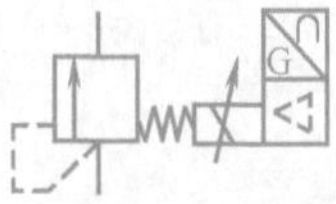	比例溢流阀，直控式，带电磁铁位置闭环控制，集成电子器件
		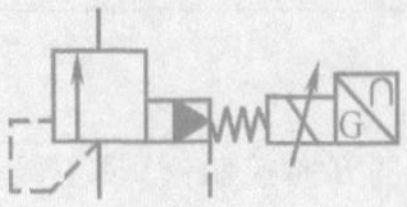	比例溢流阀，先导控制，带电磁铁位置反馈
		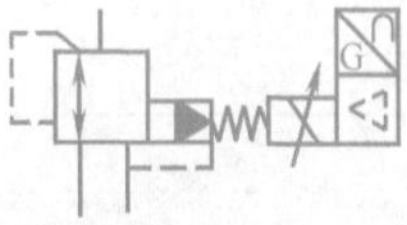	三通比例减压阀，带电磁铁闭环位置控制和集成式电子放大器
		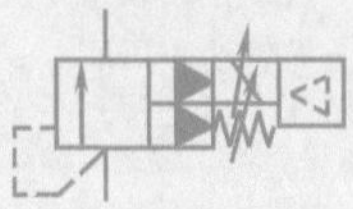	比例溢流阀，先导式，带电子放大器和附加先导级，以实现手动压力调节或最高压力溢流功能
	比例流量控制阀	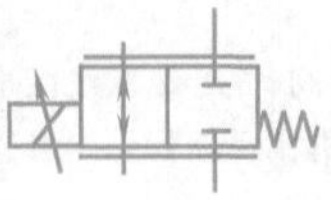	比例流量控制阀，直控式
		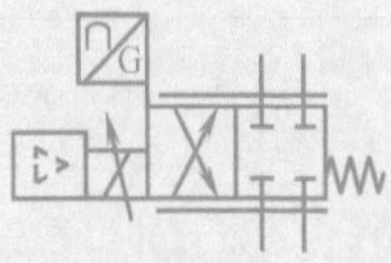	比例流量控制阀，直控式，带电磁铁位置闭环控制和集成式电子放大器
		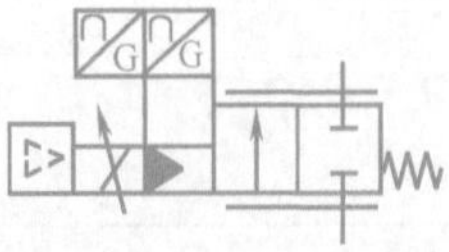	比例流量控制阀，先导式，带主级和先导级的位置控制和电子放大器
			流量控制阀，用双线圈比例电磁铁控制，节流孔可变，特性不受黏度变化的影响

（续）

名称		图形符号	描　　述
阀	二通盖板式插装阀	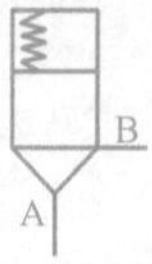	压力控制和方向控制插装阀插件，座阀结构，面积比 1∶1
			压力控制和方向控制插装阀插件，座阀结构，常开，面积比 1∶1
		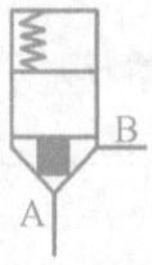	方向控制插装阀插件，带节流端的座阀结构，面积比≤0.7
		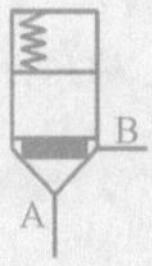	方向控制插装阀插件，带节流端的座阀结构，面积比>0.7
		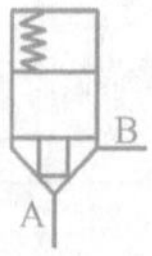	方向控制插装阀插件，座阀结构，面积比≤0.7
		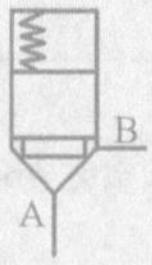	方向控制插装阀插件，座阀结构，面积比>0.7
泵和马达		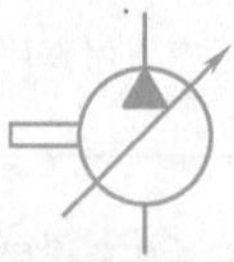	变量泵
			双向流动，带外泄油路单向旋转的变量泵
		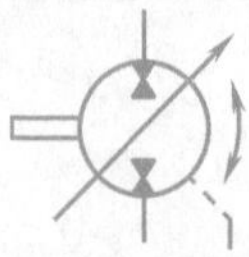	双向变量泵或马达单元，双向流动，带外泄油路，双向旋转

（续）

名称	图形符号	描述
泵和马达	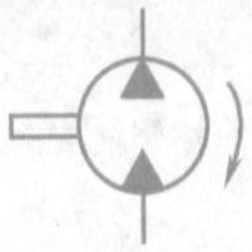	单向旋转的定量泵或马达
		操纵杆控制，限制转盘角度的泵
	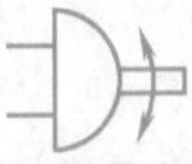	限制摆动角度，双向流动的摆动执行器或旋转驱动
	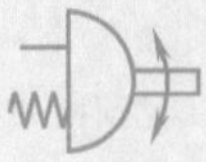	单作用的半摆动执行器或旋转驱动
	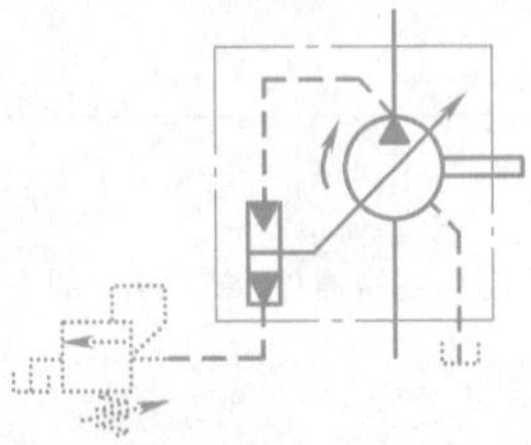	变量泵，先导控制，带压力补偿，单向旋转，带外泄油路
缸	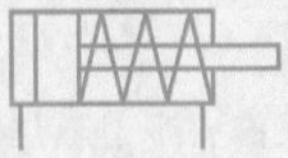	单作用单杆缸，靠弹簧力返回行程，弹簧腔带连接油口
	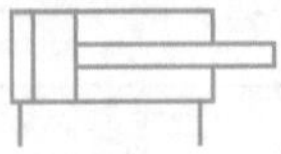	单作用单杆缸
	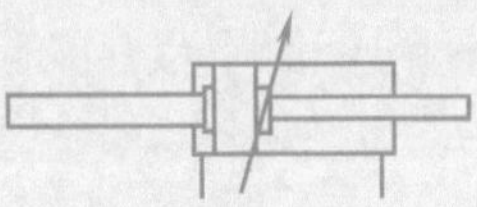	双作用双杆缸，活塞杆直径不同，双向缓冲，右侧带调节
		带行程限制器的双作用膜片缸
	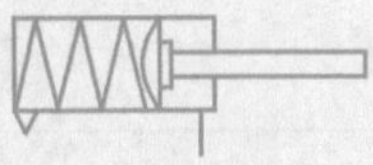	活塞杆终端带缓冲的单作用膜片缸，排气口不连接
	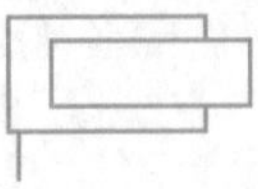	单作用缸，柱塞缸
	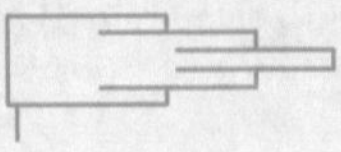	单作用伸缩缸

（续）

名称	图形符号	描　述
缸	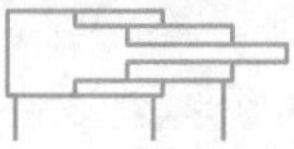	双作用伸缩缸
	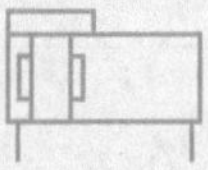	双作用带状无杆缸，活塞两端带终点位置缓冲
	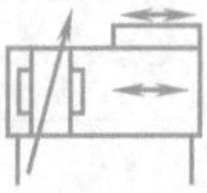	双作用缆绳式无杆缸，活塞两端带可调节终点位置缓冲
	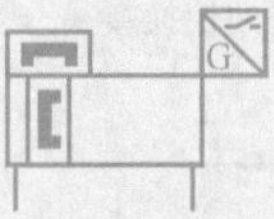	双作用磁性无杆缸，仅右边终端位置切换
	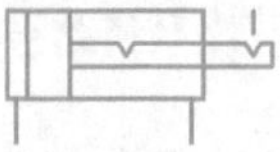	行程两端定位的双作用缸
	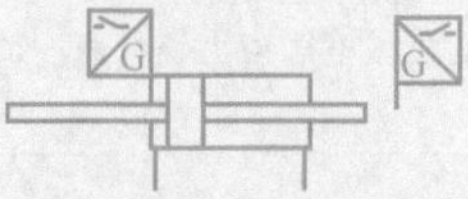	双杆双作用缸，左终点带内部限位开关，内部机械控制，右终点有外部限位开关，由活塞杆触发
	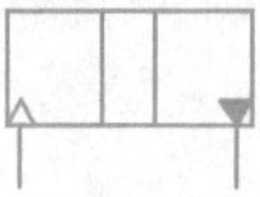	单作用压力介质转换器，将气体压力转换为等值的液体压力，反之亦然
	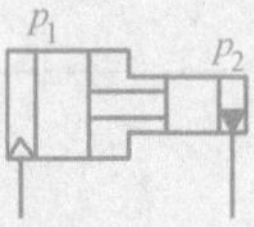	单作用增压器，将气体压力 p_1 转换为更高的液体压力 p_2
连接和管接头		软管总成
		三通旋转接头
		不带单向阀的快换接头，断开状态
		带单向阀的快换接头，断开状态

（续）

名称	图形符号	描　述
连接和管接头		带两个单向阀的快换接头，断开状态
		不带单向阀的快换接头，连接状态
		带一个单向阀的快换接头，连接状态
		带两个单向阀的快换接头，连接状态
电气装置		可调节的机械电子压力继电器
		输出开关信号，可电子调节的压力转换器
		模拟信号输出压力传感器
测量仪和指示器		光学指示器
		数字式指示器
		声音指示器
		压力测量单元（压力表）
		压差计
		温度计

（续）

名称	图形符号	描　述
测量仪和指示器		可调电气常闭触点温度计(接点温度计)
		液位指示器
		模拟量输出,数字式电气液位监控器
		流量指示器
		流量计
		数字式流量计
		转速仪
		转矩仪
过滤器与分离器		过滤器
		油箱通气过滤器
		带附属磁性滤芯的过滤器

（续）

名称	图形符号	描述
过滤器与分离器	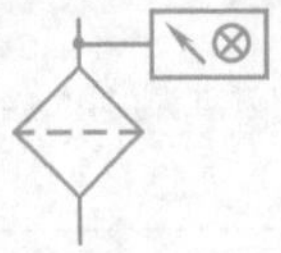	带光学阻塞指示器的过滤器
	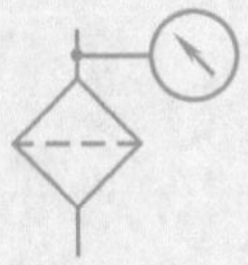	带压力表的过滤器
	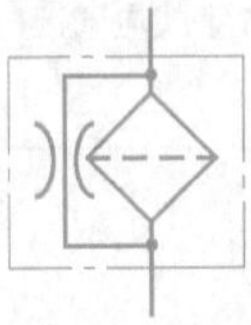	带旁路节流的过滤器
	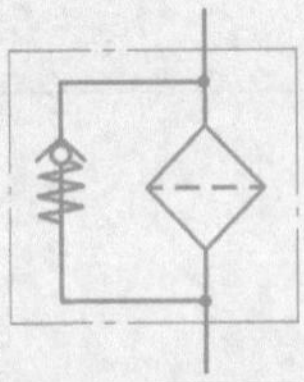	带旁路单向阀的过滤器
		离心式分离器
蓄能器		隔膜式充气蓄能器（隔膜式蓄能器）
		囊隔式充气蓄能器（囊式蓄能器）
	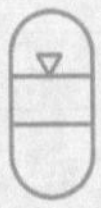	活塞式充气蓄能器（活塞式蓄能器）
		气瓶
	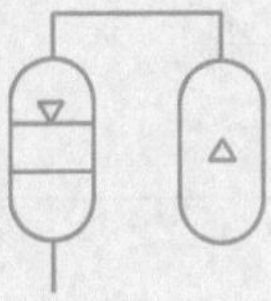	带下游气瓶的活塞式蓄能器
润滑点		润滑点

参考文献

[1] 曹玉平，阎祥安. 气压传动与控制［M］. 天津：天津大学出版社，2010.
[2] 李新德. 气动元件与系统［M］. 北京：中国电力出版社，2015.
[3] 徐益清，胡小玲. 气压与液压传动控制技术［M］. 北京：电子工业出版社，2014.
[4] 左健民. 液压与气压传动［M］. 4版. 北京：机械工业出版社，2007.
[5] 朱梅. 液压与气压技术［M］. 2版. 西安：西安电子科技大学出版社，2007.
[6] 张宏友. 液压与气动技术［M］. 大连：大连理工大学出版社，2001.
[7] 朱洪涛. 液压与气动技术［M］. 北京：清华大学出版社，2005.
[8] 陈金艳，金红基. 液压与气动技术［M］. 北京：机械工业出版社，2011.
[9] 王增娣，王为民. 气液传动控制技术［M］. 北京：国防工业出版社，2012.
[10] 邱国庆. 液压技术与应用［M］. 北京：人民邮电出版社，2006.